U0387018

国家科学技术学术著作出版资金资助出版

深部硬岩可切割性与机械化开采实践

王少锋　李夕兵　著

科学出版社
北京

内 容 简 介

本书通过文献综述、室内试验、理论分析、数值模拟和现场应用相结合的方法，在破岩理论和技术发展综述与展望的基础上，针对深部硬岩应力条件与力学特征，系统研究了深部硬岩截割特性、开采诱发高应力矿柱岩爆机制、深部硬岩可切割性表征与改善方法，进一步开展了深部硬岩矿体非爆机械化开采现场应用，在此基础上系统进行了非煤矿山智能绿色升级实践，形成了深部硬岩矿山非爆机械化开采理论和技术体系。本书有望充实深部开采理论与技术的核心内涵，为保障深部矿产资源安全高效开采提供理论与技术支撑。

本书可供从事采矿工程、岩土工程、地下工程等相关专业的科研及工程技术人员阅读参考。

图书在版编目(CIP)数据

深部硬岩可切割性与机械化开采实践 / 王少锋，李夕兵著. —北京：科学出版社，2024.9

ISBN 978-7-03-072913-2

Ⅰ. ①深… Ⅱ. ①王… ②李… Ⅲ. ①硬岩矿山-深部采矿法-机械凿岩 Ⅳ. ①TD853.392

中国版本图书馆CIP数据核字(2022)第151017号

责任编辑：李 雪 李亚佩 / 责任校对：王萌萌
责任印制：师艳茹 / 封面设计：无极书装

科 学 出 版 社 出版
北京东黄城根北街 16 号
邮政编码: 100717
http://www.sciencep.com
北京富资园科技发展有限公司印刷
科学出版社发行 各地新华书店经销
*
2024 年 9 月第 一 版 开本：720 × 1000 1/16
2024 年 9 月第一次印刷 印张：19 1/4
字数：388 000

定价：138.00 元

(如有印装质量问题，我社负责调换)

前　言

地下固体资源开采是保障国计民生的基础产业。经过采矿工作者几十年的努力，综合机械化采掘技术在煤炭开采中得到了广泛应用，保证了千万吨大型煤矿的机械化、连续化和规模化开采，推进了煤炭资源的安全、高效、绿色和智能化开采进程。然而，目前地下非煤硬岩矿体开采仍以传统钻爆法为主，作业危险性高、生产效率低、衍生破坏大和智能化进程缓慢等问题日益突出，与现代工业所倡导的安全、高效、绿色和智能化原则相悖。因此，有必要突破目前硬岩开采以钻爆法为主的格局，投入一定的人力和资金，研发深部硬岩非爆开采方法与装备。自 20 世纪后期以来，国内外学者对非爆破岩方法(取消炸药爆破)进行了若干研究，试图寻找可替代传统钻爆法的高效破岩方法，相继研发了诸多新型破岩方法，如机械刀具破岩、高压水射流破岩、膨胀破岩和热能(微波、等离子体和激光)破岩等。随着制造业的飞速发展，以机械刀具破岩为基础的非爆机械化采矿技术取得了长足发展，基于镐型截齿、盘型滚刀和牙轮滚刀等刀具破岩的采矿机械相继应用于地下固体资源开采中，促进了采矿技术的升级。实践证明，非爆机械化开采技术具有传统钻爆法无法比拟的优点，包括作业安全性好、生产效率高、资源回收率大、衍生破坏小和智能化进程快等，能够为硬岩矿山安全、高效和绿色开采提供有力保障，也是实现智能化、无人化和集约化采矿的基础。然而，当这些机械刀具用于破碎坚硬矿岩体时，刀具所需的破岩载荷极高，难以一次性高效截落矿石，而是需要多次重复与矿岩摩擦，在接触区域产生高温，刀具在高接触应力和高温下极易磨损失效，同时会产生大量矿尘，开采成本高昂且作业环境恶劣，导致非爆机械化开采技术在硬岩矿山中的规模化应用受到一定阻碍。提高非爆机械化开采在硬岩矿体中应用的可行性途径有两个方面：一是提高刀具的破岩功率；二是提高矿岩的可切割性。其中，提高刀具的破岩功率，一方面需要提高刀具性能以便承担高功率所带来的高接触应力和高温，另一方面需要增大采矿机械的输出功率，这样势必会造成破岩刀具造价昂贵以及采矿机械体积庞大、灵活性差且成本高，因此仅仅依赖外部能量进行矿岩体破碎难以满足规模化采矿要求。由于硬岩具有高强度和强磨蚀性的特性，因此硬岩矿体本身的可切割性较低。然而，在地下深部资源开采过程中，深部高应力存在着更利于岩石破碎的倾向，可以通过高应力诱导致裂和能量调控来促使原来易引起岩爆等灾害的高应力转变为能够促进机械刀具破岩的有用动力源，提高硬岩的可切割性，为深部硬岩矿体的非爆机械化开采提供有利条件。

为此，笔者开展了深部采矿应力条件下机械刀具破岩特性、人为诱导缺陷硬岩可切割性、破岩扰动诱发高应力岩体动力灾害及控制、非爆机械化采矿实践、非煤矿山智能化绿色化升级实践等研究工作。本书是对相关工作的总结，是在笔者博士学位论文《深部硬岩截割特性及非爆机械化开采研究》和博士期间以及后来发表的相关期刊论文的基础上整理并丰富而成。此外，本书的研究内容得到了博士研究生导师李夕兵教授主持完成的相关科研项目和笔者近五年来主持完成的科研项目的支持，包括国家自然科学基金项目(52174099 和 51904333)、湖南省科技人才托举工程项目(2022TJ-N01)、芙蓉计划湖湘青年英才项目(2023RC3050)、长沙市杰出创新青年培养计划(kq2107003)等。希望本书的出版能对深部硬岩矿体非爆机械化开采规模化应用提供些许启发和微薄助力。

本书共七章。第 1 章绪论，主要介绍“三深”复杂环境岩石破碎的突出挑战、深地资源开采发展现状、非爆破岩理论和技术发展与展望、非爆机械化破岩研究现状，论述深部硬岩可切割性与非爆机械化开采研究的重要性和必要性。第 2 章介绍深部硬岩应力条件与力学特征，梳理影响深部硬岩可切割性和诱灾的关键因素。第 3 章介绍深部硬岩截割特性，主要通过截齿破岩试验研究截齿作用参数、人为诱导缺陷、采矿应力条件对截齿破岩特性的影响规律。第 4 章介绍截齿破岩诱发高应力矿柱岩爆的模拟试验和诱发机制。第 5 章介绍深部硬岩可切割性表征与改善方法。第 6 章介绍深部硬岩矿体非爆机械化开采实践，根据矿体松动区监测数据构建非爆机械化开采判据，并构建试验采场开展悬臂式掘进机、挖掘机载铣挖头、挖掘机载高频冲击头、铲运机载高频冲击头、挖掘机载高频破碎锤等五种机械破岩方法的应用研究，详细介绍具体应用情况。第 7 章介绍非煤矿山智能绿色升级实践，丰富矿产资源科学开采框架并分析其复杂性，提出基于机械化破岩的深部硬岩矿体智能化开采模式，开展基于数字矿体虚拟开采的机械化开采参数优化和采动覆岩稳定性分析，进行深部硬岩矿山智能绿色升级实践并取得了良好的效益。

在本书即将出版之际，向曾经给予我指导和帮助的各位老师和亲朋表示衷心的感谢，文后附上博士学位论文致谢以敬。此外，我的研究生孙立成和唐宇也参与了本书部分内容的研究工作和书稿部分章节的整理工作，在此也对他们表示感谢。

由于作者在硬岩矿体非爆机械化开采方面的研究尚处于探索阶段，且限于作者研究水平和文字表达能力，书中难免有不足之处，恳请同行专家批评指正！

王少锋

2024 年 1 月 15 日于长沙

目　　录

第1章 绪 论

1.1 引 言

随着我国工业化、现代化和城镇化的加速建设，矿产资源的消耗量不断增加，导致可采资源量衰减，资源开采施工环境变得复杂、恶劣。2016年，习近平总书记在全国科技创新大会上提出“向地球深部进军是我们必须解决的战略科技问题”。2020年，《中共中央关于制定国民经济和社会发展第十四个五年规划和二〇三五年远景目标的建议》瞄准“深地深海”前沿领域，实施具有前瞻性和战略性的国家重大科技项目。矿产资源开发利用是国民经济发展的重要支撑。目前，世界上钻进深度已超过10000m，地热开采深度超过3000m，油气资源开采深度达9000m，地下采矿深度已接近5000m，且2000m深度的矿山主要是有色金属矿山，以金、银、铂等贵重有色金属矿居多。深海赋存大量多金属结核、富钴结壳、多金属硫化物等金属矿产资源，这些矿物中富含镍、钴、铜、锰、金、银等。同时，海洋石油资源量占全球石油资源总量的34%；天然气水合物(可燃冰)的总量约为20万亿t，相当于全世界煤、石油和天然气总量的2倍[1]。太空中的小行星、月球等天体上也富含镍、铱、钯、铂、金、镁、锇、钌、铑、钛、钍、铀等金属矿产资源。深地、深海、深空(“三深”)条件下的矿产资源储量丰富，是未来资源开发的重要新领地。随着地下资源大规模开发的持续进行，地球浅部资源逐渐枯竭，深地开采将成为新常态，同时，矿业、石油、天然气开采等也在逐渐向深海、深空领域发展。未来资源开发将在深地、深海、深空等复杂环境中进行。

资源开发中岩石钻进和岩石开挖是两个关键工序，是资源开发的必经过程。岩石钻进主要用于石油钻井，随着钻进技术的发展，逐步延伸到地质、矿业等领域，在“三深”钻探中应用广泛。目前，岩石开挖中钻爆法破岩依然是主导方法，此外，还先后涌现出许多新型破岩方法，如机械刀具破岩、高压水射流破岩、化学膨胀剂/物理膨胀破岩、热力破岩、微波破岩、等离子体破岩、激光破岩等。这些破岩技术的出现和发展大力推动了岩石破碎和开挖技术的发展。采用钻爆法在深部矿山作业容易诱发岩爆、突水等灾害[2]。然而，机械化开挖是一种有望替代钻爆法的新型开挖方法，且在深地高应力条件下，机械化开挖可以利用高应力诱导使岩体弱化来实现非爆连续开采[3]。深海固体矿产资源(包括多金属硫化物、富钴结核)的采集以及太空预想的采矿方法都是基于机械化开挖的连续开采技术。然而，由于深地、深海、深空复杂环境具有高应力、高水压、高真空、低重力等特性，岩石钻进和岩石开挖理论与技术将面临新的问题与挑战。

1.1.1　深地、深海、深空复杂环境特征

1. 深地复杂环境特征

国内学者对深部开采提出了不同的划分方法[4-6]，如基于岩石分区破裂化现象、岩石非线性力学现象或应力状态与围岩性质的综合因素来界定深部岩体工程。地下深部最明显的特点是其环境特征复杂，与浅部特征相比，深地环境主要表现为典型的“三高”(高地应力、高地温、高渗透压)。除此之外，机械化开挖还面临着强开挖扰动的影响，钻进工程还面临高酸性等复杂环境的影响，如图 1-1 所示。

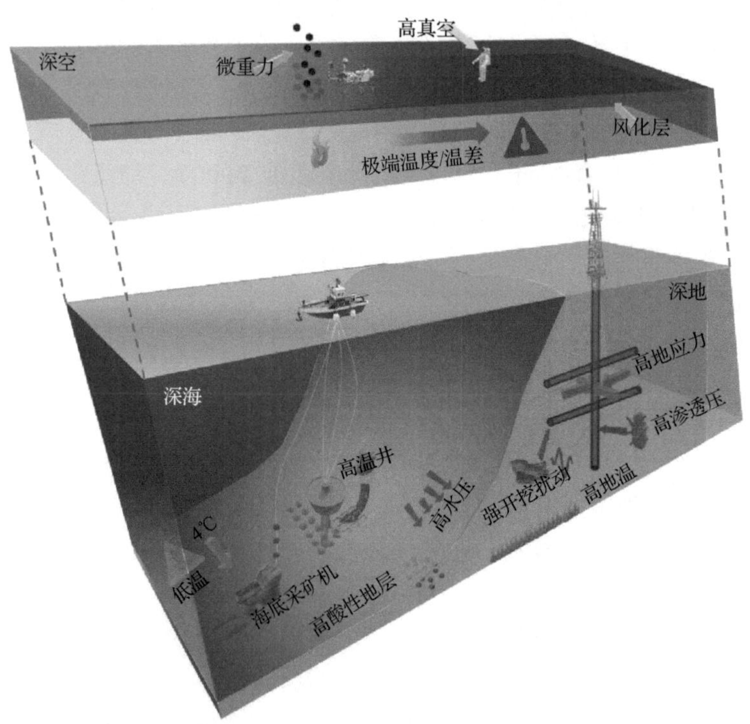

图 1-1　“三深”复杂环境示意图

(1)高地应力改变了岩石的力学特性，岩石破坏由脆性转化为延性，岩石破坏的永久变形量增大且时间效应强。高地应力引发的如岩爆等突发性岩体动力灾害也成为影响深地安全高效开采的重要因素。深部岩石工程不能忽略地应力对机械刀具破岩的影响，研究发现高地应力下刀具截割能力降低，需要更大的破岩载荷才能破碎岩石[7-9]。另外，高地应力下岩石可钻性差，井壁应力集中，对钻井工艺和配套设备提出了新的挑战。

(2)高地温作用下岩石矿物边界或内部产生大量微裂隙，岩石成分发生改变，

进而促使岩石物理和力学性质发生改变。深部矿山的高地温热害问题严重，而且在高地温状态下，钻井液快速冷却井壁，使得围岩内部发生热破裂而导致井壁围岩失稳，容易造成钻具折断、卡钻等一系列复杂问题。

(3)赋存在深地岩体中的岩溶水或裂隙水水压较大，降低了深地的有效应力。高地应力、高地温和高渗透压形成的耦合作用，促使岩石特征发生变化，在钻进和机械化开挖过程中会诱发突水、岩爆、坍塌、围岩失稳甚至大变形等工程灾害。

(4)机械化开挖过程中出现瞬时性动力响应，岩爆、突水的频率和强度增加。强烈的开挖扰动会使硬岩在深地出现软化大变形，强地压显现，并形成塑性状态，支护难度急剧增大。

(5)部分油田所处的地层中含有 H_2S 和 CO_2 等大量酸性腐蚀气体，形成高酸性强腐蚀性环境，使井筒的完整性难以保障，对工具仪器构成严重威胁。

2. 深海复杂环境特征

深海在不同行业中的定义存在差异，在海洋科学领域通常将水深 200m 以上的海称为深海，在军事和海洋工程领域将水深 300m 以上的海称为深海，而油气领域的深水定义则是深度大于 1000m 的水。随着海水深度增加，深海开采作业普遍处于低温高压环境，在钻进过程中会出现高温高压等特征(图 1-1)。

(1)海洋深度每下降 10m，水压就会增加约 0.1MPa。海底矿产资源多分布在 1000m 深度及以下的水域，高水压和复杂地形对机械开挖的强度负荷提出了更高要求。另外，深水海底温度通常在 4℃左右，低温也是影响钻进和机械化开挖的重要因素之一。钻井液在低温环境下稠化，其流动性变差，流动阻力大幅度增大。另外，低温高压下形成的水合物不利于深海井控，并可能堵塞管道，造成地层坍塌等事故，对钻进技术提出了更大的挑战。

(2)深水高温高压井的数量近年来呈现增长趋势，截至 2018 年底，我国南海已钻探井中有 6 口井温度超过 240℃，23 口井的地层压力系数超过 2.0。高温高压作业环境复杂，压力窗口窄，导致井漏、井涌等灾害频发，极大地增加了钻进作业难度。高温高压气田还可能含有大量的 H_2S，当 H_2S 体积分数为 5%～10%时，在高温高压的双重作用下会形成强烈的腐蚀性，严重影响作业工具和设备的性能。

3. 深空复杂环境特征

对深空资源开采时，无论是钻进还是机械化开挖，与地球上的开采截然不同，环境也更复杂、恶劣。在微重力、高真空、极端温度/温差下钻进和机械化开挖需要更尖端的技术与装备作为支撑。以月球为例，开展钻探和采矿作业时会受到包括引力、大气环境、温度、土壤条件等多方面因素的影响(图 1-1)。

(1)月球上的引力约为地球引力的 1/6，微重力下采矿工作产生的小块、粉末状矿石容易飞离月球表面，造成资源浪费或形成太空垃圾。同时，因为缺少大气层而形成的强辐射真空环境导致人员无法在其表面定居，需要依赖无人采矿技术。

(2)月球在白天阳光照射下温度高达 127℃，晚上可降至–183℃。另外，月球自转 1 周会经历约 14d 太阳照射和 14d 极端黑暗。极端的温差和昼夜循环对创造高耐久性的生命支持系统、运输工具、机器人、电力设备和宇航服等都带来了很大的挑战。

(3)月球表面覆盖着一层几米至几十米厚的结构复杂的风化层，是由小行星和流星体的撞击以及无数次基岩破碎、粉碎、融化、混合和碎片散落叠加的结果，这大大增加了钻进和开挖的难度。

1.1.2 深地复杂环境下岩石钻进和机械化开挖

1. 深地钻进

1)深地钻进发展现状

1966 年，我国在大庆油田成功钻成第一口深井“松基 6 井”，井深 4719m，成为早期深地钻井的标志性事件。1976 年，在四川地区钻成了第一口井深 6011m 的超深井——“女基井”[10]。迄今为止，我国钻井技术快速发展，不断刷新井深纪录，并于 2019 年钻成当时亚洲陆上第一深井“轮探 1 井”，井深达 8882m。我国深地油气资源普遍分布在塔里木盆地、川渝盆地、准噶尔盆地等，针对这几个重点区域的复杂地质情况，开展了深井、超深井钻井技术的联合攻关，从而使钻机、钻头等钻进设备和包括井斜控制技术、钻井提速技术等在内的深地钻进技术从理论到工艺都得到了长足的进步和发展[11-13]。

(1)深地钻进设备。国际上以欧美为代表的先进钻井装备已钻井突破 12000m 垂深，并初步具备 15000m 钻深能力。荷兰豪氏威马(Huisman)公司先后研制的 LOC400 和 HM150 两种自动化钻机，结构紧凑，体积小，可快速移动。美国斯伦贝谢(Schlumberger)公司的 FUTURE RIG 智能型石油钻机钻井深度为 5000m，可以实现全方位的智能监测以及虚拟数字化控制[14]。我国首台 9000m 四单根立柱钻机 ZJ90DBS 于 2013 年应用于塔里木油田，将施工速度提升超过 20%，同时降低了 75%的事故率[15]。国内研制的新型 8000m 钻机可用于戈壁、山地、海洋等复杂地形，并解决了 7000m 钻机承载能力不足以及 9000m 钻机成本过高的问题[16]。钻头在深地钻进中具有极其重要的地位，是钻进过程中的关键工具。深地钻井采用的钻头包括以三牙轮为主的牙轮钻头，以孕镶金刚石为主的金刚石钻头，以及刮刀和切屑齿结合的聚晶金刚石复合片(polycrystalline diamond compact bit, PDC)钻头，如图 1-2 所示。

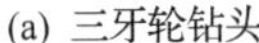

(a) 三牙轮钻头

(b) 孕镶金刚石钻头(全面钻头)

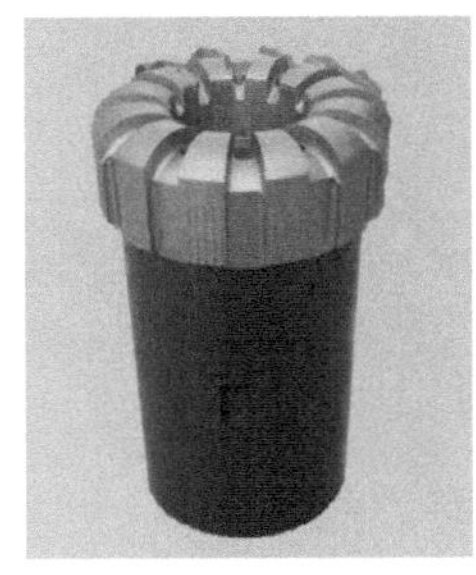

(c) 孕镶金刚石钻头(取心钻头)

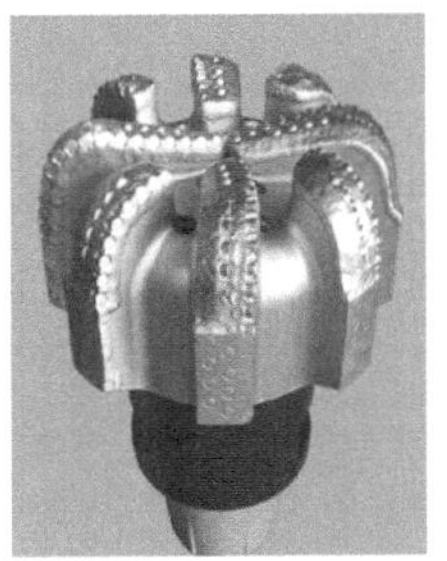

(d) PDC钻头

图 1-2 深地硬岩钻进钻头类型

为了实现深地安全高效钻进，对 3 种常用的硬岩钻进钻头从钻头制作材料到钻头结构设计不断优化改良，研制出非平面齿 PDC 钻头、PDC/牙轮复合钻头等系列钻头，随着钻进技术逐渐成熟，深地钻进的速度和质量得到大幅度提高。

(2) 深地钻进技术。在钻进技术方面，根据深地地热开发和油气资源开发的复杂地层压力和地质环境，先后开发了精细控压钻井技术、优快钻井技术、井身结构优化技术等。以上技术基于人工智能对地质环境、随钻监测数据进行分析，构建了压力风险评估、技术适应性量化评价、井身结构合理性评价方法体系，以此对钻井参数进行精细控制，可以有效保障窄密度窗口下的安全钻进，实现复杂地层下的安全高效、低成本钻进。深地钻探的取心钻井技术则包括绳索取心钻进技术、水力反循环取心钻进技术等，两者可通过及时打捞内管和提高岩心上返动力解决岩心堵塞问题，实现连续和高保真取心。

2) 深地钻进挑战与展望

尽管深地钻进技术不断发展，越来越成熟，但仍存在许多挑战，主要表现在：①深井分布位置地质条件复杂，硬岩可钻性差，钻进速度慢；②钻进装备和材料在温度和压力达到Ⅱ级(压力为 137.9MPa，温度为 204℃)及以上时适应能力不足；③面临着复杂多压力系统和井身结构层次的矛盾，施工风险大；④塔里木地区砾石层厚，钻井提速难，压力窗口窄[17]；⑤川渝地区地层含硫，高酸性环境对钻进设备的耐腐蚀性提出了更高要求[18]。为应对这些挑战，需要从钻井液、钻头、钻机及配套设备方面进行钻进技术升级，如图 1-3 所示。

针对深地钻进的复杂挑战，需要研制高性能异形 PDC 钻头、复合钻头和可岩性识别的自适应智能钻头等新型钻具，以及耐高温随钻测量仪器、垂直钻井工具等井下工具，并且发展创新反循环钻井、密闭循环钻井等技术。持续研究地质环境迥异的钻井工程对应的钻井液，继续完善流变性能稳定的高温高密度油基钻井液和高性能水基钻井液。还需加快研发新型自动化、智能化钻机，可通过随钻测量技术对复杂地质进行预测，实时分析钻进参数和识别井下故障，从而对钻井施

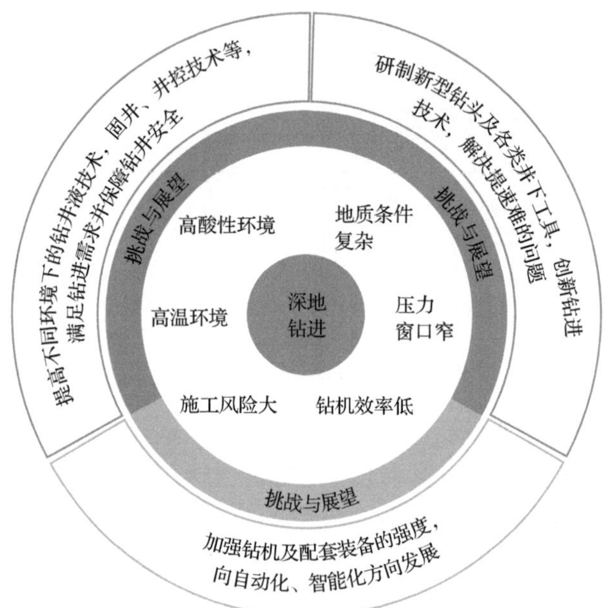

图 1-3　深地钻进的挑战与展望

工过程进行优化，实现“钻—测—固—完”一体化的数字化精细控制。此外，提高“三高一超”(高压、高产、高含硫、超深井)条件下的井控技术[19]、固井技术以及完善水泥浆体系等保障安全高效钻进的技术，也是深地钻进的未来发展方向。

2. 深地机械化开挖

1) 深地机械化开挖发展现状

随着浅部资源趋于枯竭，未来的矿产资源开发将全面向深地进军。为了适应深部复杂应力、地质构造以及满足无人采矿的需求，必须对传统的采矿方法进行变革。转换开采模式、优化提升运输方式、采用新型支护手段、实施高效降温和热害处理措施以及开发精准的岩爆预测方法都是解决深部开采难题不可或缺的关键技术。其中，在深地条件下可以诱导高应力，使岩石形成预先损伤区，再利用机械化开挖代替传统钻爆法进行开采，从而实现深地硬岩矿体的连续化开采。该模式的转换可以大幅提高深地资源的开采效率，同时可为智能化无人采矿打下技术基础。

机械刀具和设备是影响机械化开挖的关键因素。采矿机械在近半个世纪以来得到了快速发展，在矿山中的应用日益增多。常用的机械刀具有镐型截齿(conical cutter)、盘型滚刀(disc cutter)、凿型刀具(chisel cutter)等[20]。深地开挖中应用较多的开挖机械主要有基于镐型截齿切削破岩的悬臂式掘进机、采煤机，基于盘型滚刀压裂破岩的隧道掘进机(tunnel boring machine，TBM)(主要用于深部硬岩隧道掘进)、竖井掘进机、反井钻机以及基于冲击头冲击破岩的液压挖掘机等(图 1-4)。但对于深部矿山，因其复杂的地质环境，部分破岩机械如 TBM 等目前还无法适用，深部开采装备的机械化和智能化水平还需要继续提高。

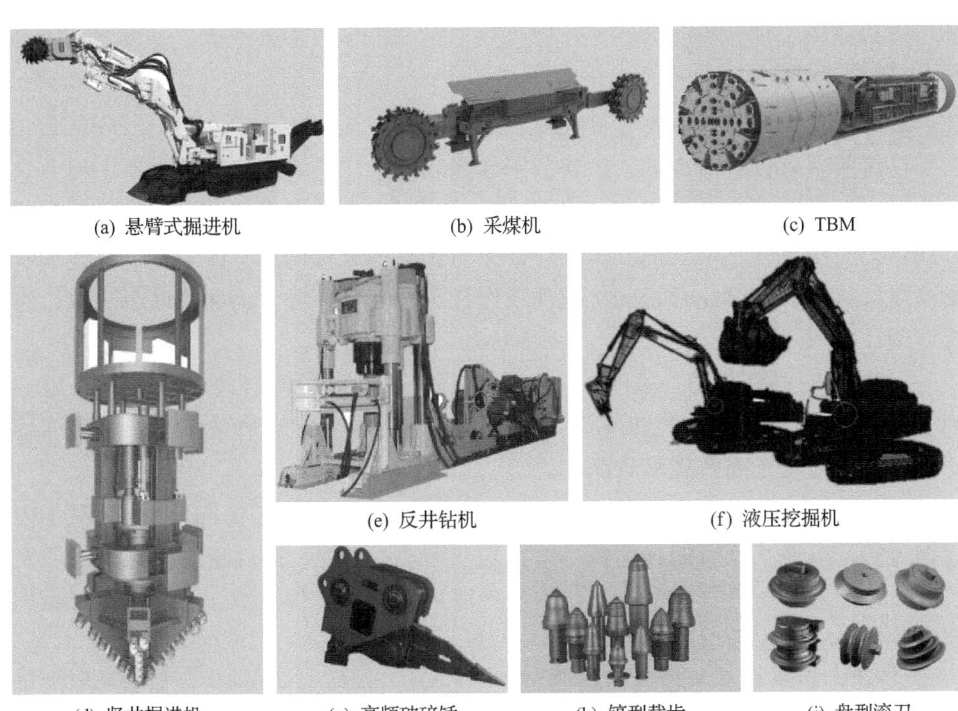

(a) 悬臂式掘进机 (b) 采煤机 (c) TBM (d) 竖井掘进机 (e) 反井钻机 (f) 液压挖掘机 (g) 高频破碎锤 (h) 镐型截齿 (i) 盘型滚刀

图 1-4 机械化开挖设备和破岩刀具

我国已研制多种截割功率为 30～500kW 的轻型及重型掘进机，分别适用于软至中硬、坚硬的岩石。其中，山西天地煤机装备有限公司研制的 EBH315 型掘进机可截割硬度达到普氏硬度系数 f=12 的岩石，首台 EBH450 型掘进机还通过攻克工况识别技术和转速自动调节技术实现了自适应截割[21]。采煤机的功率也从 200kW 发展到 3000kW，国内的 MG1100/3050-WD 型系列采煤机的装机功率高达 3450kW，极大地促进了煤矿业的发展[22]。Gong 等[23]将煤矿斜井单护盾 TBM 应用于神东矿区补连塔矿 2 号副井，发现在软、硬岩及复合地层中最高月进尺可达 639m。程桦等[24]使用 QJYC045M 型煤矿全断面硬岩掘进机在淮南张集煤矿进行了工业性试验，平均月进尺达 404m，为巷道普通掘进效率的 5～10 倍。刘泉声等[25,26]探讨了将 TBM 引入超 1000m 深井进行巷道建设，提出全断面岩石巷道掘进机(rock boring machine，RBM)的概念，并且分析了复合地层下破岩机理、TBM 卡盾防治和围岩稳定控制等一系列关键问题。另外，我国自主研制的 AD130/1000 型液压竖井钻机钻井深度达 1000m，技术水平已经走在世界前列。煤炭科学研究总院建井研究分院研制的 MSJ5.8/1.6D 型导孔式下排渣竖井掘进机的钻井深度达 282.5m，刀盘直径为 5.8m；BMC600 型反井钻机在实际施工中钻井直径为 6m，最大深度为 560m[27]。这些施工机械设备正在不断突破 1000m 深度，在煤矿、非煤矿的机械化、自动化及智能化发展进程中起到了举足轻重的作用，是未来深地资源开采的重要工具。

2) 深地机械化开挖挑战与展望

钻爆法破岩具有成本低、硬岩适用性强、技术成熟等优点，在地下工程中应用广泛，但深部开挖时钻爆法开采振动和破坏强度大的弊端越来越明显。机械化开挖作为有望替代钻爆法的技术手段，虽然具有围岩扰动小、作业安全、施工质量高以及可实现连续化开挖的优越性，但在深部复杂环境下仍面临许多挑战，主要体现在以下几个方面。

(1) 在“三高一扰动”条件下，机械化开挖的效率受到严重影响。深地高地应力、高地温、高渗透压、强开挖扰动造成的多场、多相耦合作用的非线性围岩环境会导致岩石安全高效破碎难度大。

(2) 深地机械化破岩机理和围岩控制理论没有统一适用的协同体系。相对于传统钻爆法，机械化破岩的扰动较小，但是在深地高地温、高地应力下岩石性质发生改变，导致开挖过程中围岩容易出现难以预测的变形和失稳，从而发生大范围坍塌、岩爆、突水等地质灾害。

(3) 目前机械化开挖设备无法满足深地安全、高效、经济等作业需求。掘进机的截齿通常承受着高地应力、高地温、强磨蚀等破坏因素，使用寿命较短。TBM、竖井掘进机等设备造价高以及普适性较低，使其在深地开挖的应用范围小，普及率低。未来深地机械化开挖的主要发展方向如图 1-5 所示。

深地复杂环境使得单一的破岩方式难以实现高效破碎，可以结合高压水射流、热冲击、液氮、激光等辅助破岩手段进行联合破岩，从而提高破岩效率。同时，可研究不同破岩方式的耦合机制，开发新型的联合破岩技术和装备，开展深地高应力条件下不同刀具的破岩特性研究，揭示高地应力、高地温或高渗透压下岩石破坏机理或岩爆发生机制，并提出提高刀具破岩效率和预防岩爆灾害的调控手段。另外，未来需要研制新型高效破岩刀具，以镐型截齿为例，从截齿结构参数、材料、排列方式等因素出发，采用新型结构设计和制备工艺进一步改进其截割性能、耐磨性能以及结构强度。建立“监测—开挖—支护”一体的智能开挖体系，围绕超前地质预报监测、高效破岩和安全支护，全面革新深地开挖的工程建设模式和技术构想，通过多学科交叉融合、综合分析，攻克深地机械化开挖亟待解决的科学问题与关键技术难题。

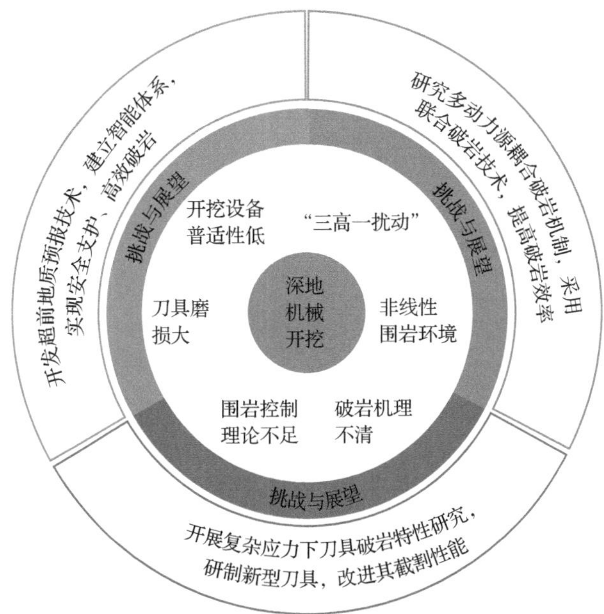

图 1-5 深地机械化开挖挑战与展望

1.1.3 深海复杂环境下岩石钻进和机械化开挖

1. 深海钻进

1)深海钻进发展现状

(1)深海钻进设备。海上钻井平台是海下油气资源开采必不可少的核心装备。半潜式钻井平台由于其可深海作业，并且具有抗风浪能力强、工作效率高的特点，已成为深海钻井平台研发的重点[图 1-6(a)]。国际上典型的深水半潜式钻井平台主要包括挪威阿克世盛(Aker Solutions)公司的 Aker H-6、荷兰海工设计公司 GustoMSC 的 DSS50、瑞典海洋油气勘采工程咨询公司 GVA Consultants AB 的 GVA7500M 等。基于 ExD 船型改造的深海半潜式钻井平台“海油 981”，作业水深达 3000m，钻井深度可至 10000m。2017 年，烟台中集来福士海洋工程有限公司设计建造了全球最大的半潜式钻井平台“蓝鲸 1 号”，该钻井平台以挪威 Frigstad 公司的 D90 为原型，采用双井口油缸举升式全液压钻井系统，钻进效率提升 30%。除了钻井平台外，深水钻井船也可用于深海钻井，如图 1-6(b)所示。深水钻井船机动性好，作业范围大，并设有升沉补偿装置、减摇设备、自动动力定位系统等多种措施定位船体，满足了复杂海面状况下的作业要求。主流钻井船型号有韩国三星重工的 S10000、荷兰 GustoMSC 公司的 P10000 和 PRD12000[28]。深海钻探同样有两种方式[29]：一是在钻探船上遥控钻机取样；二是通过遥控潜水器(remoteoperated vehicle，ROV）或载人潜水器（human-occupied vehicle，HOV）携带钻机进行取样，如图 1-6（c）和（d）所示。其中，美国“决心”号大洋钻探船最大钻探工作水深 8235m，采用无隔水管钻探方式；日本“地球”号深海探测船可在 4000m 水深向海底钻进 7000m[30]，采用隔水管泥浆闭式循环钻探方式，钻探能力和效率相比“决心”号显著提升。另外，ROV 和 HOV 的应用贯穿了海洋石油开采的各个阶段，是深海钻进作业设备的重要组成部分。日本“海沟”号 ROV 早在 20 世纪 80 年代就创造了下潜深度 11028m 的世界纪录。2014 年，国内首台自主研发的“海马”号 ROV 最大下潜深度为 4502m。以“蛟龙”号为代表的国内标志性 HOV 最大下潜深度为 7062m。2020 年，“奋斗者”号 HOV 突破 10000m，最大下潜深度达 10909m[31]。

(a) 半潜式钻井平台

(b) 深水钻井船

(c) 遥控潜水器

(d) 载人潜水器

图 1-6　深海钻进平台和装备

（2）深海钻进技术。深海钻进技术主要包括大位移钻井技术[32]、双梯度钻井技术[33]、动态压井钻井技术[34]、重入钻孔技术[35]、喷射下导管技术[36]等。大位移钻井技术可以提高储层的开发效率，降低完井成本，对海上钻井具有很大的经济意义。双梯度钻井技术起源于 20 世纪 60 年代，是一种控制压力钻井技术，其原理主要是在隔水管内充满海水，通过海底泵和回流管线回输钻井液，或者在隔水管中注入低密度介质来降低环空密度。该技术可以有效降低井底压力和钻进管套体系需求，实现安全、低成本钻进。动态压井钻井技术通过泵入一定流量的钻井液增大井底压力，达到流体的动态稳定，然后加大钻井液流量，从而达到压井的目的。该技术可以有效减缓钻进时由于浅层气、浅层水引发的下套管困难、井涌以及井壁坍塌等复杂情况。深海钻探通常采用无隔水管钻进方法，当需要更换钻头、钻具或者测井、处理井下事故等情况时，需要提起钻头后重新进入原钻孔，该技术为重入钻孔技术。重入钻孔技术不仅可以加深钻孔、提高钻孔稳定性、深部取心，而且可以解决深海钻探和资源开采急需解决的关键技术难题。喷射下导管技术主要应用于深水海底浅层地层比较松软、泥线不稳定的情况。通常在导管柱内放入井底钻具组合(bottom hole assembly, BHA)，利用导管柱和 BHA 自身的质量，边开泵冲洗边放入导管。该技术可以节约钻井时间，降低作业成本，并且在作业结束后不需要固井作业，降低了塌孔事故风险。

2) 深海钻进挑战与展望

目前，相较于国外发达国家，我国的深海石油勘探和开采技术起步晚，整体水平有着较大的差距。然而，海上油气生产如今已经成为资源开发的热点，我国仍需不断加快技术创新步伐。深海钻进主要受低温高压、高温高压、复杂地质条件等环境因素的影响。

(1) 深海的低温高压使得安全密度窗口变窄，钻井液密度和黏度增大，产生凝胶效应，井漏风险增加，并且还容易形成天然气水合物，造成流动障碍从而导致卡钻等事故。

(2) 高温高压对井身结构、随钻和定位等井下装备要求较高。钻井液在高温下容易发生降解，且处理剂水溶性变差。

(3) 海底浅部疏松地层在钻进过程中容易发生井壁失稳；浅层气地层的抗剪强度和承载能力低，钻井时可能发生气体燃烧；浅水流地层具有埋藏浅、超高压、浅层未固结等特点，容易导致井喷。

(4) 中国南海区域还面临土台风、内波流等特殊海洋环境，土台风难以被监测和预报，内波流对海洋作业稳定性影响大。

以上特殊环境条件都会增大钻进难度和事故发生概率。为了解决以上深海钻进中存在的问题，提出解决对策及未来发展方向，如图 1-7 所示。面对深海钻进挑战，需要提高钻头、钻杆等钻进设备的耐低/高温性能和抗压能力，部分井还需要配备 H_2S 防护和监测装置，提高设备耐腐蚀性。钻井液需要在高压且从低温到高温变化条件下具有稳定的流变性，以解决低温下缓凝和高温下失效的问题。浅层气由于其埋藏浅、形成与致灾机理不清等特点，成为影响深海钻进的重要因素。为此，针对不同的地质特征，研究浅气层、浅水流等灾变的演化规律，并进行有效防治，是降低钻进风险、实现安全高效钻井和完井的重要方向。伴随大数据的发展，智能钻进体系不断成熟，复杂地层监测、南海台风预报以及孤立内波实时监测预警技术可以基于智能钻进体系向着更精确、更高效的方向发展，最终克服恶劣环境下深海钻进难题。

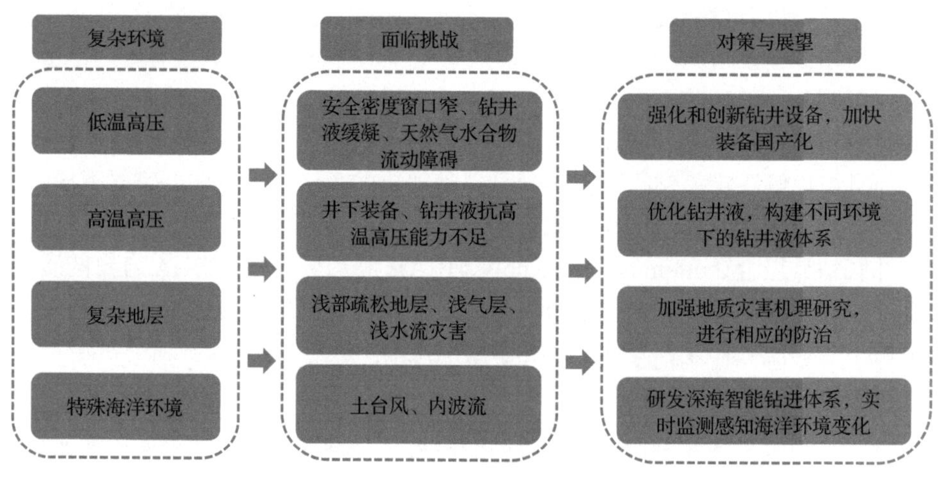

图 1-7　深海钻进挑战与展望

2. 深海机械化开挖

1) 深海机械化开挖发展现状

目前，针对深海矿产资源，学者主要提出了拖斗式、连续绳斗式、自动穿梭艇式以及管道提升式共 4 种采矿系统[37]。相较于管道提升式采矿系统，前三种采矿系统由于可操纵性差、采集效率低、资源损伤大和投资回收期长等缺点在 20 世纪六七十年代停止了相关研究工作。管道提升式采矿系统主要由三部分组成：海底采集矿石的集矿机、运输矿石的提升系统和初步处理矿石的采矿船。在海底集矿过程中，经常会因矿石颗粒过大或需要与基岩剥离而必须进行破碎处理，所以机械化开挖是海底资源开采的核心技术之一，并且不同矿床种类的采集方式也不尽相同，如图 1-8 所示[38]。

(1) 多金属结核。多金属结核一般赋存于 4000～6000m 的平坦海底，多为球形或椭球形，粒径小，采集方法主要有水力式、机械式及水力–机械复合式等[39]。根据其赋存特点，采集多金属结核的机械性开挖需求小，开挖部件在海底容易被损坏，难以实现长时间的连续采矿。水力式采集利用高压水射流冲采或利用负压抽采收集结核，相较机械式和水力–机械复合式采集具有结构简单、持续工作时间长等优点，且国际海洋采矿协会(Ocean Mining Associates, OMA)、海洋管理公司(Ocean Management Incorporated, OMI)和海洋矿产公司(Ocean Minerals Company, OMCO)等公司的海试结果表明水力式采集的可靠性最高，水力式被认为是最具商业应用前景的采集方式。

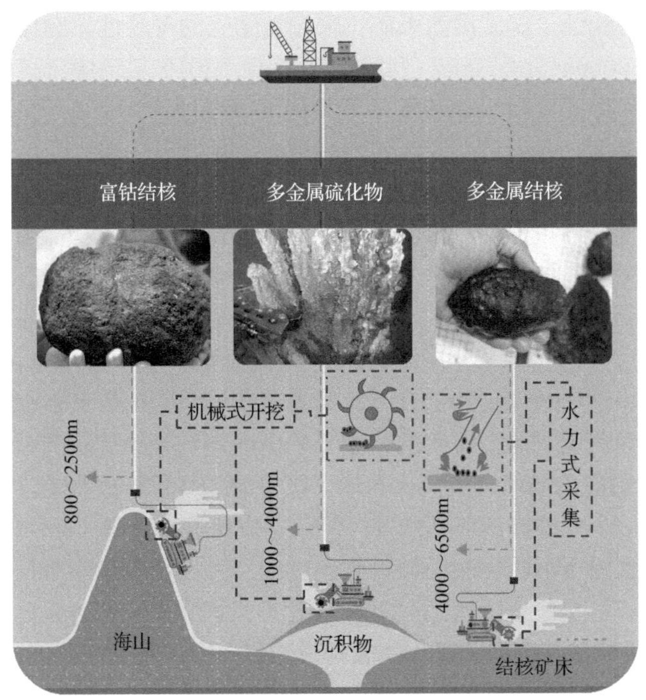

图 1-8　海底矿产开采方式[38]

(2) 富钴结壳。富钴结壳主要分布在 800～2500m 深的海山斜坡或顶部的基岩表面，厚度为 2～20cm，其采集方式主要是通过螺旋滚筒截齿切削、盘刀切削、冲击钻破岩等机械化开挖手段将结壳从基岩上剥离（图 1-9）。Aoshika 等[40]用松土器、盘型滚刀、鼓型刀、破碎机、铣刀、螺旋滚筒截齿的机械开挖手段对富钴结壳进行切削试验，经综合对比发现螺旋滚筒截齿切削是开采结壳的最佳手段。2016 年，长沙矿山研究院有限责任公司研制的深海富钴结壳采矿头在南海完成了富钴

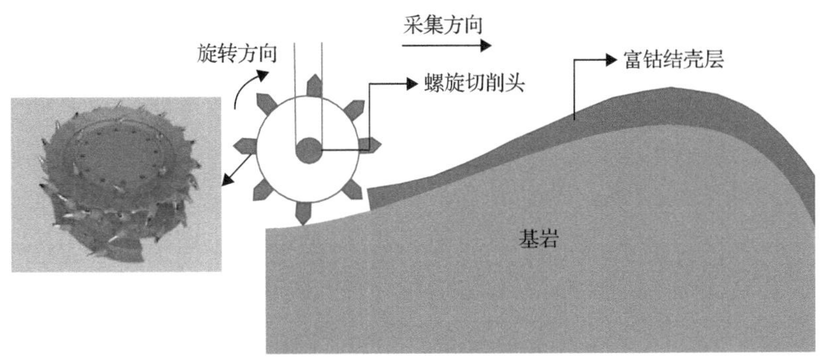

(a) 螺旋滚筒截齿切削机构　　(b) 切削采集过程

图 1-9　富钴结壳采集方式原理

结壳采掘试验，验证了螺旋滚筒采矿头采掘钴结壳的可行性。2018 年，富钴结壳规模取样车在 2000m 水深完成了综合采集试验。2019 年，中国科学院在 2500m 水深验证了富钴结壳规模采样装置，该装置可以根据结壳和基岩的物理特性差异自动判断切削厚度，并且该装置集切削、破碎、回收于一体[37]。

(3) 多金属硫化物。多金属硫化物是由海底喷发的热液与海水混合运动形成，呈大块状，厚度最高可达数十米。硫化物的断裂特性与煤类似，可以借鉴陆地的采煤手段，选用成熟的开采技术和机械设备。加拿大鹦鹉螺矿业公司提出的采集方案中包括辅助采矿机、主采矿机和集矿机，3 台设备分别负责布置工作面、开挖和收集硫化物[39]。2017 年，日本石油天然气金属矿物资源机构在 1600m 水深实现了多金属硫化物的采集和提升，标志着硫化物采集向着商业化开采迈出了一大步。另外，鹦鹉螺矿业公司研制的主采矿机选用的是螺旋滚筒截齿采矿头，荷兰皇家 IHC 公司提出的概念机同样采用了螺旋滚筒切削。国内外学者也提出了滚筒垂直截割方法、双螺旋滚筒切削等[41,42]采集方法。李艳等[43]利用 LS-DYNA 软件模拟了高海水围压下硫化物的切削破碎过程，发现在高静水围压下矿体破坏模式出现脆—延转化，截齿受到的三向阻力增大。刘少军等[44]对硫化物试件进行了单轴、三轴压缩试验，得到了硫化物破碎块数目、体积及加载速度与能量的关系。这些研究为多金属硫化物截割性能研究和开采参数优化提供了理论依据。

2) 深海机械化开挖挑战与展望

全球海洋矿产资源尚未实现商业化开采，然而，深海采矿装备已具备一定的技术可行性，有望在不远的将来实现安全、经济、环保的深海采矿作业。目前，深海机械化开挖面临的挑战主要如下。

(1) 高静水压力下开挖效率低。深海机械化开挖与深地机械化开挖不同，由于海水的流动性，静水压力总是垂直于海底不规则边界。高静水压力和海上附着力使得矿石强度增大且更难从基岩上剥离，截齿受到的阻力大。

(2) 深海定位、感知系统精度低。海底电磁波传播衰减，采矿车的定位系统、环境感知系统及控制系统会受到影响，无论是采掘头的开挖精度还是采矿车的运行精度都会下降。

(3) 开挖对环境影响大。采矿开挖会导致海底沉积物重新分布并引起大量的固体悬浮物，影响海底生物的生存环境，打破深海的生态系统平衡。以上挑战是阻碍深海资源商业化开采的重要因素，其解决方法和发展方向如图 1-10 所示。面对深海机械化开挖挑战，需要研究稳定可靠的作业技术，包括高静水压力下的高效采集技术、排渣技术及监控技术等。建立高静水压力和低温下截齿截割矿石的力学模型，优化截齿参数和采掘头排布方式，提高排渣效率，减小高静水压力下大块切屑对截割速度的影响。同时，加强采掘头的监测功能，实现截割过程的最优化监控。随着数字化、信息化技术水平的不断提升和技术融合，未来有望研制出可以克服海底可视度低、噪声强等复杂环境下的自适应矿石采集装备，实现海下作业的实时感知和监测，为采矿车行进、矿石开采提供精准数据。海底采矿车的智能化升级还包括自动路径跟踪、自动越障避障、防沉陷等。另外，还需加快深海采矿机器人的研究进展，不断升级行走技术、采集技术、远程控制与导航定位技术等。将绿色环保、高效节能的概念融入深海采矿装备系统设计中，加强海底生态的长期监测和预警技术，积极履行联合国的《海洋法公约》，建立整体的环保体系。

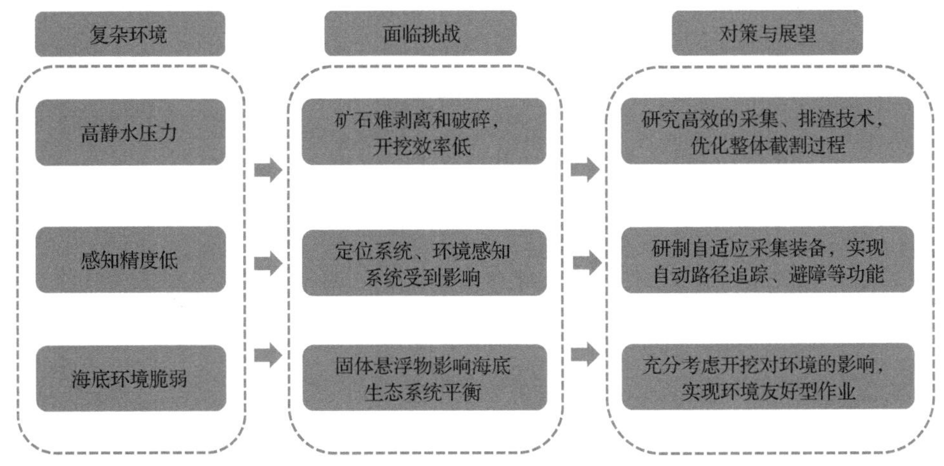

图 1-10 深海机械化开挖挑战与展望

1.1.4 深空复杂环境下岩石钻进和机械化开挖

1. 深空钻进

1) 深空钻进现状

远离地球的深空一直吸引着人类不断对其探索。月球、小行星上具有丰富的稀有矿产资源，为了尽可能保护地球资源和破解资源枯竭难题，深空资源开采逐渐得到人类的关注。太空采矿虽然仍停留在认识和探索阶段，但深空资源勘探已经历半个多世纪的研究实践，以钻进为主的钻探作业随着探测技术的推进得到了稳步发展。从 20 世纪 50 年代至今，许多国家针对不同的天体开展了钻探采样作业计划。其中具有代表性的有月球号(Luna)系列无人取样、阿波罗(Apollo)系列人工采样计划、嫦娥五号月球探测器采样以及美国国家航空航天局(National Aeronautics and Space Administration，NASA)的好奇号(Curiosity)火星探测器采样、欧洲航天局(European Space Agency，ESA)的火星太空生物学计划(Exobiology on Mars，ExoMars)和日本宇宙航空研究开发机构(Japan Aerospace Exploration

Agency，JAXA）的隼鸟 2 号小行星探测器采样等，如图 1-11 所示。Luna-16/20 探测器搭载外伸式机械臂搭载钻具，使用摆杆式回转钻进方式进行月球浅层采样。Luna-20 最终钻进 25cm，共收集 55g 月球土壤。Luna-24 在此前基础上改用滑轨式软管取心钻进采样，利用自重提高钻压力，实现了超过 2m 的钻进深度，样品质量达 171g[45,46]。美国 Apollo 系列分别用压入式空心薄壁取心管和回转冲击式电动钻机钻进了 70cm 和 2.4m[47,48]。2020 年，嫦娥五号采用机械臂搭配采样器，采用全新的双管单袋式取心钻具，在月壤内钻进了约 1m[49]。此外，Curiosity 火星车搭载一套臂载回转冲击式钻具，采用 6mm 的全面钻头，首次钻探便完成了直径为 16mm、深度为 64mm 的钻孔作业[50]。ExoMars 构思在火星车上搭载一套多杆组接式钻具来钻进取心，钻具在钻进过程中可以通过内部杆实现全面钻头和取心钻头的转化，从而提高取心质量。隼鸟 2 号小行星探测器采样任务先通过探测器发射金属射弹将地表 1m 以下地层裸露出来，再使用气动钻头配合样本收集罩进行取心采样[51]。在此之前，小行星探测任务还有 ESA 的罗塞塔号（Rosetta）彗星探测器，其搭载的采样器 SD2 最大钻进深度达 200mm。SD2 采用双螺旋组合式钻杆和硬质合金取心钻头进行回转钻进，钻杆转速根据不同硬度的岩石在 100～

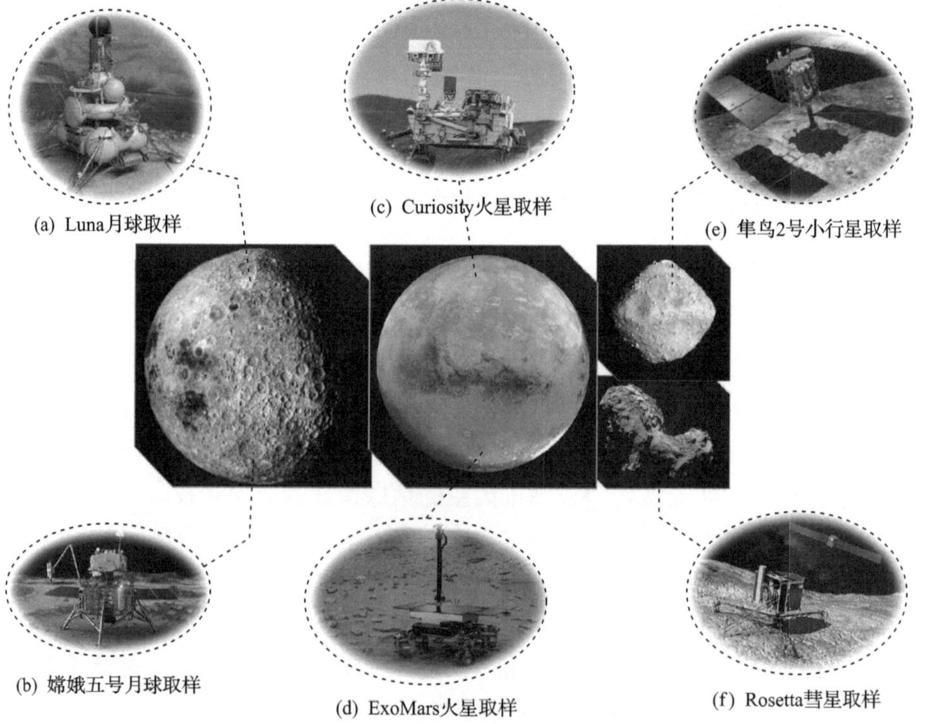

图 1-11　代表性的太空钻探计划

150r/min 变化[52]。为了适应深空钻进的特殊性，更好地开展深空钻进计划，研究者还提出了高压气体排屑方法，可以有效提高排屑效率，减小钻头磨损。另外，还进行了双向交错往复钻进、螺旋钻机钻进、软袋式钻进取心等钻进试验[53]。

2）深空钻进挑战与展望

总体来说，目前深空钻进技术在月球、火星及小行星等外太空钻探取样任务中取得显著成绩，但在广阔的天体钻探取样任务中仍然存在着许多困难，深空钻进作业面临的主要挑战及展望如图 1-12 所示。深空的微重力无法支撑大功率钻进设备的反作用力，会导致探测装置侧翻甚至倾覆。传统钻进作业使用的钻进液在超高/低温环境下不稳定，无法满足高效钻进的要求。在深空环境下，作业设备的能源供给困难，可以考虑使用包括超声波/声波钻探采样器（ultrasonic/sonic driller/corer，USDC）在内的轻小型、低能耗设备。钻进机理也是影响深空钻进的一个关键因素，以月球的无水环境和火星的固态水环境为例，需分别考虑钻-壤和钻-壤-水耦合作用下的切削和排屑特性。另外，在模拟不同星壤进行钻探试验的基础上，进一步观察回转钻进、冲击钻进、动能侵蚀等钻进方法在特殊环境下的力学行为，根据不同的环境选择合适的钻进方法。研制可以实时监测钻具工作状态和原位星壤物理力学特性的随钻传感器，再通过自适应功能调整钻具的作业参数，可以有效降低钻具的故障率和钻探作业的潜在风险。

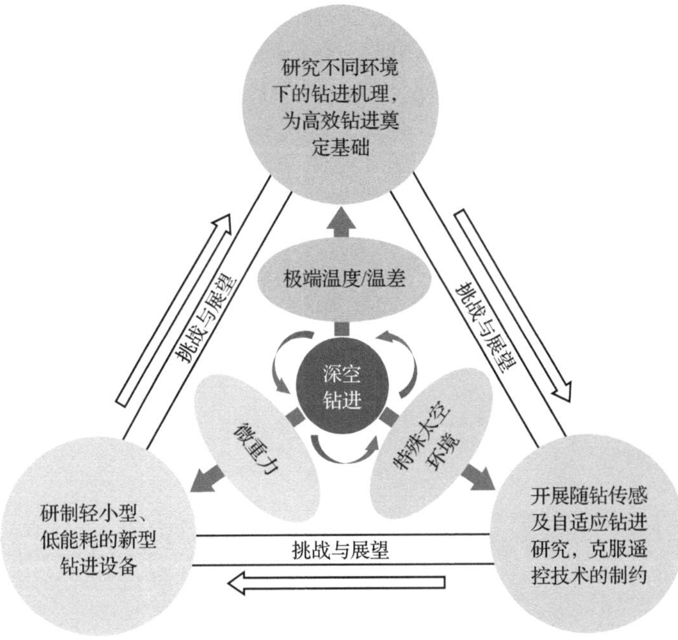

图 1-12　深空钻进挑战与展望

2. 深空机械化开挖

1)深空机械化开挖构思

尽管目前国内外暂未发现满足太空采矿需求的开挖技术，但已有不少学者对月球、火星、小行星等天体的矿产开采和居住环境建设提出了许多构思(图 1-13)，其中机械化开挖是实现太空采矿最直接有效的开采手段[54]。

(a) 太空采矿

(b) 太空资源原位利用

图 1-13 太空采矿与原位利用机械化开挖构思[54]

(1)月球。未来月球露天采矿的挖掘设备可能是三滚筒扒矿机(three-drum slusher)，也称为缆索牵引铲运机(cable-operated drag scraper)，其设备简单、灵活性高，有望快速用于月球采矿。另外，相比于地球，低重力下可以更容易安装铲斗、配置索力系统以及装载物料。除此之外，还有一种构思是采用斗轮(bucketwheel)对月壤表面的矿物风化层进行松动处理(图 1-14)，然后，通过传送带运至储矿箱。这种方法的缺陷在于斗轮质量和体积大、装置复杂，降低了操作系统的可靠性，但较大的质量和体积也使铲斗可以深入开挖风化层。

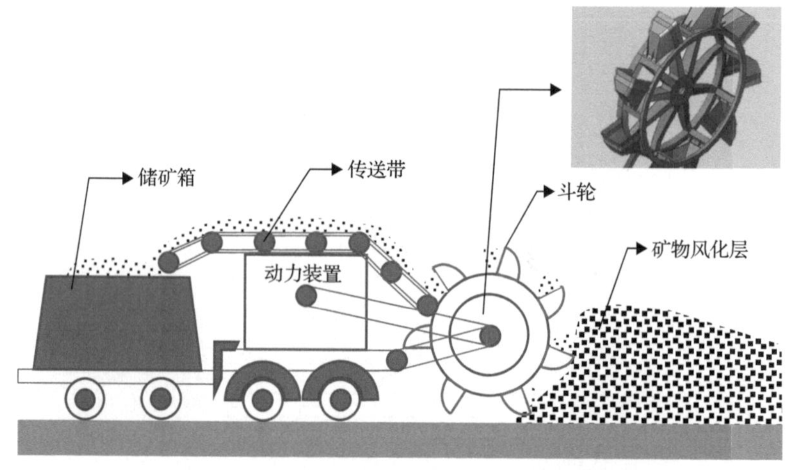

图 1-14 月壤表面矿物风化层斗轮松动开采示意图

(2) 小行星。小行星的开采构思主要有小行星捕获法、露天切割法(open cutting method)和地下充填法(underground filling method)共 3 种方法，如图 1-15 所示。小行星捕获法是指利用运载能力和捕获能力强的航天器捕获目标小行星，利用霍曼转移(Hohmann transfer)将捕获的小行星从太阳轨道带至近地轨道(low earth orbit, LEO)，然后通过航天飞机或垂直着陆重型火箭将捕获的小行星运送至地球进行采矿作业。露天切割法主要由切割机、破岩机和隔离罩组成，由于存在微重力，需要使用锚固系统解决失重的问题。地下充填法是利用隧道掘进机等大型机械设备在露天切割法的基础上在小行星内部钻大深孔，所有钻孔交叉穿过小行星的中心。切割和钻进产生的废料用于充填采空区，降低成本，增强地下围岩的稳定性。总之，当目标小行星的质量较小且不超过所使用运载器的最大有效载荷时，可以采用小行星捕获法开采。露天切割法主要适用于直径小、硬度低的小行星开采。对于直径大、硬度较高的小行星可采用地下充填法开采。

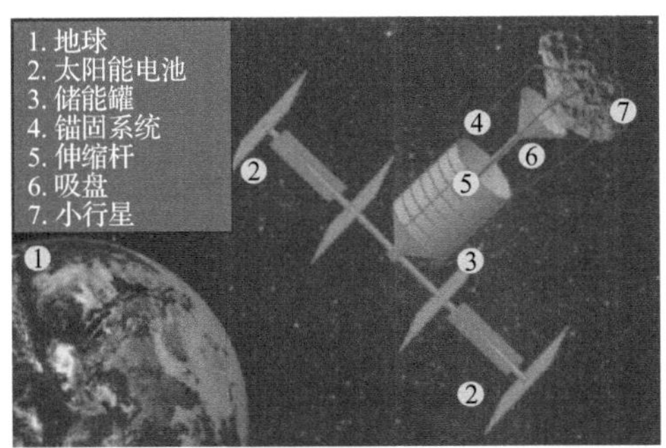

(a) 小行星捕获法

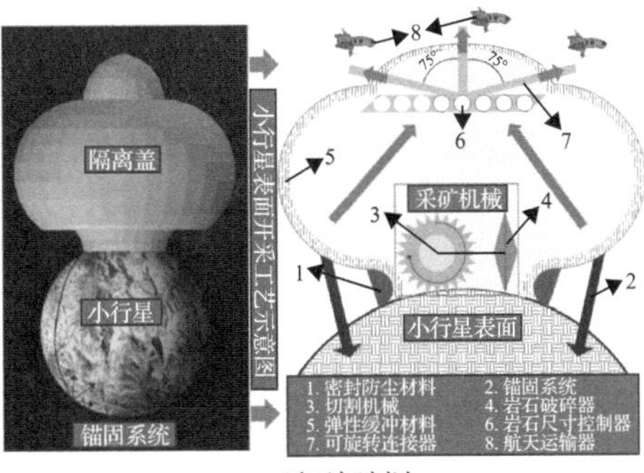

(b) 露天切割法

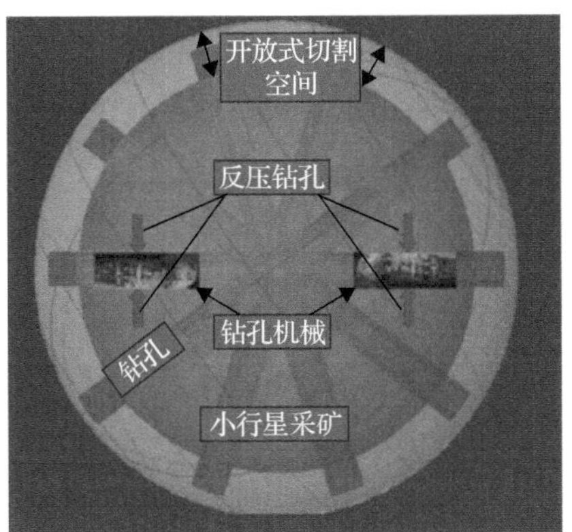

(c) 地下充填法

图 1-15　小行星开采方法构思

2) 深空机械化开挖挑战与展望

航空航天技术和深空探测技术的不断发展坚定了人类实施地外天体采矿的决

心，并为太空采矿实践奠定了坚实基础。但目前太空采矿还处于理论与构思阶段，面临的挑战和展望如图 1-16 所示。面对深空采矿挑战，未来需要研究完善深空机械化开挖的基础力学问题，包括微重力导致的低应力和低应力梯度下的星壤力学性质，高真空环境下由于极小颗粒间距的范德瓦耳斯力改变的星壤力学响应以及极端温度和高温差对星岩、星壤强度及变形效应的影响等。除此之外，还需要开展采矿机器人在行星表面的附着锚固技术，以及开挖块状、粉状等易离散矿物过程中的收集与封装技术。研制可以实时监测工作状态、低延迟远程操作以及集探测、开挖、收集等功能于一体的自主采矿机器人，最终实现适应性和灵活性强的远程太空采矿。

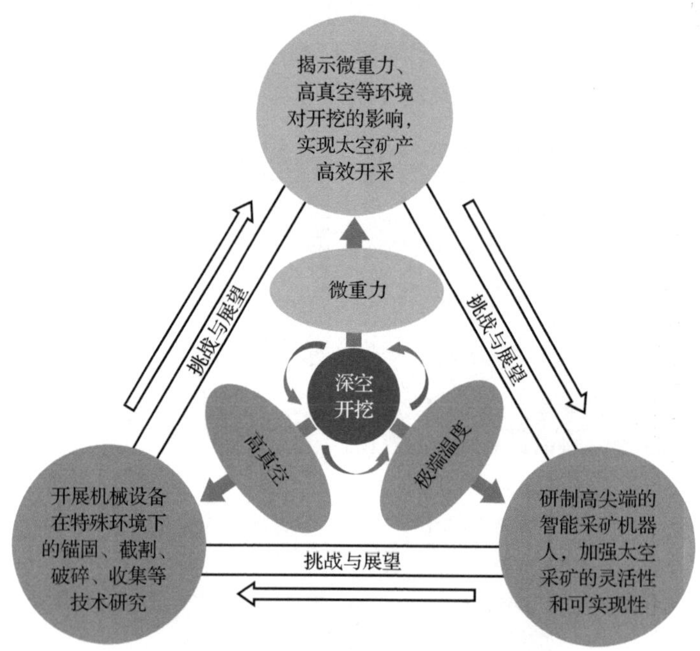

图 1-16　深空机械化开挖挑战与展望

“三深”代表了我国乃至全世界的未来资源开采发展趋势，“三深”的复杂环境是阻碍资源开采的重要因素。回顾人类认识和开发自然的历程，错失科技和产业革新是我国近代以来技术落后的重要原因。抓住资源开发的先机是改变发展格局并在经济发展中占据主动地位的有效措施。复杂环境下的钻进、机械化开挖是“三深”资源开采的核心技术之一，无论是深地和深海的石油天然气、矿产资源勘探开采，还是深空钻探和采矿都需要大力推动钻进和开挖技术发展。深地“三高一扰动”加上高酸性地层等环境因素的影响，严重制约了资源开采系统机械化、智能化发展进程。深海高温高压、低温高压等恶劣环境同样是深海智能化钻进发展缓慢以及深海矿产资源尚未实现商业化开采的重要原因。深空的微重力、高真空等极端条件使得太空采矿相关理论知识和实践经验不够。为此，钻进和机械化开挖技术需要在此前的基础上传承和创新，未来整体朝着机械化、无人化、智能化方向发展，更好地适用于“三深”复杂环境，实现“三深”资源的安全、高效、绿色、环保开采。

1.2　深地资源开采发展现状

地下资源开发利用是国民经济发展的重要支撑，涉及矿业、油气、水利水电等众多行业。地下资源开发必然涉及人类技术物资与地下岩体的相互作用，其中岩石破碎是地下资源开发的必经过程，决定着资源开发的经济、安全和效率。习近平总书记在全国科技创新大会上指出：“世界先进水平勘探开采深度已达 2500m 至 4000m，而我国大多小于 500m，向地球深部进军是我们必须解决的战略科技问题。”随着地下资源大规模开发的持续进行，浅部资源逐渐枯竭，深部资源开发已成为新常态。目前世界上主要采矿业发达国家界定的深部资源开采深度范围如图 1-17 所示。深部资源开发过程中，深部岩体处于高地应力、高地温、高渗透压和强开挖扰动等“三高一扰动”复杂环境，表现出与浅部岩体差异显著的力学特性，出现挤压大变形、岩爆、板裂等非常规破坏现象[55-58]。同时，随着“工业 4.0-智能化”的持续深化，地下资源开发产业特别是矿业必将从粗放型向精细化、智能化发展。

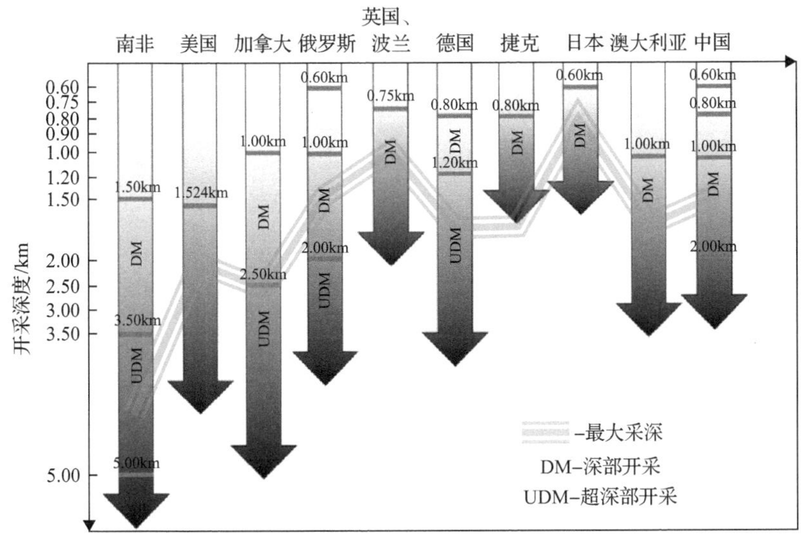

图 1-17　世界上主要采矿业发达国家界定的深部资源开采深度范围

经过几十年的努力，煤炭开采中出现了综合机械化采掘技术，保证了千万吨大型煤矿的机械化、连续化、规模化开采，促进了煤炭资源的安全、高效、绿色、智能化开采进程。在进入地下深部后煤炭开采技术继续革新，有望实现流态化开采。然而，根据图 1-18，世界上很深的矿山(2000m 以上)主要为金、银、铂等贵重金属矿，且都为硬岩矿山。目前地下非煤硬岩矿体开采仍以传统钻爆法为主，其作业危险性高、生产效率低、衍生破坏大、智能化进程缓慢等问题日益突出，难以满足现代工业所倡导的安全、高效、绿色、智能化需求。同时，爆破也是诱发岩爆、突水等灾害的重要因素。因此，有必要改善传统钻爆法技术，或者突破目前硬岩开挖以钻爆法为主的格局。20 世纪后期以来，采矿发达国家先后进行了许多旨在取消炸药的非爆破岩法的研究工作，试图找到一种可取代爆破的高效破岩方法。先后涌现出许多新型破岩方法，如机械刀具破岩、高压水射流破岩、化学膨胀剂破岩、热力破岩、微波破岩、等离子体破岩、激光破岩等。这些破岩技术的出现和发展，大力推动了采矿、地下空间、油气资源开发等岩石工程的飞速发展。然而，由于深部硬岩普遍具有高强度、高硬度、高磨蚀性、完整性好、应力条件复杂等特点，深部硬岩破碎难度大，将面临新的问题与挑战。

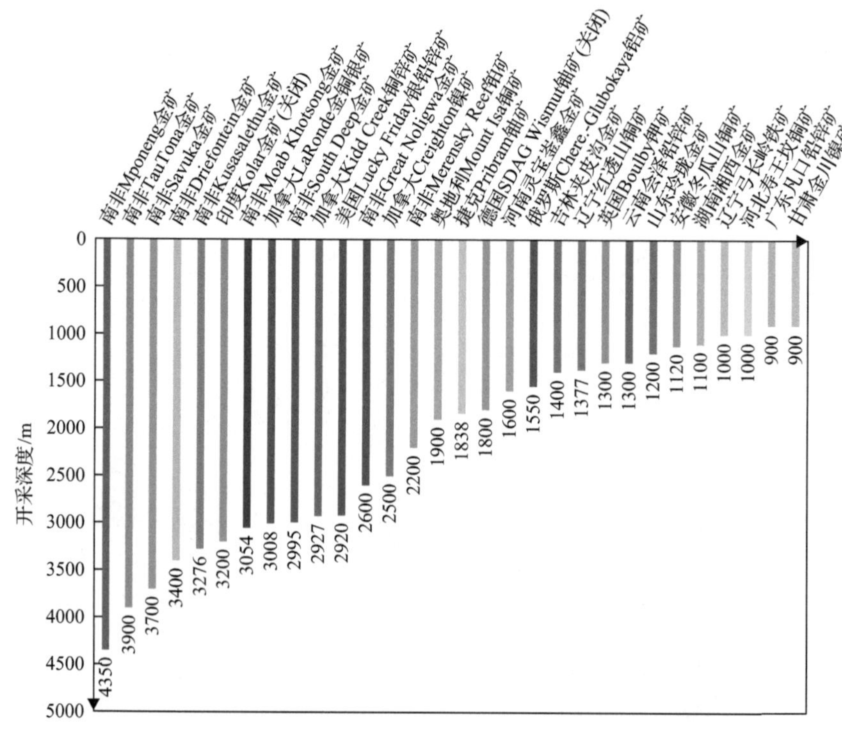

图 1-18　国内外典型金属矿山开采深度(2019 年统计数据)

在国家科技项目方面，2016 年我国启动了国家重点研发计划“深地资源勘查开采”重点专项(简称“深地专项”)，作为国家深地战略科技布局的开篇之作，

“深地专项”针对深部矿产资源开采理论与技术研究等七个任务展开跨行业、跨区域的协同创新，其中提升深部资源开采能力是该专项面向我国深地战略需求和实现“向地球深部进军”而设立的关键目标。因此，“深地专项”专门开辟资源开采任务板块。自2016年启动以来，已累计在资源开采板块部署10个项目。此外，为了解决深地勘探难题，还在地质勘探领域部署了“5000m智能地质钻探技术装备研发及应用示范”项目。同时，国家自然科学基金在2017～2020年针对深部岩石力学与深部资源开采问题部署了一些重大项目、国家重大科研仪器研制项目。上述这些深部岩石力学、深部资源开采以及地质钻探项目涉及中央财政专项经费3.77亿元，100余个单位参与相关研究工作及应用示范，这些项目大都涉及深部岩石破碎和开挖问题，例如“深地专项”中的首个项目“深部岩体力学与开采理论”就把基于深部高应力诱导与能量调控的岩体高应力耦合爆破和非爆机械化开采作为重点研究任务，国家自然科学基金国家重大科研仪器研制项目“深部岩石原位保真取心与保真测试分析系统”将突破深部复杂环境下原位高保真钻进取心技术难题以实现深部岩石保真取心，这些项目的实施为深部岩石破碎技术发展提供了有力支持。

1.3 非爆破岩理论和技术发展与展望

随着国民经济发展，矿产和油气资源开采、水利水电建设以及地下空间开发利用的规模和工程建设力度不断加大，施工环境也愈加复杂和恶劣。岩体作为上述工程的主体施工对象，如何将其安全、高效、经济、智能、绿色地破碎，是施工建设过程中必须要面临和解决的问题。

钻爆法具有技术成熟、应用范围广等优点，在采矿、水利、交通等大型岩石工程中应用广泛。在凿岩钻孔工艺方面，从早期的人工手把钎凿孔到手持式凿岩机，再到大型的凿岩台车，凿岩钻孔效率不断提高。在凿岩钻孔数字化、智能化和无人化进程中，计算机导向台车和凿岩机器人等凿岩钻孔设备也应运而生。在爆破工艺方面，随着岩石破碎工程规模的增大以及爆破质量要求的提高，微差爆破技术、光面爆破技术、预裂爆破技术、定向爆破技术、深孔爆破技术等得到了快速发展。在爆破材料方面，出现了静态膨胀剂致裂、液态惰性气体相变致裂、等离子爆破等技术替代传统炸药化学爆破[59-61]。其中，钻孔预裂爆破技术通过形成大量裂隙改善岩层透气性或诱导顶板垮落卸压以防止冲击地压和巷道围岩失稳灾害，目前在煤层气抽采、切顶卸压等方面有着不可替代的作用。新型爆破工艺及爆破材料在一定程度上改善了传统钻爆法的作业条件和作业效果，但钻爆法仍然普遍存在危险性高、能量利用率低、衍生破坏大、智能化进程缓慢等问题，较难满足现代岩石工程所倡导的安全、高效、绿色、智能化需求[62-65]。此外，随着岩石开挖进入深部，地应力逐渐增大，爆破对岩石的冲击强度加大，地应力对爆破裂纹形成与扩展的导向作用也愈加明显，爆破破岩效果难以达到施工设计要求。处于高地应力状态的岩体，储存有大量的弹性变形能，在爆破破岩扰动作用下，极易诱发岩爆、冲击地压等工程灾害，严重影响岩石工程的作业安全。因此，亟待探索能够克服钻爆法弊端的非爆破岩方式，以替代传统钻爆法，实现岩石工程中的安全、高效破岩。自 20 世纪后期，国内外涌现出包括机械刀具破岩、水力破岩、微波破岩和热冲击破岩在内的多种新型非爆破岩方式。这些新型非爆破岩方式一经提出，便吸引了国内外专家学者和工程技术人员的广泛关注；经过数十年的实践、发展和完善，新型非爆破岩方式取得了长足进步，促进了采矿、水利、交通等岩石工程的飞速发展。为了解并展现国内外岩石破碎领域研究进展和发展趋势，在工程索引(Engineering Index，EI)和科学网络(Web of Science)数据库中以“rock breakage or rock breaking or rock fragmentation or rock excavation or rock heading”为检索词，在中国知网数据库中以“破岩 or 岩石(体)破碎 or 岩石(体)开挖 or 岩石(体)掘进”为检索词，检索有关岩石破碎的文献。截至 2022 年 3 月，岩石破碎相关文献逐年变化情况如图 1-19 所示。自 1998 年以来，岩石破碎相关文献逐年增加，特别在最近几年，文献数量迅速增多，表明随着地下资源开采和地下空间开发利用需求的加大，有关岩石破碎理论、技术和应用的研究热度不断升高。图 1-20 为 Web of Science 上检索的各国发表与岩石破碎相关的文献数量。由图 1-20 可知，我国与岩石破碎相关的文献数量占全部相关文献的一半以上，高于全球其他国家发表相关文献的总和，表明我国地下工程建设力度的加大以及“深地专项”的开展促进了我国在岩石破碎理论、技术和应用方面的研究，使我国在岩石破碎领域处于国际领先地位。在中国知网数据库中，岩石破碎领域的主要研究主题有：TBM、破岩机理、数值模拟、PDC、盘型滚刀、全断面岩石掘进机、掘进机、滚刀破岩、高压水射流、牙轮钻头、岩石掘进机、隧道掘进机、冲击破岩、爆破破岩等(图 1-21)。据中国知网数据库文献统计，在我国岩石破碎领域，有关 TBM 的文献最多，有关滚刀破岩、PDC 刀具破岩、高压水射流破岩、冲击破岩的文献也较为丰富，而有关爆破破岩的文献较少。这表明爆破破岩这种传统方法已发展较为成熟，而非爆破岩作为新兴技术，近年来广受关注。此外，数值模拟可以追踪并显示岩石破碎的复杂过程，可为阐明各类破岩方法的破岩机理提供有力帮助，在岩石破碎相关研究中得到了广泛应用。结合国内外岩石破碎的发展现状和趋势，非爆破岩方式主要有机械刀具破岩、水力破岩、微波破岩、热冲击破岩、膨胀破岩、联合破岩等。随着岩石工程施工环境越来越复杂、岩石工程质量要求越来越高，上述非爆破岩方式有着广阔的应用前景。本书将阐述非爆破岩理论、技术及应用，总结非爆破岩目前面临的困难和挑战，并提出相应的应对策略，展望非爆破岩未来的发展与突破方向。

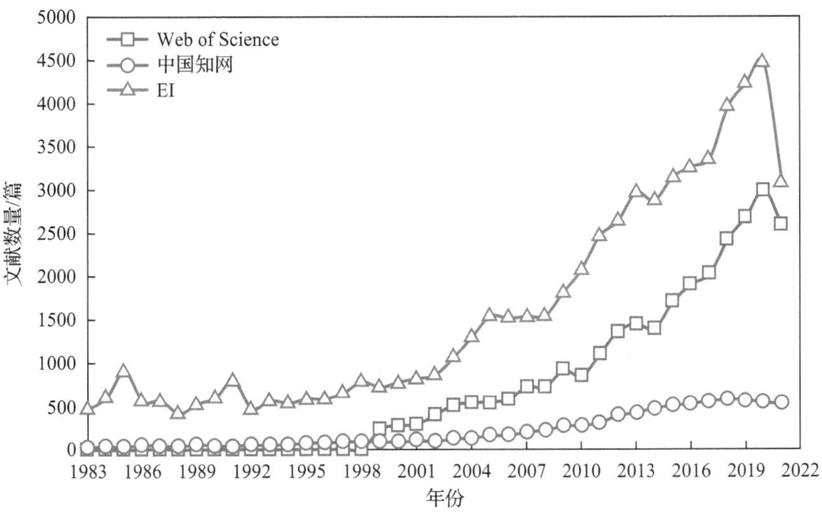

图1-19 岩石破碎相关文献数量的逐年变化

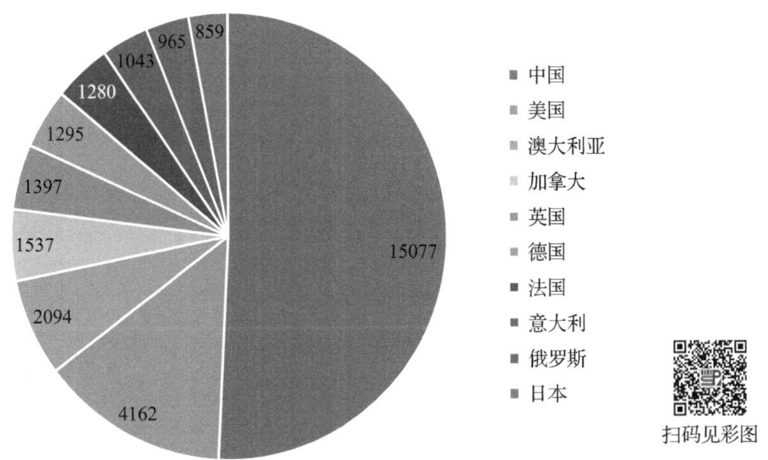

图1-20 世界各国发表与岩石破碎相关的文献数量(篇)

1.3.1 非爆破岩理论与方法

1. 机械刀具破岩

机械刀具破岩是通过破岩设备提供能量，将破岩刀具与岩石紧密接触并产生应力集中，使破岩刀具凿入并破碎岩石。破岩刀具是将破岩设备的能量传递到岩石的重要工具，选择合适的破岩刀具对破岩效率及经济效益至关重要。根据破岩方式和用途，可将破岩刀具分为：截割刀具(drag tools)、滚压刀具(roller tools)、冲击刀具(impact tools)。截割刀具是在岩石表面凿入然后进行截割，可以破碎单

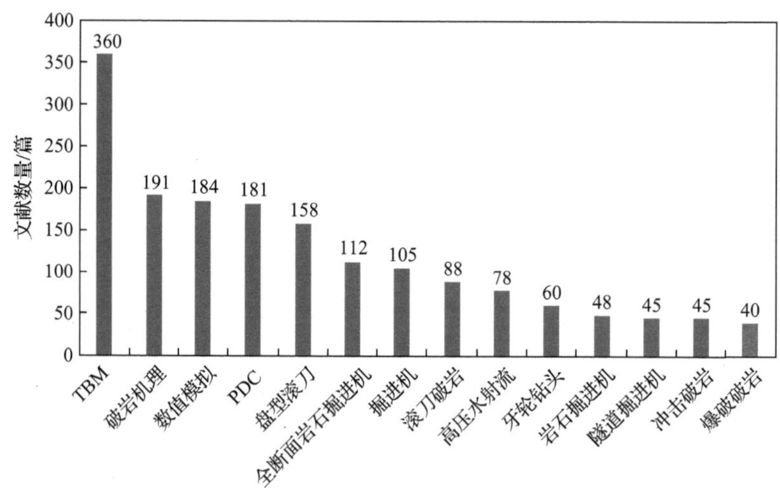

图 1-21　与岩石破碎相关的文献主要研究主题

轴抗压强度低于 120MPa 的岩石，但在高接触应力和高温下刀具极易磨损，适用于破碎低磨蚀性的岩石。其中，镐型截齿的刀柄是圆柱形，破岩过程中截齿可以在齿座中旋转而保证均匀磨损，与其他截割刀具相比使用寿命更长，可以用于破碎中度磨蚀性的岩石[66,67]。滚压刀具通过绕轴旋转，与岩石表面循环接触，可以破碎单轴抗压强度达到 250MPa 且具有高磨蚀性的极坚硬岩石。冲击刀具通常与冲击(液压)破碎机一起使用，通过高频循环冲击岩石表面破碎岩石，一般适用于破碎单轴抗压强度低于 100MPa 的岩体。

1) 镐型截齿破岩

镐型截齿在破岩时，截齿与岩石的接触区域会形成复杂应力场，当接触区域周围的拉应力达到岩石抗拉强度时会产生赫兹(Hertz)裂纹。受挤压的岩石会发生塑性变形并产生细小岩屑，岩屑在高压力下集聚并形成密实核，岩屑受到挤压而储存能量，并将截齿提供的载荷传递到岩石周围区域。当接触区域周围的应力达到岩石抗剪强度或压应力达到岩石抗压强度时，会产生源裂纹；随着截齿载荷增大，密实核对岩石的压力也不断增高，形成的裂纹不断扩展，直至裂纹贯穿岩石表面，岩石碎块从原岩剥落。截齿破岩过程如图 1-22 所示。在破岩时，上述过程是在瞬间完成的，在岩石碎块剥落过程中伴随有局部较小碎块的剥落，表现为截齿力的波动变化。目前，镐型截齿破岩理论大多是基于伊文思(Evans)破岩理论修正和改进的。Evans[68]认为，镐型截齿在破岩时会产生径向压应力和环向拉应力，当环向拉应力达到岩石抗拉强度时，岩石发生破坏，V 形碎块剥落。Evans 破岩理论模型如图 1-23 所示。在 Evans 破岩理论中，峰值截齿力(peak cutting force, F_{PC})预测模型如式(1-1)所示：

$$F_{\mathrm{PC,Ev}} = \frac{16\pi\sigma_t^2 d^2}{\sigma_c \cos^2\alpha} \tag{1-1}$$

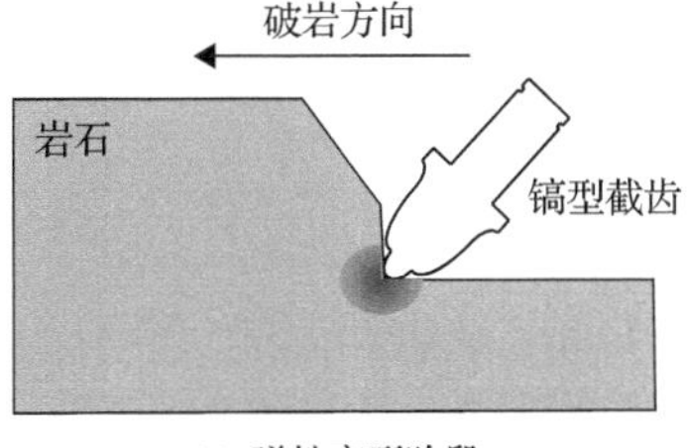

(a) 弹性变形阶段

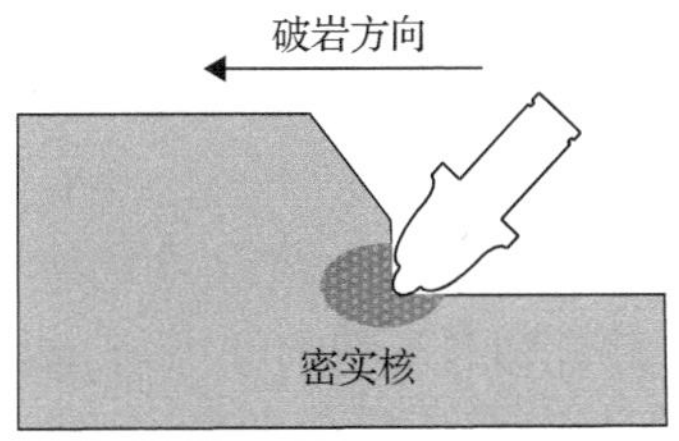

(b) 密实核形成阶段

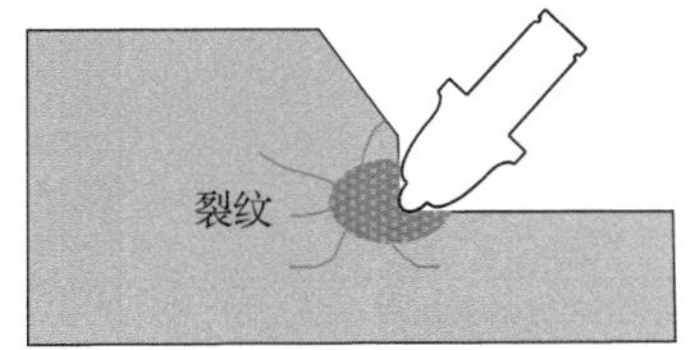

(c) 各向裂纹扩展阶段

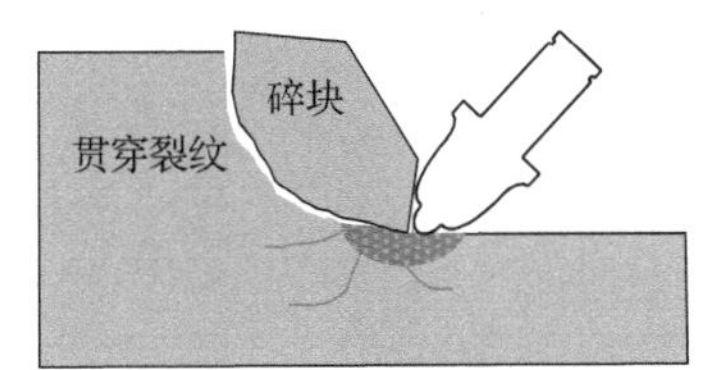

(d) 碎块剥落阶段

图 1-22 镐型截齿破岩过程

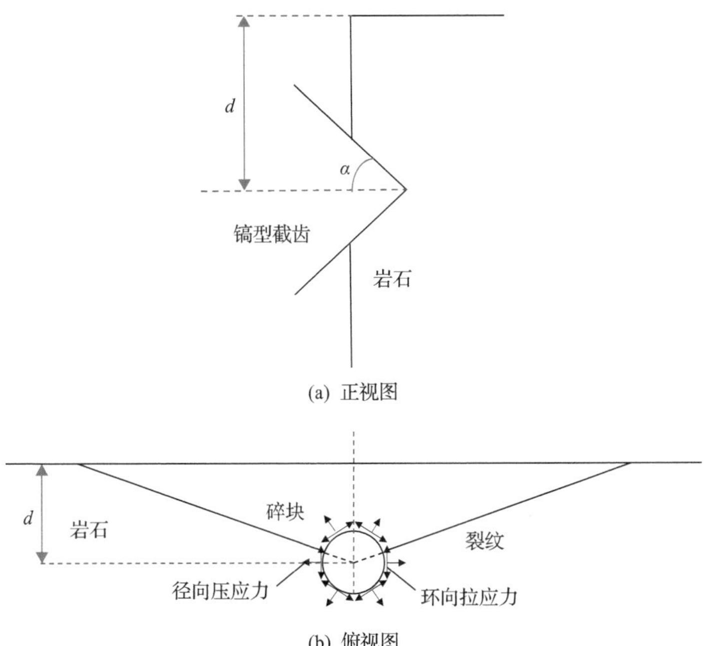

图 1-23 Evans 破岩理论模型

式中：$F_{\mathrm{PC,Ev}}$ 为 Evans 破岩理论获得的峰值截齿力；σ_t 为岩石抗拉强度；σ_c 为单轴抗压强度；α 为镐型截齿尖部半角；d 为截割深度。在 Evans 破岩理论中，没有考虑摩擦作用对截齿破岩的影响。Roxborough 和 Liu[69]考虑截齿与岩石间的摩擦作用，修正了 Evans 破岩理论，得到峰值截齿力预测模型如式(1-2)所示：

$$F_{\mathrm{PC,Ro}}=\frac{16\pi\sigma_{\mathrm{c}}\sigma_{\mathrm{t}}^{2}d^{2}}{\left[2\sigma_{\mathrm{t}}+\sigma_{\mathrm{c}}\cos\alpha\left(\frac{\tan f}{1+\tan f}\right)\right]^{2}} \tag{1-2}$$

式中：f为截齿和岩石间的摩擦角。此外，在 Evans 破岩理论中，峰值截齿力与岩石单轴抗压强度成反比，且当α趋于零时，峰值截齿力也不会降为零，这两点与现实情况相悖。因此，Goktan[70]进一步修正了 Evans 破岩理论，得到峰值截齿力预测模型如式(1-3)所示：

$$F_{\mathrm{PC,Go}}=\frac{4\pi\sigma_{\mathrm{t}}d^{2}\sin^{2}(\alpha+f)}{\cos(\alpha+f)} \tag{1-3}$$

此后，Goktan 和 Gunes[71]拟合出实尺破岩试验中峰值截齿力与截割参数和岩石性质之间的关系，得到峰值截齿力半经验模型如式(1-4)所示：

$$F_{\mathrm{PC,Go\ and\ Gu}}=\frac{12\pi\sigma_{\mathrm{t}}d^{2}\sin^{2}\left[\frac{1}{2}(90^{\circ}-\omega)+f\right]}{\cos\left[\frac{1}{2}(90^{\circ}-\omega)+f\right]} \tag{1-4}$$

式中：ω为截割破岩时的倾角。

基于 Evans 破岩理论，许多学者对峰值截齿力模型做了大量修正工作，但峰值截齿力的预测值与实尺试验值之间仍然存在明显差异。Bilgin 等[72]根据各类镐型截齿破岩试验数据，建立了峰值截齿力与岩石物理力学性质[单轴抗压强度、抗拉强度、施密特(Schmidt)锤回弹值、弹性模量]之间的一系列回归表达式。此外，Tiryaki 等[73]采用多元回归分析、回归树模型和神经网络方法预测了镐型截齿的峰值截齿力。Bao 等[74]发现峰值截齿力与截割深度呈幂函数关系，由此提出了峰值截齿力预测模型如式(1-5)所示：

$$F_{\mathrm{PC,Ba}}=\varGamma d^{\frac{4}{3}} \tag{1-5}$$

式中：$\varGamma$ 为与岩石应变能释放率和截齿几何形状有关的参数。上述截齿破岩理论和峰值截齿力预测模型的提出和建立，促进了人们对截齿破岩过程的理解与认知，是非爆破岩理论的重要组成部分，在工程应用及破岩设备研发中起到了重要作用，但截齿破岩理论仍需不断改进以更准确地反映实际破岩过程。

2) 盘型滚刀破岩

盘型滚刀在破岩时，滚刀在法向力作用下与掌子面紧密接触并压入岩石，滚刀在刀盘的带动下在掌子面上旋转并滚压岩石，岩石产生挤压、剪切、张拉的综合破坏。在盘型滚刀破岩过程中，与滚刀接触的岩石受到滚压形成粉碎体，并被压实形成密实核。密实核将滚刀上的载荷传递到相邻区域，从而在密实核周围产生大量微裂隙，并形成损伤区。随着盘型滚刀破岩的持续进行，在损伤区周围形成裂纹并逐渐向外部扩展，当相邻两个盘型滚刀下方形成的裂纹贯穿时，岩石碎块从原岩剥落。盘型滚刀破岩过程如图 1-24 所示。

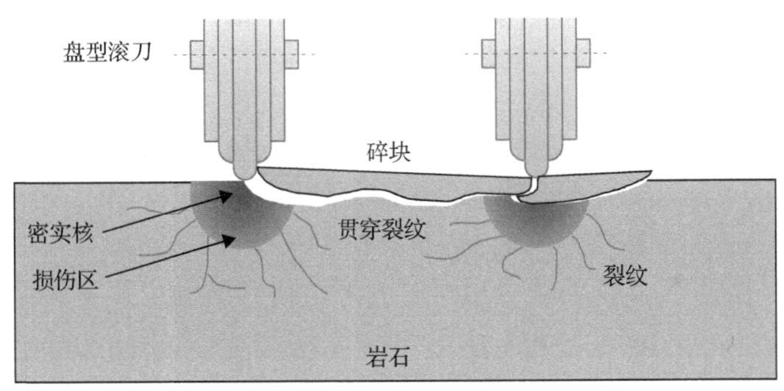

图 1-24　盘型滚刀破岩过程

目前，盘型滚刀破岩机理主要有挤压破坏机理、剪切破坏机理和张拉破坏机理[75]。挤压破坏机理认为滚刀在压入岩石后，当施加在滚刀上的垂直载荷高于岩石单轴抗压强度时，滚刀底部岩石被压碎。剪切破坏机理认为滚刀在压入岩石后，滚刀下方受压并形成密实核，处于滚刀侧面的岩石在剪切力作用下被破碎。张拉破坏机理认为滚刀在凿入岩石后，滚刀下方所形成的密实核会储存能量，该部分能量释放会造成附近岩石的塑性变形并产生张拉裂纹，随着破岩过程的进行，裂纹发育扩展，直至张拉裂隙贯穿，岩石发生张拉破坏。基于上述滚刀破岩机理，许多学者提出了滚刀破岩的垂直力、滚动力、侧向力预测模型。Evans[76]认为滚刀破岩所需的垂直力和滚刀与岩石接触面在岩石表面上的投影面积成正比，从而得到滚刀破岩的垂直力预测模型，如式(1-6)所示：

$$F_{\mathrm{V-Ev}}=\frac{4}{3}\sigma_{\mathrm{c}}h\sqrt{R^2-(R-h)^2}\tan\frac{\theta}{2} \tag{1-6}$$

式中：$F_{\mathrm{V-Ev}}$ 为垂直力；h 为滚刀凿入深度；R 为滚刀半径；θ 为滚刀刀刃角。但在后续的实践中发现，通过 Evans 滚刀破岩垂直力预测模型得到的垂直力低于实际值。

Akiyama[77]基于 Evans 滚刀破岩垂直力预测模型，建立了滚刀破岩侧向力预测模型，如式(1-7)所示：

$$F_{\text{S-Q}}=\frac{\sigma_{\text{c}}}{2}R^2(\varPhi-\sin\varPhi\cos\varPhi) \tag{1-7}$$

式中：$F_{\text{S-Q}}$为侧向力；$\varPhi$为盘刀接岩角。同时，根据剪切破岩机理，滚刀破岩侧向力预测模型也可以表述为式(1-8)：

$$F_{\text{S-Q}}=R\varPhi\tau S \tag{1-8}$$

式中：τ为岩石抗剪强度；S为盘刀间距。Roxborough 和 Phillips[78]沿用了 Evans 的论点，并将 Evans 滚刀破岩垂直力预测模型中的投影面积修正为矩形面积，建立了滚刀破岩垂直力预测模型，如式(1-9)所示：

$$F_{\text{V-Ro}}=4\sigma_{\text{c}}h\tan\frac{\theta}{2}\sqrt{2Rh-h^2} \tag{1-9}$$

同时，根据垂直力和滚动力之间的关系，得到滚动力预测模型如式(1-10)所示：

$$F_{\text{R-Ro}}=4\sigma_{\text{c}}h^2\tan\frac{\theta}{2} \tag{1-10}$$

式中：$F_{\text{R-Ro}}$为滚动力。此外，科罗拉多矿业大学根据滚刀线性截割试验得到滚刀破岩垂直力预测模型，如式(1-11)所示[79]。在科罗拉多矿业大学滚刀破岩垂直力预测模型中，垂直力一部分用于压碎滚刀下部岩石，另一部分用于剪切破坏相邻盘刀间的岩石。

$$F_{\text{V-K}}=Rh^{\frac{3}{2}}\left[\frac{4}{3}\sigma_{\text{c}}+2\tau\left(\frac{S}{h}-2\tan\frac{\theta}{2}\right)\right]\tan\frac{\theta}{2} \tag{1-11}$$

同时，根据几何关系和截割系数，得到滚刀破岩滚动力预测模型如式(1-12)所示：

$$F_{\text{R-K}}=\left[\sigma_{\text{c}}h^2+\frac{4\tau\phi h^2\left(S-2h\tan\dfrac{\theta}{2}\right)}{2R(\varPhi-\sin\varPhi\cos\varPhi)}\right]\tan\frac{\theta}{2} \tag{1-12}$$

目前，科罗拉多矿业大学滚刀破岩垂直力和滚动力预测模型被广泛应用于 TBM 设计过程中。之后，Rostami[80]根据滚刀破岩实验数据，对科罗拉多矿业大学滚刀破岩垂直力和滚动力预测模型作了进一步修正。此后，有学者将 TBM 破岩参数和岩石性质引入滚刀破岩预测模型，并基于试验数据，建立了经验/半经验滚刀破岩截割力预测模型。滚刀破岩预测模型和滚刀破岩截割力预测模型为滚刀破岩参数优化设计提供了理论支撑，推动了滚刀破岩的发展与应用。

3)冲击刀具循环冲击破岩

冲击破岩是依靠冲击机构提供的冲击载荷，经过钎杆等冲击刀具施加到岩石上，使冲击刀具凿入岩石并形成破碎坑，破碎坑之间相互贯穿完成破岩作业。冲击刀具破岩可以划分为四个阶段：当刀具与岩石表面接触时，接触区域的岩石受到极高应力，岩石被接触压碎；刀具下方区域岩石被压密，形成压实体；压实体下方产生张开裂纹，且随着刀具载荷的增大，裂纹扩展向下延伸；在刀具对岩石不断加载过程中，压实体周围区域的应力也逐渐增大，当达到某一阈值时，压实体周围会产生剪切裂纹，并朝着自由面扩展；当裂纹扩展至自由面时，岩石碎块从原岩崩裂，并形成破碎坑。冲击破岩需要重复上述破岩过程以满足破岩需求。冲击破岩过程如图1-25所示。

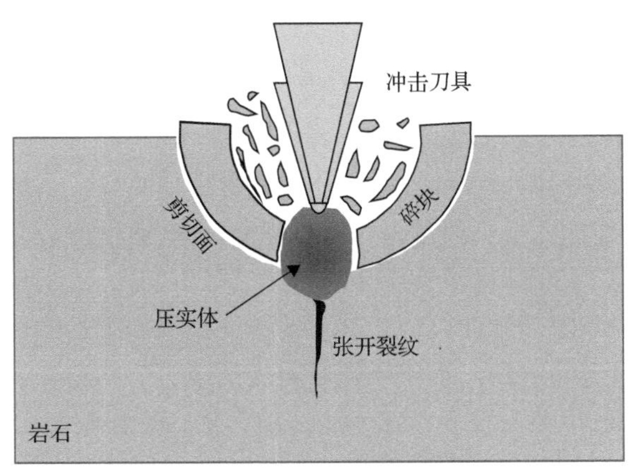

图1-25 冲击破岩过程

岩石破碎过程在本质上就是能量积累和释放过程，机械刀具破岩在本质上也就是通过刀具将破岩设备上的机械能传递到岩石，用于弹性变形、塑性变形、形成断裂面、破坏岩石等[81]。当刀具对岩石施加的应力未达到峰值强度前，岩石吸收并储存能量，接触区域的岩石产生大量微裂隙，形成损伤区。随着刀具对岩石施加应力的增大及岩石内能量的累积，损伤区周围会形成径向裂纹、侧向裂纹、中间裂纹，并不断发育扩展，在该过程中，岩石储存的能量被释放。当裂纹贯穿岩石表面时，碎块从原岩剥落。

虽然各类机械刀具破岩所用的刀具不同，破岩过程和机理也不尽相同，但总结各类机械刀具的破岩过程，基本可以划分为四个阶段：弹性变形阶段、塑性变形阶段、裂纹产生及扩展阶段、碎块剥落阶段。弹性变形阶段是刀具凿入岩石的初始阶段，此时岩石孔隙逐渐被压密，岩石变形与刀具载荷呈线性相关。在塑性变形阶段，岩石表面破碎所产生的细小岩屑被压实，形成密实核，该阶段伴随有微裂隙产生和塑性变形。随着破岩过程的进行，密实核周围区域应力增大，当达到岩石峰值强度后，裂纹产生并逐渐发育扩展。当裂纹之间相互贯穿或贯穿岩石自由面时，大颗粒碎块从原岩剥落，该阶段就是碎块剥落阶段。至此，该区域范围内岩石被破碎。机械刀具破岩是一个持续循环过程，相近的破碎区(破碎带)之间会相互影响。

目前，大部分的机械刀具破岩模型都是二维的，这与实际破岩过程并不相符，因此机械刀具破岩模型需要逐步往三维破岩模型发展。在三维破岩模型中，需要建立三维刀具模型、三维受力模型、三维碎块模型等，模型会更加复杂。此外，机械刀具破岩存在明显的跃进现象，当刀具凿入岩石后，刀具对岩石的作用力逐渐升高，当达到某一阈值时，岩石碎块剥落，刀具作用力瞬间跌落，然后开始下一循环的破岩过程。因此，应该根据不同阶段的岩石受力状态和破坏状态，建立分阶段、分破坏状态的机械刀具破岩模型。

2. *水力破岩*

1) 水力压裂技术

水力压裂技术是利用地面的高压泵站以超过地层吸液能力的排量向封闭的钻孔中注入压裂液，使钻孔受到超过岩石抗拉强度与断裂韧性的高压使之出现裂缝，从而改变地层结构，形成裂缝网络系统的技术(图 1-26)。水力压裂破岩机理主要包括裂缝起裂机理和裂缝延伸机理，其主要特征是微裂隙的形成、生长、交互，以及宏观破坏的出现和发展。水力压裂破岩受到地应力状态、岩石特性、岩层交界面性质、压裂液的流体特性以及注入压力的影响，属于典型的渗流–损伤耦合问题。岩石的透水性是影响裂缝起裂的重要因素，Yang 等[82]讨论了不透水与透水两类岩石对裂缝起裂的影响。Hubbert 和 Willis[83]发现当钻孔井壁的切向应力达到岩石的抗拉强度时，岩石会产生拉伸裂缝，并基于不透水岩石的线弹性断裂力学理论，得到钻孔的破裂压力计算公式，如式(1-13)所示：

$$P_1 = 3\sigma_{\min} - \sigma_{\max} + T_1 - P_0 \tag{1-13}$$

式中：P_1为破裂压力；T_1为不渗透岩石的抗拉强度；P_0为初始岩体孔隙压力；$\sigma_{\min}$和$\sigma_{\max}$分别为最小和最大水平主应力。但 Hubbert 和 Willis[83]没有考虑岩石的透水性，无法解释孔隙压力对岩石起裂行为的影响。对于可透水岩石，需要考虑孔隙压力效应(pore pressure effect)，Haimson 和 Fairhurst[84]利用孔隙弹性理论推导出渗透性岩石的水力压裂判据，如式(1-14)所示：

$$P_1 - P_0 = \frac{3\sigma_{\min} - \sigma_{\max} + T_2 - 2P_0}{2 - 2\eta} \tag{1-14}$$

$$\eta = \frac{\alpha(1-2\nu)}{2(1-\nu)}, \quad 0 \leqslant \eta \leqslant 0.5 \tag{1-15}$$

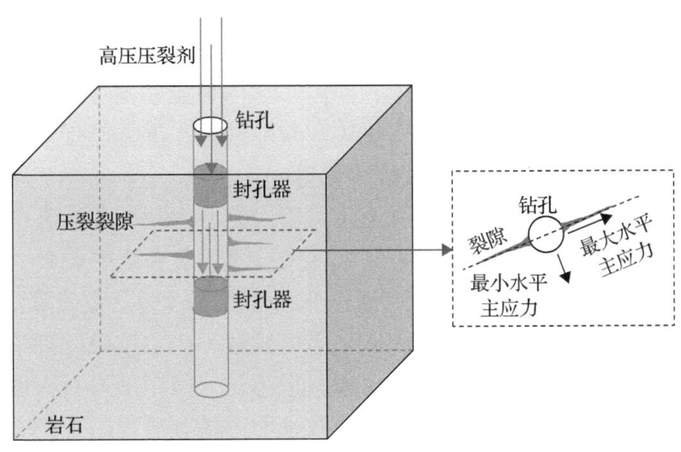

图 1-26 水力压裂技术示意图

式中：T_2 为钻孔在水压作用下的抗拉强度；α 为孔隙流体压力系数；ν 为泊松比；η 为孔隙弹性参数。Detournay 和 Cheng[85]基于以上判据，提出了一种考虑井筒增压速率的水力压裂模型，如式(1-16)～式(1-18)所示：

$$P_1 - P_0 = \frac{3\sigma_{\min} - \sigma_{\max} + T_2 - 2P_0}{1 + (1-2\eta)h(\gamma)} \tag{1-16}$$

$$\gamma = \frac{v\lambda^2}{4cS}, \quad 0 \leqslant \gamma \leqslant \infty, \quad 0 \leqslant h(\gamma) \leqslant 1 \tag{1-17}$$

$$S = T_2 + 3\sigma_{\min} - \sigma_{\max} - 2P_0 \tag{1-18}$$

式中：v 为钻孔加压速率；λ 为微裂纹长度范围；c 为扩散系数；γ 、S 为引入的过渡参数。还有学者对 Hubbert 模型进一步改进，其中包括 Song 和 Haimson[86]提出的水平应力均匀化的修正准则，这些模型的提出有力地推动了水力压裂机理的研究。

由于地质条件的非均质性和边界条件的复杂性，通过实验研究水力压裂裂缝的起裂和延伸是较为困难的，通常采用数值模拟方法进行研究。曹平等也指出，基于岩石断裂学的研究可采用 FEM、BEM、ABAQUS 等模拟软件进行分析，并发现岩石在水环境下开裂的最大载荷明显下降[87,88]。在有关裂缝延伸机理研究中，

Li 等[89]认为，地层应力状态直接影响裂缝延伸，最小主应力方向决定裂缝走向。注入压裂液速率是影响裂缝扩展为复杂几何形状的重要因素。此外，水力裂缝和天然裂缝的相互作用也是裂缝延伸的主要因素之一。

2) 水射流技术

水射流技术是将液态水或者夹杂球形钢材、陶瓷等材料的粒子流体通过加压装置后从小直径喷嘴中射流出来，形成高速射流束，以高度集中的能量冲击、切割岩石的技术。水射流技术涉及流体、固体、气体和流固耦合，其破岩机理存在以下理论：冲击应力波破碎理论、空化效应破碎理论、准静态弹性破碎理论、裂纹扩展破碎理论和渗流–损伤耦合破碎理论等。

冲击应力波破碎理论认为，水射流技术破岩的冲击载荷在岩石中会产生应力波，使岩石发生破坏。Heymann[90]考虑了冲击波速度对破岩的影响，建立了不同状态下的水锤压力计算式。Zhou 等[91]通过非线性波动模型及数值算法，用应力波解释了高速液固碰撞的基本问题。黄飞[92]研究发现，应力波破碎理论可以很好地解释高压水射流作用下岩石宏观破裂现象。水锤压力作用于岩石，以应力波的形式在岩石内部传播、散开，冲击波会在岩石表面以瑞利表面波的形式传播，同时以体积波的形式在岩石内部相互交涉、叠加，最终对岩石造成破坏[93]，如图 1-27 所示。水射流的应力波不同于爆炸产生的应力波，对于低速射流甚至淹没射流作用下岩石中是否存在应力波尚需进一步研究，该理论依然有许多无法解释的现象。

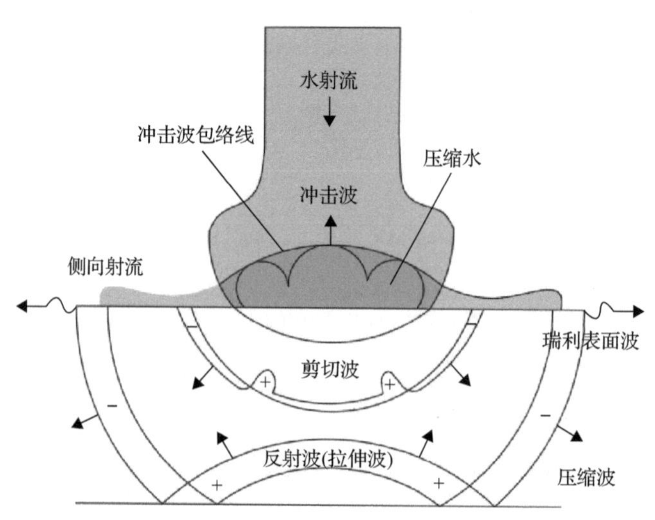

图 1-27　水射流与固体间的作用模型

空化效应破碎理论认为由充满蒸汽或空气的负压空穴在固体表面破裂所产生的能量集中于一点，形成较大的压力使岩石破碎。Crow[94]认为由岩石颗粒前后的压差导致的空化效应是造成岩石破碎的主要原因。受到空化效应破碎强度大的限制，普通试验手段难以测量，且对于微观破碎的定性分析较为困难，所以该理论尚无完善的理论模型。

准静态弹性破碎理论则认为岩石在射流冲击作用下，在冲击区正下方某处将产生最大剪应力，在接触边界周围产生拉应力，该剪应力和拉应力分别大于岩石的抗剪和抗拉强度，造成岩石破坏。徐小荷和余静[95]提出的密实核–劈拉破岩理论认为，在岩石出现裂隙后，水汇集在接触面形成球形密实核，储能到一定程度后开始膨胀并最终劈开岩石。Kondo 等[96]将水射流的冲击力看作准静态载荷，以弹性力学理论为基础建立了岩石破碎的强度判据。但该理论对于水射流速度、射流长度、脉冲射流的间隔时间有一定的要求，存在一些局限性。

裂纹扩展破碎理论认为，岩石的天然裂纹在水射流作用下会发生延伸和扩展，从而造成岩石破裂。Forman 和 Secor[97]研究发现在水射流作用下岩石发生起裂，在孔隙内形成拉应力，当到达临界值后裂隙扩展导致岩石破碎，又称为拉伸–水楔理论。李根生等[98]研究表明，岩石在高压水射流作用下主要破坏机制分为穿晶断裂和剪切错位两种形式。裂纹扩展破碎理论相对于其他理论有更多的试验现象支持，但裂隙扩展的原因不明造成该理论存在较多分歧。

渗流–损伤耦合破碎理论认为水射流破岩是由水流冲击应力波损伤和渗流致裂耦合作用造成的。倪红坚等[99]通过损伤力学理论建立了水射流破岩的损伤模型及其耦合模式。同时，王瑞和和倪红坚[100]发现高压水射流破岩过程分为两个阶段：第一阶段是水流冲击产生应力波，使岩体拉伸破坏；第二阶段以水射流的准静态压力为主，扩大裂纹以及孔隙的直径，从而破碎岩石。

3. *微波破岩*

微波是一种波长为 0.001～1m、频率为 0.3～300GHz 的超高频电磁波。在微波照射作用下，岩石矿物自身的介电特性会消耗微波能量，并将该能量转化为热能，使介电特性较强的矿物在短时间内迅速升温，在岩石内部形成“热点”。微波破岩是将微波作用于岩石上，将电磁场的能量传递给岩石，岩石介质分子由于反复的极化现象，在物体内部发生“内摩擦”，将电磁能转换为热能，使岩石温度升高，从而导致岩石在水分蒸发、内部分解、膨胀的共同作用下发生破坏，其过程[101]如图 1-28 所示。微波破岩过程中存在着多物理场耦合问题，包括电磁场、温度场和应力场。目前，用于衡量微波强度及可适用性的参数主要有穿透深度和单位体积介电材料损耗的微波功率。其中，穿透深度是指微波从表面衰减到 1/e 倍初始功率值的深度。Metaxas 和 Meredith[102]认为穿透深度取决于电磁波的频率和材料的介电常数。Schön[103]基于此进一步研究发现，岩石的损耗因子远小于介电常数，并得到微波在岩石中的穿透深度计算公式，如式(1-19)所示：

$$H = \frac{\lambda_0 \sqrt{\varepsilon'}}{2\pi\varepsilon''} \tag{1-19}$$

式中：H 为微波穿透深度；λ_0 为微波波长；ε' 为岩石材料介电常数；ε'' 为材料的损耗因子。此外，微波加热岩石还受到岩石材料内各矿物吸收微波的电场强度、微波频率及其介电损耗的影响。Saxena[104]提出了单位体积介电材料损耗的微波功率计算公式，如式(1-20)所示：

$$P = 2\pi f \varepsilon_0 \varepsilon'' E^2 \tag{1-20}$$

式中：P 为损耗的微波功率；f 为微波频率；ε_0 为真空介电常数；E 为电场强度。微波破岩理论研究中，需要充分考虑岩石性质变化、非均匀性和不连续性，探究微波侵入、温度剖面以及岩石损伤和裂缝产生机制，从而优化微波破岩参数。

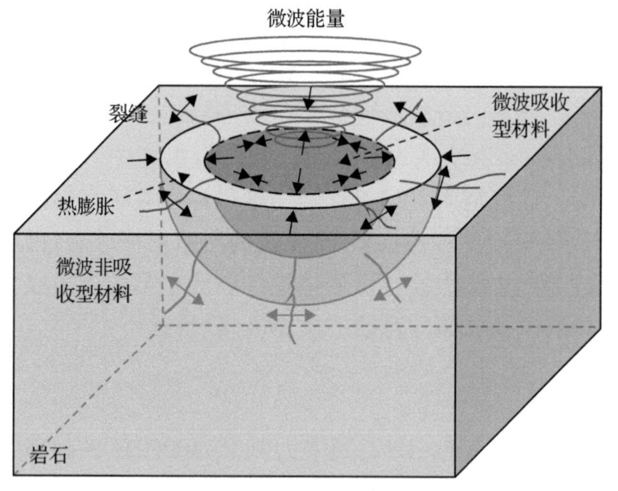

图 1-28　微波破岩过程

4. 热冲击破岩

热冲击破岩是利用岩石表面与内部的温度差，使岩石的物理力学性质发生改变，造成岩石内部矿物之间变形不匹配，导致矿物边界产生局部热应力，一旦热应力超过矿物之间的固结程度，岩石内部将会产生晶间断裂，进而形成裂隙网格，出现热破裂现象，从而破碎岩体。在岩石破裂的温度效应方面，张宗贤等[105]发现对岩石进行热冲击可以充分利用岩石中包括微裂隙和矿物成分在内的各种天然属性来降低岩石的断裂韧度；Xia[106]研究表明岩石在温度场作用下更容易开裂。Al-Shayea 等[107]通过声发射技术研究了岩石在不同温度条件下的损伤过程。Yavuz 等[108]探究了岩石在不同温度下自然冷却后物理性质的变化规律。

1) 液氮射流破岩

液氮射流破岩是以液氮作为钻井流体，通过增压设备调制液氮形成高压流体，在岩石内部形成多个射孔眼，岩石在液氮冷冲击后，表面温度急剧下降，产生显著的变温热应力，使得岩体表面产生新的微裂隙并促使原有裂隙扩展，然后注入高压液氮进行压裂，形成复杂的裂隙网格，实现岩石破裂。液氮射流破岩机理复杂，涉及射流冲击和低温致裂的耦合作用，液氮低温冷却诱导的热应力会破坏矿物颗粒之间的胶结结构，对岩石造成损伤。国内外学者针对液氮冷冲击损伤机制、液氮射流破岩机理以及液氮磨料射流宏微观机理开展了深入研究。

Mcdaniel 等[109]在研究液氮对煤岩的压裂过程中发现煤岩体与液氮接触后会发生起裂现象，且含水煤层液氮冷冲击破岩效果更好。任韶然等[110]建立了煤岩冷冲击后收缩计算模型，通过液氮对煤岩的冷冲击试验发现液氮冷冲击能够使煤岩基质收缩，产生热应力裂纹，提高煤岩的渗透率，并改变煤岩内部结构和力学强度。蔡承政等[111]开展了不同种类岩石的液氮冻结试验，发现液氮冻结后，孔隙度大的岩石损伤程度比孔隙度小的岩石损伤程度要大。Qu 等[112]通过研究不同应力水平和初始温度下液氮和水对致密砂岩的压裂情况，发现液氮压裂能够降低砂岩的起裂应力。Cai 等[113]认为液氮喷射压裂技术不仅可以避免水力压裂过程的资源浪费和污染问题，还可以提高岩层的渗透率，对于页岩等低渗储层的开发具有广阔的应用空间。Wu 等[114]通过测试空气、水、液氮处理后的岩石物理力学性质，发现液氮冷却对岩石的损伤程度大于其他两种方式。黄中伟等[115-117]对比分析了页岩、砂岩、花岗岩等高温岩石液氮冷却后的力学特性，并研究了液氮射流破岩的宏观特征、微观机理、液氮-岩石的传热特征及损伤规律，发现液氮冷冲击能够极大程度地改变岩石性质；冷却前岩石温度越高，冷却过程中产生的热应力越大，冷却损伤程度越大，并定义了岩石冷冲击劣化因子，如式(1-21)所示：

$$D_{\mathrm{I}}=1-\frac{I_{\mathrm{LN_2}}}{I_{\mathrm{air}}} \tag{1-21}$$

式中：D_{I}为岩石力学参数劣化因子；$I_{\mathrm{LN_2}}$、I_{air}为液氮冷却和自然冷却后的力学参数。此外，黄中伟等[115-117]对比了磨料水射流、氮气磨料射流、液氮射流破岩过程，发现液氮射流破岩效果优于其他两种射流方式。液氮射流破岩时会产生大量的热裂缝，在射流压力下，液氮极易渗入裂隙，形成水楔效应，如图 1-29 所示。流体在裂隙中产生拉应力集中，使裂纹扩展、贯通，扩大了液氮的冷却面积，进一步增大液氮作用于岩石后形成热应力的区域，有利于降低液氮射流破岩过程中的起裂应力；并且在液氮冲击过程中，岩石会形成复杂裂纹网格，降低破岩难度。目前，液氮射流破岩研究以室内试验为主，理论研究、数值模拟尚显不足，液氮致裂机理、传热特征尚不明确。与水射流相比，液氮射流是射流冲击及低温冷却的耦合作用，需要进一步研究液氮冲击过程中的热-流-固耦合作用机理及特征。

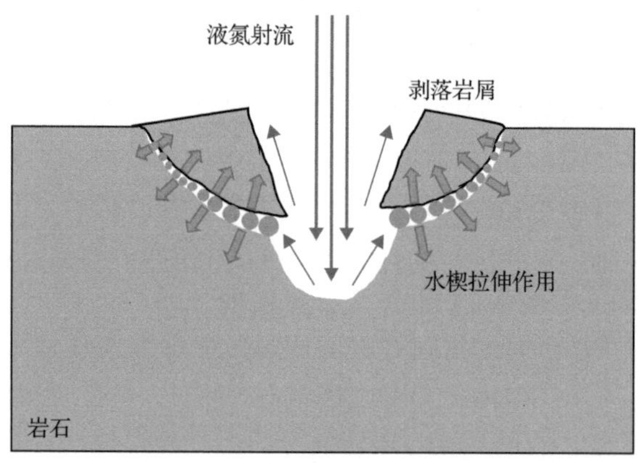

图 1-29　液氮射流水楔效应

2) 激光破岩

激光破岩是通过高能激光束对岩石表面快速加热，导致局部岩石温度瞬间升高，产生局部热应力，由于矿物颗粒之间热膨胀系数、熔点不同，致使岩石内部出现晶间断裂和晶内断裂，甚至可能诱导矿物颗粒由固态瞬间相变成熔融液态和气态，并形成高温等离子体，然后借助辅助气流或其他方式破碎岩石，是一种非接触式的物理破岩方法。激光破岩大致有以下三种破坏形式：当激光辐照产生的热应力大于岩石自身强度时，出现热裂解现象；当岩石受到的激光辐射温度高于其熔点时，发生熔融；当激光辐照岩石能量足够大时，岩石可能由固态直接相变为气态[118]，如图 1-30 所示。

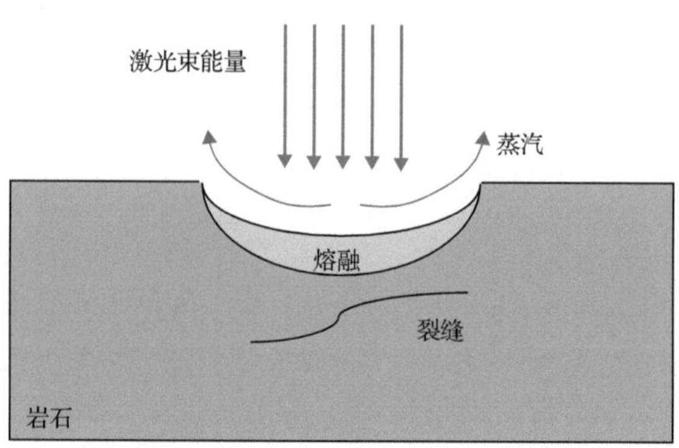

图 1-30　激光破岩时岩石破坏形式

激光与岩石相互作用的过程是传热学、流体力学、电磁学多学科交叉的多物理场耦合问题。Graves 和 O'brien[119]在激光辅助岩样钻取及石油开采等方面开展了前瞻性的应用研究。Reed 等[120]通过激光对不同岩石进行钻探试验，提出了系统的钻探方案。易先中等[121]开展了激光破岩机理与钻孔技术研究，试验结果表明：通过激光辐照的岩石，存在热破碎、汽化以及熔融等破坏方式，并利用传热学基本理论和能量守恒原理，简化相变过程中的固液、液气相变界面上的导热系数、焓、比能等主要参数，建立了激光辐照下岩石固、液、气三相变化过程中的温度场数学模型，与 Bjorndalen 等[122]采用移动面模型得到的结论相一致，并使用 Galerkin 方法对破岩实际案例进行分析，发现激光辐照中心区域温度最高，光斑边缘温度略低，与激光辐照空间分布形状基本一致。激光破岩的目的是利用更小的能量破碎更大体积的岩石，通常将破岩比能和穿孔速率作为衡量岩石破碎效率的评判标准。Pooniwala[123]得到了破岩比能(E_S)和穿孔速率(R)计算公式，如式(1-22)和式(1-23)所示：

$$E_S = \frac{P}{\mathrm{d}V/\mathrm{d}t} = \frac{P}{dws} \tag{1-22}$$

$$R = \frac{P}{E_S A} \tag{1-23}$$

式中：E_S 为破岩比能；P 为激光输入功率；$\mathrm{d}V/\mathrm{d}t$ 为单位时间内破碎岩体的体积；d 为激光侵入岩石深度；w 为侵入孔洞宽度；s 为激光器的移动速度；R 为激光穿孔速率；A 为激光侵入孔洞的截面积。

激光破岩作为一种新兴的破岩方法，具有精准、高效和清洁等特点，将激光破岩技术应用于石油钻井能够提高钻井速度、减少钻井成本、改善钻孔性能。要实现激光井下高效作业还要对光源的稳定性、安全性及长距离能量损耗问题进行综合考虑。此外，激光破岩的热应力场、热应变场、渗流场等多物理场耦合理论有待深入研究，相关物性参数的基本关系尚不明确。

3)等离子体电脉冲破岩

等离子体电脉冲破岩是利用电极在岩石或液体介质中产生的等离子体通道受热膨胀激发冲击应力波使岩石破碎，如图 1-31 所示。在进行等离子体电脉冲破岩时，工作电极与岩石被浸入液体介质，击穿电压上升的时间决定瞬时等离子体通道在何种介质(岩石或液体介质)中形成。根据等离子体通道分别在岩石和液体介质中形成的不同情况，将等离子体电脉冲破岩分为电脉冲破岩和液电破岩两类。当等离子体通道形成后，高压电脉冲电源中的能量释放到等离子体通道中，并对通道加热(可达 10^4K)。等离子体通道受热膨胀，产生冲击应力波(可达 10^9～10^{10}Pa)并对周围岩石做功，使岩石破碎。在液电破岩中，等离子体通道膨胀产生的应力波作用在岩石表面，能量传递效率较低；电脉冲破岩时等离子体通道在岩石内部形成，其产生的应力波能实现岩石的充分破碎，破碎效率更高。Schiegg

等[124]对电脉冲破岩钻井的应用前景给予了综合评估，认为电脉冲破岩钻井的能量传递受井眼的尺寸限制很小，其大孔径钻进费用约为 800 美元/m。Boev 等[125]、Maker 和 Layke[126]、Cho 等[127,128]研究了岩石中可能的电击穿过程，结果表明，在高压短脉冲放电电压下，岩石的击穿场强度小于液体介质，放电等离子体通道在岩石内部形成，等离子体通道受热膨胀，产生的冲击应力波对周围岩石做功，使得岩石内部产生“内伤”；当冲击应力波对岩石的作用超过岩石的自身强度时，岩石破坏。祝效华等[129]开展了等离子体电脉冲钻井破岩电击穿试验与数值模拟研究，发现电脉冲破碎结果中存在贯穿破碎和未贯穿破碎两种状况，并提出了一种岩石介质击穿模型(概率发展模型)用于研究单脉冲击穿时电路结构参数对破岩能耗分配的影响规律。

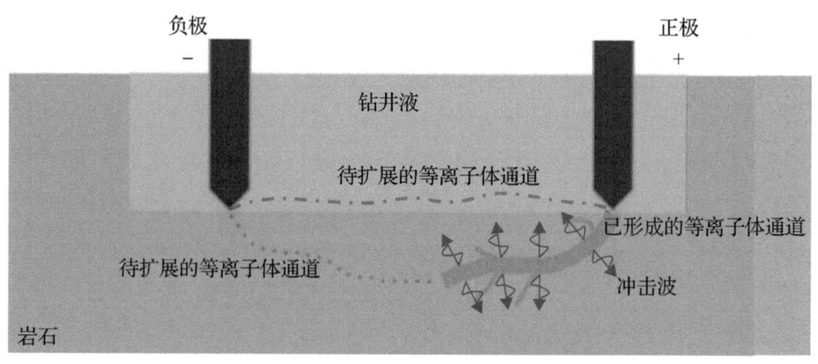

图 1-31 等离子体电脉冲破岩过程[129]

5. *膨胀破岩*

膨胀破岩是利用膨胀介质或机械机构的体积膨胀作用对孔壁周围岩石产生冲击和膨胀挤压作用，形成径向拉应力，进而使岩体产生径向裂隙而破裂或破碎的一种破岩技术[130]，主要有液态 CO_2 相变破岩、液压劈裂机破岩、静态膨胀剂破岩等方法，如图 1-32 所示。液态 CO_2 相变破岩时，将液态 CO_2 密封于一高强度容器内，激发器激发后释放出大量热能使 CO_2 在密闭容器内呈现一种高能状态，当高能状态的 CO_2 突破泄能头定压破裂片的封堵时，CO_2 快速发生液-气相变，体积迅速膨胀，形成高压气体从卸能头侧面出气口卸出，对周围岩石产生冲击和膨胀挤压作用，使岩石产生径向裂隙，随后 CO_2 气体侵入岩石裂隙，使裂隙进一步发育，从而破碎岩石[131]。液压劈裂机破岩是利用液压动力驱动的孔内刚性分裂器分裂膨胀从而胀裂岩石的方法。液压劈裂机由分裂器和动力站组成，分裂器是一个可在液压动力驱动下分裂膨胀的楔块组件[132]。静态膨胀剂破岩是利用体积膨胀可控的膨胀剂在岩石孔内的物理或化学膨胀过程在孔壁形成径向拉应力而胀裂岩石的方法，如氧化钙遇水膨胀破岩、金属膨胀剂破岩、高压泡沫胀裂破岩等[133,134]。

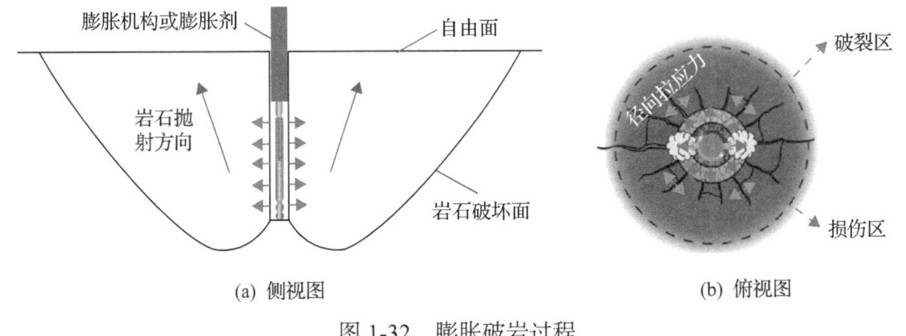

(a) 侧视图　(b) 俯视图

图 1-32　膨胀破岩过程

6. 联合破岩

1) 高压水射流辅助破岩

高压水射流辅助破岩主要以水射流切割和水射流压胀两种作用方式辅助破岩，如图 1-33 所示。对于水射流切割，首先通过水射流切割岩石，在岩石上形成具有一定深度的切槽，达到卸压的目的，之后利用机械刀具破岩，从而降低破岩难度，提高破岩效率。水射流压胀是在机械刀具破岩时在刀具附近施加高压水射流，促进刀具与岩石作用区域裂纹的快速扩展，形成水楔效应，胀裂岩石，并能起到降温、降尘的作用，从而提高破岩效率。

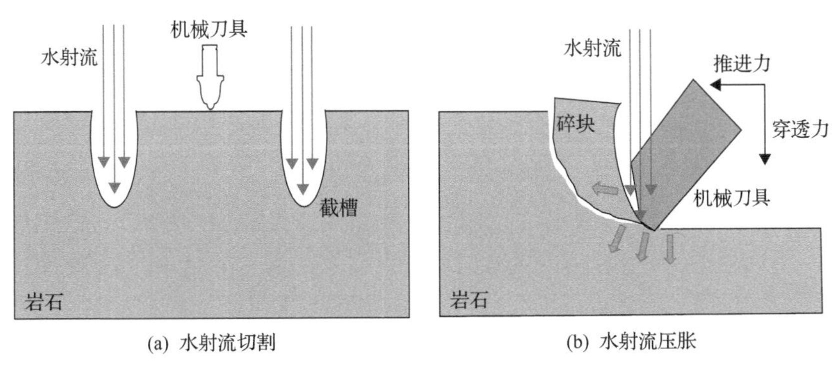

(a) 水射流切割　(b) 水射流压胀

图 1-33　高压水射流辅助破岩作用方式

Rehbinder[135]认为，高压水射流辅助破岩分为三个作用：一是水力冲蚀，通过高压水对岩石表面进行冲蚀；二是水力破碎，高压水冲蚀岩石表面后，继续作用于岩石内部，加速微裂隙的扩展和发育；三是孔隙水压力，高压水进入岩体内部会形成水楔效应，在岩体裂隙末端形成张拉应力，使岩体产生非弹性膨胀，促使裂隙网格生成。Ciccu 和 Grosso[136]开展了高压水射流辅助破岩试验，发现在 150MPa 的高压水辅助下，机械刀具截割深度大幅提高。张文华等[137]开展了高压水射流–机械截齿联合破岩数值模拟，发现联合破岩效率远高于高压水射流和机械刀具单独破岩效率。卢义玉等[138]通过水射流辅助 PDC 刀具破岩试验确定了水射流对机械刀具受力的影响，进一步优化了喷嘴位置。江红祥等[139]探究了水射流参数对高压水射流辅助破岩效果的影响，优化了射流参数，达到了高压水射流辅助破岩的最低比能。此外，在深海开采领域，李艳等[140]探究了高压水射流辅助破岩的应用效果，发现高压水射流冲击破碎多金属硫化物可以大幅提高采矿设备的效率。

2）微波辅助破岩

微波辅助破岩是利用微波加热与机械刀具破岩组合的一种新型破岩方式。在刀具破岩过程中同时施加微波能，可快速加热岩石，降低岩石强度，从而提高破岩效率，微波辅助破岩过程如图 1-34 所示[141]。Hassani 和 Nekoovaght[142]设计了一种微波辅助破岩设备，并对微波辅助破岩实际效果进行了测试，探究了不同岩石在不同微波功率下的破碎特性。Satish 等[143]研究了微波加热对玄武岩的影响，结果表明，玄武岩对微波辐射的反应良好，能够极大地降低机械截割所需的能量。在微波辐照下，岩石能够快速升温，产生的热应力使岩体内部出现新裂隙，并扩展原生裂隙，波速大幅度降低，孔隙率增大，动态压缩强度大幅降低，从而能够显著提高岩石的可切割性。严妍等[144]对比了连续加热和脉冲间歇加热两种微波加热方式对岩石的影响，发现间歇加热更有利于机械破岩。

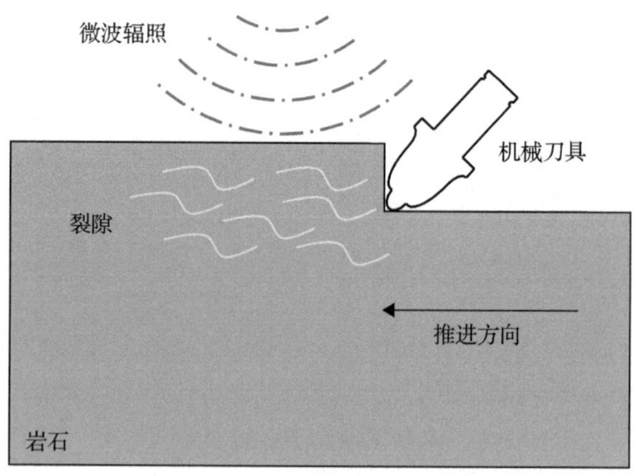

图 1-34 微波辅助破岩过程

3）液氮辅助破岩

液氮辅助破岩利用低温液氮作为钻井流体，通过井底增压设备形成高压液氮射流，对井底岩石进行冷却压裂，然后通过机械刀具旋转截割岩石[145]。图 1-35 为液氮辅助破岩理想破岩设备的破岩过程。液氮通过双重隔热钻柱被运输到井底，增压后对岩石进行喷射；钻柱内外管间环空区域注入空气，空气由钻孔外侧流出，对井壁及返流的液氮进行回温，防止钻口周围岩体温度骤变引起井壁坍塌；液氮冷却压裂岩石后，岩石可切割性提高，有利于机械刀具破碎岩石。该方法有效结合了液氮损伤岩石方式与机械刀具截割岩石方式，可显著提高深井硬岩钻进速度。Dai 等[146]研究发现，液氮在提高岩石截割效率方面具有很好的效果，热冲击和射流冲击的共同作用有利于裂纹的扩展和岩石截割效率的提高。

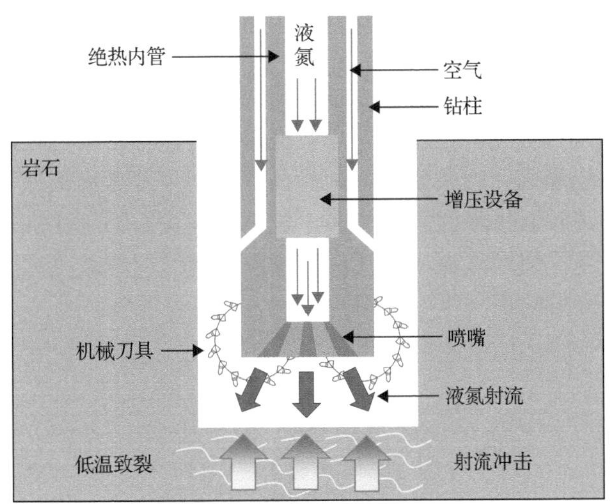

图 1-35 液氮辅助破岩过程

4）激光辅助破岩

激光辅助破岩是将激光和机械刀具结合，首先利用激光辐照实现岩石的热裂解、熔化甚至汽化，使岩体内部产生局部热应力，弱化岩石的物理力学性质，然后通过机械刀具将岩石剥落。在激光辅助破岩过程中，穿孔速率计算公式(1-23)修正为式(1-24)[123]：

$$R=\frac{1}{A}\left(\frac{P_{\mathrm{L}}}{E_{\mathrm{SEL}}}+\frac{P_{\mathrm{M}}}{E_{\mathrm{SEM}}}\right) \tag{1-24}$$

式中：P_{L}、P_{M}分别为激光输入功率和机械刀具功率；E_{SEL}、E_{SEM}分别为激光破岩比能和机械刀具破岩比能。从式(1-24)可以看出，激光辅助破岩速率高于激光破岩速率，在激光辅助破岩过程中，激光的主要作用是降低破岩门槛，便于机械刀具破岩，提高破岩效率。

5）超声波辅助破岩

超声波辅助破岩技术是运用超声波碎岩装置将机械振幅施加至岩石，使岩石固有频率(一般为 20～40kHz)与施加给岩石的机械振动频率(可达 20kHz 以上)相等而破碎岩石，最终达到高效破岩目的的新型破岩技术[147]，如图 1-36 所示。2000

年初，美国 NASA 研制出超声波钻探取样器，进行外太空土壤、岩体、冰层的取样。黄家根等[147]分析了超声波高频旋冲击破岩机理，发现存在最优振动频率使破岩效率最高。赵研等[148]数值仿真了超声波辅助 PDC 切削齿振动破岩过程，分析了不同超声波振动频率下 PDC 钻进破岩比功和切削力的变化规律；结果表明，在激励频率从 20kHz 增长至 40kHz 过程中，破岩比功与平均切削力都呈现先减小后增大的变化趋势，即在 25～30kHz 存在一个最优频率，使得破岩比功最小、钻进破岩效率最高；当激励频率接近岩石固有频率时，超声波振动切削的平均切削力较常规切削小 20.5%，并更易产生大块岩屑。路宗羽等[149]开展了超声波高频旋冲钻井技术破岩试验，研究了钻压、超声波振幅、转速和钻头直径对超声波高频旋冲破岩效率的影响规律；结果表明，试验条件下超声波高频旋冲钻井技术的破岩效率相比常规旋转破岩技术提高 77.65%；影响超声波高频旋冲破岩效率的因素从大到小依次是钻压、超声波振幅、钻头直径和转速。超声波高频旋冲钻井技术可为深部硬岩机械高效钻进提供一种新的破岩方法。

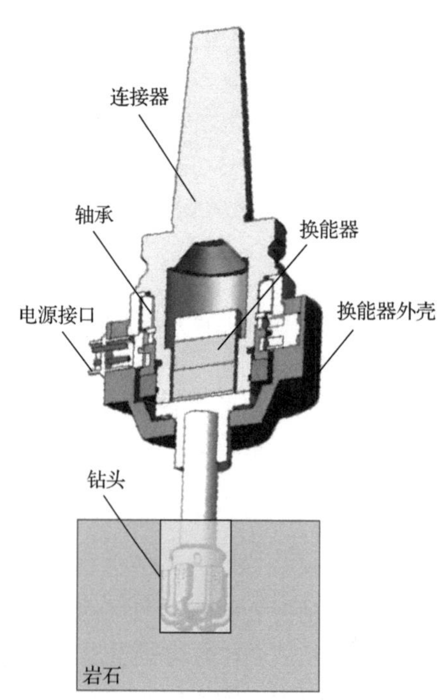

图 1-36　超声波辅助破岩过程

1.3.2　非爆破岩技术及应用

1. 机械刀具破岩技术应用

近半个世纪以来，以机械刀具破岩为基础的非爆破岩技术和设备取得了较为突出的成果，各种旋转截齿切削式、滚刀压裂式、冲击式破岩设备相继出现。目前，应用较为广泛、破岩效果较好的机械刀具破岩设备包括：基于镐型截齿旋转切削破岩的悬臂式掘进机、滚筒采煤机；基于盘型滚刀滚压破岩的盾构机、隧道掘进机、反井钻机；基于冲击头循环冲击破岩的液压破碎锤、高频破碎锤(图 1-37)等。

(a) 滚筒采煤机 (b) 悬臂式掘进机 (c) 反井钻机

(d) 隧道掘进机 (e) 液压破碎锤 (f) 高频破碎锤

图 1-37 机械刀具破岩设备及其破岩刀具

掘进机(roadheaders)具有高机动性、灵活性的优点，在地下开采和巷道开挖中具有非常重要的地位。在 20 世纪 40 年代后期，欧洲首次将掘进机应用于煤矿开采。掘进机的截割头上安装有镐型截齿，截割头的旋转带动截齿旋转截割，根据截割头旋转方向可以分为横轴悬臂式掘进机和纵轴悬臂式掘进机。最早研制成功应用于巷道掘进的机型有匈牙利的 F5 型和苏联的 ПК-2M 型掘进机。我国的掘进机研制始于 20 世纪 60 年代，目前常见的掘进机有煤炭科学研究总院生产的 EBZ50TY 型掘进机、三一重工股份有限公司生产的 EBZ318H 型悬臂式掘进机。EBZ318H 型悬臂式掘进机可以开挖单轴抗压强度达到 130MPa 的岩体，截割电机功率达 318kW，截割头转速为 30.6r/min，能够应用于煤巷或全岩巷掘进，极大提高了掘进效率。此外，还有各类智能掘进机和掘锚护一体机，应用范围不断扩展。然而掘进机在破碎硬岩时，截齿易发生磨损，影响掘进效率，因此掘进机在硬岩矿山应用较少。李夕兵等[150]采用 EBZ160TY 型掘进机研究了非爆破连续开采在坚硬磷矿体中的应用效果，结果表明，在松动矿体内该掘进机的开采效率达到 72t/h，高于钻爆法的开采效率，但在非松动区域开采时，截齿磨损严重。王少锋等[2,151]进一步采用纵轴悬臂式掘进机和横轴悬臂式掘进机对高应力诱导致裂后的深部坚硬磷矿体进行非爆机械化开采尝试，开采效率分别可达 107.7t/h 和 75.8t/h。

采煤机(shearers)是综采成套装备的主要设备，使用最广的为滚筒采煤机。在长壁采煤工作面，滚筒按规定的牵引速度前进，矿岩经过滚筒上截齿的旋转截割掉落并被装载机构装入工作面输送机，实现高效率机械化连续开采。采煤机可在厚度为 1.0～9.0m、纵向和横向倾斜度低于 45°的煤层中作业，采煤机采高范围越大，适应的倾角越小，其牵引速度可达 40m/min，破岩比能根据煤矿硬度的不同在 0.7～10MJ/m^3。20 世纪 40 年代，苏联首先研制出截框式采煤机；50 年代，英国研制出滚筒采煤机；60 年代初，我国引进并改进采煤机，经过几十年的不断创新，滚筒采煤机在我国煤矿中得到了广泛应用，显著提高了煤矿机械化程度和采煤效率。至今为止，国外相继研制出 DBMN7050 型采矿机、移动式采矿机、CM 型连续采煤机、液压冲击式连续采掘机，我国也研制出装机功率达 3450kW 的 MG1100/3050-WD 型采煤机，可实现 9m 厚度煤层的一次采全高智能化高效开采，年生产能力能够达到 1500 万 t，保障了我国在“十三五”期间重点建设的 14 个亿吨级大型煤炭基地的高效开采，促进了我国煤矿业的发展。但采煤机结构复杂、机体庞大，且停工检修时间长、刀具磨损快、成本昂贵，通常只应用于较大型软岩矿山开采，难以在硬岩矿山普遍推广使用。

隧道掘进机是通过旋转刀盘上的滚刀挤压剪切破坏岩石，并能够实现破岩、出渣、支护连续作业。普遍而言，隧道掘进机包含盾构机和 TBM，欧美国家将隧道掘进机统称为 TBM，日本则统称为盾构，我国习惯上按照用途进行区分，盾构用于软土地层开挖，TBM 用于岩石地层开挖。与盾构相比，TBM 通常不具备土压、泥水压等维持掌子面稳定的能力。早在 1846 年，意大利 MAUS 公司设计出最早的隧道掘进机，后美国工程师 Wilson 研制出具有现代 TBM 特征的隧道掘进机，但受到工艺水平的限制，难以达到应用需求，发展较为缓慢。直至 1956 年，美国罗宾斯(Robbins)公司研制出采用盘型滚刀的 TBM，达到良好的应用效果，促进了隧道掘进机的发展。近几十年来，随着地下隧道工程数量的增加及质量要求的提高，盾构和 TBM 得到长足的进步和发展。目前，国外的隧道掘进机生产厂家主要有美国罗宾斯公司、日本三菱重工业株式会社、日本川崎重工业株式会社、德国海瑞克股份公司等。我国中铁工程装备集团有限公司、中国铁建重工集团股份有限公司等隧道掘进机生产厂家也实现了泥水平衡盾构、土压平衡盾构、TBM 系列产品的自主设计制造[152]。我国自主研发的超大直径复合土压平衡盾构机“麒麟号”，开挖直径可达 12m，适用于地下水少、渗透系数较小的黏性地层，解决了盾构掘进开挖、渣土改良、开挖面稳定性控制、物料输送交互作业等难题，成功应用在长距离复合地层；我国出口的最大直径硬岩 TBM“雪山号”，开挖直径达 11m，能够开挖单轴抗压强度为 15～160MPa 的岩体，针对埋深大、强度高、软岩破碎的区域，具备快速超前处理不良地质的能力，成功应用于澳大利亚

SnowyHydro2.0 项目建设。隧道掘进机开挖效率高、施工质量好，但体型庞大、成本昂贵，在开挖单轴抗压强度超过 150MPa 的极坚硬岩体时，刀具磨损严重，制约了施工速度。将 TBM 与高压水射流破岩、激光破岩等技术结合，可以进一步提高开挖效率，改善 TBM 对硬岩的适用性。

1871 年，Honigmann 通过多次扩孔工艺实现了直径为 7.65m 的井筒钻凿，铺就了现代钻井法凿井工艺的发展道路[153]。20 世纪 50 年代，衍生出反井钻机钻井凿井技术，即通过反井钻机由下向上钻凿井筒，该技术利用岩石自重排渣，克服了钻井法排渣困难的弊端，提高了钻进效率。但反井钻机主要应用于岩石稳定的地层，在自支撑能力较差的地层使用易造成坍塌。目前，依靠导孔偏斜控制技术，国外生产的反井钻机钻凿深度可达千米，钻井直径可达 7m。我国从 20 世纪 80 年代开始研制反井钻机，已研制出 ZFY5.0/600 等大型反井钻机，钻井最大深度达 560m，钻井直径达到 6m，钻机上安装的适用于硬岩钻进的新型镐型镶齿滚刀，可以满足不同岩石条件下的工程需要，解决了硬岩地层中钻进反井难题，既可以应用于煤矿等软岩地层，也可以应用于单轴抗压强度达 300MPa 以上的硬岩地层。

液压破碎锤作为一种冲击破岩设备，应用灵活，使用维护方便，被广泛应用于矿山及市政建设中的岩石、矿石、混凝土破碎。1967 年，德国克虏伯(Krupp)公司研制出了第一台液压冲击器。经过几十年的发展，德国 Krupp、芬兰锐猛(Rammer)、美国史丹利(Stanley)、法国蒙特贝(Montabert)、日本古河(Furukawa)、韩国 GB/SB 等一系列液压破碎锤产品占领了全球的主要市场。我国从 20 世纪 70 年代开始研制液压破碎锤，至今山河智能装备股份有限公司的 SWB 系列破碎锤和惊天智能装备股份有限公司的 YB 系列破碎锤在同类产品中达到国际先进水平。与活塞式破碎锤相比，高频破碎锤利用高速运转所产生的破坏力破碎岩石，每分钟打击次数达 1300～3000 次，具有破岩效率更高、能耗和排放更少、噪声小的优点[154]。2021 年笔者利用液压高频破碎锤在深部坚硬磷矿体中进行了开采试验，开采效率达 50.6t/h，达到了矿山开采的需求，同时该破岩方法也表现出工时利用率高、粉尘少、扰动小的优点。

机械刀具破岩技术和设备层出不穷，从无到有，从有到新，不断改进，在各类岩石工程中得到成功应用。综合分析上述机械刀具破岩设备可以发现，极坚硬岩石的破碎仍然是亟须解决的难题。对于极坚硬岩石，一方面从岩石本身出发，可通过改变应力状态或人工预制缺陷提高岩石的截割特性；另一方面可通过提高现有破岩设备的破岩能力，增大破岩功率来提高硬岩的破碎效率。然而，增大机械刀具的破岩载荷和破岩功率无疑会增大设备体积，造成设备成本的提高，并影响应用的灵活性。因此，需要改进刀具载荷施加方式，通过“静载荷+动载”的方式提高机械刀具对硬岩的破碎能力。

2. 水力破岩技术应用

1947 年，水力压裂技术在美国雨果顿(Hugoton)气田井首次应用，自此开始了水力压裂技术研究的序幕。经过 70 多年的发展，该技术从理论研究到现场实践取得了惊人的发展，并逐步应用在页岩油气开发、煤矿开采、地应力测量、地热资源开发、核废料处理、井下岩层控制等岩石工程领域。水射流技术始于 19 世纪中叶，当时主要用于淘金及金矿开采，直至 20 世纪中期，苏联将水射流技术应用于煤矿开采。目前，水射流技术已被广泛应用到水力清洗、切割、采矿等领域。随着开采深度的增加，普通的水力破岩已经无法应用到复杂的开采环境，为了满足深部资源的开采需求并提高资源的开采效率，脉动水力压裂技术、高压电脉冲压裂技术、定向水力压裂技术、超短半径水平井技术、水射流与水力压裂联合作业技术涌现出来并成功应用于煤层增透以及煤层气、石油气增产等方面。

脉动水力压裂通过脉动泵将连续流体转化为脉动流体，依靠周期性的脉动射流致裂岩石。该技术具备脉动疲劳和水楔作用双效破岩机制，在疏通岩体孔隙通道、降低注液压力、控制压裂效果等方面具有显著优势。翟成等[155]发现原生裂隙在强烈的脉动水压力作用下，会在裂隙末端产生交变应力，使孔隙反复压缩、膨胀，最终发生疲劳损伤破坏。聂翠平等[156]根据低频作用下瞬间作用力变大的原理发明了一种新型的石油井下低频脉动水力压裂技术，在实际工程应用中发现“多裂缝”油气试验井增产 189.47%。Li 等[157,158]提出了变频脉冲的压裂工艺，相关研究表明选择先低频后高频的压裂工艺有利于提高疲劳效果和裂缝网络形成的效率。Chen 等[159]研制了三轴加载可调频高压脉冲注液压裂系统，并提出了基于压力-流量调节的变频脉冲水力压裂技术。

高压电脉冲技术是在水力压裂的基础上，附加高压放电产生脉冲载荷，利用脉冲载荷在岩层裂隙的一端形成水激波及振动效应，从而改变岩体的裂隙参数和形态特征，增大岩层的渗透性。电脉冲技术早在 20 世纪就应用在油田增产增注上，先后在国内油水井应用 17 口，有效率达 90%，累计增液 6192.6t。鲍先凯等[160]研究表明，在高压脉冲作用下裂隙尖端出现较大的拉应力，形成应力集中，裂隙会更快地产生和延伸。马帅旗[161]发现，该技术能改变煤层孔隙和裂隙结构，提高煤层的增透效果。Bao 等[162]研究表明，在相同水压条件下，高压电脉冲技术的效果明显优于普通的水压压裂，并且放电电压越高，孔隙和裂纹数量越多，范围越大。Bian 等[163]发现，随着峰值电压增大，可以形成更多的长裂纹和微裂纹，扩大损伤面积，提高水力压裂速率。

煤层中水力压裂裂缝的扩展方向一般被钻孔周边的应力分布所控制，由于在实际工程中需要裂缝按一定的方向扩展，因此产生了定向水力压裂技术。该技术是在岩层中施工定向钻孔，定向钻孔可以引导裂隙的发展方向，形成更大范围的压裂区域，增大了卸压增透区，提高瓦斯抽采量。徐幼平等[164]模拟了水力压裂的起裂、扩展过程，并将定向水力压裂技术进行了现场应用。李栋等[165]在定向水力压裂技术基础上提出了多孔割缝增透方法，大幅提高了煤层的透气性，同时还有效降低了揭煤时间以及高压水对围岩的破坏。Huang 等[166,167]研究发现，将主顶板的压裂位置向矿柱内部移动，可以达到定向水力压裂的效果，而且还可以降低应力以及顶板的冲击力。Yu 等[168,169]通过地表定向水力压裂技术进行顶板控制，消除井下工作面周围的应力集中。

超短半径水平井是指曲率半径远比常规的短曲率半径水平井更短的一种水平井，又称径向水平井技术。它是以高压水射流破岩为基础的新型油田增产工艺，在 20 世纪 80 年代由美国柏克德(Bechtel)公司和岩石物理学(Petrophysics)公司研制。1994 年，吴德元和沈忠厚[170]将径向水平井技术的概念引入国内，为我国的资源开采提供了一种高效经济的手段。1998 年，杨永印等[171]通过地面实尺模拟水平钻进试验进一步验证了高压水射流钻径向水平井技术的可行性。我国首次在辽河油田开展了径向水平井技术的现场实践，通过该技术成功改造了韦 5 井，将日产量提高约 3.8 倍。

水射流与水力压裂联合作业技术是将水射流与水力压裂技术联合起来，分别利用两者不同的特性来对岩层进行压裂，实现水射流与水力压裂技术的有机结合。该技术先用高压水射流冲击岩体，使钻孔周围的岩体发生破碎，并在岩体内形成大量的裂隙，再在钻孔内注入压裂液来压裂岩体，不仅可以降低岩层起裂的压力，还可以提高资源开采效率。王耀锋[172]将三维旋转水射流和水力压裂联合起来，同步压裂岩体，实现了煤层的卸压和增透。李宗福等[173]在矿山实际应用中发现，与单一方法相比，联合作业可以明显提高煤层的透气性，提高瓦斯抽采浓度和抽采效率。徐雪战[174]研究表明，岩层在受到水射流冲击后，原岩应力圈向岩体深部转移，使岩体的渗透率增大，水力压裂效果得以提升。

水力压裂和水射流技术在常规油气、煤层气以及页岩气开发中应用广泛，极大地推动了石油、矿业领域的发展。随着资源开采走向深部，水力破岩技术面临着更大的需求和挑战。目前，水力破岩技术面临的困难主要来自复杂地质条件所带来的难以预测的动力灾害，盲目地进行水力破岩可能会造成不可预估的次生灾害。水力破岩技术需要开发新型压裂材料，降低压裂液成本，提高耐高温性能，研究可回流控制的支撑液，开发适应多类地层的水力破岩技术。此外，伴随人工智能技术的发展，迫切需要逐渐实现水力压裂装备的实时监测、参数优化、远程操控的一体化和智能化，形成智能压裂系统。

3. 微波破岩技术应用

1945 年，一位美国雷达工程师偶然发现了微波的热效应，此后逐渐应用到食品、卫生等相关行业，直至今日，微波技术已经在采矿、选矿、冶金等行业应用。Kingman 等[175]发现微波对不同矿物成分的矿石加热效果是不同的。Vorster 等[176]证明了微波是降低矿物粉碎过程能耗的可行手段。Whittles 等[177]将微波照射归结为“热点效应”。在上述研究的基础上，Jones 等[178]量化了微波功率密度和照射时间对岩石强度的影响，认为脉冲波可以有效弱化岩石。此外，Amankwah 和 Pickles[179]、Samouhos 等[180]发现在处理红土矿方面，微波照射存在巨大潜力。Lu 等[181,182]研究发现，对于不同矿物成分的岩石进行选择性加热，其致裂效果更好。Hartlieb 等[183,184]试验表明，微波照射矿石会造成矿物性质的显著变化，可以应用于矿物加工。

目前，微波破岩尚没有得到实质性的工程应用，且在微波破岩机理研究、高效加热设备和控制装置研发等方面还不够完善。随着对微波破岩技术研究的逐渐深入，微波破岩作为一种清洁高效的非爆破岩技术，有望在各个领域发挥重要作用，具有广阔的工程应用前景。

4. 热冲击破岩技术应用

1) 液氮射流破岩技术应用

1997 年，Mcdaniel 等[109]首次开展了低温液氮压裂现场应用，实现了 5 口井压裂增产，压裂后产气量大幅提升。随后，该方法被应用于页岩气开采。Li 等[185]对比了液氮压裂技术与水力压裂技术，认为液氮的低温特性及膨胀增压过程能够很好地改造储层，且不会污染储层。Qin 等[186]利用真三轴设备研究了液氮在地层中传热及岩体裂隙扩展情况，结果表明液氮循环注入能够扩大低温影响区域，可更加高效地产生裂隙网格，是一种有效的煤层气开发技术手段。蔡承政等[187]研究了液氮对页岩的致裂效应，发现岩石经液氮冷却后，波速降低、渗透率增大。Wu 等[188]对比了液氮射流破岩和水射流破岩相关试验结果，发现液氮射流破碎岩石体积更大，能耗更低，证明了液氮射流破岩的应用价值。

目前，液氮在运输过程中损耗量大，导致成本增加。随着工业技术的发展，液氮的运输与储存问题将会得到有效解决，将液氮应用到储层增透增产、坚硬岩石的破碎领域具有广阔的发展前景。目前已在室内试验中验证了液氮射流、液氮压裂技术在储层压裂、岩石破碎等方面具有明显的优势。近年来，高温干热岩等清洁地热能源的开发日益兴起，将液氮破岩应用于干热岩层的地热能开采中将会是未来的研究热点之一。由于液氮与干热储层存在巨大的温度差，与常规水力压裂相比，液氮压裂能够产生更为丰富的裂隙网络，同时液氮在裂隙中流动时会升温汽化膨胀增压，促进裂隙扩展，可进一步提高储层压裂效果。此外，液氮压裂技术也可用于煤层气、页岩气等低渗能源物质的开发。

2) 激光破岩技术应用

1994年，在美国国会通过军用大功率激光器向工业转化的议案中，首次提出了激光破岩思想。该技术的发展和研究经历了激光切割、激光破岩和激光辅助钻井三个阶段。1968年，美国研发出世界上第一台红宝石晶体激光器，初步设想将其应用到破岩、钻井领域，但当时的激光器功率小、输出能量低、波长较长且难以聚焦，无法实现激光的远距离传输，难以应用于软化、切割硬岩。之后，美国燃气技术研究院提出将高能激光应用到天然气钻孔中，阿贡国家实验室及科罗拉多矿业大学利用激光器开展了一系列破岩试验和基础理论研究，发现激光破岩的效率远高于机械刀具破岩效率[189,190]。21 世纪初，日本学者利用二氧化碳激光器在不同传导介质中开展岩石钻孔试验，发现岩石的石英含量、颜色、矿物胶结情况、表面粗糙度、岩性等因素直接影响激光破岩比能[191]。目前高能激光器尚未实现工业化，现有的激光破岩技术主要用来辅助破岩。随着激光技术的发展和应用经验的积累，以及材料、激光传输等难题的攻克，将会极大推动激光在岩石破碎领域的应用。

5. 联合破岩技术应用

1) 高压水射流辅助破岩技术应用

1976年，科罗拉多矿业大学利用315MPa高压水射流辅助全断面掘进机破岩，证实高压水射流辅助破岩能够提高掘进效率，自此国内外展开了大量有关高压水射流辅助破岩技术的研究。1983年，英国的RH22型掘进机结合了高压水射流技术，井下截割试验发现高压水射流辅助掘进机破岩效率提高了50%，破岩比能降低，粉尘大幅减少[192]。日本于1984年开始采用高压水射流切割技术，在1985年研制出结合高压水射流切割技术的中硬岩掘进设备，并开展了十几年的现场试验，证明了高压水射流辅助破岩的适用性[193]。1988年，Flowdfill公司与Grace钻井公司合作研发出双管射流辅助钻井系统，极大提高了钻进效率[194,195]。长沙矿山研究院有限责任公司在1982年研制出我国第一台高压水射流钻机，水压可达300MPa，通过一系列射孔试验，证明了高压水射流钻机在坚硬岩石中应用的可行性和有效性[196]。2013年，Lu等[197]研究设计出一套磨料水射流辅助钻井设备，并与常规高压水射流技术进行对比，发现在磨料水射流的辅助下，钻井深度提高，转矩和推力减小，钻头磨损程度显著降低。

2) 微波辅助破岩技术应用

将微波加热技术与机械刀具截割破岩结合，能够有效降低机械刀具的破岩比能，延长刀具的使用寿命，有望成为未来金属矿床开采的一种替代方式。张强[198]对比了微波辅助钻机破岩和未经微波处理的钻机破岩数据，发现经微波处理的钻机钻进深度是未经微波处理的 6.5 倍左右。目前，微波辅助破岩仍处于研究探索阶段，大型设备的研制仍存在许多难题，微波辐照设备与机械刀具的配合、机械刀具对高温的耐受性等问题亟须解决，将微波辅助破岩应用到实际工程现场中仍然任重道远。

3) *液氮辅助破岩技术应用*

黄中伟团队提出了一种液氮辅助钻井提速新方法，以液氮作为钻井流体，使用双层隔热钻柱，利用井下的增压设备实现高压液氮辅助破岩[145]。该方法能够实现高效破岩和储层增透助产，但在实际工程应用中仍存在诸多难点和挑战。液氮的低温特性使得管材的韧性大幅度降低，承受冲击动载能力明显下降，管柱脆断风险大幅提高。同时，液氮黏度低，在钻井排砂过程中容易出现脱砂和砂堵等一系列问题。此外，在液氮压裂过程中，通过“油套同注”的方法实现了现场应用，但施工成本太高，难以大规模应用。因此，应从管柱成本和液氮注入技术方面入手，降低管柱成本，优化液氮注入技术，实现低成本施工。

4) *激光辅助破岩技术应用*

Ezzedine 等[199]通过一系列激光辐照/冲击岩石试验和数值模拟，发现激光辅助破岩的主要机制是冲击效应而非热效应，同时明确了激光辅助破岩在钻井过程中能够改善地层，提高破岩效率。Pooniwala[123]提出了激光–机械三牙轮钻头的概念和设计方案。Zediker[200]开展了激光与 PDC 钻头联合钻进的现场试验，实现了激光辅助下的高速钻进，证明了激光辅助破岩的有效性。有关激光辅助破岩的研究，国内目前仍处于室内试验和理论研究阶段，李美艳等[201]、韩彬等[202]对激光辅助破岩和射孔进行了一系列室内试验，从微观角度分析了岩石受热破坏后的形貌特点，并通过 PDC 钻头对岩石进行了可钻性试验，也证明了激光辅助破岩的有效性。

1.3.3 非爆破岩面临的挑战与对策

非爆破岩技术的应用，丰富了岩石工程的施工手段，促进了非爆破岩理论和方法的发展，但受到作业设备和作业条件的限制，非爆破岩技术的应用仍然面临严峻挑战，有许多应用难题亟须攻克。图 1-38 总结了非爆破岩技术的优势和发展方向。

非爆破岩极大程度克服了钻爆法的弊端，但在理论发展和技术应用过程中，仍然存在以下挑战性问题：①现有岩石破碎理论未充分考虑复杂应力条件对岩石破碎特性的影响，而复杂应力条件直接影响非爆破岩效果；②硬岩强度大、完整性好、耐磨性高，破岩难度大，各类非爆破岩技术难以实现硬岩的高效破碎；③目前非爆破岩装备未能充分满足深部硬岩破碎工程对安全、高效、经济性、精细化、智能化的需求。总而言之，目前岩石工程的施工难度越来越大，对破岩效果、工程质量的要求越来越高，非爆破岩需要实现对复杂地质环境下坚硬岩石的经济、智能、安全、高效破碎，其面临的挑战与对策如图1-39所示。

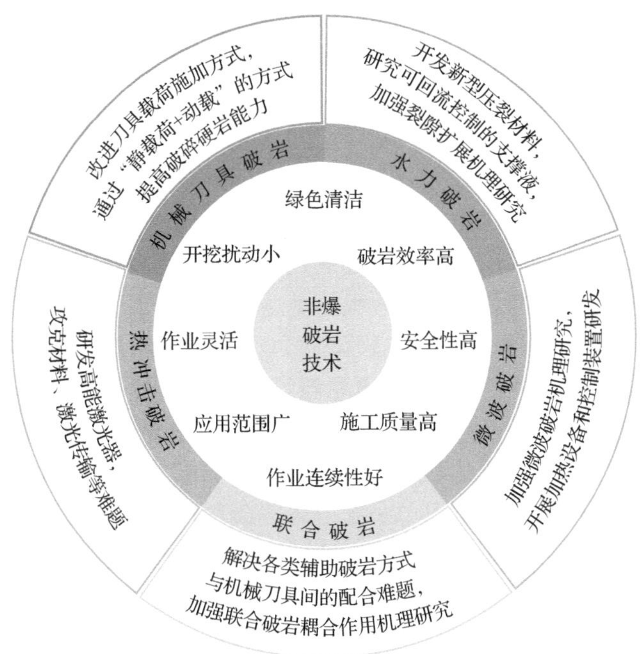

图1-38 非爆破岩技术的优势和发展方向

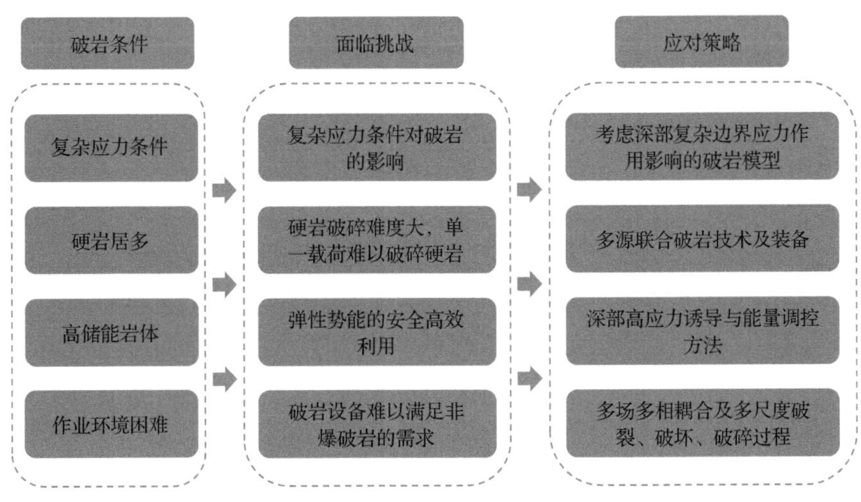

图1-39 非爆破岩面临的挑战与对策

在深部岩石工程中，应力条件对施工的影响不容忽略，研究者需要进一步开展深部复杂应力条件下的破岩试验和理论研究，探究应力条件对非爆破岩的影响，建立考虑深部复杂边界应力作用影响的破岩模型，指导深部岩石工程施工。处于高地应力状态的深部岩体，储存有大量的弹性势能，一方面会严重威胁到岩石工程的安全，另一方面弹性势能可以作为破岩能量，提高非爆破岩效率。在香山科学会议第 175 次学术讨论会上，李夕兵提出了将高地应力“变害为利”的构想，即通过开挖诱导工程，使矿体内发生应力重分布，诱导深部高应力预先致裂岩体，从而提高该部分硬岩矿体的可切割性，实现高效非爆开采[203,204]。在非爆破岩发展进程中，需要进一步探寻有利于岩石破碎且防止灾害发生的深部高应力诱导与能量调控方法，研究深部岩体应力条件、储能特性与外界破岩作用载荷的耦合特性，开发深部高应力与高储能诱导利用协同破岩方法与技术。此外，针对高储能岩体，需要研究深部硬岩破碎过程的多场多相耦合及多尺度破裂、破坏、破碎过程，揭示破岩扰动诱发高储能岩体动力灾害的力学及能量机制，提出针对性的防控方法，在诱导利用高应力和高储能促进破岩效率的同时，防止破岩扰动诱发岩体动力灾害的发生，从而实现深部硬岩的安全高效破碎。

现有岩石破碎技术的破岩载荷作用方式主要有机械刀具切削、冲击、冲击+切削、水射流、热能冲击等，但单一的破岩载荷作用方式难以实现硬岩的高效破碎。联合破岩则是通过高压水射流、微波、液氮、激光等措施，改变岩石的物理力学性质，辅助机械刀具破岩，从而提高破岩效率。目前，联合破岩的耦合机制不清，需要研究机械刀具载荷与高压水射流或者热冲击载荷的耦合机制，揭示机械与水/热力联合破岩特性，开发多源联合破岩技术及装备。除目前广为熟知的联合破岩方式外，美国佩特拉(Petra)公司研发的斯威夫特(Swifty)钻机，可在非接触状态下利用超高温热能(超过 982℃的超高温气体)，通过热散裂技术，实现硬岩的高效破碎。HyperSciences 公司也推出了一种基于高超声速弹丸撞击技术的掘进技术，在开挖硬岩和磨蚀性岩层时效率极高。硅谷初创公司地球电网(EarthGrid)正在开发一款等离子挖掘机器人，其首先使用多个高达 27000℃的等离子炬钻产生的超高温使岩石产生裂缝并汽化，然后继续用高压破坏已经剥落的岩石，使其分裂成更小的碎块，最终变成粉末。由此可见，要实现硬岩的高效破碎，要从岩石本身和破岩设备两方面着手。硬岩可切割性差，需要通过高温预处理、人工预制缺陷等方式，破坏岩石的完整性，提高硬岩可切割性。破岩设备在破碎硬岩时需要提供更大的破岩载荷，破岩设备会朝着大型化发展，但地下岩石工程作业空间有限，大型设备难以应用，破岩载荷的优化提升需要从改变载荷类型出发，将传统的静载破岩转为“动载荷+静载”耦合破岩，对硬岩同时施加动载和静载，从而实现硬岩的高效破碎。此外，对于难破碎硬岩，应当以岩石可切割性为衡量参数，构建岩体原位监测感知、岩体可切割性精准改善、破岩参数智能调控一体化的非爆破岩模式。

如图 1-40 所示，为了满足深地工程建设和深地资源开发的需求，深部硬岩破碎需要向着更高效、更安全、更经济、更精细的方向发展。在理论方面，需要突破已有岩石破碎理论的局限，建立深部高应力与破岩载荷耦合、多源破岩载荷耦合、破岩过程多场多相多尺度耦合作用力学与能量模型；在技术及装备方面，需要实现技术变革和装备升级，开发深部高应力与高储能诱导利用协同破岩方法与技术以及机械、水力、热力等多源联合破岩技术及装备，并努力实现破岩设备的机械化和自动化、破岩作业过程的连续化和精细化、破岩过程管控的数字化和信息化以及破岩全过程的智能化和无人化；在破岩设计方面，需要重视岩石破碎全周期优化设计，开发与深部岩体特性、地应力条件、破岩需求协同匹配的精细化智能破岩方法与技术体系，实现原本高风险的岩石破碎作业向低风险、高安全度方向发展，并实现深部高应力等灾害条件向促进破岩的有利因素转变。

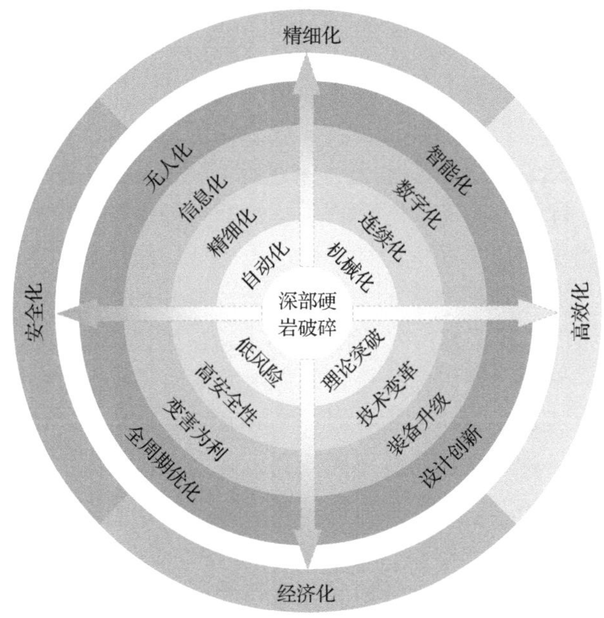

图 1-40 深部硬岩非爆机械化破碎技术发展方向

随着地下资源开采及地下空间开发利用规模不断加大，非爆破岩理论和技术得到了长足发展，有力保障了岩石工程的安全、高效、经济、绿色施工。本节综述了机械刀具破岩、水力破岩、微波破岩、热冲击破岩、膨胀破岩、联合破岩理论和技术，并基于目前非爆破岩所面临的困难与挑战，展望了非爆破岩的未来发展方向。

(1)面对现代岩石工程施工环境的复杂化、施工条件的困难化、施工质量的高标准化，非爆破岩亟须完成理论突破、技术变革、装备升级、设计创新，实现对复杂地质环境下坚硬岩石的安全、高效、经济、智能、绿色破碎。

(2)对于具有高应力、高储能、强扰动特性的深部硬岩，需要探究深部硬岩破碎过程的多场多相耦合及多尺度破裂、破坏、破碎过程，揭示破岩扰动诱发高储能岩体动力灾害的力学及能量机制，探寻有利于岩石破碎且防止灾害发生的深部高应力诱导与能量调控方法，开发深部高应力与高储能诱导利用协同破岩方法与技术。

(3)硬岩破碎难度大，需要从改善岩石可切割性与提高载荷破岩能力两方面着手，研究多种类型载荷耦合破岩机制，开发多源联合破岩技术及装备，并构建集岩体原位监测感知、岩体可切割性精准改善、破岩参数智能调控一体化的非爆破岩模式。

1.4 非爆机械化破岩研究现状

随着制造业的飞速发展，煤炭开采装备不断革新，出现了能够保证千万吨矿井规模化生产的综采、综掘成套设备，实现了煤矿的综合机械化连续开采，促进了煤炭的安全、高效、绿色、智能化开采进程[205,206]。并且在进入深部后煤炭开采技术继续革新，有望实现流态化开采[207]。然而目前主导地下非煤硬岩矿体回采的传统钻爆法日益暴露出作业危险性、生产效率低、能量利用率低、衍生破坏大等突出缺陷，与现代工业所要求的安全、高效原则相悖[3]。同时，爆破也是诱发岩爆、突水等灾害的重要因素[208]。因此，为了适应国民经济的快速发展，有必要突破硬岩采矿这一基础产业以钻爆法开采为主的格局，改革采矿工艺。

20 世纪后期，采矿发达国家率先进行了一些旨在取消炸药的非爆采矿方法研究工作，试图找到一种可取代传统爆破的高效破岩方法。先后涌现出许多新型破岩方法，如机械刀具破岩、高压水射流破岩、化学膨胀剂破岩、热力破岩、微波破岩、等离子体破岩、激光破岩等[4]，其中以机械刀具破岩为基础的非爆采矿方法取得了较为突出的成果，各种冲击式、旋转截齿切削式、滚刀压裂式采矿机械相继产生[209-213]。非爆机械化连续开采是减少矿山开采灾害的有效途径，是矿山朝安全、低耗、高产、高效发展的有力保证，同时也是实现智能化无人采矿梦想的基础。在现有的地下采矿实践中，如滚筒采煤机、连续采煤机、悬臂式掘进机等基于截齿或刀具旋转截割的矿山机械化连续采掘设备已经广泛应用于煤层或者煤系岩层采掘作业，是煤炭高产高效规模化开采的有力保障[205,206,214]。煤炭开采实践中，非爆机械化连续开采具有传统钻爆法开采不可比拟的优点，主要表现为安全性高、成本低、生产效率高、作业环境好、劳动强度低、资源回收率高、衍生破坏小等特点。然而不同于煤岩强度低、硬度小、轻而脆、裂隙发育等特点，非煤硬岩矿体则普遍具有高强度、高硬度、高磨蚀性、完整性好等特点，当采矿机械的破岩机具与矿体接触后难以一次性高效地截落矿石，而是多次重复与矿石摩擦，极易产生高温，在高接触应力和高温作用下截齿或刀具极易磨损，同时易产生大量矿尘且呼吸性矿尘浓度高，从而导致开采成本居高不下且作业环境差。提高非爆机械化开采在硬岩矿体中应用的可行性途径有：①提高刀具的破岩功率；②提高矿岩的可切割性。提高刀具的破岩功率，一方面需要提高刀具性能以便可以承担高功率带来的高接触应力和高温，另一方面需要增大采矿机械的输出功率，这样势必会造成破岩刀具造价昂贵以及采矿机械体积庞大、灵活性差且成本高，难以实现规模化开采，最终致使非爆机械化连续开采在硬岩矿山的应用受到一定限制。

近年来，随着浅部矿产资源的开采殆尽，深部开采即将成为常态，并将是必然趋势[215]。世界采矿大国南非开采深度达到 4500m，澳大利亚 1900m，加拿大 3000m[204]；我国有一些矿山的采深已经超过 1000m，且主要为有色金属矿山，可以预计，未来我国有色金属矿山将逐步进入 1000～2000m 深度的开采阶段。据不完全统计，我国“十三五”期间有 50 余座金属矿山步入 1000m 以深开采范畴，其中有近一半在未来 10～20 年开采深度将达到 1500m 以深[204]。世界上各个采矿业比较发达的国家，根据其采矿工业发达程度和资源赋存条件都对深部开采做了相应的界定[204,216-224]。例如，我国采矿手册中规定采深超过 600m 为深部开采，超过 2000m 为超深部开采[224]。我国在“十五”期间将金属矿采深超过 600m 定义为深部，随后改为 800m、1000m，“十三五”提出构建 2000m 以浅的深部岩体力学与开采理论体系，形成 2000m 以浅深竖井建井与提升关键技术体系与装备能力，实现 1000m 以深规模化采矿和 1500m 以深建井示范，探明 1500m 以深岩体力学行为等重点研发计划[204]。因此可以推断我国工业界对深部开采的共识应为 1000～2000m。根据世界各国矿业界深部开采实践分析，深部矿产资源开采呈现出如下特点：缓倾斜层状矿床居多，中低品位矿石居多；高地应力和强开采扰动是常态，岩体静应力集中和开采扰动增大到足以导致矿岩发生岩爆、分区破裂、板裂、挤压大变形等非常规破坏；高井深将导致矿石提升、井下排水困难；高地温致使井下作业环境恶化，井下作业人员的舒适感发生突变，生理、心理承受力发生变化[204]。以往习惯将上述高地应力、高井深、高地温以及强开采扰动等深部因素划定为致灾因素，然而这些灾害性因素有可诱变成有利因素的一面：高应力及强开采扰动有利于坚硬矿岩致裂与块度控制；高地温可加速原地溶浸采矿矿物与溶浸液间的相互作用；高井深存在的高水压有利于高水压设备或井下动力源的更新。单从深部“三高”环境促使的采矿技术变革策略中展示的目前深部固体资源开采技术亟待发展变革以实现集约化、规模化、安全高效开采等第一阶段目标而言，深部矿层的赋存特点及高地应力、强开采扰动等特点可为深部非爆机械化开采提供有利条件，也对深部非爆机械化开采提出了迫切需求[204]。李夕兵等[3,204]在开阳磷矿进行的高地应力硬岩矿山诱导致裂非爆连续开采初探表明，可以利用岩层高地应力，通过开挖诱导工程调控岩体储能用于预先致裂深部硬岩矿体，大幅提高其机械截割可行性，并基于此提出了采矿模式随开采深部不断变革的发展模式，其中基于高地应力诱导致裂的非爆机械化开采为深部硬岩的非爆开采提供了可行途径，也为实现采矿业从传统粗放型向未来智能化、精细化、集约化、无人化发展提供实践基础。深部金属矿石品位降低后，为了满足下游工业日益增多的资源需求，地下集约化规模化开采将是必然，同时深部矿床缓倾斜的赋存特点，以及深部高地应力可被平稳诱导用于有序致裂岩体而不再引发岩爆等灾害的属性转变，为硬岩矿体非爆机械化连续开采提供了有利条件。

1.4.1　基于刀具破岩的非爆机械化破岩方法

由于作业连续化程度高、作业安全、工程围岩质量好、开挖扰动小等优点，非爆机械化破岩技术作为一种有望替代传统钻爆法破岩的新型破岩方法，目前已较为广泛地应用于软至中硬岩体的采矿及隧道开挖工程[20,80,225-227]。在众多类型基于刀具破岩的非爆开挖工程机械中，如图 1-41 所示的基于盘型滚刀破岩的隧道掘进机和如图 1-42 所示的基于镐型截齿破岩的悬臂式掘进机在较为坚硬的岩体中破岩效果较为理想，且推广应用发展较快[25,228-235]。早在 20 世纪 70 年代，机械刀具破岩特性就开始得到广泛关注，特别是随着隧道掘进机和矿山天井钻机的研发，各种机械刀具破岩试验台相继被构建用于物理模拟刀具与岩石相互作用过程。中南大学在 20 世纪 80 年代初就研发了实尺机械刀具破岩试验台，开展了大量研究，后来又提出了动静组合破岩方法，研发了刀具切削或滚动+冲击破岩试验台。21 世纪以来，随着我国基础工程大规模建设，特别是水电、交通等隧道工程以及硬岩金属矿山采掘工程施工，以硬岩隧道掘进机和悬臂式掘进机为主的机械破岩技术又得到了长足发展，关于机械刀具破岩的研究又得到了国内外众多学者的关注，特别是关于机械刀具对硬岩的截割特性，以及地下工程进入深部后高地应力对刀

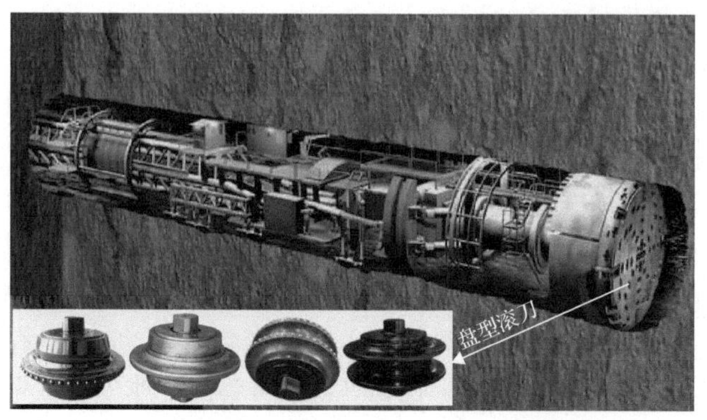

图 1-41　基于盘型滚刀破岩的隧道掘进机

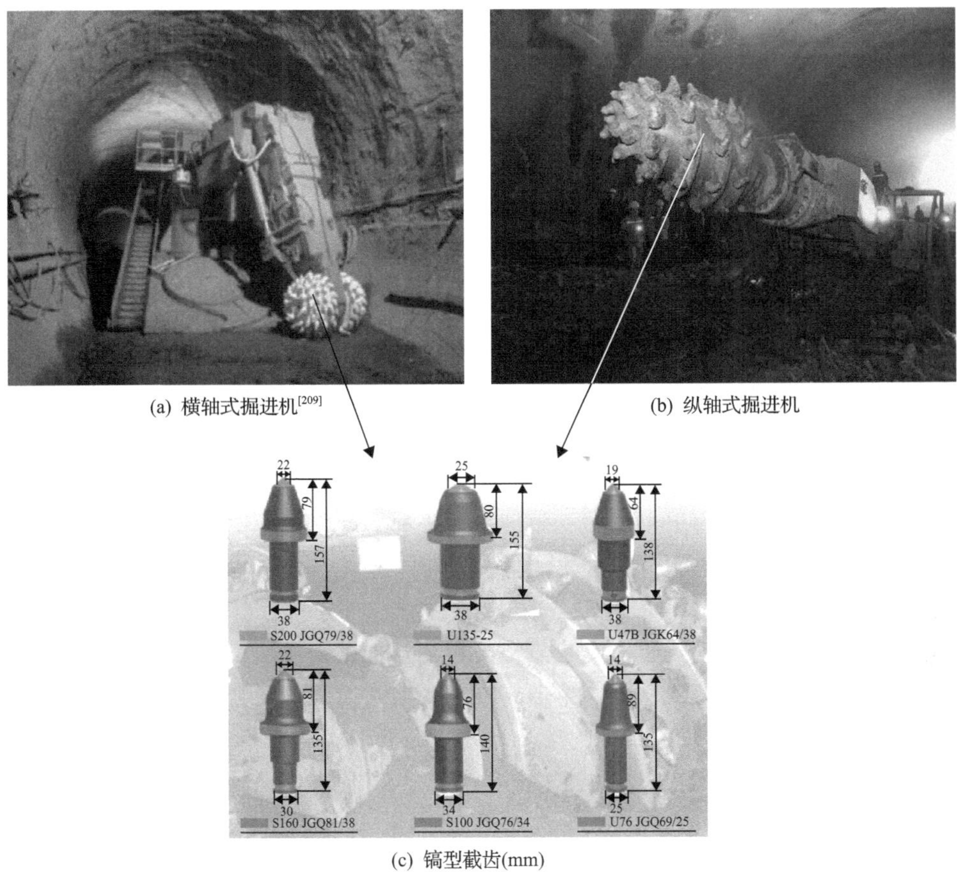

(a) 横轴式掘进机[209]

(b) 纵轴式掘进机

(c) 镐型截齿(mm)

图 1-42 基于镐型截齿破岩的悬臂式掘进机

具破岩性能的影响。

基于镐型截齿破岩的悬臂式掘进机具有开挖断面灵活、行走方便、岩层条件适用性强、作业活动空间小等特点而被广泛地从煤巷开挖推广应用于煤矿岩巷中，以及非煤矿山采准巷道的开挖。然而，目前基于镐型截齿破岩的悬臂式掘进机尚只能在软至中硬岩体内获得经济高效的截割效果，而不适用于坚硬矿岩体开挖[233,236,237]。因为在坚硬矿岩体内开挖截齿难以有效凿入矿岩体内而持续与岩体表面摩擦产生大量岩尘，并使截齿极易破损，从而污染作业环境并使采矿成本大幅增加，此外截割坚硬矿岩体需要较高的破岩载荷，当掘进机提供的经济截割功率小于坚硬矿岩体破坏需要的破岩功率时，截齿难以快速有效地截落矿岩石，而是与矿岩体摩擦，致使掘进机截割头上各个截齿连续交替与矿岩体作用产生波动较大的反冲力，引起较大的掘进机振动，从而造成掘进机作业稳定性差。但是，近年来有采矿及隧道开挖现场实践发现如果开挖引起的围岩应力集中程度足够高以致能够造成待开采矿岩体发生预先破裂，这反倒能够提高矿岩体的可切割性，从而有利于机械刀具破岩在深部隧道开挖以及深部固体资源开采中推广应用[3,238-240]。

基于刀具破岩的非爆开挖工程机械在隧道、巷道掘进以及地下采矿中的破岩过程，实质上是呈一定轨迹连续运动且具有一定破岩载荷(即具备一定的破岩功率)的刀具与岩体表面相互作用，通过对相互接触区域附近岩石的挤压而使岩体发生局部破坏并使破落岩石从母岩体上剥落。因此，机械刀具破岩是涉及刀具与岩石在两者接触区域发生相互作用的一个破岩过程，该过程受到应力条件、岩石特性、刀具作用参数等因素的综合影响[241]。

1.4.2　TBM 滚刀破岩特性的研究现状

以往有众多学者对 TBM 滚刀的破岩特性进行了大量研究。学者 Roxborough 和 Phillips[78]早在 1975 年就提出了滚刀破岩的轴向推力和滚动力的理论计算模型，并用滚刀破岩试验数据进行了验证。此后 Bilgin[225]提出了一个经验公式用于计算滚刀破岩载荷。随后，由于滚刀破岩过程涉及复杂的弹塑性以及断裂力学问题，简化的二维理论模型难以反映真实的破岩过程，众多学者相继开始进行基于实尺或者缩尺试验的滚刀破岩特性研究。Gertsch 等[242]通过如图 1-43 所示的经典直线行走滚刀破岩试验设备开展了单滚刀实尺直线行走破岩试验，研究了不同凿入深度和截割间距下滚刀破岩过程中的轴向推力、滚动力和侧向力的变化情况，发现随着凿入深度和截割间距的增大，滚刀破岩所需的轴向推力和滚动力都需要增加，

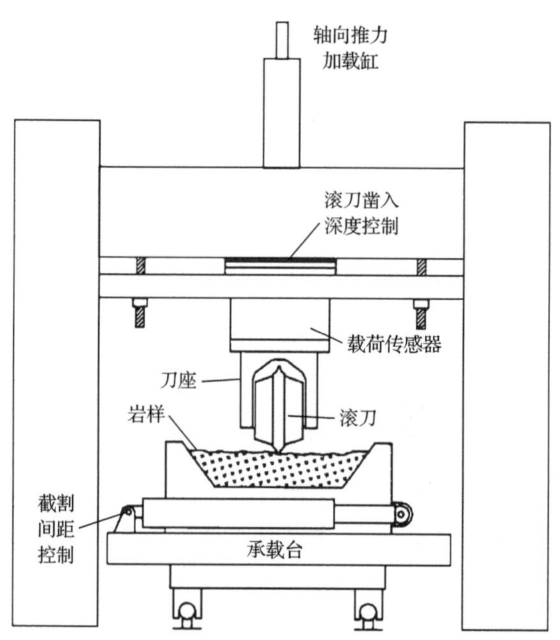

图 1-43　直线行走滚刀破岩试验设备平面图[242]

通过计算破岩比能(截割单位体积的岩石所需要的能量)发现截割间距设置为76mm时能够获得最优的破岩效果。Balci和Tumac通过如图1-44所示的试验平台开展了不同岩石的直线行走滚刀破岩实尺试验，研究了不同岩石结构特性和岩石类型对V形滚刀的直线行走破岩特性的影响，结果表明，除岩石强度参数外，岩石质地、粒度、矿物成分对岩石截割参数都有影响，此外该学者还利用此实验设备研究了等截面(constant cross section，CCS)型横截面滚刀的破岩特性，并在破岩载荷理论和经验计算模型上与V形滚刀破岩进行了对比分析[243,244]。

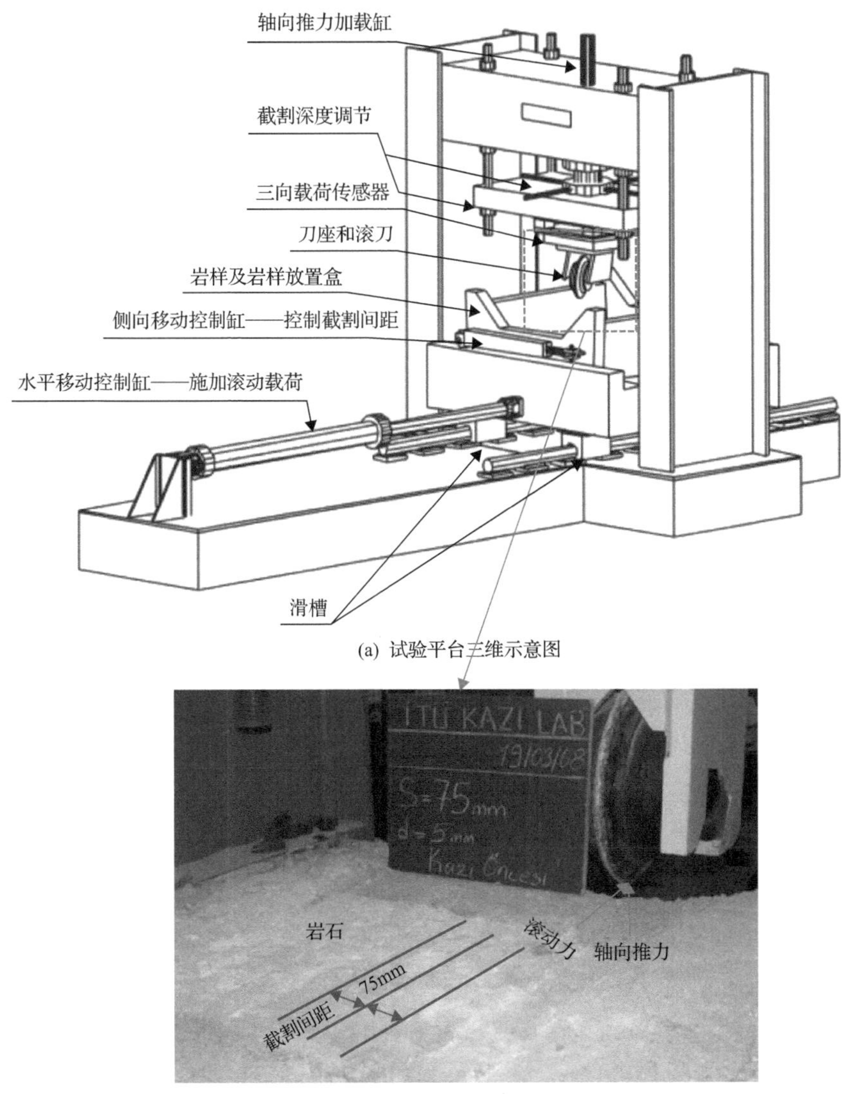

(a) 试验平台三维示意图

(b) 截割实物图

图1-44　直线行走滚刀破岩实尺试验平台三维示意图和截割实物图[243]

此后，Cho 等[245]搭建了类似的直线行走滚刀破岩实尺试验平台（图 1-45 左），并通过 ShapeMetrix3D 摄影测量技术计算切落岩石的体积，从而计算滚刀破岩比能，研究了滚刀截割深度和截割间距对破岩载荷和破岩比能的影响，此外该学者还开展了三维数值模拟研究并与试验结果进行对比，发现随着截割间距与截割深度之比增大，破岩载荷逐渐增大，而破岩比能先减小后增大，破岩比能最小的点即为最优的截割间距与截割深度之比，从而为合理的滚刀截割参数设计提供依据。Yin 等[246]在类似的直线行走滚刀破岩试验平台（图 1-45 右图）上开展了 TBM 滚刀对含不同间距节理的岩石的实尺破岩试验，试验中设计了完整岩样、具有 100mm 和 400mm 两种间距节理的节理岩样开展对比试验，发现岩样中的节理能够提高岩石的可切割性。

图 1-45 直线行走滚刀破岩试验平台[245,246]

此外，还有学者开展了圆周行走滚刀破岩试验。Qi 等[247]在如图 1-46 所示的圆周行走滚刀破岩试验平台上研究了不同的截割深度（2mm、4mm、6mm、8mm）对滚刀破岩特性的影响，试验中通过监测或计算截割力、岩石碎片尺寸、破岩比能和截割表面轮廓来评价滚刀破岩特性。Peng 等[248]在上述试验平台上开展了实尺滚刀破岩试验，研究了固定截割深度和固定轴向截割载荷两种破岩模式下滚刀破岩的轴向推力、滚动力、切削系数（滚动力与轴向推力之比）、破岩比能和岩石可切割性指标等破岩特性。Entacher 等[249]设计了如图 1-47 所示的直线行走滚刀破岩缩尺试验设备，该设备通过圆柱形空腔固定缩尺岩样，并由侧向平板框架和调节机构固定和调节滚刀的截割深度，然后利用轴向液压缸推进滚刀进行直线行走滚动截割岩样，试验记录了滚刀破岩过程中滚动力随滚刀行走距离的变化曲线，发现滚刀破岩所需的滚动力随截割深度的增加而增大。

图 1-46　圆周行走滚刀破岩试验平台[247,248]

1、5-加载框架；2-可移动框架；3-支柱；4-岩样盒；6-液压缸；7-手轮；8-刀座；9-刀托；10-滚刀；11-岩样；12-链驱动系统；13-监控系统；14-控制面板

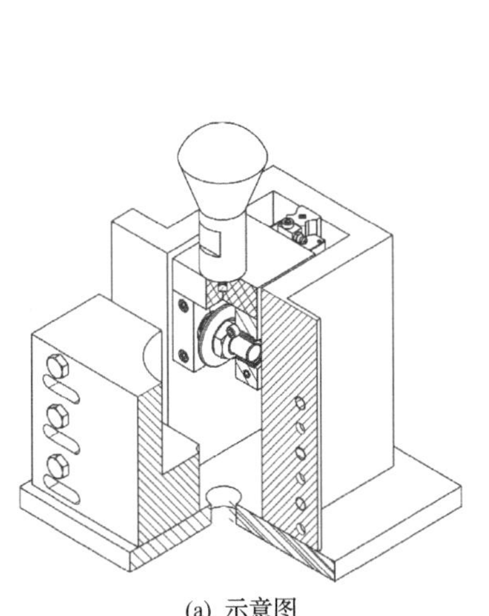

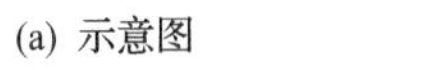

(a) 示意图

(b) 实物图

图 1-47　直线行走滚刀破岩缩尺试验设备[249]

上述试验对不同截割参数、不同岩样特性等条件下的滚刀破岩特性进行了详细研究，获得了众多有意义的结论，但是上述试验都是在岩样自由(无围压限制)或者被动受限(岩样处于封闭的盒体内)状态下进行的，没有考虑不同应力边界条件对滚刀破岩特性的影响。近年来随着地下采矿和隧道工程逐渐进入深部后，作为深部岩体常见的高地应力条件，其对硬岩可切割性的影响已受到许多学者的关注[250]。一些研究发现围压会阻碍刀具破岩，降低岩石的可切割性。Gehring[251]

研究发现埋深大于 800m 的隧道机械开挖中刀具消耗量要明显高于浅部。Innaurato 等[9]发现围压为 10MPa 的岩体其可切割性降低 30%。Liu 等[252]利用岩石破裂过程数值模拟软件 RFPA 开展了不同围压下单刀具和双刀具破岩特性研究，发现围压显著影响刀具破岩特性，岩石的凿入破坏强度随围压降低而降低。这种现象可能是由于受围压限制，滚刀需要更高的轴向推力才能使岩石破坏。然而，一些研究发现高围压条件反而会促进滚刀破岩。Kaiser[239]研究得到如果地应力足够高以至于可以使待开采岩体出现初始损伤裂纹，高地应力则有利于刀具破岩。进一步研究发现随着地应力升高，TBM 盘刀的破岩能力存在转折，在较低地应力和较高地应力下刀具破岩能力都优于转折点处的刀具破岩能力，即地应力对盘刀破岩具有双重影响[226,240,250,253,254]。Pan 等[255]在 Gong 等[256]改进的能够施加围压的滚刀破岩试验设备上(图 1-48)，开展了 0-0，5MPa-5MPa，10MPa-10MPa，15MPa-15MPa 和 20MPa-20MPa 五个双轴围压条件下滚刀破岩特性，研究了围压对滚刀破岩特性的影响，发现围压能够显著影响滚刀的破岩特性，在同一围压条件下随着截割深度的增加，滚刀破岩的轴向力、滚动力以及切削系数都会相应地增加，在同一截割深度条件下，随着围压增大，滚刀破岩的轴向力、滚动力以及切削系数都呈现先增大后减小的趋势，在较高的双轴围压条件下滚刀破岩的各项指标将会变得很低甚至低于无围压条件下的各项指标，这说明高围压反倒有利于滚刀破岩[255]。Pan 等[257]通过实尺线性切削试验，给出了切削力和半理论切削力估算结果，还通过双向等围压和双向不等围压两种情况下岩石实尺线性截割试验，分析了不同围压下滚刀法向力、滚动力、破岩比能等因素的变化规律及岩石可掘进性指标和最佳切削条件，此外还提出了以刀具直径、刀具间距、刀具贯入深度和岩石单轴抗压强度为输入参数的圆盘刀切削力经验预测模型，此外基于半理论模型和新的经

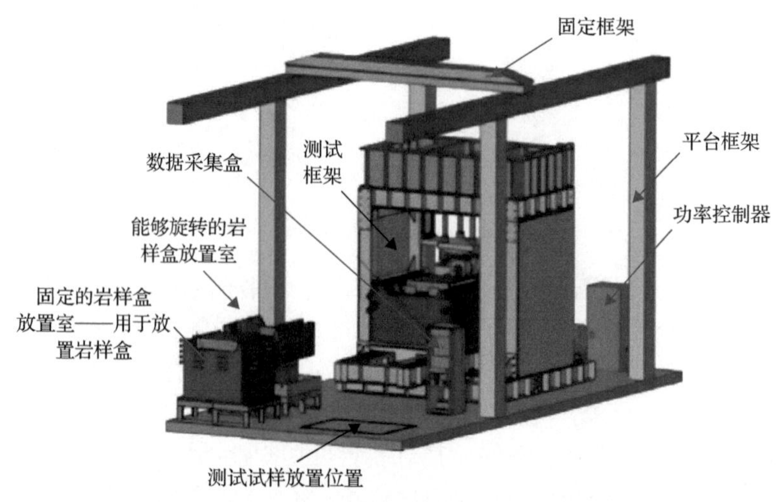

(a) 试验装置三维示意图

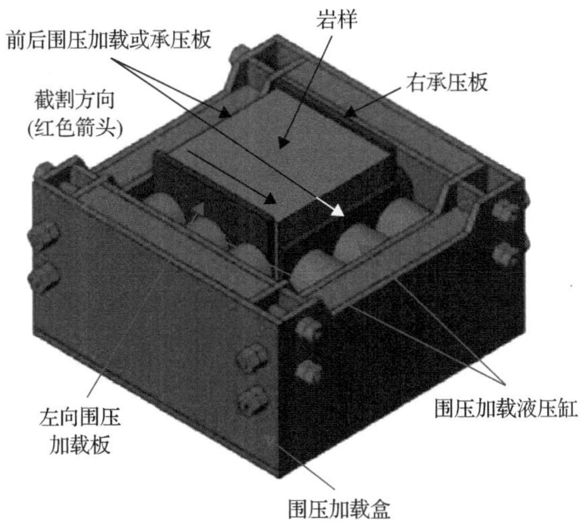

(b) 具备围压加载功能的岩样盒

图 1-48 改进的能够施加围压的滚刀破岩试验设备[255,256]

验模型，从圆盘刀的切削力反向估计岩石强度。Xia 等[258]采用 Rankine 拉伸裂纹软化模型和 JH-2 模型建立了 TBM 滚刀破岩的三维有限元模型，研究了侧向自由面对破岩方式和破岩效率的影响。Zhang 等[259]采用 PFC 分别进行了传统条件和自由面条件下的二维岩石截割模拟，凸显了在临空面条件下截割岩石对提高 TBM 破岩性能具有很大潜力。Liu 等[260]开发了基于二维 Voronoi 单元的数值流形方法，模拟了单滚刀截割岩石过程，揭示了围压对 TBM 滚刀破岩的影响。Wu 等[261]采用 EM-DEM 耦合方法模拟了不同围压下滚刀对岩石的破坏，表明围压对中间裂纹的扩展有明显的抑制作用，侧向裂纹角度随围压的增大而增大。

1.4.3 镐型截齿破岩特性的研究现状

镐型截齿因具有锥形点接触式的截割头而得名。镐型截齿在截割岩石过程中能够在齿座内自由旋转，从而保证截齿端头均匀磨蚀。实践证明镐型截齿具有凿入深度大、能量消耗低、磨蚀寿命较长等优点，而被广泛用在悬臂式掘进机上[66,67,262-280]。镐型截齿的截割参数，如截割速度、截割间距、截割模式等，对其截割能力有重要影响，因此得到了学者的广泛关注。已有大量工作开展了截齿截割研究，用于提高截割效率和截齿寿命，提高截齿破岩过程的安全性，以及提高掘进机在硬岩中的适用性。多种形式的试验设备曾被设计用于缩尺或者实尺物理模拟截齿截割过程，从而监测分析不同岩石特性和截割参数条件下的截割特征参数：截割力、破岩比能、截割产量、截落岩块形状及尺寸、截割影响区域裂纹扩展情况等。李夕兵、赵伏军等设计并构建了如图 1-49 所示的动静组合载荷下刀具破岩多功能试验台，通过向刀具施加垂直方向上的预静载和冲击扰动载荷，以及水平方向上的切削载荷来对实尺岩样的上表面进行截割，研究了垂直预静载、冲击能、水平切削力、刀具安装角度、切削速度等截割参数对不同强度岩石在静压-切削、静压+冲击-切削破岩模式下截割特性的影响，特别是对截割深度的影响，初步研究结果表明切割深度随着轴向静载和冲击能的增大而增大，该试验台可为开展动静组合破岩试验和开发新型刀具提供较好的试验方法[215,269-272]。

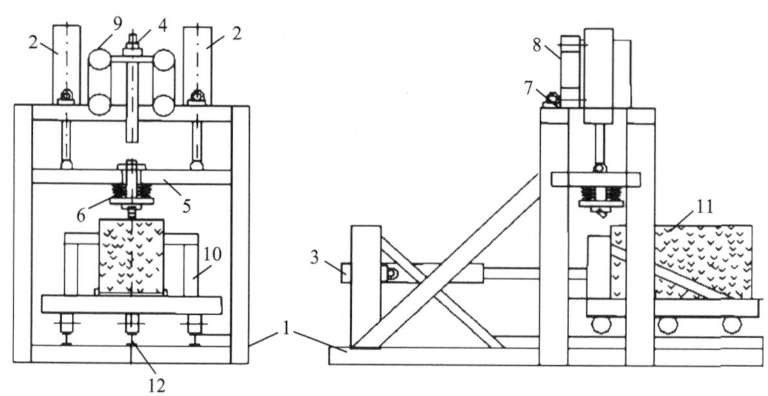

(a) 试验台结构图

1-机架；2-轴向加压油缸；3-水平加载油缸；4-冲击杆；5-升降横梁；6-刀具及刀具夹；7-冲击调速电机；8-皮带传动装置；9-齿轮传动机构；10-轨轮车；11-岩样；12-轨道

(b) 试验台实物图

1-机架；2-升降横梁；3-起吊岩石电葫芦；4-轴向加压油缸；5-冲击调速电机；6-冲击杆传动装置；7-冲击杆；8-传感器；9-刀具及刀具夹；10-岩样；11-水平/垂直加载泵压系统；12-动静载荷测试系统

图 1-49　动静组合载荷下刀具破岩多功能试验台[215,269]

Bilgin 等[20,72]在如图 1-50 所示的直线行走截齿破岩实尺试验设备上，开展了针对 22 种不同类型岩样的镐型截齿破岩试验，研究了不同截割深度和截割间距下镐型截齿破岩的截割力、轴向力、破岩比能等参数的变化，发现岩石特性对截齿破岩的截割力和破岩比能有明显的影响，该学者还将截割力和破岩比能的理论计算模型和试验数据进行了对比分析，发现岩样的单轴抗压强度与截齿破岩的截割力(截割力和轴向力)有显著的相关性，同时岩样的抗拉强度、施密特锤回弹值、静态和动态弹性模量等都会显著影响镐型截齿的破岩效果，此外还发现关于破岩比能的理论模型计算结果与试验结果吻合度很高，并且当截割深度为 5mm 时考虑了岩样与截齿间摩擦系数影响的理论模型计算的截割力与试验获得的截割力具有较好的一致性，试验结果可为镐型截齿破岩的现场应用提供指导。Balci 和 Bilgin[273]在上述试验基础上研究了直线行走截齿破岩的缩尺试验和实尺试验结果的相关性，发现实尺试验获得的最优破岩比能可由缩尺试验结果进行推断。

图 1-50 直线行走截齿破岩实尺试验设备[20]

Yang 等[236]在如图 1-51 所示的截齿旋转破岩试验平台上开展了不同截齿旋转角和截割角下的镐型截齿磨损研究，发现镐型截齿的磨损程度随着旋转角的增大而增加，随着截割角的增大而降低。Liu 等[274]利用与如图 1-51 所示装置类似的单截齿旋转切削试验平台，研究了截齿不同安装参数下截割煤岩时的磨损情况和使用寿命。Dewangan 等利用如图 1-52 所示的试验装置，研究了不同类型镐型截齿破岩过程中截齿温度的变化情况以及破岩后截齿磨损情况[66,263,264]。

Kang 等[275]开发了如图 1-53 所示的能够通过四个单向载荷传感器实时监测镐型截齿破岩过程中三向载荷(轴向力、截割力和侧向力)变化曲线的直线行走镐型截齿破岩实尺试验平台，并通过三维有限元数值模拟研究了截齿破岩过程中整个平台的稳定性，借助该试验平台能够实时监测到镐型截齿破岩过程中截齿所受三向力的变化情况。

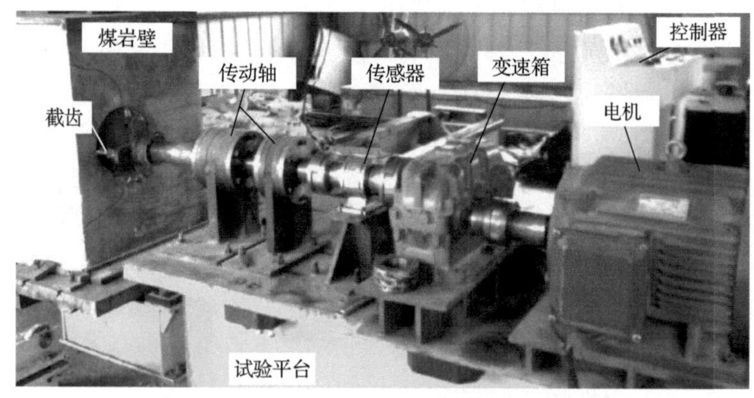

图 1-51 截齿旋转破岩试验平台[236]

图 1-52 单镐型截齿截割煤岩试验装置[264]

Copur 等[276]在如图 1-53 所示的直线行走镐型截齿破岩实尺试验设备上，研究了单螺旋、双重螺旋、三重螺旋截割模式下镐型截齿破岩的最大及平均截割力、破岩比能、切削量、切槽粗糙度指标等破岩特性，结果表明截割模式从单螺旋变为双重螺旋截割模式，最优的破岩比能则会下降 25%，并且双重螺旋截割模式相比单螺旋和三重螺旋截割模式具有更高的破岩效率。Yasar 和 Yilmaz[277]设计了一种竖向直线行走镐型截齿破岩试验装置(图1-54)，用于研究镐型截齿的破岩特性。

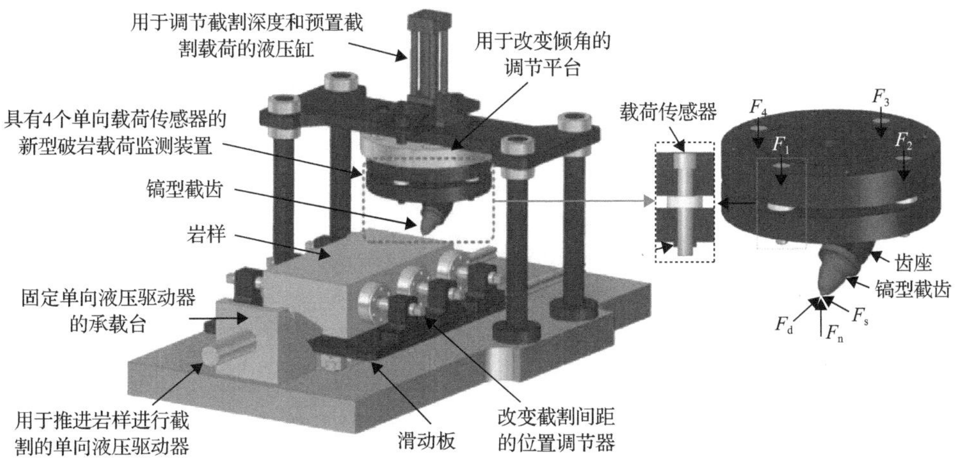

图1-53 直线行走镐型截齿破岩实尺试验平台[275]

F_1～F_4为推力的4个分量；F_d为截割力；F_n为法向力；F_s为侧向力

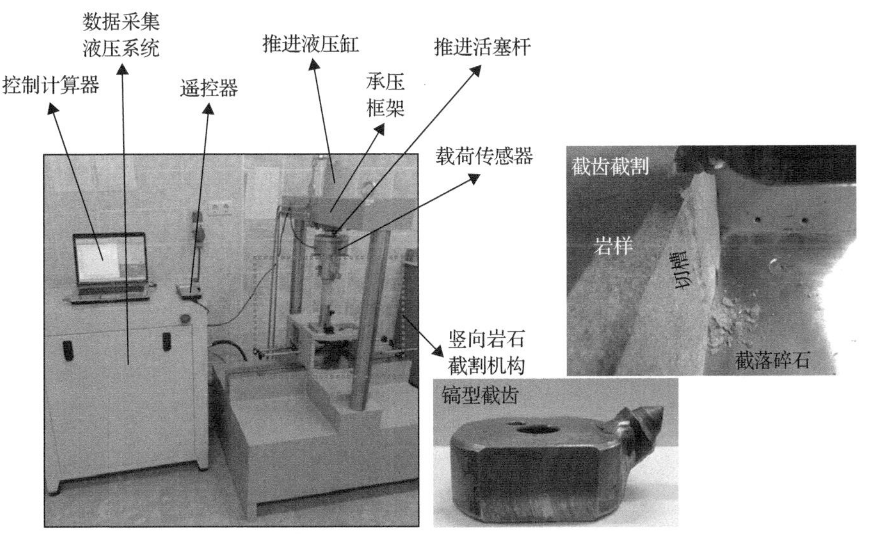

图1-54 竖向直线行走镐型截齿破岩试验装置[277]

在数值计算方面，有限元法(finite element method, FEM)、离散元法(distinct element method, DEM)，以及有限元法和离散元法联合的计算方法(FEM-DEM)曾被用于分析岩石截割过程，获得更为详细的截割特征参数并节约研究成本[278-290]。Bilgin等[291]通过缩尺试验与FEM数值模拟联合研究了楔形刀具破岩时截割力和破岩比能的变化特性，发现围压能够显著降低刀具破岩区域内的张应力，从而增大刀具破岩载荷和破岩比能，不利于楔形刀具破岩。但是不同于楔形刀具，镐型截齿破岩过程不是纯粹地切削而是凿入挤压从而劈裂岩石。Li 等[292]利用二维颗粒流离散元软件(PFC2D)研究了围压和岩石特性对镐型截齿破岩特性的影响，发现随着围压和岩石强度的增大，镐型截齿破岩时岩样内裂纹的竖向扩展被限制，从而阻碍岩石破落，导致镐型截齿破岩难度增大。张强[293]利用有限元分析软件研究了钻孔诱导卸荷作用和镐型截齿的协同破岩特性，发现钻孔诱导卸荷可以降低深部高应力，从而可以提高截齿破岩效率，说明钻孔卸荷可以降低高应力对截齿破岩的限制作用。这些现象可能是由于受围压限制，截齿需要更高的截割力才能使岩石破坏。然而，以往研究多采用的是二维离散元数值模拟，事实上镐型截齿破岩是锥形头的不断凿入挤压而劈裂岩石的过程,该过程实际是一个三维断裂过程，并且当岩石受到围压限制后，镐型截齿破岩时劈裂岩块会自发地从受围压较小或者临空面剥落，该过程更是一个三维过程，二维的数值模拟难以反映真实的破岩特性，从而导致以往的数值模拟只得出围压会限制截齿破岩，而其能够促进截齿破岩的一面难以获得。

综上所述，以往关于截齿破岩的研究主要关注的是截齿作用参数(截割速度、截割间距)和岩石种类对截割过程截齿力、能量消耗、截落岩块特性等截割特征的影响，然而并未充分考虑进入深部开采后不能被忽略的地应力、截齿载荷类型、岩石缺陷结构等重要因素的影响。此外，以往的研究中大都是针对室内试验，真实条件下的现场实践以及关于适用于采掘工程现场的开采机械研发还尚未有所涉及。

矿岩可切割性直接决定着非爆机械化破岩方法在深部硬岩中的经济、高效、规模化应用。然而，以往有关刀具破岩的理论分析、室内试验、数值模拟研究缺少对矿岩可切割性的综合表征，未形成系统合理的硬岩可切割性评价指标体系，并且所涉及的岩石可切割性评价只是对室内岩样的评估，鲜有向现场岩体可切割性原位监测方面的延伸。已有学者根据刀具或钻具破岩过程的钻进参数、旋切参数、压裂参数或静力触探参数等来获得岩体的力学特性、工程岩体质量分级和岩体可钻性指标。这些方法源自土体参数原位获取的静力触探技术(通过测量圆锥形探头匀速压入土层过程中的孔隙压力、侧壁摩阻力和探头阻力等参数来判断土体性质)、旋压触探技术(将静力侵入改为旋转压入)和旋切触探技术(将静力侵入改为旋转切削)。Sugawara 等[294]和谭卓英等[295]利用随钻参数进行了地层特性识别，实现了沿钻孔剖面的连续判层，成功识别了弱风化花岗岩地层界面。司林坡和康红普[296]根据岩石的抗压强度和抗压入强度的一致性，尝试了在钻孔中原位测量围岩强度。Goberock 和 Bratcher[297]提出了用三牙轮钻头的钻井数据确定岩石强度的方法。Karasawa 等[298,299]对具有不同抗压强度的软至中硬岩石，用铣齿钻头和镶刃钻头进行钻切试验，从而评估岩石强度和钻具磨损情况，并提出了岩石的可钻强度。Ohno 等[300]提出了利用牙轮钻进情况来预测岩石强度和钻头磨损的实用方法。李宁等[301]基于回转钻探和静力触探试验的综合优势，研发了现场岩体力学参数触探仪，根据切削、静压及钻压作用过程，建立了旋进式触探试验钻压、扭矩与每转进给量之间的关系曲线，以曲线斜率和钻削理论为依托推导出岩石的抗压强度、弹性模量、内摩擦角及黏聚力的计算公式。Basarir 和 Karpuz[302]根据金刚石钻头钻进过程中的单粒金刚石的载荷、旋转、钻进参数，利用多元回归和自适应神经模糊算法，系统评估了岩石强度参数。Kalantari 等[303]利用小型螺旋钻具的钻进推力和钻动扭矩随钻进深度的变化曲线来评估岩石强度参数。Naeimipour 等[304]设计了一种在钻孔孔壁上进行原位划痕的探针，利用探针上小型滚刀的滚动力和法向力来评估岩石的抗压强度和抗拉强度。

上述研究为充分理解刀-岩相互作用过程与机械刀具破岩参数优化提供了重要的理论与方法基础，推动了机械刀具破岩在硬岩体开挖中的应用推广。然而，目前深部硬岩矿体机械化开采依然存在如下挑战性问题：①现有机械刀具破岩理论未充分考虑深部复杂应力条件对岩石破碎特性的影响；②现有机械化破岩技术的破岩载荷作用方式主要有机械刀具切削、冲击、冲击+切削，但单一的破岩载荷方式难以实现硬岩的高效破碎；③外界输入的破岩载荷和岩体高应力间的耦合机制不清，致使岩体高地应力和高储能在破岩过程中无序释放而作为灾害能引发岩爆等岩体动力灾害，并且破岩强扰动引发深部高储能岩体动力灾害的诱发机制依然不明；④目前的机械化破岩装备未能充分满足深部硬岩破碎工程的安全、高效、经济性、精细化、智能化需求。为了解决上述问题，亟须开展以下研究工作：①开展深部复杂应力条件下破岩实验和理论研究，建立考虑深部复杂边界应力作用影响的岩石破碎力学与能量模型，探寻有利于岩石破碎且防止灾害发生的深部高地应力诱导与能量调控方法；②研究机械刀具动静载荷组合破岩特性；③研究深部岩体地应力条件、储能特性与外界破岩作用载荷的耦合特性，开发深部高地应力与高储能诱导利用协同破岩方法与技术；④研究深部硬岩破碎过程的多场多相耦合及多尺度破裂、破坏、破碎过程，揭示破岩扰动诱发高储能岩体动力灾害的力学及能量机制，提出针对性的防控方法，在诱导利用高地应力和高储能促进破岩效率的同时，防止破岩扰动诱发岩体动力灾害的发生，从而实现深部硬岩的安全高效破碎；⑤开发与深部岩体特性、地应力条件、破岩需求协同匹配的精细化智能破岩技术与装备，从而实现深部硬岩的高效、安全、经济、精细破碎。

参 考 文 献

[1] 何琦, 汪鹏. 深海能源开发现状和前景研究[J]. 海洋开发与管理, 2017, 34(12): 66-71.

[2] 王少锋, 李夕兵, 宫凤强, 等. 深部硬岩截割特性与机械化破岩试验研究[J]. 中南大学学报(自然科学版), 2021, 52(8): 2772-2782.

[3] 李夕兵, 姚金蕊, 杜坤. 高地应力硬岩矿山诱导致裂非爆连续开采初探: 以开阳磷矿为例[J]. 岩石力学与工程学报, 2013, 32(6): 1101-1111.

[4] 钱七虎. 深部岩体工程响应的特征科学现象及“深部”的界定[J]. 东华理工学院学报, 2004, 27(1): 1-5.

[5] 何满潮. 深部的概念体系及工程评价指标[J]. 岩石力学与工程学报, 2005, 24(16): 2854-2858.

[6] 谢和平, 高峰, 鞠杨. 深部岩体力学研究与探索[J]. 岩石力学与工程学报, 2015, 34(11): 2161-2178.

[7] Gehring K H. Design criteria for tbm's with respect to real rock pressure// Schulter A, Wagner H. Tunnel boring machines: Trends in design & construction of mechanized tunnelling[M]. London: CRC Press, 1996: 43-53.

[8] Innaurato N, Oggeri C, Oreste P P, et al. Experimental and numerical studies on rock breaking with TBM tools under high stress confinement[J]. Rock Mechanics and Rock Engineering, 2007, 40(5): 429-451.

[9] Innaurato N, Oggeri C, Oreste P P, et al. Laboratory tests to study the influence of rock stress confinement on the performances of TBM discs in tunnels[J]. International Journal of Minerals, Metallurgy, and Materials, 2011, 18(3): 253-259.

[10] 王关清, 陈元顿, 周煜辉. 深探井和超深探井钻井的难点分析和对策探讨[J]. 石油钻采工艺, 1998, 20(1): 1-7.

[11] 石林, 杨雄文, 周英操, 等. 国产精细控压钻井装备在塔里木盆地的应用[J]. 天然气工业, 2012, 32(8): 6-10.

[12] 伍贤柱. 川渝气田深井和超深井钻井技术[J]. 天然气工业, 2008, 28(4): 9-13.

[13] 曾武强, 郑基烜, 冯才立, 等. 准噶尔盆地南缘山前构造高难度深井钻井工艺技术[J]. 天然气工业, 2000, 20(1): 44-47.

[14] 王定亚, 孙娟, 张茄新, 等. 陆地石油钻井装备技术现状及发展方向探讨[J]. 石油机械, 2021, 49(1): 47-52.

[15] 王定亚, 忽宝民. 提速提效石油钻机技术现状及发展思路[J]. 石油矿场机械, 2016, 45(9): 45-48.

[16] 汪海阁, 葛云华, 石林. 深井超深井钻完井技术现状、挑战和“十三五”发展方向[J]. 天然气工业, 2017, 37(4): 1-8.

[17] 李宁, 周波, 文亮, 等. 塔里木油田库车山前砾石层提速技术研究[J]. 钻采工艺, 2020, 43(2): 143-146.

[18] 汪海阁, 黄洪春, 毕文欣, 等. 深井超深井油气钻井技术进展与展望[J]. 天然气工业, 2021, 41(8): 163-177.

[19] 伍贤柱, 胡旭光, 韩烈祥, 等. 井控技术研究进展与展望[J]. 天然气工业, 2022, 42(2): 133-142.

[20] Bilgin N, Copur H, Balci C. Mechanical Excavation in Mining and Civil Industries[M]. Boca Raton: CRC Press, 2013: 49-52.

[21] 王步康. 煤矿巷道掘进技术与装备的现状及趋势分析[J]. 煤炭科学技术, 2020, 48(11): 1-11.

[22] 闫少宏, 徐刚, 范志忠. 我国综合机械化开采 50 年发展历程与展望[J]. 煤炭科学技术, 2021, 49(11): 1-9.

[23] Gong Q M, Liu Q S, Zhang Q B. Tunnel boring machines (TBMs) in difficult grounds[J]. Tunnelling and Underground Space Technology, 2016, 57: 1-3.

[24] 程桦, 唐彬, 唐永志, 等. 深井巷道全断面硬岩掘进机及其快速施工关键技术[J]. 煤炭学报, 2020, 45(9): 3314-3324.

[25] 刘泉声, 黄兴, 时凯, 等. 煤矿超千米深部全断面岩石巷道掘进机的提出及关键岩石力学问题[J]. 煤炭学报, 2012, 37(12): 2006-2013.

[26] 刘泉声, 时凯, 黄兴. TBM 应用于深部煤矿建设的可行性及关键科学问题[J]. 采矿与安全工程学报, 2013, 30(5): 633-641.

[27] 刘志强, 宋朝阳, 程守业, 等. 千米级竖井全断面科学钻进装备与关键技术分析[J]. 煤炭学报, 2020, 45(11): 3645-3656.

[28] 张海彬. 深水钻探装备技术发展现状及展望[J]. 船舶, 2022, 33(2): 1-12.

[29] 李飞权. 海底潜钻取样技术的发展和应用[J]. 海洋技术, 1987, 6(2): 18-24.

[30] 朱芝同, 刘晓林, 田烈余, 等. 大洋钻探重入钻孔技术与系统发展应用[J]. 探矿工程(岩土钻掘工程), 2020,

47(7): 8-15.

[31] 杨波, 刘烨瑶, 廖佳伟. 载人潜水器: 面向深海科考和海洋资源开发利用的“国之重器”[J]. 中国科学院院刊, 2021, 36(5): 622-631.

[32] 杨进, 曹式敬. 深水石油钻井技术现状及发展趋势[J]. 石油钻采工艺, 2008, 30(2): 10-13.

[33] 陈国明, 殷志明, 许亮斌, 等. 深水双梯度钻井技术研究进展[J]. 石油勘探与开发, 2007, 34(2): 246-251.

[34] 张晓东, 王海娟. 深水钻井技术进展与展望[J]. 天然气工业, 2010, 30(9): 46-48.

[35] 熊亮, 谢文卫, 卢秋平, 等. 我国深海钻探重入钻孔技术优选及设计思路[J]. 探矿工程(岩土钻掘工程), 2020, 47(7): 1-7.

[36] 高德利, 王宴滨. 海洋深水钻井力学与控制技术若干研究进展[J]. 石油学报, 2019, 40(S2): 102-115.

[37] 杨建民, 刘磊, 吕海宁, 等. 我国深海矿产资源开发装备研发现状与展望[J]. 中国工程科学, 2020, 22(6): 1-9.

[38] Aldred J. 深海海底采矿的未来将于年内决定[EB/OL]. (2019-02-25) [2023-05-05]. https://chinadialogueocean.net/zh/5/77351/.

[39] 刘少军, 刘畅, 戴瑜. 深海采矿装备研发的现状与进展[J]. 机械工程学报, 2014, 50(2): 8-18.

[40] Aoshika K, Zaitsu M, Ito H, et al. An experimental study of cutting the cobalt-rich manganese crusts[J]. NKK Technical Report, 1990, 59: 61-67.

[41] Spagnoli G, Miedema S A, Herrmann C, et al. Preliminary design of a trench cutter system for deep-sea mining applications under hyperbaric conditions[J]. IEEE Journal of Oceanic Engineering, 2016, 41(4): 930-943.

[42] Hu J H, Liu S J, Zhang R Q. A new exploitation tool of seafloor massive sulfide[J]. Thalassas: An International Journal of Marine Sciences, 2016, 32(2): 101-104.

[43] 李艳, 张亮, 刘少军, 等. 高海水围压条件下多金属硫化物的破碎机理[J]. 中南大学学报(自然科学版), 2017, 48(4): 944-951.

[44] 刘少军, 胡建华, 张瑞强, 等. 深海多金属硫化物破碎能量分析及试验研究[J]. 中南大学学报(自然科学版), 2018, 49(1): 95-100.

[45] Heiken G H, Vaniman D T, French B M. Lunar Sourcebook-a user's Guide to the Moon[M]. Cambridge: Cambridge University Press, 1991: 6-8.

[46] Harvey B. Soviet and Russian Lunar Exploration[M]. New York: Praxis, 2007: 284-286.

[47] Crouch D S. Apollo lunar surface drill (alsd) final report[R]. Baltimore: Johns Hopkins University, 1968: Ⅲ-Ⅳ.

[48] Zacny K, Bar-Cohen Y, Brennan M, et al. Drilling systems for extraterrestrial subsurface exploration[J]. Astrobiology, 2008, 8(3): 665-706.

[49] 姜生元, 梁杰能, 赖小明, 等. 嫦娥五号月壤剖面钻进取芯状态分析与解译[J]. 机械工程学报, 2022(10): 348-360.

[50] 孙平贺. 火星取样钻探技术分析[J]. 探矿工程(岩土钻掘工程), 2018, 45(10): 160-165.

[51] 邱成波, 孙煜坤, 王亚敏, 等. 近地小行星采矿与防御计划发展现状[J]. 深空探测学报, 2019, 6(1): 63-72.

[52] Finzi A E, Zazzera F B, Dainese C, et al. SD2-how to sample a comet[J]. Space Science Reviews, 2007, 128(1-4): 281-299.

[53] 唐钧跃. 高密实度模拟月壤自适应钻进取芯特性研究[D]. 哈尔滨: 哈尔滨工业大学, 2020: 11-15.

[54] Christian N. Human colony on the Moon by 2022 highly likely[EB/OL]. (2016-03-28) [2023-05-05]. https://marketbusinessnews. com/human-colony-moon-2022-highly-likely/129991/.

[55] 谢和平, 李存宝, 高明忠, 等. 深部原位岩石力学构想与初步探索[J]. 岩石力学与工程学报, 2021, 40(2): 217-232.

[56] 李夕兵，姚金蕊，宫凤强. 硬岩金属矿山深部开采中的动力学问题[J]. 中国有色金属学报，2011，21(10)：2551-2563.

[57] Zhou Z L, Cai X, Li X B, et al. Dynamic response and energy evolution of sandstone under coupled static-dynamic compression: Insights from experimental study into deep rock engineering applications[J]. Rock Mechanics and Rock Engineering, 2020, 53: 1305-1331.

[58] Zhu W C, Li S H, Li S, et al. Influence of dynamic disturbance on the creep of sandstone: An experimental study[J]. Rock Mechanics and Rock Engineering, 2019, 52: 1023-1039.

[59] 何满潮，郭鹏飞，张晓虎，等. 基于双向聚能拉张爆破理论的巷道顶板定向预裂[J]. 爆炸与冲击，2018，38(4)：795-803.

[60] 杨仁树，左进京，杨国梁. 切缝药包定向控制爆破的试验研究[J]. 振动与冲击, 2018, 37(24): 24-29.

[61] 董志富，翟会超，刘银，等. 特殊条件下露天矿山非常规爆破技术及其应用[J]. 黄金, 2021, 42(8): 48-52.

[62] Li X B, Gong F Q, Tao M, et al. Failure mechanism and coupled static-dynamic loading theory in deep hard rock mining: A review[J]. Journal of Rock Mechanics and Geotechnical Engineering, 2017, 9(4): 767-782.

[63] Li X B, Cao W Z, Tao M, et al. Influence of unloading disturbance on adjacent tunnels[J]. International Journal of Rock Mechanics and Mining Sciences, 2016, 84: 10-24.

[64] Wang S F, Li X B, Wang S Y. Three-dimensional mineral grade distribution modelling and longwall mining of an underground bauxite seam[J]. International Journal of Rock Mechanics and Mining Sciences, 2018, 103: 123-136.

[65] Wang S F, Li X B, Yao J R, et al. Experimental investigation of rock breakage by a conical pick and its application to nonexplosive mechanized mining in deep hard rock[J]. International Journal of Rock Mechanics and Mining Sciences, 2019, 122: 104063.

[66] Dewangan S, Chattopadhyaya S, Hloch S. Wear assessment of conical pick used in coal cutting operation[J]. Rock Mechanics and Rock Engineering, 2015, 48(5): 2129-2139.

[67] Nahak S, Chattopadhyaya S, Dewangan S, et al. Microstructural study of failure phenomena in WC 94%-CO 6% hard metal alloy tips of radial picks[J]. Advances in Science and Technology Research Journal, 2017, 11(1): 36-47.

[68] Evans I. Line spacing of picks for effective cutting[J]. International Journal of Rock Mechanics and Mining Sciences & Geomechanics Abstracts, 1972, 9(3): 355-361.

[69] Roxborough F, Liu Z. Theoretical considerations on pick shape in rock and coal cutting[M]//Golosinski T S. Proceedings of the Sixth Underground Operator's Conference. Kalgoorlie: [s.n.], 1995: 189-193.

[70] Goktan R. A suggested improvement on Evans cutting theory for conical bits[M]//Gurgenci H, Hood M. Proceedings of the Fourth International Symposium on Mine Mechanization and Automation. Brisbane: [s.n.], 1997: 57-61.

[71] Goktan N, Gunes R. A semi-empirical approach to cutting force prediction for point-attack picks[J]. Journal of the Southern African Institute of Mining and Metallurgy, 2005, 105(4): 257-263.

[72] Bilgin N, Demircin M, Copur H, et al. Dominant rock properties affecting the performance of conical picks and the comparison of some experimental and theoretical results[J]. International Journal of Rock Mechanics and Mining Sciences, 2006, 43(1): 139-156.

[73] Tiryaki B, Boland J, Li X. Empirical models to predict mean cutting forces on point-attack pick cutters[J]. International Journal of Rock Mechanics and Mining Sciences, 2010, 47(5): 858-864.

[74] Bao R H, Zhang L C, Yao Q Y, et al. Estimating the peak indentation force of the edge chipping of rocks using single point-attack pick[J]. Rock Mechanics and Rock Engineering, 2011, 44(3): 339-347.

[75] Innaurato N, Oreste P. Theoretical study on the TBM tool-rock interaction[J]. Geotechnical and Geological Engineering, 2011, 29: 297-305.

[76] Evans I. The force required to cut coal with blunt wedges[J]. International Journal of Rock Mechanics and Mining Sciences & Geomechanics Abstracts, 1965, 2(1): 1-12.
[77] Akiyama T. A theory of the rock-breaking function of the disc cutter[J]. Komatsu Technology, 1970, 16(3): 56-61.
[78] Roxborough F, Phillips H. Rock excavation by disc cutter[J]. International Journal of Rock Mechanics and Mining Sciences & Geomechanics Abstracts, 1975, 12(12): 361-366.
[79] Ozdemir L. Development of theoretical equation for predicting tunnel boreability[D]. Golden: Colorado School of Mines, 1977.
[80] Rostami J. Development of a force estimation model for rock fragmentation with disc cutters through theoretical modeling and physical measurement of crushed zone pressure[D]. Golden: Colorado School of Mines, 1997.
[81] Song H Y, Shi H Z, Ji Z S, et al. The percussive process and energy transfer efficiency of percussive drilling with consideration of rock damage[J]. International Journal of Rock Mechanics and Mining Sciences, 2019, 119: 1-12.
[82] Yang T H, Zhu W C, Yu Q L, et al. The role of pore pressure during hydraulic fracturing and implications for groundwater outbursts in mining and tunnelling[J]. Hydrogeology Journal, 2011, 19(5): 995-1008.
[83] Hubbert M, Willis D. Mechanics of hydraulic fracturing[J]. Transactions of the AIME, 1957, 210(1): 153-168.
[84] Haimson B, Fairhurst C. Initiation and extension of hydraulic fractures in rocks[J]. Society of Petroleum Engineers Journal, 1967, 7(3): 310-318.
[85] Detournay E M, Cheng A. Influence of pressurization rate on the magnitude of the breakdown pressure[C]//33rd U.S. Symposium on Rock Mechanics, Santa Fe, United States, 1992.
[86] Song I, Haimson B. Effect of pressurization rate and initial pore pressure on the magnitude of hydrofracturing breakdown pressure in Tablerock sandstone[C]//The 38th U S Symposium on Rock Mechanics. [S.l.]: American Rock Mechanics Association, 2001: 235-242.
[87] 曹平，曹日红，赵延林，等. 岩石裂纹扩展-破断规律及流变特征[J]. 中国有色金属学报，2016, 26(8): 1737-1762.
[88] 曹平，陈绍名. 水岩作用下岩体裂纹亚临界扩展[J]. 中国有色金属学报, 2015, 25(5): 1325-1331.
[89] Li G, Li L, Tang C A. Study on the mechanisms of hydraulic fracturing crack initiation and propagating[J]. Applied Mechanics and Materials, 2012, 188: 101-105.
[90] Heymann F. High-speed impact between a liquid drop and a solid surface[J]. Journal of Applied Physics, 1969, 40(13): 5113-5122.
[91] Zhou Q L, Li N, Chen X, et al. Analysis of water drop erosion on turbine blades based on a nonlinear liquid-solid impact model[J]. International Journal of Impact Engineering, 2009, 36(9): 1156-1171.
[92] 黄飞. 水射流冲击瞬态动力特性及破岩机理研究[D]. 重庆: 重庆大学, 2015.
[93] Kennedy C, Field J. Damage threshold velocities for liquid impact[J]. Journal of Materials Science, 2000, 35(21): 5331-5339.
[94] Crow S. A theory of hydraulic rock cutting[J]. International Journal of Rock Mechanics and Mining Sciences &Geomechanics Abstracts, 1973, 10(6): 567-584.
[95] 徐小荷, 余静. 岩石破碎学[M]. 北京: 煤炭工业出版社, 1984.
[96] Kondo M, Fujii K, Syoji H. On the destruction of mortar specimens by submerged water jets[C]//The Second International Symposium on Jet Cutting Technology. Cambridge: [s.n.], 1974: 69-88.
[97] Forman S, Secor G. The mechanics of rock failure due to water jet impingement[J]. Society of Petroleum Engineers Journal, 1974, 14(1): 10-18.
[98] 李根生，廖华林，黄中伟，等. 超高压水射流作用下岩石损伤破碎机理[J]. 机械工程学报，2009, 45(10):

284-293.

[99] 倪红坚, 王瑞和, 张延庆. 高压水射流作用下岩石的损伤模型[J]. 工程力学, 2003, 20(5): 59-62.

[100] 王瑞和, 倪红坚. 高压水射流破岩钻孔过程的理论研究[J]. 石油大学学报(自然科学版), 2003, 27(4): 44-47, 148.

[101] Wei W, Shao Z S, Chen W W, et al. Heating process and damage evolution of microwave absorption and transparency materials under microwave irradiation[J]. Geomechanics and Geophysics for Geo-Energy and Geo-Resources, 2021, 7(3): 86.

[102] Metaxas A, Meredith R. Industrial microwave heating[M]. Stevenage: IET, 1988.

[103] Schön J. Physical properties of rocks: fundamentals and principles of petrophysics[M]. Amsterdam: Elsevier, 1996.

[104] Saxena A. Electromagnetic theory and applications[M]. 2nd ed. Oxford: Alpha Science International Ltd., 2013.

[105] 张宗贤, 喻勇, 赵清. 岩石断裂韧度的温度效应[J]. 中国有色金属学报, 1994, 4(2): 7-11.

[106] Xia M. Thermo-mechanical coupled particle model for rock[J]. Transactions of Nonferrous Metals Society of China, 2015, 25(7): 2367-2379.

[107] Al-Shayea N, Khan K, Abduljauwad S. Effects of confining pressure and temperature on mixed-mode (Ⅰ-Ⅱ) fracture toughness of a limestone rock[J]. International Journal of Rock Mechanics and Mining Sciences, 2000, 37(4): 629-643.

[108] Yavuz H, Demirdag S, Caran S. Thermal effect on the physical properties of carbonate rocks[J]. International Journal of Rock Mechanics and Mining Sciences, 2010, 47(1): 94-103.

[109] Mcdaniel B, Grundmann S, Kendrick W, et al. Field applications of cryogenic nitrogen as a hydraulic fracturing fluid[C]//SPE Annual Technical Conference and Exhibition. San Antonio, Texas: SPE, 1997.

[110] 任韶然, 范志坤, 张亮, 等. 液氮对煤岩的冷冲击作用机制及试验研究[J]. 岩石力学与工程学报, 2013, 32(S2): 3790-3794.

[111] 蔡承政, 李根生, 黄中伟, 等. 液氮冻结条件下岩石孔隙结构损伤试验研究[J]. 岩土力学, 2014, 35(4): 965-971.

[112] Qu H, Tang S M, Liu Y, et al. Characteristics of complex fractures by liquid nitrogen fracturing in brittle shales[J]. Rock Mechanics and Rock Engineering, 2022, 55(4): 1807-1822.

[113] Cai C Z, Huang Z W, Li G S, et al. Feasibility of reservoir fracturing stimulation with liquid nitrogen jet[J]. Journal of Petroleum Science and Engineering, 2016, 144: 59-65.

[114] Wu X G, Huang Z W, Song H Y, et al. Variations of physical and mechanical properties of heated granite after rapid cooling with liquid nitrogen[J]. Rock Mechanics and Rock Engineering, 2019, 52(7): 2123-2139.

[115] 黄中伟, 张世昆, 李根生, 等. 液氮磨料射流破碎高温花岗岩机理[J]. 石油学报, 2020, 41(5): 604-614.

[116] 黄中伟, 温海涛, 武晓光, 等. 液氮冷却作用下高温花岗岩损伤实验[J]. 中国石油大学学报(自然科学版), 2019, 43(2): 68-76.

[117] 黄中伟, 武晓光, 李冉, 等. 高压液氮射流提高深井钻速机理[J]. 石油勘探与开发, 2019, 46(4): 768-775.

[118] 张魁, 杨长, 陈春雷, 等. 激光辅助 TBM 盘形滚刀压头侵岩缩尺试验研究[J]. 岩土力学, 2022, 43(1): 87-96.

[119] Graves R, O'brien D. StarWars laser technology applied to drilling and completing gas wells[C]//SPE Annual Technical Conference and Exhibition. New Orleans, LA: SPE, 1998.

[120] Reed C, Xu Z, Parker R, et al. Application of high powered lasers to drilling and completing deep walls[R]. Cass Avenue, IL: Argonne National Lab, 2003.

[121] 易先中, 高德利, 明燕, 等. 激光破岩的物理模型与传热学特性研究[J]. 天然气工业, 2005, 25(8): 62-65, 9.

[122] Bjorndalen N, Belhaj H, Agha K, et al. Numerical investigation of laser drilling[C]//SPE Eastern Regional Meeting. Pittsburgh, PA: OnePetro, 2003.

[123] Pooniwala S. Lasers: The next bit[C]//SPE Eastern Regional Meeting. Canton, OH: OnePetro, 2006.

[124] Schiegg H O, Rødland A, Zhu G, et al. Electro-pulseboring (EPB): Novel super-deep drilling technology for low cost electricity[J]. Journal of Earth Science, 2015, 26(1): 37-46.

[125] Boev S, Vajov V, Jgun D, et al. Destruction of granite and concrete in water with pulse electric discharges[C]// Digest of Technical Papers. 12th IEEE International Pulsed Power Conference. Monterey, CA: IEEE, 2002: 1369-1371.

[126] Maker V, Layke J. Gastrointestinal injury secondary to extracorporeal shock wave lithotripsy: A review of the literature since its inception[J]. Journal of the American College of Surgeons, 2004, 198(1): 128-135.

[127] Cho S H, Yokota M, Ito M, et al. Electrical disintegration and micro-focus X-ray CT observations of cement paste samples with dispersed mineral particles[J]. Minerals Engineering, 2014, 57: 79-85.

[128] Cho S H, Cheong S S, Yokota M, et al. The dynamic fracture process in rocks under high-voltage pulse fragmentation[J]. Rock Mechanics and Rock Engineering, 2016, 49(10): 3841-3853.

[129] 祝效华, 罗云旭, 刘伟吉, 等. 等离子体电脉冲钻井破岩机理的电击穿实验与数值模拟方法[J]. 石油学报, 2020, 41(9): 1146-1162.

[130] 周盛涛, 罗学东, 蒋楠, 等. 二氧化碳相变致裂技术研究进展与展望[J]. 工程科学学报, 2021, 43(7): 883-893.

[131] 谢晓锋, 李夕兵, 李启月, 等. 液态 CO_2 相变破岩桩井开挖技术[J]. 中南大学学报(自然科学版), 2018, 49(8): 2031-2038.

[132] 何方. 液压劈裂技术在隧道静态破碎开挖中的应用[J]. 矿产与地质, 2021, 35(6): 1198-1204.

[133] 李志强. 高压泡沫涨裂破岩装置设计及性能研究[D]. 徐州: 中国矿业大学, 2021.

[134] 张超, 王海亮. 金属膨胀剂在地铁开挖中的破岩研究[J]. 公路, 2016, 61(7): 302-307.

[135] Rehbinder G. A theory about cutting rock with a water jet[J]. Rock Mechanics, 1980, 12(3): 247-257.

[136] Ciccu R, Grosso B. Improvement of the excavation performance of PCD drag tools by water jet assistance[J]. Rock Mechanics and Rock Engineering, 2010, 43(4): 465-474.

[137] 张文华, 汪志明, 张永忠. 高压射流冲击破碎岩石的有限元计算[J]. 石油钻探技术, 2006, 34(1): 10-12.

[138] 卢义玉, 陆朝晖, 李晓红, 等. 水射流辅助 PDC 刀具切割岩石的力学分析[J]. 岩土力学, 2008, 29(11): 3037-3040, 3046.

[139] 江红祥, 杜长龙, 刘送永, 等. 水射流—机械刀具联合破岩的影响因素试验研究[J]. 中国机械工程, 2013, 24(8): 1013-1017.

[140] 李艳, 梁科森, 李皓. 深海多金属硫化物开采技术[J]. 中国有色金属学报, 2021, 31(10): 2889-2901.

[141] 卢高明, 李元辉, Hassani F, 等. 微波辅助机械破岩试验和理论研究进展[J]. 岩土工程学报, 2016, 38(8): 1497-1506.

[142] Hassani F, Nekoovaght P. The development of microwave assisted machineries to break hard rocks[C]//Proceedings of the 28th International Symposium on Automation and Robotics in Construction. Seoul, Korea: International Association for Automation and Robotics in Construction (IAARC), 2011.

[143] Satish H, Ouellet J, Raghavan V, et al. Investigating microwave assisted rock breakage for possible space mining applications[J]. Mining Technology, 2006, 115(1): 34-40.

[144] 严妍, 陈楷华, 陈静, 等. 低品位磁铁矿微波连续和脉冲加热辅助磨矿的对比研究[J]. 中国有色金属学报, 2022, 32(3): 883-894.

[145] 黄中伟, 武晓光, 谢紫霄, 等. 液氮射流破岩及压裂研究进展[J]. 中国科学基金, 2021, 35(6): 952-963.

[146] Dai X W, Huang Z W, Wu X G, et al. Failure analysis of high temperature granite under the joint action of cutting and liquid nitrogen jet impingement[J]. Rock Mechanics and Rock Engineering, 2021, 54(12): 6249-6264.

[147] 黄家根, 汪海阁, 纪国栋, 等. 超声波高频旋冲钻井技术破岩机理研究[J]. 石油钻探技术, 2018, 46(4): 23-29.

[148] 赵研, 张丛珊, 高科, 等. 超声波辅助 PDC 切削齿振动破岩仿真分析[J]. 钻探工程, 2021, 48(4): 11-20.

[149] 路宗羽, 郑珺升, 蒋振新, 等. 超声波高频旋冲钻井技术破岩效果试验研究[J]. 石油钻探技术, 2021, 49(2): 20-25.

[150] 李夕兵, 曹芝维, 周健, 等. 硬岩矿山开采方式变革与智能化绿色矿山构建——以开阳磷矿为例[J]. 中国有色金属学报, 2019, 29(10): 2364-2380.

[151] 王少锋, 李夕兵, 王善勇, 等. 深部硬岩截割特性及可切割性改善方法[J]. 中国有色金属学报, 2022, 32(3): 895-907.

[152] 王梦恕. 中国盾构和掘进机隧道技术现状、存在的问题及发展思路[J]. 隧道建设, 2014, 34(3): 179-187.

[153] 谭杰, 刘志强, 宋朝阳, 等. 我国矿山竖井凿井技术现状与发展趋势[J]. 金属矿山, 2021(5): 13-24.

[154] 王开乐, 杨国平, 胡凯俊, 等. 高频破碎锤的发展现状与研究[J]. 矿山机械, 2015, 43(4): 1-4.

[155] 翟成, 李贤忠, 李全贵. 煤层脉动水力压裂卸压增透技术研究与应用[J]. 煤炭学报, 2011, 36(12): 1996-2001.

[156] 聂翠平, 兰剑平, 王祖文, 等. 井下低频水力脉动压裂技术及其应用[J]. 钻采工艺, 2021, 44(2): 38-42.

[157] Li Q G, Lin B Q, Zhai C. The effect of pulse frequency on the fracture extension during hydraulic fracturing[J]. Journal of Natural Gas Science and Engineering, 2014, 21: 296-303.

[158] Li Q G, Lin B Q, Zhai C. A new technique for preventing and controlling coal and gas outburst hazard with pulse hydraulic fracturing: A case study in Yuwu coal mine, China[J]. Natural Hazards, 2015, 75(3): 2931-2946.

[159] Chen J Z, Li X B, Cao H, et al. Experimental investigation of the influence of pulsating hydraulic fracturing on preexisting fractures propagation in coal[J]. Journal of Petroleum Science and Engineering, 2020, 189: 107040.

[160] 鲍先凯, 赵金昌, 武晋文, 等. 脉冲荷载作用下煤体裂纹扩展研究[J]. 煤矿安全, 2018, 49(2): 43-46.

[161] 马帅旗. 高压电脉冲放电煤层增透研究[J]. 煤矿安全, 2019, 50(5): 15-18.

[162] Bao X K, Guo J Y, Liu Y, et al. Damage characteristics and laws of micro-crack of underwater electric pulse fracturing coal-rock mass[J]. Theoretical and Applied Fracture Mechanics, 2021, 111: 102853.

[163] Bian D C, Zhao J C, Niu S Q, et al. Rock fracturing under pulsed discharge homenergic water shock waves with variable characteristics and combination forms[J]. Shock and Vibration, 2018, 2018: 6236953.

[164] 徐幼平, 林柏泉, 翟成, 等. 定向水力压裂裂隙扩展动态特征分析及其应用[J]. 中国安全科学学报, 2011, 21(7): 104-110.

[165] 李栋, 卢义玉, 荣耀, 等. 基于定向水力压裂增透的大断面瓦斯隧道快速揭煤技术[J]. 岩土力学, 2019, 40(1): 363-369, 378.

[166] Huang B X, Chen S L, Zhao X L. Hydraulic fracturing stress transfer methods to control the strong strata behaviours in gob-side gateroads of longwall mines[J]. Arabian Journal of Geosciences, 2017, 10(11): 236.

[167] Huang B X, Liu J W, Zhang Q. The reasonable breaking location of overhanging hard roof for directional hydraulic fracturing to control strong strata behaviors of gob-side entry[J]. International Journal of Rock Mechanics and Mining Sciences, 2018, 103: 1-11.

[168] Yu B, Zhao J, Xiao H T. Case study on overburden fracturing during longwall top coal caving using microseismic monitoring[J]. Rock Mechanics and Rock Engineering, 2017, 50(2): 507-511.

[169] Yu B, Gao R, Kuang T J, et al. Engineering study on fracturing high-level hard rock strata by ground hydraulic action[J]. Tunnelling and Underground Space Technology, 2019, 86: 156-164.

[170] 吴德元, 沈忠厚. 一种新型高压水力喷射径向水平钻井系统[J]. 石油大学学报(自然科学版), 1994, 18(2):

128-130.
[171] 杨永印, 沈忠厚, 王瑞和, 等. 径向水平钻进技术试验研究[J]. 石油钻探技术, 1998, 26(1): 4-7, 60.
[172] 王耀锋. 三维旋转水射流与水力压裂联作增透技术研究[D]. 徐州: 中国矿业大学, 2015.
[173] 李宗福, 孙大发, 陈久福, 等. 水力压裂-水力割缝联合增透技术应用[J]. 煤炭科学技术, 2015, 43(10): 72-76.
[174] 徐雪战. 低透气煤层超高压水力割缝与水力压裂联合增透技术[J]. 煤炭科学技术, 2020, 48(7): 311-317.
[175] Kingman S, Vorster W, Rowson N. The influence of mineralogy on microwave assisted grinding[J]. Minerals Engineering, 2000, 13(3): 313-327.
[176] Vorster W, Rowson N, Kingman S. The effect of microwave radiation upon the processing of Neves Corvo copperore[J]. International Journal of Mineral Processing, 2001, 63(1): 29-44.
[177] Whittles D, Kingman S, Reddish D. Application of numerical modelling for prediction of the influence of power density on microwave-assisted breakage[J]. International Journal of Mineral Processing, 2003, 68(1-4): 71-91.
[178] Jones D, Kingman S, Whittles D, et al. Understanding microwave assisted breakage[J]. Minerals Engineering, 2005, 18(7): 659-669.
[179] Amankwah R, Pickles C. Microwave roasting of a carbonaceous sulphidic gold concentrate[J]. Minerals Engineering, 2009, 22(13): 1095-1101.
[180] Samouhos M, Taxiarchou M, Hutcheon R, et al. Microwave reduction of a nickeliferous laterite ore[J]. Minerals Engineering, 2012, 34: 19-29.
[181] Lu G M, Li Y H, Hassani F, et al. The influence of microwave irradiation on thermal properties of main rock-forming minerals[J]. Applied Thermal Engineering, 2017, 112: 1523-1532.
[182] Lu G M, Zhou J J, Li Y H, et al. The influence of minerals on the mechanism of microwave-induced fracturing of rocks[J]. Journal of Applied Geophysics, 2020, 180: 104123.
[183] Hartlieb P, Toifl M, Kuchar F, et al. Thermophysical properties of selected hard rocks and their relation to microwave-assisted comminution[J]. Minerals Engineering, 2016, 91: 34-41.
[184] Hartlieb P, Kuchar F, Moser P, et al. Reaction of different rock types to low-power (3.2 kW) microwave irradiation in a multimode cavity[J]. Minerals Engineering, 2018, 118: 37-51.
[185] Li Z F, Xu H F, Zhang C Y. Liquid nitrogen gasification fracturing technology for shale gas development[J]. Journal of Petroleum Science and Engineering, 2016, 138: 253-256.
[186] Qin L, Zhai C, Liu S M, et al. Mechanical behavior and fracture spatial propagation of coal injected with liquid nitrogen under triaxial stress applied for coalbed methane recovery[J]. Engineering Geology, 2018, 233: 1-10.
[187] 蔡承政, 李根生, 黄中伟, 等. 液氮对页岩的致裂效应及在压裂中应用分析[J]. 中国石油大学学报(自然科学版), 2016, 40(1): 79-85.
[188] Wu X G, Huang Z W, Li G S, et al. Experiment on coal breaking with cryogenic nitrogen jet[J]. Journal of Petroleum Science and Engineering, 2018, 169: 405-415.
[189] Salehi I, Gahan B, Batarseh S. Laser drillingdrilling with the power of light[R]. Chicago: Gas Technology Institute, 2007.
[190] Gahan B, Parker R, Batarseh S, et al. Laser drilling: Determination of energy required to remove rock[C]//SPE Annual Technical Conference and Exhibition. New Orleans, LA: OnePetro, 2001.
[191] Kobayashi T, Nakamura M, Okatsu K, et al. Underwater laser drilling: Drilling underwater granite by CO_2 laser[C]//SPE Indian Oil and Gas Technical Conference and Exhibition. Mumbai: OnePetro, 2008.
[192] Barham D, Buchanan D. Review of water jet assisted cutting techniques for rock and coal cutting machines[J]. Mining Engineer, 1987, 146(310): 6-14.

[193] 佐藤幸次, 李翠英. 兼用高压水射流的中硬岩掘进机的研制[J]. 煤炭技术, 1991, 10(4): 18-21.

[194] Kolle J, Otta R, Stang D. Laboratory and field testing of an ultra-high-pressure, jet-assisted drilling system[C]//SPE/IADC Drilling Conference. Amsterdam, Netherlands: OnePetro, 1991.

[195] Butler T, Fontana P, Ottawa R. A method for combined jet and mechanical drilling[C]//SPE Annual Technical Conference and Exhibition. New Orleans, LA: OnePetro, 1990.

[196] 刘家英, 韦颖. 水射流钻机及穿孔试验[J]. 长沙矿山研究院季刊, 1984, 4(1): 40-43.

[197] Lu Y Y, Tang J R, Ge Z L, et al. Hard rock drilling technique with abrasive water jet assistance[J]. International Journal of Rock Mechanics and Mining Sciences, 2013, 60: 47-56.

[198] 张强. 岩石破碎技术发展趋势[J]. 有色矿山, 1996, 26(6): 20-22.

[199] Ezzedine S, Rubenchik A, Yamamoto R, et al. Laser-enhanced drilling for subsurface EGS applications[J]. GRC Transactions, 2012, 36: 287-290.

[200] Zediker M. High power fiber lasers in geothermal, oil and gas[C]//SPIE LASE. Proc SPIE 8961, Fiber Lasers XI: Technology, Systems, and Applications. San Francisco, CA: SPIE, 2014, 8961: 52-58.

[201] 李美艳, 韩彬, 张世一, 等. 激光辅助破岩规律及力学性能研究[J]. 应用激光, 2015, 35(3): 363-368.

[202] 韩彬, 李美艳, 李璐, 等. 激光辅助破岩可钻性评价[J]. 石油天然气学报, 2014, 36(9): 94-97, 6.

[203] 李夕兵, 古德生. 深井坚硬矿岩开采中高应力的灾害控制与破碎诱变[C]//科学前沿与未来. 北京: 中国环境科学出版社, 2002: 101-108.

[204] 李夕兵, 周健, 王少锋, 等. 深部固体资源开采评述与探索[J]. 中国有色金属学报, 2017, 27(6): 1236-1262.

[205] 王虹. 我国综合机械化掘进技术发展 40a[J]. 煤炭学报, 2010(11): 1815-1820.

[206] 胡省三, 刘修源, 成玉琪. 采煤史上的技术革命——我国综采发展 40a[J]. 煤炭学报, 2010, (11): 1769-1771.

[207] 谢和平, 高峰, 鞠杨. 深地煤炭资源流态化开采理论与技术构想[J]. 煤炭学报, 2017, 42(3): 547-556.

[208] 徐则民, 黄润秋. 岩爆与爆破的关系[J]. 岩石力学与工程学报, 2003, 22(3): 414-419.

[209] Ocak I, Bilgin N. Comparative studies on the performance of a roadheader, impact hammer and drilling and blasting method in the excavation of metro station tunnels in Istanbul[J]. Tunnelling and Underground Space Technology, 2010, 25(2): 181-187.

[210] Tatiya R R. Surface and underground excavations: Methods, techniques and equipment[M]. Boca Raton: CRC Press, 2005.

[211] Gillani S T A, Butt N. Excavation technology for hard rock-problems and prospects[J]. Pakistan Journal of Engineering and Applied Sciences, 2009, 4: 24-33.

[212] Zhou Z L, Li X B, Zhao G Y, et al. Excavation of high-stressed hard rock with roadheader[J]. Applied Mechanics and Materials, 2011, 52-54: 905-908.

[213] Atlas Copco. Underground mining — A global review of methods and practices[M]. Örebro: Editura Atlas Copco Rock Drills AB, 2014.

[214] Peng S S. Longwall mining[M]. 2nd ed. Englewood: Society for Mining, Metallurgy, and Exploration, Inc. (SME), 2006.

[215] 李夕兵. 岩石动力学基础与应用[M]. 北京: 科学出版社, 2014.

[216] US Bureau of Mines. A dictionary of mining, mineral, and related terms[M]. 2nd ed. Washington, DC: U.S. Bureau of Mines, 1996: 860.

[217] Diering D H. Ultra-deep level mining-future requirements[J]. Journal-South African Institute of Mining and Metallurgy, 1997, 97: 249-256.

[218] Jager A J, Ryder J A. A handbook on rock engineering practice for tabular hard rock mines[M]. Johannesburg:

Safety in Mines Research Advisory Committee, 1999: 29-43.

[219] Schweitzer J K, Johnson R A. Geotechnical classification of deep and ultra-deep Witwatersrand mining areas, South Africa[J]. Mineralium Deposita, 1997, 32(4): 335-348.

[220] Ultra-Deep Mining Network. The business of mining deep: Below 2.5 kms[EB/OL]. (2016-09-20)[2023-05-05]. https://www.miningdeep.ca/.

[221] 贠东风, 刘听成. 煤矿开采深度现状及发展趋势[J]. 煤, 1997, 6(6): 38-41.

[222] 邹喜正. 关于煤矿巷道矿压显现的极限深度[J]. 矿山压力与顶板管理, 1993(2): 9-14.

[223] Mining Rock Mechanics Group. Design, construction and monitoring of ramp and level development at great depth[EB/OL]. (2016-09-30)[2023-05-05]. http://rockmechanics.curtin. edu.au/research/mining3/.

[224] 解世俊, 周德元, 宋晓天. 采矿手册(第四卷)[M]. 北京: 冶金工业出版社, 1990: 318-320.

[225] Bilgin N. Investigations into the mechanical cutting characteristics of some medium and high strength rocks[D]. Upon Tyne: University of Newcastle, 1977.

[226] Ma H S, Gong Q M, Wang J, et al. Study on the influence of confining stress on TBM performance in granite rock by linear cutting test[J]. Tunnelling and Underground Space Technology, 2016, 57: 145-150.

[227] Wang S F, Li X B, Wang D M. Void fraction distribution in overburden disturbed by longwall mining of coal[J]. Environmental Earth Sciences, 2016, 75(2): 151.

[228] Wang S F, Li X B, Wang D M. Mining-induced void distribution and application in the hydro-thermal investigation and control of an underground coal fire: A case study[J]. Process Safety and Environmental Protection, 2016, 102: 734-756.

[229] 张镜剑, 傅冰骏. 隧道掘进机在我国应用的进展[J]. 岩石力学与工程学报, 2007, 26(2): 226.

[230] Lee S W, Chang S H, Park K H, et al. TBM performance and development state in Korea[J]. Procedia Engineering, 2011, 14: 3170-3175.

[231] Qian Q H, Li C F, Fu D M. Application situation and outlook of TBM in underground project in China[J]. Construction Machinery, 2002, 5: 28-35.

[232] Breitrick M E. Using a roadheader for underground gold mining[J]. Mining Engineering, 1998, 50(3): 43-46.

[233] Ergin H, Acaroglu O. The effect of machine design parameters on the stability of a roadheader[J]. Tunnelling and Underground Space Technology, 2007, 22(1): 80-89.

[234] Copur H, Ozdemir L, Rostami J. Roadheader applications in mining and tunneling industries[J]. Mining Engineering, 1998, 50(3): 38-42.

[235] Hartman H L. SME mining engineering handbook[M]. Denver: Society for Mining, Metallurgy, and Exploration, 1992.

[236] Yang D L, Li J P, Wang L P, et al. Experimental and theoretical design for decreasing wear in conical picks in rotation-drilling cutting process[J]. The International Journal of Advanced Manufacturing Technology, 2015, 77(9-12): 1571-1579.

[237] Dewangan S, Chattopadhyaya S. Characterization of wear mechanisms in distorted conical picks after coal cutting[J]. Rock Mechanics and Rock Engineering, 2016, 49(1): 225-242.

[238] Blindheim OT, Bruland A. Boreability testing, Norwegian TBM tunnelling, 30 years of experience with TBMs in Norwegian tunneling[J]. Norwegian Soil Rock Eng Assoc, 1998, 11: 21-28.

[239] Kaiser P K. Rock mechanics considerations for construction of deep tunnels in brittle rock[C]//Rock mechanics in underground construction. Singapore: ISRM international symposium, 4th asian rock mechanics symposium, 2006: 47-58.

[240] Yin L J, Gong Q M, Zhao J. Study on rock mass boreability by TBM penetration test under different in situ stress conditions[J]. Tunnelling and Underground Space Technology, 2014, 43: 413-425.

[241] Li X B, Wang S F, Wang S Y. Experimental investigation of the influence of confining stress on hard rock fragmentation using a conical pick[J]. Rock Mechanics and Rock Engineering, 2018, 51: 255-277.

[242] Gertsch R, Gertsch L, Rostami J. Disc cutting tests in Colorado Red Granite: Implications for TBM performance prediction[J]. International Journal of Rock Mechanics and Mining Sciences, 2007, 44(2): 238-246.

[243] Balci C, Tumac D. Investigation into the effects of different rocks on rock cuttability by a V-type disc cutter[J]. Tunnelling and Underground Space Technology, 2012, 30: 183-193.

[244] Tumac D, Balci C. Investigations into the cutting characteristics of CCS type disc cutters and the comparison between experimental, theoretical and empirical force estimations[J]. Tunnelling and Underground Space Technology, 2015, 45: 84-98.

[245] Cho J W, Jeon S, Jeong H Y, et al. Evaluation of cutting efficiency during TBM disc cutter excavation within a Korean granitic rock using linear-cutting-machine testing and photogrammetric measurement[J]. Tunnelling and Underground Space Technology, 2013, 35: 37-54.

[246] Yin L J, Miao C T, He G W, et al. Study on the influence of joint spacing on rock fragmentation under TBM cutter by linear cutting test[J]. Tunnelling and Underground Space Technology, 2016, 57: 137-144.

[247] Geng Q, Wei Z Y, Meng H. An experimental research on the rock cutting process of the gage cutters for rock tunnel boring machine (TBM) [J]. Tunnelling and Underground Space Technology, 2016, 52: 182-191.

[248] Peng X X, Liu Q S, Pan Y C, et al. Study on the influence of different control modes on TBM disc cutter performance by rotary cutting tests[J]. Rock Mechanics and Rock Engineering, 2017, 51(3): 1-7.

[249] Entacher M, Lorenz S, Galler R. Tunnel boring machine performance prediction with scaled rock cutting tests[J]. International Journal of Rock Mechanics and Mining Sciences, 2014, 70: 450-459.

[250] Yin L J, Gong Q M, Ma H S, et al. Use of indentation tests to study the influence of confining stress on rock fragmentation by a TBM cutter[J]. International Journal of Rock Mechanics and Mining Sciences, 2014, 72: 261-276.

[251] Gehring K. Design criteria for TBMs with respect to real rock pressure[C]//Proceedings of the Tunnel Boring Machines: Trends In Design And Construction Of Mechanized Tunneling, 1995: 43-53.

[252] Liu H Y, Kou S Q, Lindqvist P A, et al. Numerical simulation of the rock fragmentation process induced by indenters[J]. International Journal of Rock Mechanics and Mining Sciences, 2002, 39: 491-505.

[253] Ma H S, Yin L J, Ji H G. Numerical study of the effect of confining stress on rock fragmentation by TBM cutters[J]. International Journal of Rock Mechanics and Mining Sciences, 2011, 48(6): 1021-1033.

[254] Liu J, Cao P, Han D Y. The influence of confining stress on optimum spacing of TBM cutters for cutting granite[J]. International Journal of Rock Mechanics and Mining Sciences, 2016, 88: 165-174.

[255] Pan Y C, Liu Q S, Liu J P, et al. Full-scale linear cutting tests in Chongqing sandstone to study the influence of confining stress on rock cutting forces by TBM disc cutter[J]. Rock Mechanics and Rock Engineering, 2018, 51: 1697-1713.

[256] Gong Q M, Du X L, Li Z, et al. Development of a mechanical rock breakage experimental platform[J]. Tunnelling and Underground Space Technology, 2016, 57: 129-136.

[257] Pan Y C, Liu Q S, Peng X X, et al. Full-scale linear cutting tests to propose some empirical formulas for TBM disc cutter performance prediction[J]. Rock Mechanics and Rock Engineering, 2019, 52(11): 4763-4783.

[258] Xia Y M, Guo B, Cong G Q, et al. Numerical simulation of rock fragmentation induced by a single TBM disc cutter

close to a side free surface[J]. International Journal of Rock Mechanics and Mining Sciences, 2017, 91: 40-48.

[259] Zhang X H, Xia Y M, Zeng G Y, et al. Numerical and experimental investigation of rock breaking method under free surface by TBM disc cutter[J]. Journal of Central South University, 2018, 25(9): 2107-2118.

[260] Liu Q S, Jiang Y L, Wu Z J, et al. Investigation of the rock fragmentation process by a single TBM cutter using a Voronoi element-based numerical manifold method[J]. Rock Mechanics and Rock Engineering, 2017, 51(4): 1137-1152.

[261] Wu Z J, Zhang P L, Fan L F, et al. Numerical study of the effect of confining pressure on the rock breakage efficiency and fragment size distribution of a TBM cutter using a coupled FEM-DEM method[J]. Tunnelling and Underground Space Technology, 2019, 88: 260-275.

[262] Hurt K G, Evans I. Point attack tools: an evaluation of function and use for rock cutting[J]. Mining Engineer, 1981, 140: 673-675.

[263] Dewangan S, Chattopadhyaya S, Hloch S. Investigation into coal fragmentation analysis by using conical pick[J]. Procedia Materials Science, 2014, 5: 2411-2417.

[264] Dewangan S, Chattopadhyaya S. Performance analysis of two different conical picks used in linear cutting operation of coal[J]. Arabian Journal for Science and Engineering, 2016, 41(1): 249-265.

[265] Li X B, Rupert G B, Summers D A. Energy transmission of down-hole hammer tool and its conditionality[J]. Transa Nonferrous Metals Soc China, 2000, 10(1): 109-113.

[266] Li X B, Summers D A, Rupert G B, et al. Penetration and impact resistance of PDC cutters inclined at different attack angles[J]. Transa Nonferrous Metals Soc China, 2000, 10(2): 275-279.

[267] Eyyuboglu E M, Bolukbasi N. Effects of circumferential pick spacing on boom type roadheader cutting head performance[J]. Tunnelling and Underground Space Technology, 2005, 20(5): 418-425.

[268] Bilgin N, Dincer T, Copur H, et al. Some geological and geotechnical factors affecting the performance of a roadheader in an inclined tunnel[J]. Tunnelling and Underground Space Technology, 2004, 19(6): 629-636.

[269] 赵伏军. 动静载荷耦合作用下岩石破碎理论及试验研究[D]. 长沙: 中南大学, 2004.

[270] 赵伏军, 李夕兵, 冯涛, 等. 动静载荷耦合作用下岩石破碎理论分析及试验研究[J]. 岩石力学与工程学报, 2005, 24(8): 1315-1320.

[271] Zhao F J, Li X B, Feng T. Experimental study of a new multifunctional device for rock fragmentation[J]. Journal of Coal Science & Engineering (China), 2004(1): 29-32.

[272] Li X B, Summers D A, Rupert G, et al. Experimental investigation on the breakage of hard rock by the PDC cutters with combined action modes[J]. Tunnelling and Underground Space Technology, 2001, 16(2): 107-114.

[273] Balci C, Bilgin N. Correlative study of linear small and full-scale rock cutting tests to select mechanized excavation machines[J]. International Journal of Rock Mechanics and Mining Sciences, 2007, 44(3): 468-476.

[274] Liu S Y, Ji H F, Liu X H, et al. Experimental research on wear of conical pick interacting with coal-rock[J]. Engineering Failure Analysis, 2017, 74: 172-187.

[275] Kang H, Cho J W, Park J Y, et al. A new linear cutting machine for assessing the rock-cutting performance of a pick cutter[J]. International Journal of Rock Mechanics and Mining Sciences, 2016, 88: 129-136.

[276] Copur H, Bilgin N, Balci C, et al. Effects of different cutting patterns and experimental conditions on the performance of a conical drag tool[J]. Rock Mechanics and Rock Engineering, 2017, 50(6): 1585-1609.

[277] Yasar S, Yilmaz A O. A novel mobile testing equipment for rock cuttability assessment: Vertical Rock Cutting Rig (VRCR)[J]. Rock Mechanics and Rock Engineering, 2017, 50(4): 857-869.

[278] Kou S Q, Lindqvist P A, Tang C A, et al. Numerical simulation of the cutting of inhomogeneous rocks[J].

International Journal of Rock Mechanics and Mining Sciences, 1999, 36: 711-717.

[279] Zhou Y, Lin J S. On the critical failure mode transition depth for rock cutting[J]. International Journal of Rock Mechanics and Mining Sciences, 2013, 62:131-137.

[280] Liu S Y, Liu Z H, Cui X X, et al. Rock breaking of conical cutter with assistance of front and rear water jet[J]. Tunnelling and Underground Space Technology, 2014, 42: 78-86.

[281] Jaime M C, Zhou Y, Lin J S, et al. Finite element modeling of rock cutting and its fragmentation process[J]. International Journal of Rock Mechanics and Mining Sciences, 2015, 80: 137-146.

[282] Su O, Akcin N A. Numerical simulation of rock cutting using the discrete element method[J]. International Journal of Rock Mechanics and Mining Sciences, 2011, 48(3): 434-442.

[283] Rojek J, Onate E, Labra C, et al. Discrete element simulation of rock cutting[J]. International Journal of Rock Mechanics and Mining Sciences, 2011, 48(6): 996-1010.

[284] Van Wyk G, Els D N J, Akdogan G, et al. Discrete element simulation of tribological interactions in rock cutting[J]. International Journal of Rock Mechanics and Mining Sciences, 2014, 65: 8-19.

[285] Onate E, Rojek J. Combination of discrete element and finite element methods for dynamic analysis of geomechanics problems[J]. Computer Methods in Applied Mechanics and Engineering, 2004, 193(27): 3087-3128.

[286] Huang H, Damjanal B, Detournay E. Normal wedge indentation in rocks with lateral confinement[J]. Rock Mechanics and Rock Engineering, 1998, 31(2): 81-94.

[287] Hurt K G, MacAndrew K M. Cutting efficiency and life of rockcutting picks[J]. Mining Science and Technology, 1985, 2(2): 139-151.

[288] Pomeroy C D. The effect of lateral pressure on the cutting of coal by wedge shaped tools[M]//Walton W H. Proceedings of the Congress On Mechanical Properties of Non-Metallic Brittle Materials. London: Butter Worths Scientific Publications, 1958: 469-479.

[289] Li X F, Wang S B, Ge S R, et al. A study on drum cutting properties with full-scale experiments and numerical simulations[J]. Measurement, 2018, 114: 25-36.

[290] Li X F, Wang S B, Ge S R, et al. Investigation on the influence mechanism of rock brittleness on rock fragmentation and cutting performance by discrete element method[J]. Measurement, 2018, 113: 120-130.

[291] Bilgin N, Tuncdemir H, Balci C, et al. A model to predict the performance of tunneling machines under stressed conditions[C]//Proceedings of the World Tunnel Congress, Johannesburg, 2000: 47-53.

[292] Li X F, Wang S B, Ge S R, et al. Numerical simulation of rock fragmentation during cutting by conical picks under confining pressure[J]. Comptes Rendus Mécanique, 2017, 345(12): 890-902.

[293] 张强. 高地应力硬岩诱导卸荷与多截齿协同破岩机理[M]. 沈阳: 辽宁科学技术出版社. 2018.

[294] Sugawara J, Yue Z Q, Tham L G, et al. Weathered rock characterization using drilling parameters[J]. Canadian Geotechnical Journal, 2003, 40(3): 661-668.

[295] 谭卓英, 蔡美峰, 岳中琦, 等. 钻进参数用于香港复杂风化花岗岩地层的界面识别[J]. 岩石力学与工程学报, 2006(S1): 2939-2945.

[296] 司林坡, 康红普. 钻孔触探法围岩强度原位测试[J]. 煤矿开采, 2006, 11(4): 10-12.

[297] Goberock L, Bratcher G. A new approach for determining in-situ rock strength while drilling[J]. Gournal of Energy Resources Technology, 1996, 118(4): 249-255.

[298] Karasawa H, Ohno T, Kosugi M, et al. Methods to estimate the rock strength and tooth wear while drilling with roller-bits-part 1: milled-tooth bits[J]. Journal of Energy Resources Technology, 2002, 124(3): 125-132.

[299] Karasawa H, Ohno T, Kosugi M, et al. Methods to estimate the rock strength and tooth wear while drilling with

roller-bits-part 2: Insert bits[J]. Journal of Energy Resources Technology, 2002, 124(3): 133-140.

[300] Ohno T, Karasawa H, Kosugi M, et al. Proposed practical methods to estimate rock strength and tooth wear while drilling with roller-cone bits[J]. Journal of Energy Resources Technology, 2004, 126(4): 302-310.

[301] 李宁, 李骞, 宋玲. 基于回转切削的岩石力学参数获取新思路[J]. 岩石力学与工程学报, 2015, 34(2): 323-329.

[302] Basarir H, Karpuz C. Preliminary estimation of rock mass strength using diamond bit drilling operational parameters[J]. International Journal of Mining, Reclamation and Environment, 2016, 30(2): 145-164.

[303] Kalantari S, Hashemolhosseini H, Baghbanan A. Estimating rock strength parameters using drilling data[J]. International Journal of Rock Mechanics and Mining Sciences, 2018, 104: 45-52.

[304] Naeimipour A, Rostami J, Buyuksagis I S, et al. Estimation of rock strength using scratch test by a miniature disc cutter on rock cores or inside boreholes[J]. International Journal of Rock Mechanics and Mining Sciences, 2018, 107: 9-18.

第 2 章　深部硬岩应力条件与力学特征

2.1　深部硬岩应力条件

深部岩体形成年代久远，经历长久的地质构造活动，内部存在复杂的构造应力场或残余构造应力场。自重应力与构造应力的叠加在深部岩体中形成了复杂的高地应力。当进入深部开采的范畴后，岩体上覆岩层自重所产生的垂直应力通常大于 20MPa，在开挖过程中，岩体会释放某一方向的应力，造成应力转移，使岩体在另一方向上产生应力集中，接近甚至超过岩体的抗压强度。目前，南非的开采深度已经接近 5000m，在其地应力测定中，可以明确，当开采深度处于 3500～5000m 时，矿岩体所受地应力水平达到 95～135MPa。深部岩体处在极高的应力水平下，会储存大量的能量，直接影响深部工程的开挖和深部矿体的开采。

Brown 和 Hoek[1]给出了世界各国区域岩体垂直应力和水平应力随埋深的变化规律(图 2-1)，并总结出如式(2-1)和式(2-2)所示的垂直应力、平均水平主应力与垂直应力之比和埋深的关系：

$$\sigma_{\mathrm{v}} = 0.027H \tag{2-1}$$

$$\frac{100}{H} + 0.3 \leqslant \frac{\sigma_{\max} + \sigma_{\min}}{2\sigma_{\mathrm{v}}} \leqslant \frac{1500}{H} + 0.5 \tag{2-2}$$

式中：σ_{v} 为垂直应力；$\sigma_{\max}$ 为最大水平主应力；$\sigma_{\min}$ 为最小水平主应力；H 为埋深。

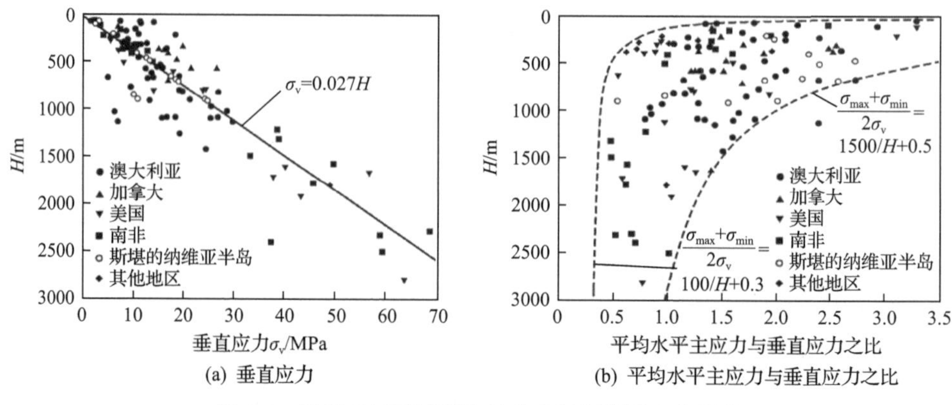

图 2-1　世界各国区域岩体地应力随埋深的变化规律

李新平等[2]搜集了我国相关深部岩体地应力资料，绘制出埋深超过 500m 时岩体的垂直应力、最大水平主应力和最小水平主应力随埋深的变化分布图(图 2-2)。最大水平主应力与最小水平主应力的差值较大，表明地应力存在很强的方向性。此外，该学者还探究了侧压力系数随埋深的变化规律(图 2-3)。其中，侧压力系数的计算公式如下所示：

$$k = \frac{\sigma_{\max} + \sigma_{\min}}{2\sigma_{\mathrm{v}}} \tag{2-3}$$

式中：k 为侧压力系数。随着埋深的增加，侧压力系数的分布范围逐渐缩小，并逐渐趋向于 1，此时深部岩体可能处于所谓的静水压力状态。

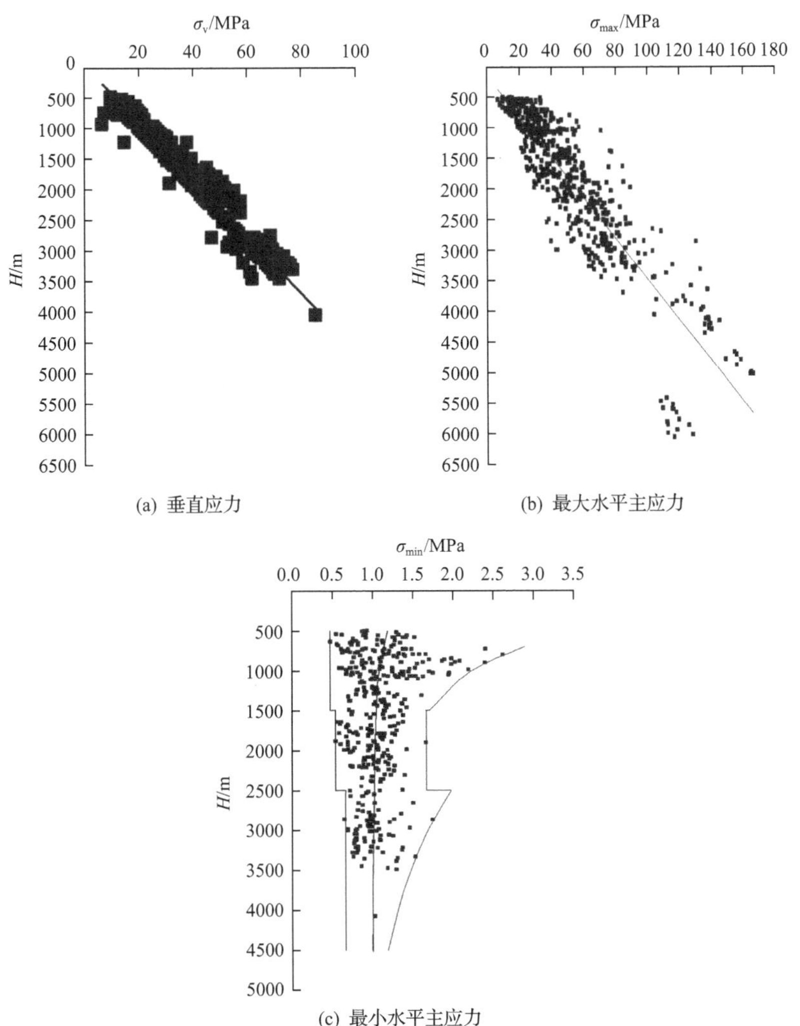

图 2-2　我国深部岩体地应力随埋深的变化分布图

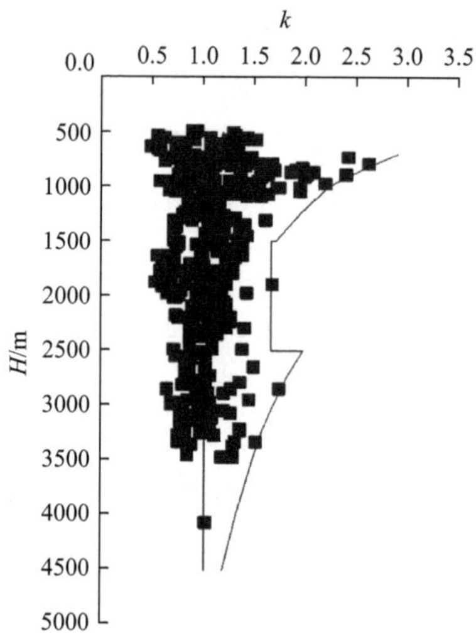

图 2-3　侧压力系数随埋深的变化规律

谢和平院士等[3]统计了世界上 30 多个国家的地应力分布图(图 2-4)，其中，K_1 是最大水平主应力与自重应力的比值，K_2 是最小水平主应力与自重应力的比值。由图 2-4 可知：当埋深低于 1500m 时，最大水平主应力与自重应力的比值大多大于 2，说明构造应力占主导地位；当埋深处于 1500～3500m 时，最大水平主应力与自重应力的比值介于 1.2～2.0，最小水平主应力与自重应力的比值介于 0.5～1.0；当埋深超过 3500m 后，最大水平主应力与自重应力的比值和最小水平主应力与自重应力的比值趋于 1.0，这说明深部岩体基本处于完全静水压力状态。随着埋深增加，地应力条件逐渐从浅部的构造应力主导状态向深部的静水压力状态转换，这也是深部岩体应力条件的基本特征。

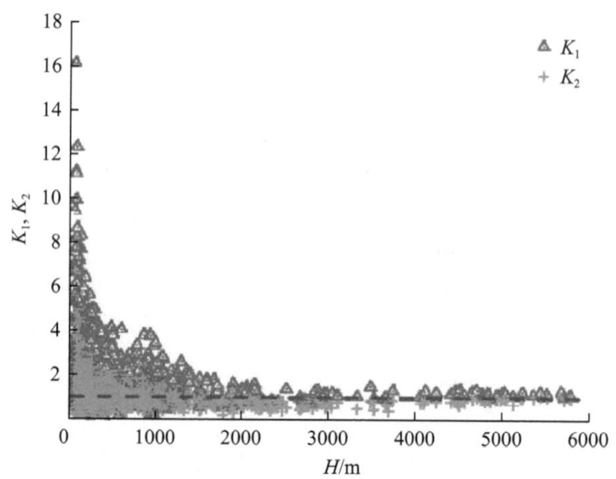

图 2-4　世界上 30 多个国家的地应力分布图

深部岩体不仅处于高地应力环境，同时还受到地下工程施工所带来的动力扰动。地下工程施工中，常用的钻爆法会带来爆破扰动，岩体开挖与顶板垮落也会造成围岩应力状态的改变。此外，断层滑移、地震等也是地下工程受到的动力扰动来源之一。对于地下深部矿山，动力扰动主要是开采扰动。开采扰动，通常被认为是地下采矿工程打破了原岩应力场的平衡状态而导致岩体发生变形或位移的动力扰动，主要包括冲击凿岩、机械截割、爆破、落矿等。深部岩体所处的“高地应力+开采扰动”复杂应力环境，会引发岩体发生岩爆、板裂和分区破裂等非常规岩体破坏现象。深部岩体所处的“高地应力+动力扰动”状态如图 2-5 所示。

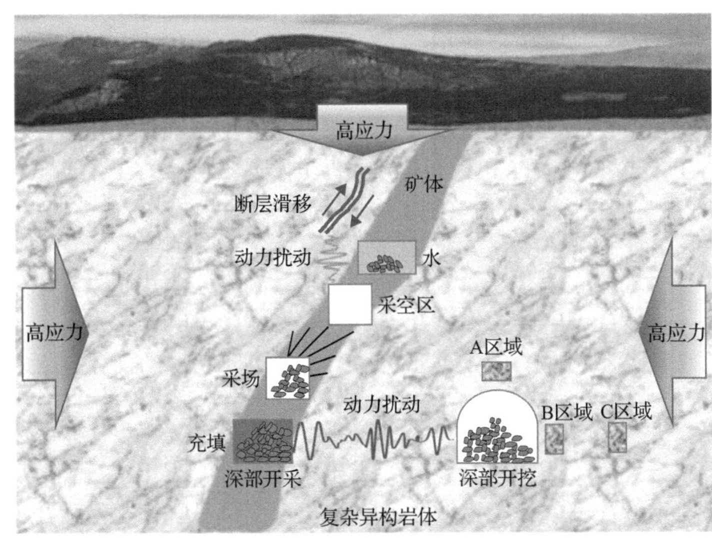

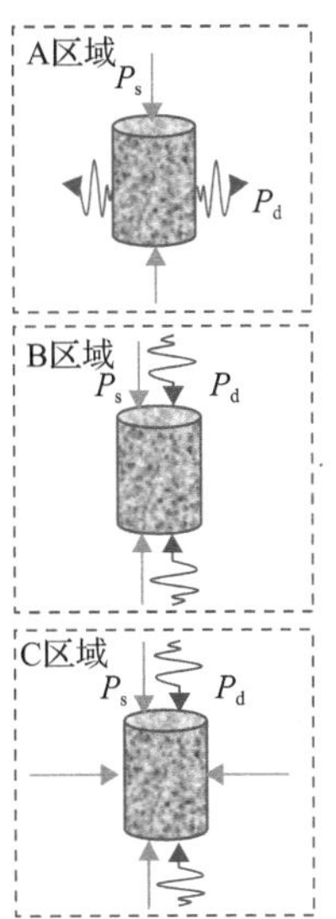

图 2-5　深部岩体“高地应力+动力扰动”状态

P_s为地应力；P_d为动力扰动

2.2　深部硬岩力学特征

2.2.1　软岩和硬岩的差异

岩石软硬程度划分主要依据其强度和变形特征方面的差异。其中，岩石强度一般包括岩石的抗压强度、抗拉强度及抗剪强度；岩石的变形特征一般包括弹塑性变形、流变及扩容特性，即岩石的应力-应变-时间关系。对于不同软硬程度的岩石，强度和变形特征存在明显差异。当采用破岩机械对岩体进行非爆破开挖时，岩石的软硬程度会显著影响机械刀具的破岩效率和作业安全。目前，掘进机凭借其开挖效率高、围岩扰动小以及较强的灵活性和适应性，已经被广泛应用于煤矿开采中。然而，在以硬岩为主的金属矿山中，受限于刀具的严重损耗以及设备的不稳定性，掘进机的应用并不广泛。要将非爆机械化开采更加广泛地应用于硬岩矿山，首先需要明确硬岩和软岩的差异，并探究深部硬岩的力学特征。

1) 强度差异

受到岩石的矿物组成、晶体粗细及构造的均匀性、孔隙率、完整性和风化程度的影响，硬岩和软岩之间存在明显的强度差异。根据岩石的饱和单轴抗压强度可以将岩石划分为坚硬岩石、较硬岩石、较软岩、软岩和极软岩，见表 2-1。在通过饱和单轴抗压强度划分岩石软硬程度时，还需要综合考虑岩石成因、岩性、产状、风化程度及裂隙发育程度等自然因素对岩石软硬程度的影响。坚硬岩石主要有花岗岩、片麻岩、闪长岩、安山岩和石英岩等，未风化或风化程度微小，力学强度高，抗水性强；较硬岩石主要有石灰岩、大理岩、白云岩和砂岩等，微风化，其力学强度比坚硬岩石小，有轻微吸水反应；软岩(较软岩、软岩和极软岩) 主要有泥质岩、互层砂质岩、泥质灰岩和绿泥石片岩等，中风化甚至强风化，浸水后强度极小。

表 2-1　根据饱和单轴抗压强度对岩石软硬程度划分标准

划分等级	坚硬岩石	较硬岩石	较软岩	软岩	极软岩
饱和单轴抗压强度范围/MPa	>60	30～60	15～30	5～15	<5

2) 变形差异

软岩强度低，孔隙度大，胶结程度低，受到风化影响较大，且含有大量的膨胀性黏土矿物，其变形大多呈现弹塑性。硬岩强度高，孔隙率小，颗粒联结牢固，其变形一般呈现弹脆性。硬岩的蠕变破坏通常是在变形很小的状态下突然发生脆性破坏。图 2-6 为花岗岩(硬岩)和煤岩(软岩)的典型应力-应变曲线，可以看出，硬岩的强度高，破坏时变形小，呈现弹脆性；软岩的强度低，破坏时变形大，呈

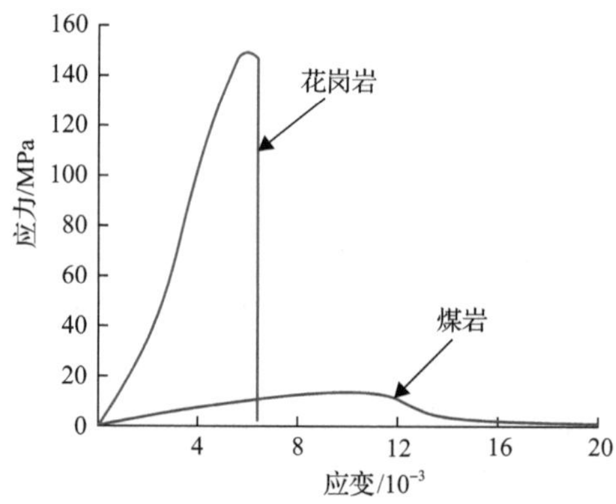

图 2-6　花岗岩和煤岩的典型应力-应变曲线

现弹塑性。

2.2.2　深部岩体力学特征与破坏现象

1. 深部巷道围岩的力学特征

受到“三高一扰动”复杂力学环境影响，深部巷道围岩的地质力学环境与浅部大不相同，呈现出独特的力学特征。何满潮院士等将深部巷道围岩的力学特征表现归纳为以下五个方面[4]。

1) 应力场的复杂性

在浅部工程中，巷道围岩一般划分为松动区、塑性区和弹性区三个区域，其本构关系模型通常通过弹塑性力学理论推导构建。然而，在深部工程中，存在巷道围岩膨胀带和压缩带(也可以称为破裂区和未破坏区)交替出现的情况，并且其宽度会以等比数列逐渐增宽。在一些深部工程的现场测试中也证明了深部巷道围岩的拉压域复合特征。因此，深部巷道围岩的应力场具有复杂性。

2) 围岩的大变形和强流变性特性

处于深部的岩体，其变形存在两种截然不同的特性。一种是持续的强流变特性：极大的变形量并伴随有明显的“时间效应”。另一种是岩体无明显变形，但十分破碎，处于破裂状态。按照传统的岩体破坏失稳概念，该部分岩体已丧失承载能力，但事实上仍然具有承载能力，并能够重新稳定。

3) 动力响应的突变性

处于浅部的岩体，其破坏过程是渐变的，破坏前存在变形加剧这一明显的破坏征兆。而处于深部的岩体，其动力响应过程是突发的、无征兆的。深部岩体的破坏过程表现出强烈的冲击破坏特性，在宏观上表现为巷道围岩或顶板的大范围失稳和坍塌。

4) 深部岩体的脆–延转化

在不同的围压环境下，岩石破坏过程的峰后特性不同，破坏时的应变也存在很大差异。处于浅部的岩体，受到的围压较小，岩石破坏大多是脆性破坏，通常不会有塑性变形；而处于深部的岩体，受到高围压作用，岩石破坏可能会呈现出延性，破坏时永久变形量较大。因此，随着岩石埋深增大，岩石破坏可能从脆性力学响应转变为延性力学响应行为。

5) 岩溶突水的瞬时性

在浅部工程中所存在的水，通常水压较小，渗水通道范围较大，可以有效开展相关的突水预测。而在深部工程中，受到高地压、高水头压力以及采矿扰动的影响，渗流通道更加集中，范围也较窄，容易形成严重的突水事故。此外，深部工程中发生的突水事故，通常发生在施工作业结束后，突水过程具有瞬时突发性，难以有效开展突水预测。

2. 深部硬岩工程灾害

挤压大变形和底鼓是软岩矿山中常见的工程灾害(图 2-7)。软岩中包含大量的黏土矿物成分，具有很强的吸水性。深井的湿热环境影响了围岩的物理力学性质，随着时间的增加，岩体吸水量增加，导致围岩软化，强度降低，并产生了较大的变形量，造成巷道失稳。

(a) 挤压大变形

(b) 底鼓

图 2-7 挤压大变形和底鼓

不同于软岩工程，板裂、分区破裂和岩爆是硬岩矿山中常见的工程灾害(图 2-8)。开采处于高应力环境下的硬岩时，时常观察到与开挖面大致平行的片裂破坏，这种片裂破坏不同于浅部工程中的剪切破坏，我们将其称为板裂破坏。在南非引水隧洞工程、加拿大核废料储存库和我国锦屏二级水电站等大型地下工程的施工过程中，均出现了不同程度的板裂破坏。Fairhurst 和 Cook[5]提出，岩石的板裂破坏涉及岩石内部的拉伸裂隙和劈裂裂隙的扩展。Ortlepp[6]将板裂破坏定义为在地下开挖边界面上受到应力导致的一种破坏模式，破坏面平行于最大切向应力方向，随着岩石破坏的发展，出现大致对称的 V 形板凹槽。在高应力环境下，硬岩开挖后的边界面上会形成密布的洋葱片状裂纹和板片，称为板裂，这种由应力造成的裂隙间距受到应力、岩石强度和岩石均匀程度的影响。从断裂力学的角度来看，在压缩载荷作用下硬岩板裂破坏实际上是一种张拉性破坏。Martini 等[7]在地下硬岩实验室中也发现，板裂破坏一般平行于最大主应力方向，垂直于最小主应力方向，裂纹面较为粗糙，表现出张拉性破坏特征。

分区破裂是深部高应力岩体的一种特有破坏现象，与深部高应力岩体特性密切相关。对于深部高应力岩体，其典型特征就是本身作为储能体，在开挖过程中，能量释放，岩体破坏。Adams 和 Jager[8]通过钻孔潜望镜监测，第一次发现了分区破裂，监测结果表明，分区破裂受到岩体能量释放率的影响，能量释放率越高，

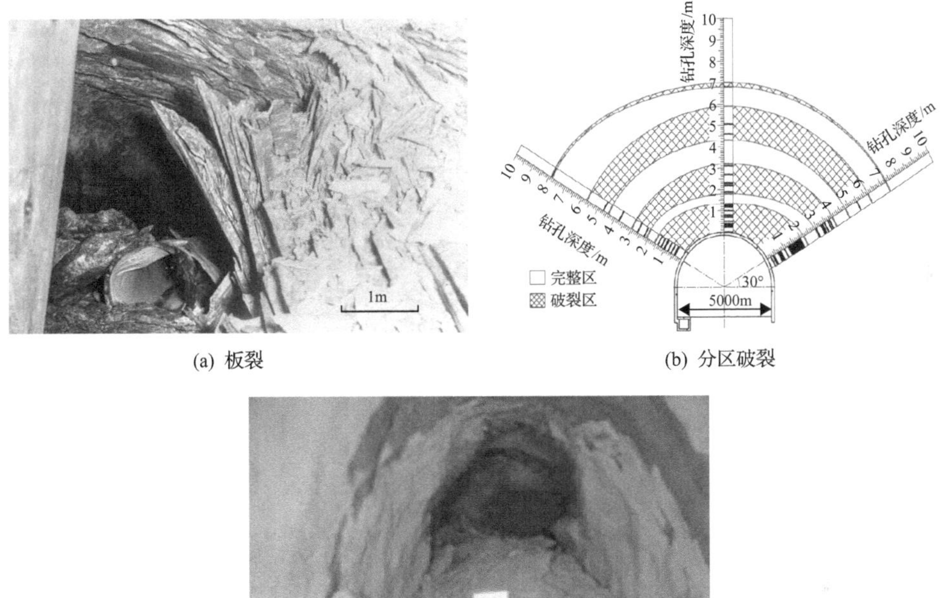

(a) 板裂　　(b) 分区破裂

(c) 岩爆

图 2-8　板裂、分区破裂和岩爆

分区破裂的条数越多。深部工程开挖卸荷会导致围岩应力集中，造成围岩破坏。围岩破坏所产生的应力波向远离地下工程的方向传递，并在围岩中产生一个新的应力场，与原始应力场叠加后使部分岩体重新发生破裂，形成新的破裂区。当岩体破坏所产生的应力波衰弱到无法使岩体发生破坏后，地下工程围岩分区破裂结束。

岩爆是地下工程岩体在开挖或其他外界扰动下发生突然破坏，岩石碎块从母体中剥离并弹射的一种动力失稳现象，该过程伴随着弹性应变能的快速释放。岩爆通常是承受高应力的硬岩岩体受到强烈的工程扰动、叠加开采和构造面引起的高应力集中而导致的。岩爆发生需要满足三个必要条件，即完整的硬脆性岩体、高地应力和扰动，若这三个条件同时满足，当高储能岩体储存的应变能高于岩石破裂所需的能量时就会发生岩爆，释放能量。我国自 1976 年首次观察到岩爆后，开展了大量的有关岩爆问题的监测和研究。表 2-2 列出了我国部分地下矿山工程的岩爆实例统计。硬岩矿山岩爆现象具有如下共性特征[9]。

(1) 岩爆大都发生在坚硬、高强度、刚度大和有一定弱面发育的岩体中，如花岗岩、大理岩、闪长岩等。岩爆弹射前有炸裂声，岩石被抛出时带有清脆的声响，

表 2-2　国内典型地下矿山工程岩爆实例统计情况[10-13]

矿山名称	埋深/m	岩石性质	实际岩爆情况	备注
山东玲珑金矿	1000	硬脆性花岗岩，单轴抗压强度为 214MPa，冲击能量指数 W_{CF}= 1.04～1.9	在巷道施工过程中，围岩内部发出清脆的爆裂撕裂声，爆裂岩块多呈薄片状、透镜状、棱板状或板状等，均具有新鲜的弧形、楔形断口和贝壳状断口，并有弹射现象。强烈岩爆，围岩内部发出清脆的爆裂撕裂声，爆裂岩块多呈薄片状、透镜状，有弹射现象	多发生于掌子面附近以及工程交汇处
安徽冬瓜山铜矿	840～1016	闪长玢岩(单轴抗压强度 306.6MPa)、石榴子石夕卡岩(单轴抗压强度 170.5MPa)、粉砂岩(单轴抗压强度 187.2MPa)等，脆性指数 B_1=7.27～10.57	夕卡岩中出现岩爆，进行锚网支护后，锚杆剪断，并在岩层交界处出现 1.8m 长底鼓；侧帮及顶板岩爆，爆裂声历时 20 余天，锚网支护破坏。弱–中岩爆，有弹射、塌落现象，崩出的岩石约 150kg，占井壁面积约 0.5m^2	矿体有岩爆现象
辽宁红透山铜矿	400～1077	混合花岗岩、变质岩、片麻岩，构造应力大	岩爆的表现形式主要为岩块弹射、坑道片帮、顶板冒落等。1995～2004 年矿山岩爆监测记录 49 次。随着开采深度的增大，轻微岩爆、中等岩爆、强烈岩爆都有，强烈岩爆时发出类似大爆破响声，地表有明显震感	
河南灵宝崟鑫金矿	1190～1227	混合岩，层理明显，完整性较好，单轴抗压强度为 126.5MPa	已发生几起马头门顶部岩爆事件，使其顶部成人字形，很难形成拱形，属于严重岩爆事件。弱岩爆，岩壁片状剥落，并伴有声响，岩片有弹射现象，爆窝成 V 字形	具有明显的方向性，发生在南北井壁
云南会泽铅锌矿	920	白云岩、灰岩、砂岩，水平主应力 28MPa，应力集中系数约 2.0，岩心有饼化现象	工程地质钻探过程中发现不同程度的岩心饼化现象；在川脉巷道中发现侧帮岩体有较为典型的片状剥落现象，其岩爆烈度主要为轻微或弱岩爆。轻微、弱岩爆，边帮片状脱落，岩块厚度 0.5～10cm，片帮厚度 0.3～0.8m	
陕西潼关金矿	360～730	片麻岩、斜长角闪岩、混合岩、混合花岗岩，f = 10～16，质硬，性脆，构造应力复杂	弱岩爆，伴有响声，岩片脱落，局部出现围岩弹射现象	随着开拓深度的增大，岩爆现象越来越频繁
湖北鸡冠咀铜金矿	740～940	含铜大理岩（单轴抗压强度 98.0～148.5MPa）、花岗闪长斑岩(单轴抗压强度 113.7～211.9MPa)，致密坚硬，脆性指数 B_1=11.16～21.2	弱岩爆、中等岩爆，岩爆常伴声响，岩爆声响来自岩体内部，常发生于岩体暴露后 1～2h	总体上随着开拓的延深，岩爆有加剧的趋势

续表

矿山名称	埋深/m	岩石性质	实际岩爆情况	备注
广东凡口铅锌矿	765～775	粉砂岩、粉砂质灰岩（单轴抗压强度 90.75MPa）	岩爆发生时一般围岩成块状、板状或鳞片状冒落或剥落，并伴随有爆裂声，但几乎没有出现比较严重的弹射现象	
湖北铜录山铜铁矿	750～1030	大理岩（单轴抗压强度 42.06～96.13MPa）、石英二长闪长玢岩（单轴抗压强度 56.25～198.62MPa），弹性能量指数 W_{ET}= 8.09	地质钻孔时发生岩心饼裂；–785m 以下废石溜井发生剥落坍塌；工作面开采一段时间后偶闻爆裂声响，并见新鲜的岩块塌落坑等	
甘肃厂坝铅锌矿	545～821	矿石（单轴抗压强度 126.12MPa）	小厂坝深部矿区的岩爆发生比较频繁，采场和巷道均出现了岩爆，但从岩爆烈度来看，岩爆区域的深度均小于 0.25m，属于轻微岩爆范畴，在巷道或采场的顶板发生岩爆的烈度比两帮岩爆的烈度大	
四川白马铁矿	400～600	角闪正长岩，围岩类别为Ⅱ级、Ⅲ级，岩石强度高，完整性较好	岩爆在未发生前无明显征兆，也无空响声，平硐掌子面与侧壁均有发生。一般岩爆发生在距掌子面 5～8m，距齐头 8m 处最为强烈，发生时间是在 3～12h 范围内，也有滞后 1～2d 的，岩爆呈劈裂破坏及剪切破坏两种，总体有爆裂和弹射两种现象	岩爆强度随着地应力的增加而增强，延续数天时间
辽宁二道沟金矿	800～1000	—	采矿时发生岩爆而发生工人重伤事故；采场发生岩爆巨响（近 10m 长的顶板岩石整体崩落）与一块体积 0.3m^3 石块从顶板与下盘交角处弹出；小的岩爆几乎不断；岩体发出“啪、啪”的爆裂声，没有出现石块弹射现象，刚开始清脆，随着回采高度不断升高，清脆的岩石爆裂声中开始夹杂着一部分沉闷的爆裂声	从 13 中段开始，岩体弹射现象开始变得频繁，并且弹射出来的岩块体积越来越大
新疆阿舍勒铜矿	550～1100	黄铁矿（单轴抗压强度 88.74MPa），脆性指数 B_1 = 25.95；弹性能量指数 W_{ET} = 2.3	岩爆或疑似岩爆现象累计发生数十起，表现形式为巷道围岩爆鸣异响、喷砼开裂、支护钢拱架变形、大块围岩垮落、围岩脆裂弹射等。最严重的一起岩爆现象为正在采用锚网喷砼支护的围岩大面积短时间内片帮且弹射，2m 长锚杆脱落	

注：$B_1=\sigma_c/\sigma_t$，σ_c 为单轴抗压强度，σ_t 为抗拉强度。

弹射速度 8～50m/s，抛掷出的岩块多呈薄片状、透镜状、棱板状或板状，且岩爆发生处明显有好凿好爆特征。

(2) 岩爆发生频度与规模，随着地下开挖尺寸和工程复杂性的增加而增加。地下开挖工程的交叉或交接处附近易发生岩爆。随着矿山深度和采出率的增加，地压活动显现明显，产生破坏性岩爆的频度随采深增加呈直线上升。

(3) 地应力是岩爆产生的能量来源，岩体结构和性质决定了岩爆产生时能量积聚和释放的能力。开采条件是岩爆发生的又一重要影响因素，岩爆强度与开采规模和巷道开挖方向、形状及排列特性密切相关。如工程开挖后的数小时内是岩爆发生的高峰期，距采场工作面 1～2m 是岩爆发生的重点区。

岩爆会造成设备损毁和人员伤亡，高强度的岩爆甚至可以造成局部区域的地震，严重影响地下工程安全。岩爆的发生受到应力水平、岩体特性和开挖扰动等因素的综合影响，岩爆预测和控制的难度较大。如何准确预测岩爆并对其进行有效控制，对深部地下岩体工程具有重要意义。

李夕兵等[9]通过岩爆实录和特征分析，得到：①完整硬脆性岩体(石)是岩爆灾害发生的承载介质，弹性储能特性为岩爆冲击能量提供了存储条件。即岩石越脆、越赋有弹性，则储存的能量越大，岩爆发生的可能性越大；②静应力的存在是岩爆发生的必要条件。在静应力作用下，弹脆性岩体必然会储存大量的弹性能，为岩爆的发生提供了先决条件；③相对于开采(挖)前的初始受力状态，任何开采活动都属于“动力扰动”。在具体工程中，动力扰动的形式多种多样，属于诱发岩爆的外因。基于此，李夕兵等[9]提出了岩爆发生的动静组合作用机制。深部岩石在开采(开挖)前处于三维静应力作用状态，开采及开挖活动相对于深部岩石的初始静应力状态来说，均可看作动力扰动，因此从本质上说深部岩石在开采活动中始终承受“动静组合”载荷作用。岩爆属于深部岩石的一种动力破坏形式，研究其诱发机制也应该从“动静组合”力学作用的思路出发。“动静组合”力学作用机制涉及“静力”和“动力”两个方面。根据深部岩石开采应力路径并考虑围岩结构和受力模式，“静力”和“动力”互相组合后可以映射出不同的组合形式，归纳起来大致可以分为以下几类。

(1) “高静力+卸载扰动”下岩石材料特性的研究：模拟深部岩石在开挖卸荷下力学特性以及能量释放规律，具体研究方式包括常规三轴和真三轴下卸载试验，研究过程中可以考虑初始围压、围压组合、卸载路径和卸载速率的影响。

(2) “高静力+加载扰动”下岩石材料特性的研究：模拟深部岩石开挖后承受加载扰动的力学特性及能量释放规律，具体研究方式是对承受一定高应力或高静载的岩石施加扰动载荷，试验方式包括压缩(单轴压缩、常规三轴和真三轴压缩)、劈裂、断裂等试验类型，研究过程中可以考虑初始静应力(静载荷)、扰动载荷类型和加载速率的影响。

(3) 考虑空间效应的深部硐室围岩破坏特性的研究：模拟三维条件下深部硐室围岩的破坏特性和演化机制，考虑空间断面类型(圆形、直墙拱形和矩形等)、三维应力组合形式、加载方式等。

2.2.3　硬岩的磨蚀性

当采用机械破岩刀具钻凿、截割或开挖岩体时，破岩刀具会受到岩石的反作用力，刀具在高接触应力和高摩擦温度下易被磨损，降低破岩效率，增加工具的消耗量和生产成本。岩石的磨蚀过程至少包括以下几种作用：①由于物体表面的不平整，刀具与岩石在相对位移过程中会发生磨损，此外，物体的软弱不均匀性也会造成磨损；②刀具与岩石的接触面不平整，二者的真正接触面积小，真实压力极大，超过了刀具的弹性极限，从而被磨损；③由于刀具与岩石之间的接触紧密，受到分子间引力的影响，刀具表面的分子层丢失了一部分，此时，刀具更容易发生磨损；④刀具与岩石之间反复冲击摩擦，表面会由于疲劳而磨损；⑤刀具与岩石之间的摩擦产生大量的热能，易造成刀具的塑性变形，且在高温作用下，刀具尖端易被折断。

岩石的磨蚀性直接影响着破岩方式和刀具的选择。冲击式、冲击回转式和回转式钻孔过程中钻具磨损依次增大。因此，在磨蚀性强的岩石中，采用冲击式或冲击回转式的凿岩方式更好，而在磨蚀性较弱的岩石中，较少采用冲击式凿岩。对于切削式破岩，在切削过程中，刀具刃会被磨钝，此时，要想保证刀具与岩石之间的压强维持在一个较高的水平，必须增大破岩压力。而当破岩刀具的给进压力不变时，受到接触面磨钝的影响，刀具刃的凿入深度减小，破岩效率降低。对于冲击式凿岩，凿岩速度并不会随着钎头的磨损线性降低，当钎头开始磨损时，凿岩速度不会有明显的变化，直到刀刃被磨损到一个临界宽度后，凿岩速度才会有明显程度的下降。冲击式凿岩的凿岩速度和磨钝宽度与凿岩延米的关系曲线如图 2-9 所示。

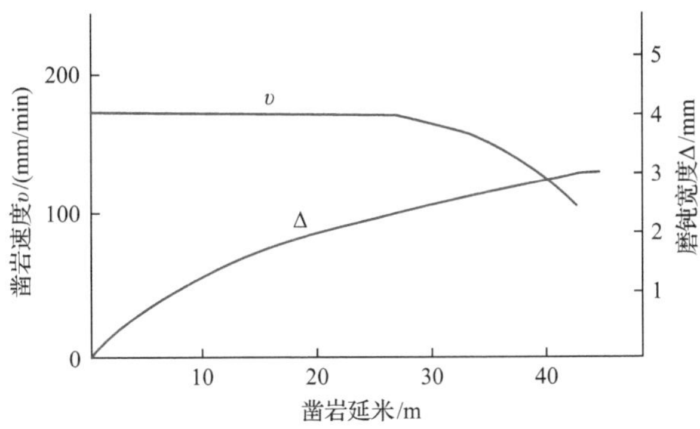

图 2-9　冲击式凿岩的凿岩速度和磨钝宽度与凿岩延米的关系曲线[14]

国际上通常采用以下四种方法研究岩石的磨蚀性：①直接利用作业过程中工具磨损率表示岩石的磨蚀性；②通过岩石的坚固性表示岩石的磨蚀性；③通过模拟试验确定岩石的磨蚀性；④岩石的磨蚀性指标。其中，岩石的磨蚀性指标一般通过标准物体在完全相同的情况下与岩石摩擦，将物体所减小的体积或质量作为岩石的磨蚀性指标。巴氏岩石磨蚀性系数 a 就是常用的岩石磨蚀性指标，按照巴氏岩石磨蚀性系数将岩石分为 8 级，见表 2-3[14]。

表 2-3　巴氏岩石磨蚀性分级

等级	磨蚀性特征	巴氏岩石磨蚀性系数 a	代表性岩石
Ⅰ	极弱	＜5	石灰岩，大理岩，岩盐，泥质页岩
Ⅱ	很弱	5～10	泥板岩，软的页岩(煤质、黏土质页岩)
Ⅲ	较弱	10～18	碧玉铁质岩，角岩，微粒的石英砂岩，铁矿石
Ⅳ	中等	18～30	细粒石英砂岩，辉绿岩，粗粒黄铁矿，含石英的石灰岩
Ⅴ	较强	30～45	中粒或粗粒的石英砂岩和长石砂岩，斜长花岗岩，云英岩，辉长岩，片麻岩，黄铁长英岩
Ⅵ	很强	45～65	花岗岩，闪长岩，花岗闪长岩，角斑岩，辉石岩，片麻岩
Ⅶ	极强	65～90	玢岩，闪长岩，花岗岩，正长岩
Ⅷ	最强	＞90	含刚玉质的岩石

岩石磨蚀性指数(CERCHAR abrasivity index，CAI)是反映机械刀具受磨损的重要参数，用以评价岩石的磨蚀特性。目前国际上普遍应用以下 5 种 CAI 分级标准，分别是法国采煤研究中心(Centre d’Etudes et Recherche de Charbonnages de France，CERCHAR)分级、挪威科技大学分级、美国科罗拉多矿业大学分级、美国材料与试验学会分级以及国际岩石力学学会分级。具体 CAI 分级区间及描述见表 2-4～表 2-8。

表 2-4　法国采煤研究中心 CAI 分级(钢针硬度 54～56)

CAI 区间	耐磨性描述
＜0.3	无磨蚀性
0.3～0.5	极低磨蚀性
0.5～1.0	低磨蚀性
1.0～2.0	中等磨蚀性
2.0～4.0	高磨蚀性
4.0～6.0	极高磨蚀性

表 2-5　挪威科技大学 CAI 分级

CAI 区间	耐磨性描述
0.3～0.5	极低或无磨蚀性
0.5～1.0	低磨蚀性
1.0～2.0	中等至一般磨蚀性
2.0～4.0	高磨蚀性
4.0～6.0	极高磨蚀性
6.0～7.0	石英

表 2-6　美国科罗拉多矿业大学 CAI 分级

CAI 区间	耐磨性描述
＜1.0	极低或无磨蚀性
1.0～2.0	低磨蚀性
2.0～4.0	中等至一般磨蚀性
4.0～5.0	高磨蚀性
5.0～6.0	石英

表 2-7　美国材料与试验学会 CAI 分级

CAI 区间(钢针硬度 55)	CAI 区间(钢针硬度 40)	耐磨性描述
0.30～0.50	0.32～0.66	极低磨蚀性
0.50～1.00	0.66～1.51	低磨蚀性
1.00～2.00	1.51～3.22	中等磨蚀性
2.00～4.00	3.22～6.62	高磨蚀性
4.00～6.00	6.62～10.03	极高磨蚀性
6.0～7.0	—	石英

表 2-8　国际岩石力学学会 CAI 分级

CAI 区间	耐磨性描述
0.1～0.4	极低磨蚀性
0.5～0.9	很低磨蚀性
1.0～1.9	低磨蚀性
2.0～2.9	中等磨蚀性
3.0～3.9	高磨蚀性
4.0～4.9	很高磨蚀性
≥5	极高磨蚀性

法国采煤研究中心测试的岩石磨蚀性指数具体方法为：在岩石表面使用一根钢针在 70N 的载荷下以 10mm/min 的速率移动 10mm，针尖磨损后的直径 D 用显微镜观察测量，岩石的耐磨性指标 A_b(0.1mm) 即由针尖的磨损值确定。表 2-9 列出了常见各类岩石的 CAI，煤岩等软岩的 CAI 很小，而花岗岩、石英岩等硬岩的 CAI 很大。不同 CAI 下岩石单轴抗压强度与点冲击刀具磨损率的关系如图 2-10 所示。从图 2-10 中可以看出，当 CAI 一定时，随着岩石单轴抗压强度的增加，刀具的磨损率增大；当岩石单轴抗压强度一定时，CAI 越大，刀具的磨损率越大。

表 2-9　常见不同类型岩石的 CAI

岩石类型	CAI
煤	0.5
石灰岩、白云岩	1～2
红砂岩	1～3
黏土岩	0～2.5
大理岩	1～1.5
安山岩	2～4
玄武岩	3～5
花岗岩	4～6
石英岩	5.5～6

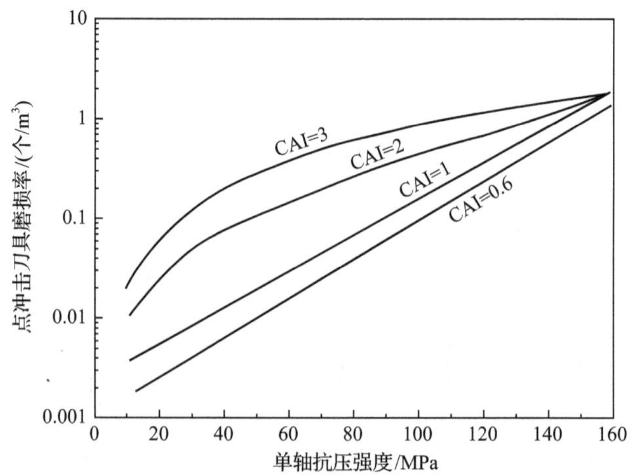

图 2-10　不同 CAI 下岩石单轴抗压强度与点冲击刀具磨损率的关系

当采用机械刀具破岩时，在相同工况下，硬岩的开挖难度明显要高于软岩。如图 2-11 所示，当采用 PDC 刀具破岩时，在相同刀具情况下，随着岩石单轴抗压强度的增加，破岩所需的切削力和破岩比能也增加，即随着岩石强度增加，岩石截割受到的阻碍越大，岩石的可切割性越低。此外，不同类型刀具破岩时所需的切削力和破岩比能存在明显差异。如图 2-12 所示，当采用圆盘滚刀破岩时，随着岩石单轴抗压强度从 60MPa 上升至 120MPa，TBM 刀盘所需提供的总推力和总扭矩也增加，这表明岩石强度越大，破岩所需的能量越大，岩石越难被破碎。如图 2-13 所示，在相同刀具安装间距下圆盘滚刀对硬岩和软岩的破岩比能存在明显差异，硬岩截割时所需的比能要远高于软岩；在不同刀具安装间距下，随着刀具安装间距增加，破岩比能一般先降低后升高，存在最优的刀具安装间距。

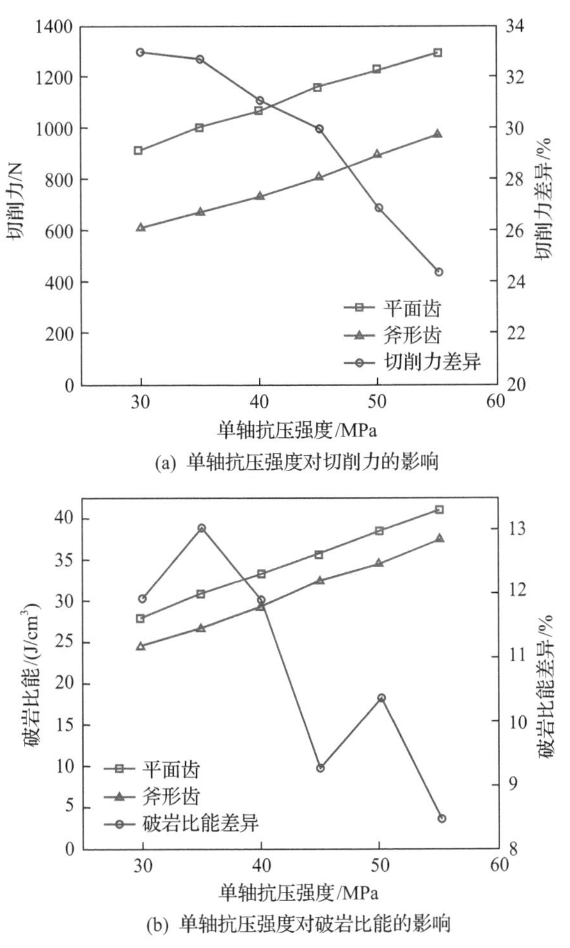

(a) 单轴抗压强度对切削力的影响

(b) 单轴抗压强度对破岩比能的影响

图 2-11　不同 PDC 刀具对岩石截割的结果

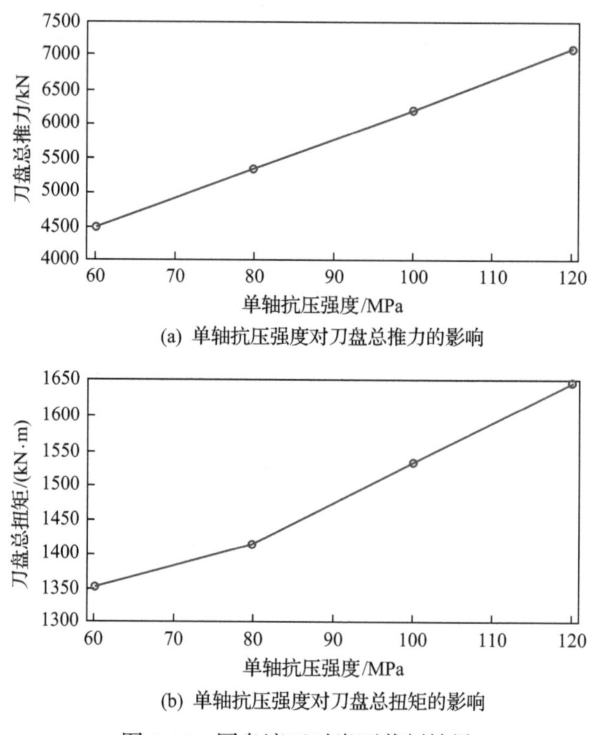

(a) 单轴抗压强度对刀盘总推力的影响

(b) 单轴抗压强度对刀盘总扭矩的影响

图 2-12　圆盘滚刀对岩石截割结果

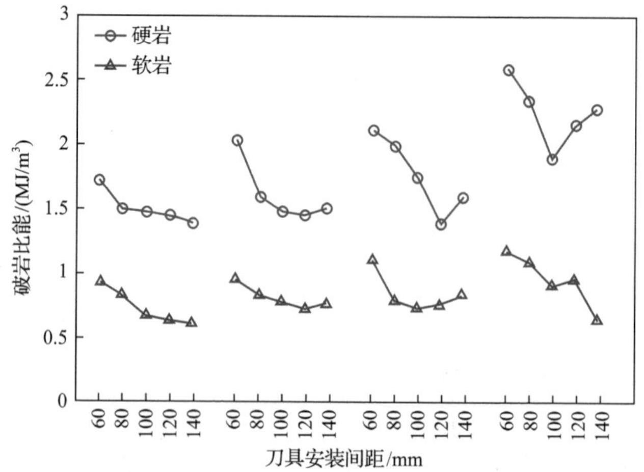

图 2-13　圆盘滚刀在不同刀具安装间距下硬岩和软岩的破岩比能

2.2.4　深部硬岩的高储能特性

1. 硬岩储能特性及岩爆判据

在高应力作用下，深部硬岩变形前期，岩体会以弹性应变能的形式储存能量，应力越高，储存的能量越大。当岩体中积聚的弹性应变能超过岩体的储能极限时，能量会转变为动能突发释放，造成附近岩石从母岩中剥离并猛烈地弹射出来，发生岩爆。

岩爆发生的内因在于岩体本身所具有的岩爆倾向性。在实验室开展的岩石抗压试验中可以发现：在达到屈服强度前，岩石的弹性变形与塑性变形之比越大，岩石储存的弹性变形能越多；达到峰值强度后，应力-应变曲线下降斜率越大，岩石完全破坏时间越短。最常见的岩爆倾向性指标有弹性能量指数和冲击能量指数。

弹性能量指数通过岩样单轴压缩加卸载试验获得。在岩石加卸载应力-应变曲线上通过图形积分法计算出弹性变形储能和塑性变形耗能，弹性变形储能与塑性变形耗能的比值也就是弹性能量指数 W_{ET}。W_{ET} 的计算图(图 2-14)和计算公式如下所示：

$$W_{ET}=\frac{\Phi_{SE}}{\Phi_{SP}} \tag{2-4}$$

$$\Phi_{SE}=\int_{\varepsilon_d}^{\varepsilon_c} f_1(\varepsilon)\mathrm{d}\varepsilon \tag{2-5}$$

$$\Phi_{C}=\int_{0}^{\varepsilon_c} f(\varepsilon)\mathrm{d}\varepsilon \tag{2-6}$$

$$\Phi_{SP}=\Phi_{C}-\Phi_{SE} \tag{2-7}$$

式中：Φ_{SE} 为弹性变形储能；Φ_{C} 为岩石变形总能量；Φ_{SP} 为塑性变形耗能；ε_c 为总应变；ε_d 为塑性应变；$f_1(\varepsilon)$ 为卸载时应力-应变曲线函数；$f(\varepsilon)$ 为加载时应力-应变曲线函数。对于硬岩和软岩，受到岩石本身性质的影响，其岩爆倾向性的分类标准也不同。根据 W_{ET} 判断煤层冲击地压倾向性的分类标准：当 $W_{ET}<2$ 时，无冲击倾向；当 W_{ET} 在 2～5 时，有中等冲击倾向；当 $W_{ET}>5$ 时，有强烈冲击倾向。根据 W_{ET} 判断硬岩岩爆倾向性的分类标准：当 $W_{ET}<10$ 时，有弱岩爆倾向；当 W_{ET} 在 10～15 时，有中等岩爆倾向；当 $W_{ET}>15$ 时，有强岩爆倾向。

岩石冲击能量指数是根据岩石的全应力-应变曲线确定，通过曲线计算出的累积变形能与变形能量消耗的比值就是岩石冲击能量指数 W_{CF}。W_{CF} 的计算图(图 2-15)和计算公式如下所示：

$$W_{CF}=\frac{A_S}{A_X} \tag{2-8}$$

$$A_{\mathrm{S}}=\int_{0}^{\varepsilon_{\mathrm{P}}} f(\varepsilon)\mathrm{d}\varepsilon \tag{2-9}$$

$$A_{\mathrm{X}}=\int_{\varepsilon_{\mathrm{P}}}^{\varepsilon_{\mathrm{F}}} f(\varepsilon)\mathrm{d}\varepsilon \tag{2-10}$$

式中：A_{S}为累积变形能；A_{X}为变形能量消耗；ε_{P}为总应变；ε_{F}为达到峰值强度时的应变。根据W_{CF}判断岩爆倾向性的分类标准为：当$W_{\mathrm{CF}}<2$时，无岩爆倾向；当W_{CF}在2～3时，有弱岩爆倾向；当$W_{\mathrm{CF}}>3$时，有强岩爆倾向。

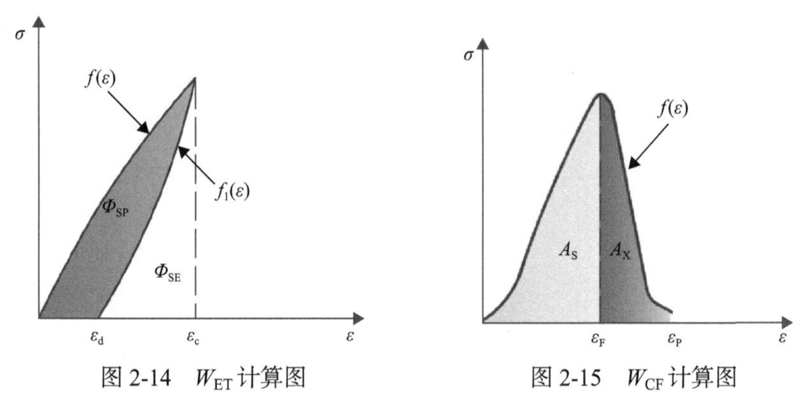

图 2-14　W_{ET}计算图　　　　图 2-15　W_{CF}计算图

岩爆的发生不仅需要岩石本身储存大量的能量，还需要受到外界的动力扰动作用。因此，李夕兵等提出基于动静能量指标的岩爆判据[15]。深部岩体处于“高应力+动力扰动”状态下，假设岩石内部储能为E_{s}，受到动力扰动作用的扰动能为E_{d}，岩石破坏形成新的自由面的表面能为E_{c}。扰动能越大，岩石破碎产生的断裂面面积S_{R}越大，可以说，断裂面面积是扰动能的递增函数。由此，可以得到表面能和扰动能之间的关系：

$$E_{\mathrm{c}}=\gamma S_{\mathrm{R}}=\gamma f\left(E_{\mathrm{d}}\right) \tag{2-11}$$

式中：γ为单位面积表面能。

内部储存有弹性变形能的岩石，受到外界扰动后，预静应力能量将会主导岩石的破坏，也就是当外界扰动作用于岩石后，岩石所受的预应力会主导岩石内部的微裂纹压密、扩展以及发育过程，外界扰动作用则起到触发岩石动力响应以及补充预应力的作用。当外界的扰动使岩石某一临空面的应力水平超过在对应应力条件下的岩石强度时，在扰动应力作用下，岩石内部的弹性能会超过岩石破坏所需的表面能，超出部分的能量会转化为岩石碎块的动能，从而造成岩爆的发生。从能量的角度出发，岩爆需要受到岩石内部弹性能和外部扰动能两部分能量。那么，可以从内部弹性能是否释放来判断岩爆是否发生，也就是说，不论外界扰动多大，也不论岩体本身的储能和应力情况，发生岩爆的必要条件就是岩石内部储存的弹性能有一部分可以用于转化为岩石碎块的动能。由此，可以得到在扰动载荷作用下岩爆发生的判据：

$$E_s - E_c > 0 \tag{2-12}$$

当岩石无预应力或者预应力较小时，岩石处于压密阶段或刚刚进入弹性变形阶段，E_s较小，$E_s - E_c < 0$，此时岩石破坏需要外界提供能量，当外界扰动足够大时，岩石也能够破坏并发生高速弹射，但能量大多来源于外界做功，不属于岩爆。地下工程中的爆破及机械破岩对应该情况。

当预应力大小适中时，岩石处于弹性变形阶段，此时可能有两种情况。若E_d较小，$E_s - E_c > 0$，岩石在外界扰动作用下裂纹发育，岩石储存的弹性变形能大于岩石破坏所需的表面能，此时，多余的能量会以动能的形式释放出来，形成岩爆。若E_d较大，$E_s - E_c < 0$，岩石破坏所需的表面能高于岩石储存的弹性变形能，此时，岩石需要吸收外界扰动能才能发生破坏。矿山中常见的通过对岩爆区域开展深孔爆破卸压防止岩爆发生对应该情况。

当预应力较大时，岩石进入塑性区，岩石储存的弹性变形能用于裂纹发育，E_s逐渐减少，当$E_s - E_c < 0$时，岩石破坏所需的表面能高于岩石储存的弹性变形能，岩石需要吸收外界扰动能才能发生破坏。此时，由于岩石的破坏需要吸收能量，因此不属于岩爆。这种岩石破坏对应于岩石单轴压缩试验过程中应力-应变曲线的峰值前状态，岩石破坏需要试验设备持续做功或提供动力扰动。深部工程中，顶板受到爆破扰动的作用而大面积冒落对应该情况。

2. 高储能特性的利用

近些年，国内外专家学者在有关高应力岩石在动力扰动下的力学特性和能量耗散规律的研究中发现，当岩石处于受压状态时，岩石内部裂隙只有在特定幅值和持续时间的扰动载荷作用下才能有效扩展。在深部开采实践中也发现，施工参数相同的情况下，深部岩石破碎效果较浅部岩石更加理想。由此，可以判断，深部高应力岩体在动力扰动和快速卸载作用下更容易破碎。在有效的诱导工程作用下，岩体所储存的弹性应变能可以转变为破岩所需的动力，减少炸药的使用量，甚至达到非爆机械化开采的效果。

自然崩落法是一种利用地压致裂矿体的采矿方法，其利用了拉低和削帮所产生的次生应力场，使岩体在次生应力场作用下破坏并崩落。自然崩落法是将待开采矿体划分为矿块，在矿块底部拉底或切槽，使矿体内产生拉、压、剪集中应力区域，矿体在诱导应力作用下会破坏崩落，从而达到不经过凿岩爆破就实现连续开采的目的。然而，自然崩落法主要适合于节理裂隙发育的矿体开采。

受到高地应力的影响，深部硬岩在开采过程中表现出好凿易爆、开挖卸荷后的松动区范围与浅部相比明显增大、扰动后岩石易于破碎等特点，这些特点使得合理利用深部硬岩的高储能特性而开展深部硬岩非爆机械化开采成为可能。李夕兵等提出了“变害为利”的深部开采构想，通过开挖诱导工程，使矿体内的高地应力发生应力重分布，伴随矿体中的应力集中和应力释放，会促进矿体内裂隙发育，形成松动区，从而提高硬岩矿体的可切割性，在后续开展的开阳磷矿非爆机械化开采现场试验中也印证了这一开采构想[16,17]。随后，笔者考虑到深部开采中常见的高地应力条件会影响硬岩矿体的可切割性，高地应力条件、刀具作用参数、硬岩自身特性严重影响着非爆机械化开采在深部硬岩矿体中的应用，以及镐型截齿是非爆机械化开采装备中常见的破岩刀具，系统开展了深部硬岩截割特性及非爆机械化开采研究，利用 TRW-3000 型岩石真三轴电液伺服诱变(扰动)试验系统研究了围压条件(双轴、单轴、无围压)、镐型截齿作用参数(不同截齿加载速率、静态或动静组合载荷类型、单截齿或者具有不同布局间隔的双截齿)以及岩石中的人为诱导缺陷(预切槽、加卸荷诱导损伤、预钻孔)等因素对硬岩可切割性指标(破岩峰值载荷、凿入深度、扰动持时)、岩样破坏模式、破碎岩石块度等镐型截齿破岩特性的影响。试验结果表明：双轴、单轴、无围压条件下，岩石的可切割性依次逐渐增大；双轴围压下，即使施加很高的破岩载荷或者很长的扰动持时也只能使岩样发生表面剥落破坏，截割难度最大；单轴围压下，随着围压增大，岩石的可切割性先降低后升高，破坏模式依次表现为完全劈裂、部分劈裂和岩爆，相应地，破碎岩石块度逐渐降低；高单轴围压下，截齿破岩扰动易诱发岩爆，其发生过程包括截齿凿入引起的初始板裂、由高单轴围压驱动伴随大量岩块弹射的强烈岩爆以及最终的剪切破坏三个步骤，并且截齿诱发岩爆的易发性与岩样材料的强度、脆性、完整性等因素有关。因此，在单轴围压下存在两个关键的围压值，一个是低于该围压值岩样的可切割性会逐渐升高，而另一个是高于此围压值截齿破岩的安全性则会显著降低。在较低或者无围压条件下，镐型截齿破岩能够将岩样安全、高效地完全劈裂，具有最优的破岩效果。动静组合破岩时，增加预静载水平或者增大扰动载荷幅值都能增大镐型截齿破岩效率。岩体中的预切槽、开挖诱发的岩石损伤、预钻孔等人为诱导缺陷，能够改变临空面矿岩体的应力环境并降低受限应力大小，从而能够提高矿岩体的可切割性。此外，多截齿破岩时存在最优的截齿间距以确保同时产生截齿周围的翼形破裂和截齿间的贯通破裂，形成多截齿耦合强化效应，从而提高破岩效率。在开采实践方面，通过开挖深部诱导工程，增加矿体的临空面数量，将双轴受限应力环境改变为单轴，同时伴随松动区的形成受限应力大幅降低，可有效提高硬岩矿体的非爆机械化开采适用性。在试验采场，通过高清钻孔电视监测诱导工程围岩的松动区分布情况，测得半岛型矿柱的松动区厚度为 1.84～2.54m，呈 U 形分布。针对松动区矿体，试验了悬臂式掘进机、挖掘机载铣挖头、挖掘机载高频冲击头和铲运机载高频冲击头 4 种机械破岩方法。结果表明：基于多截齿旋转截割破岩的悬臂式掘进机采矿平均工效 107.7t/h，采矿过程连续性强，具有最高的采矿效率和机械稳定性。基于非爆机械化开采实践，提出了一种预切槽硬岩矿体旋转振动连续截割设备及其施工工艺。相关研究工作详见本书后续章节。

参 考 文 献

[1] Brown E T, Hoek E. Trends in relationships between measured rock in situ stress and depth[J]. International Journal of Rock Mechanics and Mining Sciences and Geomechanics Abstracts, 1978, 15(4): 211-215.

[2] 李新平, 汪斌, 周桂龙. 我国大陆实测深部地应力分布规律研究[J]. 岩石力学与工程学报, 2012, 31(S1): 2875-2880.

[3] 谢和平, 高峰, 鞠杨. 深部岩体力学研究与探索[J]. 岩石力学与工程学报, 2015, 34(11): 2161-2178.

[4] 何满潮, 谢和平, 彭苏萍, 等. 深部开采岩体力学研究[J]. 岩石力学与工程学报, 2005, (16): 2803-2813.

[5] Fairhurst C, Cook N G W. The phenomenon of rock splitting parallel to the direction of maximum compression in the neighborhood of a surface[C]//Proceeding of the 1st Congress of the International Society of Rock Mechanics, Lisbon, 25 September-1 October 1966: 687-692.

[6] Ortlepp W D. The behaviour of tunnels at great depth under large static and dynamic pressures[J]. Tunnelling and Underground Space Technology, 2001, 16(1): 41-48

[7] Martini C D, Read R S, Martino J B. Observations of brittle failure around a circular test tunnel[J]. International Journal of Rock Mechanics and Mining Sciences, 1997, 34(7): 1065-1073.

[8] Adams G R, Jager A J. Petroscopic observations of rock fracturing ahead of stope faces in deep-level gold mines[J]. Journal of the South Africa Institute of Mining and Metallurgy, 1980, 80(6): 204-209.

[9] 李夕兵, 宫凤强, 王少锋, 等. 深部硬岩矿山岩爆的动静组合加载力学机制与动力判据[J]. 岩石力学与工程学报, 2019, 38(4): 708-723.

[10] 周健. 应变型岩爆预测和爆坑深度估计的监督学习方法[D]. 长沙: 中南大学, 2015.

[11] 宫凤强, 李夕兵, 张伟. 基于 Bayes 判别分析方法的地下工程岩爆发生及烈度分级预测[J]. 岩土力学, 2010, 31(增 1): 370-377.

[12] 原桂强. 凡口铅锌矿深部岩爆地质因素分析及防范[J]. 冶金丛刊, 2016, 223(3): 37-42.

[13] 严文炳, 王添天, 刘涛. 厂坝铅锌矿深部矿区岩爆发生机制及危险区域划分[J]. 矿业研究与开发, 2018, 38(5): 50-55.

[14] 徐小荷, 余静. 岩石破碎学[M]. 北京: 煤炭工业出版社, 1984.

[15] Li X B, Gong F Q, Tao M, et al. Failure mechanism and coupled static-dynamic loading theory in deep hard rock mining: a review[J]. Journal of Rock Mechanics and Geotechnical Engineering, 2017, 9(4): 767-782.

[16] 李夕兵, 姚金蕊, 杜坤. 高地应力硬岩矿山诱导致裂非爆连续开采初探——以开阳磷矿为例[J]. 岩石力学与工程学报, 2013, 32(6): 1101-1111.

[17] Wang S F, Li X B, Yao J R, et al. Experimental investigation of rock breakage by a conical pick and its application to non-explosive mechanized mining in deep hard rock[J]. International Journal of Rock Mechanics and Mining Sciences, 2019, 122: 104063.

第 3 章　深部硬岩截割特性

3.1　截齿破岩试验装置及方法

3.1.1　试验装置

为了研究镐型截齿破岩特性，试验选择在如图 3-1(a)所示的 TRW-3000 型岩石真三轴电液伺服诱变(扰动)试验系统上进行。该试验系统整体采用电液伺服控制，每个轴向上的两端分别成对设置静压加载缸和扰动加载缸，具有三轴六方向动静组合加载能力，可实现 Z 轴 0～3000kN 静压，X、Y 轴 0～2000kN 静压，以及三轴 0～500kN、0～70Hz 扰动加载。TRW-3000 型岩石真三轴电液伺服诱变(扰动)试验系统包括真三轴加载框架、EDC 控制柜、液压泵控制柜、控制软件、视频监控、高速摄像机。视频监控可以实时监控试验系统上加载室内的加载情况和岩样的破坏情况，保证试验过程的可视化。高速摄像机可以捕捉岩石破坏瞬间的真实情况。如图 3-1(b)和(c)所示，试验使用的岩石真三轴电液伺服诱变(扰动)装置，包括加载框架(1)、X 轴向推车式加载装置(3)、Y 轴向分离式加载装置(4)和 Z 轴向加载装置(5)。X 轴向推车式加载装置(3)包括 X 向承载台(31)、X 向静压加载缸(32)和平移座(33)，平移座(33)以可沿 X 轴方向平移的方式安装于加载框架(1)上，X 向承载台(31)和 X 向静压加载缸(32)在 X 轴方向上前后间隔安装

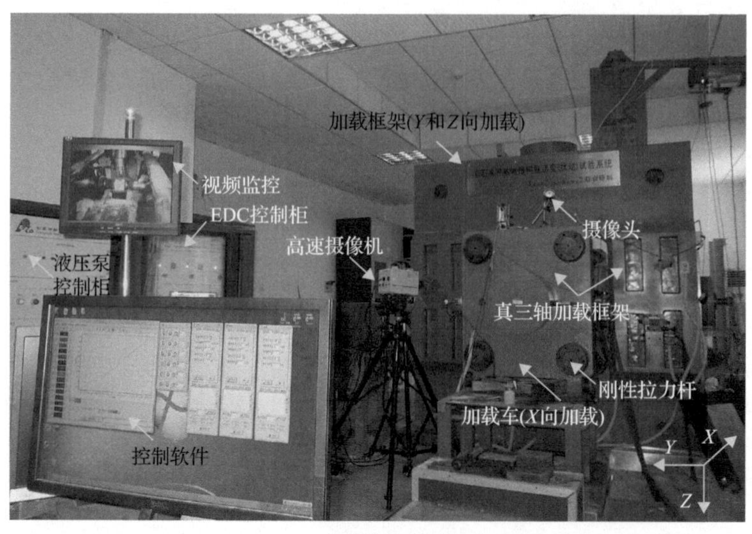

(a) 试验装置实物图

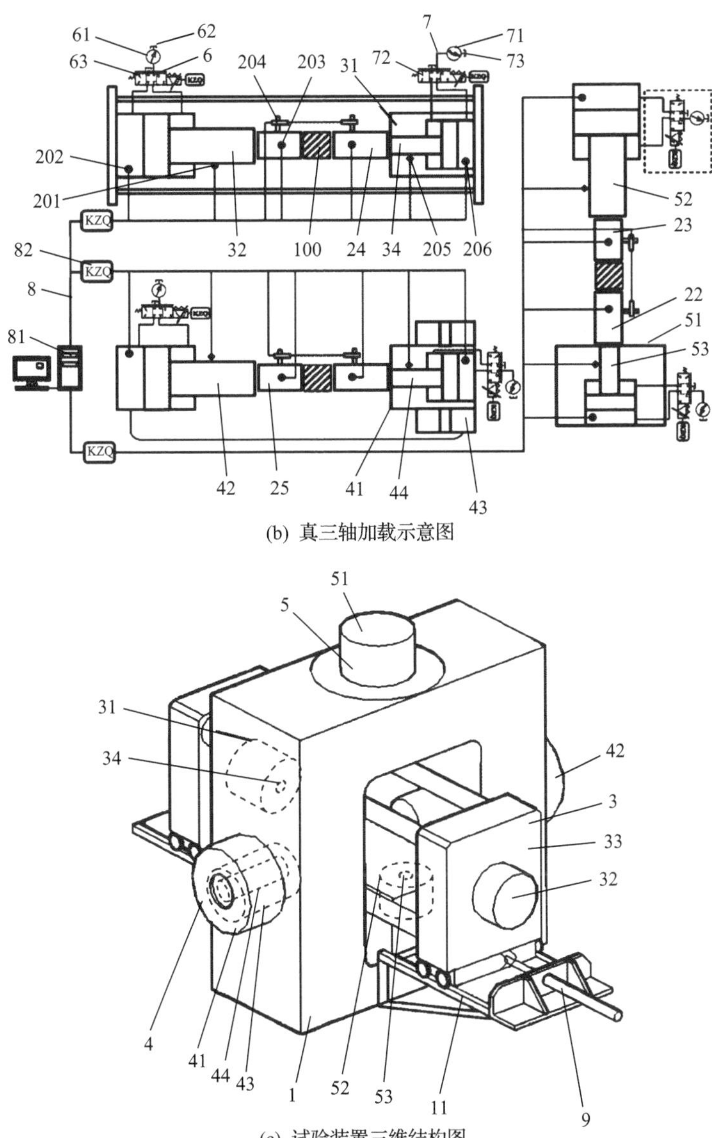

(b) 真三轴加载示意图

(c) 试验装置三维结构图

图 3-1　用于截齿破岩试验的 TRW-3000 型岩石真三轴电液伺服诱变(扰动)试验系统

1-加载框架；11-行走导轨；22-下位 Z 向加载杆；23-上位 Z 向加载杆；24-X 向加载杆；25-Y 向加载杆；3-X 轴向推车式加载装置；31-X 向承载台；32-X 向静压加载缸；33-平移座；34-X 向扰动加载缸；4-Y 轴向分离式加载装置；41-Y 向承载台；42-Y 向静压加载缸；43-液压缸；44-Y 向扰动加载缸；5-Z 轴向加载装置；51-Z 向静压加载缸；52-Z 向承载台；53-Z 向扰动加载缸；6-静压电液伺服系统；61-静压油泵；62-静压油箱；63-静压电液伺服阀；7-扰动电液伺服系统；71-扰动油泵；72-扰动电液伺服阀；73-扰动邮箱；8-测控系统；81-计算机；82-控制盒；9-液压推拉杆；100-立方体岩石试样；201-静压位移传感器；202-静压载荷传感器；203-声发射传感器；204-变形传感器；205-扰动位移传感器；206-扰动载荷传感器

在平移座(33)上。Y 轴向分离式加载装置(4)包括安装在加载框架(1)上的 Y 向承载台(41)和 Y 向静压加载缸(42)，Y 向承载台(41)和 Y 向静压加载缸(42)在 Y 轴方向上左右间隔布置。Z 轴向加载装置(5)包括安装在加载框架(1)上的 Z 向静压加载缸(51)和 Z 向承载台(52)，Z 向静压加载缸(51)和 Z 向承载台(52)在 Z 轴方向上上下间隔布置。X 向静压加载缸(32)、Y 向静压加载缸(42)和 Z 向静压加载缸(51)均安装有静压位移传感器(201)和静压载荷传感器(202)，下位 Z 向加载杆(22)、上位 Z 向加载杆(23)、两根 X 向加载杆(24)和两根 Y 向加载杆(25)上均安装有声发射传感器(203)和变形传感器(204)。

通过 X 轴向推车式加载装置(3)、Y 轴向分离式加载装置(4)和 Z 轴向加载装置(5)可实现在三个相互垂直的方向对立方体岩石试样(100)进行加载，通过静压位移传感器(201)和静压载荷传感器(202)可实时监测各静压加载缸的位移和载荷，通过声发射传感器(203)可以实时检测岩样在受力过程中的声发射特征，进而可实时监测岩样破裂过程，并根据监测到的声发射数据定量岩样的破裂程度，通过变形传感器(204)可实时监测岩样的变形；同时，平移座(33)以可沿 X 轴方向平移的方式安装于加载框架(1)上，通过平移改变平移座(33)的位置，即改变 X 向承载台(31)和 X 向静压加载缸(32)的位置，一方面，通过平移移开平移座(33)能够在安装岩样时提供安装作业空间，在岩样安装完成后又可调整平移座(33)的位置为岩样的 X 向加载提供作业空间；另一方面，在 X 轴向推车式加载装置(3)进行 X 轴方向的加载过程中，平移座(33)在岩样的反作用力下可自由移动实现自动调整位置，能快速实现对岩样 X 轴方向上的两个端面同步加载。Y 向承载台(41)沿 Y 轴方向设于加载框架(1)上，加载框架(1)上设有用于驱动 Y 向承载台(41)滑动的液压缸(43)。液压缸(43)可驱使 Y 向承载台(41)在 Y 轴方向上调整位置，可同时控制液压缸(43)和 Y 向静压加载缸(42)，实现对岩样 Y 轴方向上的两个端面同步加载。液压缸(43)通过液压管路与 Y 向静压加载缸(42)相连，液压缸(43)和 Y 向静压加载缸(42)由同一液压油源驱动实现同步相向或者相背运动，保证对岩样在 Y 轴方向上的两端面同步加载，且便于控制。

X 向承载台(31)内安装有用于与 X 向加载杆(24)接触施加扰动载荷的 X 向扰动加载缸(34)，Y 向承载台(41)内安装有用于与 Y 向加载杆(25)接触施加扰动载荷的 Y 向扰动加载缸(44)，Z 向承载台(52)内安装有用于与下位 Z 向加载杆(22)接触施加扰动载荷的 Z 向扰动加载缸(53)；X 向扰动加载缸(34)、Y 向扰动加载缸(44)和 Z 向扰动加载缸(53)均安装有扰动位移传感器(205)和扰动载荷传感器(206)以实现对各扰动加载缸位移和载荷参数的监控，从而对岩样施加三个相互垂直方向上的异源、变截面、多样扰动。

试验系统还包括测控系统(8)，用于实时采集试验系统数据并调控试验系统。测控系统(8)包括装有控制软件的计算机(81)，计算机(81)通过数据采集及控制盒

(82) 与各传感器和电液伺服阀相连，以采集各传感器检测的数据信息和控制各电液伺服阀动作。计算机 (81) 可通过配置，将试验设计的输入指令和传感器返回的反馈指令通过比较计算转换成控制指令并输出给各电液伺服系统，电液伺服系统上的各电液伺服阀根据控制指令调整阀门的开启量，控制液压油的流速与流量，使各加载缸内液压伸缩杆进行给定伸缩，从而将设计的载荷、位移等试验参数按设计的加 (卸) 荷控制参数施加到岩样上。

3.1.2　试验条件

1. 应力条件

地下岩体在未受到采动影响时处于三维原岩应力状态。然而如图 3-2 所示在岩体开挖过程中，针对不同的开挖工程结构，围岩应力进行重分布后转变为双轴应力或者单轴应力，甚至极低应力状态。对于独头掘进的巷道掌子面上的岩体，其受到水平和竖向双轴受限应力；对应于采场内因采准巷道和工作面巷道开挖形成的半岛型或者全岛型矿柱，其仅受到竖向单轴受限应力；此外，当开挖工程围岩应力重分布后引起的集中应力超过岩石强度时，围岩则会发生破裂而释放应力，对于应力释放后失去承载能力的围岩塑性区内的岩石，其仅受到岩体破坏后的残余应力，受限应力较低甚至无受限应力。此外，为了进一步减小岩体的完整性以及解除岩体内的受限应力，在开采前会在岩体上开设与单轴受限应力方向垂直的预切槽或者预钻孔。预切槽或者预钻孔相当于人为制造岩体内的缺陷，从而降低岩体的完整性，也可部分甚至完全地解除影响区域内岩体的受限应力。

因此，在截齿破岩试验过程中模拟了机械化采矿实际过程中在开挖卸荷形成临空面后遇到的双轴围压[图 3-3 (a) 和 (d)]、单轴围压[图 3-3 (b) 和 (e)]和无围压[图 3-3 (c) 和 (f)]三种应力环境。如图 3-3 (a)～(c) 所示，静态破岩时，截齿上的截割力 F 由 Z 向静压加载缸施加到岩样的上端面，岩样两对侧面受到 X 和 Y 向静压加载缸施加的双轴围压、Y 向静压加载缸施加的单轴围压或者无围压三种应力状态。如图 3-3 (d)～(f) 所示，动静组合破岩时，先通过 Y 向静压加载缸在截齿上施加一定的预静载，然后通过 Y 向扰动加载缸施加具有一定频率和幅值的正弦波到截齿上，截齿作用在岩样的左侧面，而岩样的上下端面和前后侧面受到 Z 和 X 向静压加载缸施加的双轴围压、Z 向静压加载缸施加的单轴围压或者无围压三种应力状态。

2. 岩样特性

截齿破岩选取花岗岩、大理岩、红砂岩三种岩石作为岩样进行试验。花岗岩、大理岩和红砂岩分别属于岩浆岩、变质岩和沉积岩。在截齿破岩前，通过 ϕ50mm×100mm 标准圆柱形岩样的单轴及常规三轴压缩试验和 ϕ50mm×25mm 标准巴西圆盘岩样的劈裂试验获得各类型岩石的基本力学参数。通过上述常规力学试验获得

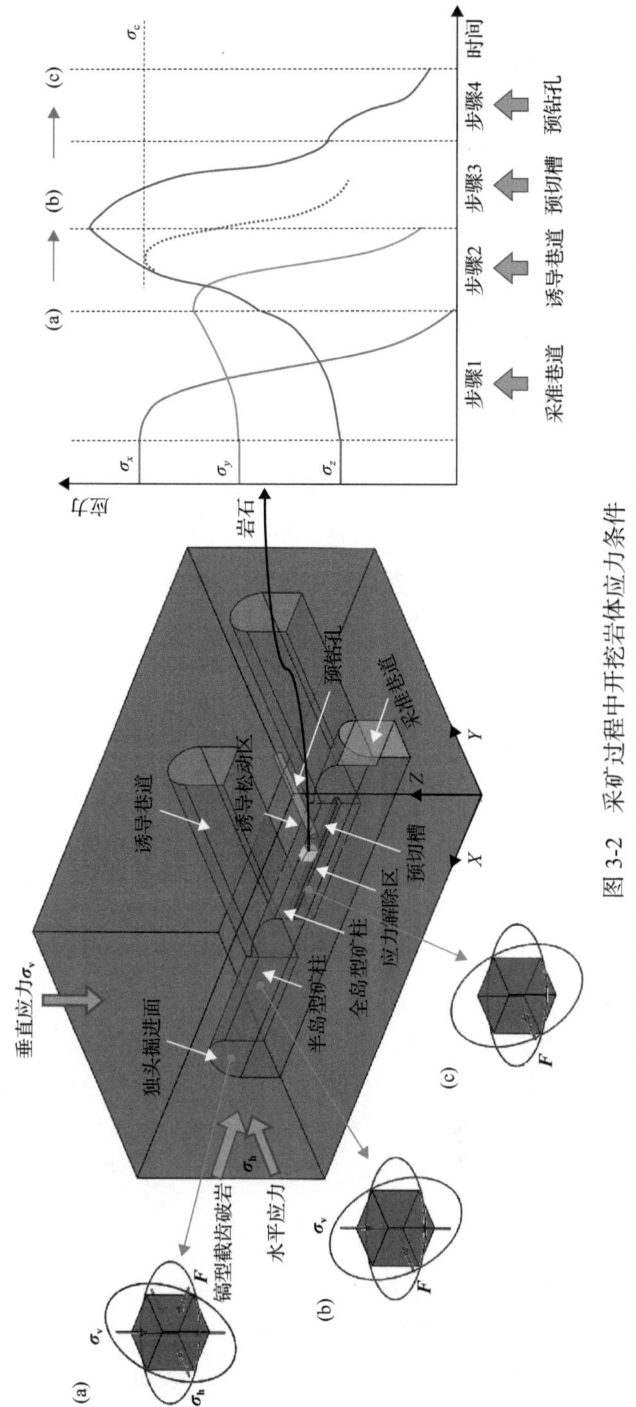

图 3-2　采矿过程中开挖岩体应力条件

(a) 独头掘进面内岩体；(b) 半岛或全岛型矿柱内岩体；(c) 诱导松动区或者应力解除区内岩体

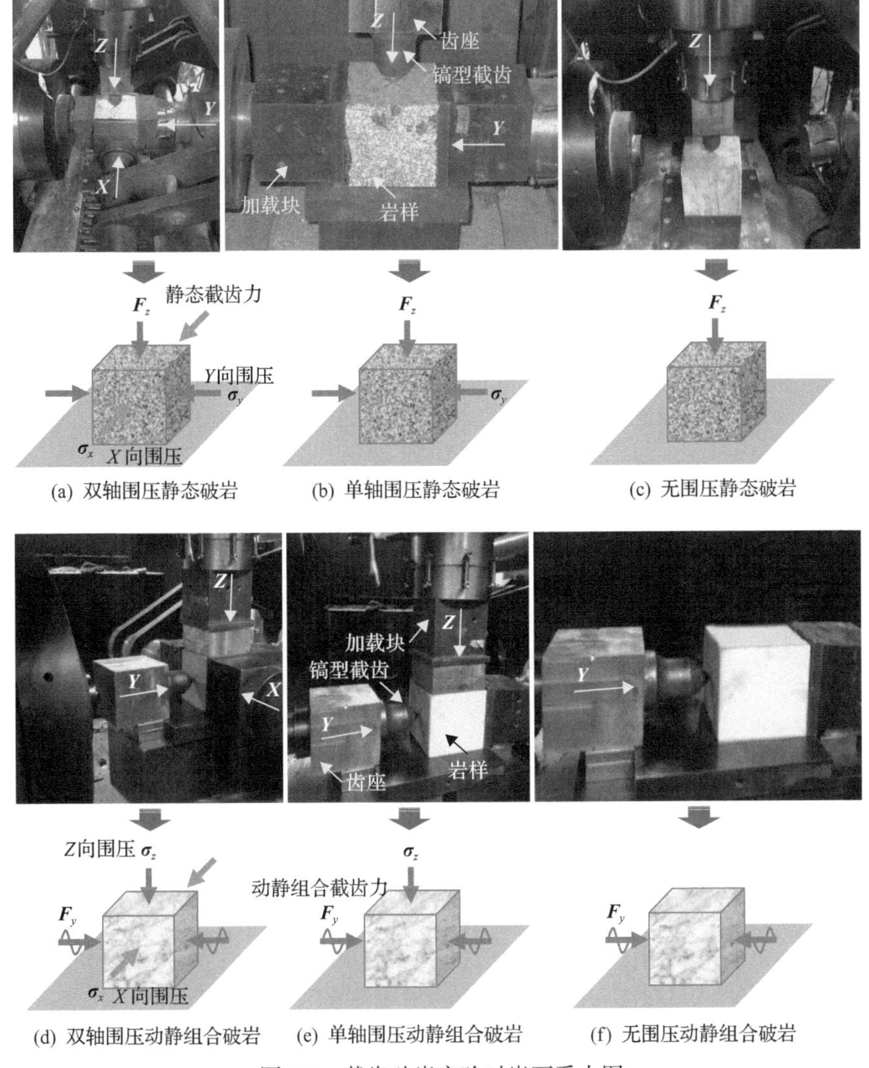

(a) 双轴围压静态破岩　(b) 单轴围压静态破岩　(c) 无围压静态破岩

(d) 双轴围压动静组合破岩　(e) 单轴围压动静组合破岩　(f) 无围压动静组合破岩

图 3-3　截齿破岩实验时岩石受力图

的岩石强度参数，以及根据莫尔-库仑(Mohr-Coulomb)准则[式(3-1)]和霍克-布朗(Hoek-Brown)准则[式(3-2)]拟合出的破裂准则如图 3-4 所示，获得的基本力学参数见表 3-1。

$$\sigma_1=\frac{1+\sin\varphi}{1-\sin\varphi}\sigma_3+\frac{2c\cos\varphi}{1-\sin\varphi} \tag{3-1}$$

$$\sigma_1=\sigma_3+\sigma_c\left(m\frac{\sigma_3}{\sigma_c}+s\right)^a \tag{3-2}$$

式中：σ_1 和 σ_3 分别为岩石的抗压强度（MPa）和岩样受到的围压（MPa）；σ_c 为岩石的单轴抗压强度（MPa）；φ 为内摩擦角（°）；c 为黏聚力（MPa）；m、s 和 a 分别为霍克-布朗破裂准则模型中的回归系数，其中 m 和 s 为岩石的特定系数，m 越大说明岩石强度越高，s 代表岩石的完整性，在 0～1 之间变化，对于完整岩石其值为 1。

表 3-1　试验所用岩石材料的基本物理力学参数

岩石	密度/(g/cm^3)	杨氏模量/GPa	泊松比	抗拉强度/MPa	黏聚力/MPa	内摩擦角/(°)	单轴抗压强度/MPa	30MPa围压下三轴压缩强度/MPa	60MPa围压下三轴压缩强度/MPa	霍克-布朗破裂准则的回归系数		
										m	s	a
花岗岩Ⅰ	2.765	66.72	0.21	12.16	25.27	62.94	210.24	458.24	699.84	15.6	0.917	0.6547
					36.80	51.41						
花岗岩Ⅱ	2.604	69.56	0.21	7.56	15.45	62.50	126.24	337.43	544.85	13.84	0.8492	0.6629
					23.90	48.52						
大理岩	2.808	72.81	0.22	6.18	14.13	65.33	129.22	271.78	386.95	12.82	0.6171	0.5022
					31.17	38.48						
红砂岩	2.409	23.82	0.25	5.31	11.39	63.77	97.79	252.31	374.40	11.78	0.6552	0.5714
					22.77	40.03						

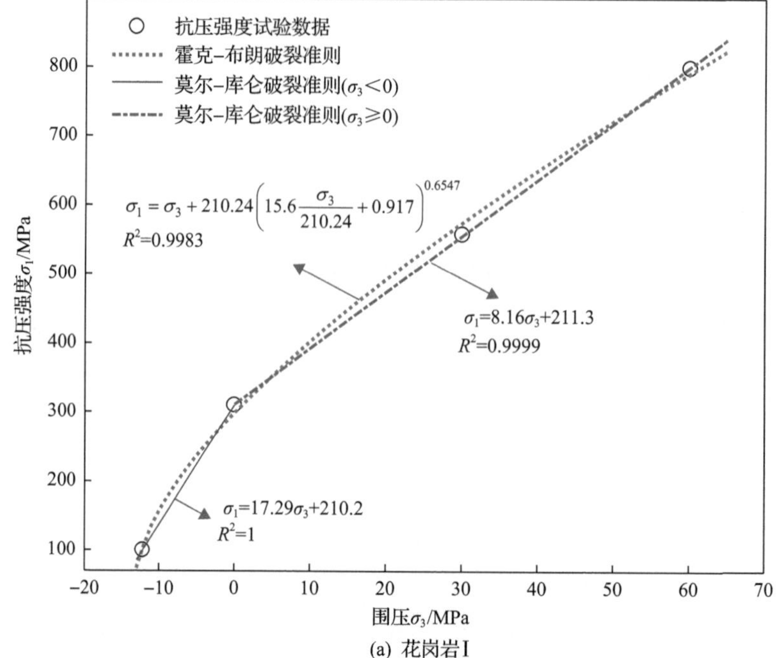

(a) 花岗岩Ⅰ

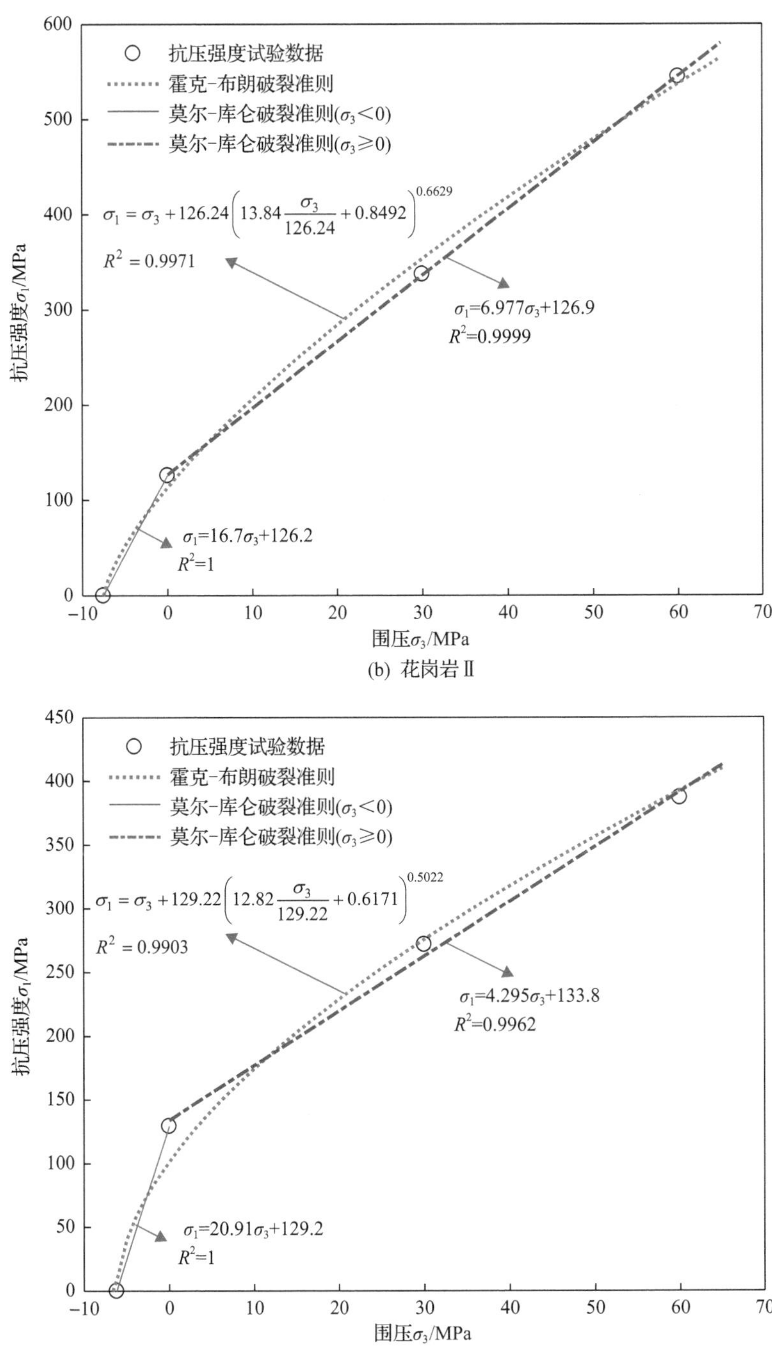
600
500
400
300
200
100
0
抗压强度σ_1/MPa
抗压强度试验数据
霍克-布朗破裂准则
莫尔-库仑破裂准则(σ_3<0)
莫尔-库仑破裂准则(σ_3≥0)
$\sigma_1=\sigma_3+126.24\left(13.84\frac{\sigma_3}{126.24}+0.8492\right)^{0.6629}$
$R^2=0.9971$
$\sigma_1=6.977\sigma_3+126.9$
$R^2=0.9999$
$\sigma_1=16.7\sigma_3+126.2$
$R^2=1$
−10
0
10
20
30
40
50
60
70
围压σ_3/MPa

(b) 花岗岩Ⅱ

450
400
350
300
250
200
150
100
50
0
抗压强度σ_1/MPa
抗压强度试验数据
霍克-布朗破裂准则
莫尔-库仑破裂准则(σ_3<0)
莫尔-库仑破裂准则(σ_3≥0)
$\sigma_1=\sigma_3+129.22\left(12.82\frac{\sigma_3}{129.22}+0.6171\right)^{0.5022}$
$R^2=0.9903$
$\sigma_1=4.295\sigma_3+133.8$
$R^2=0.9962$
$\sigma_1=20.91\sigma_3+129.2$
$R^2=1$
−10
0
10
20
30
40
50
60
70
围压σ_3/MPa

(c) 大理岩

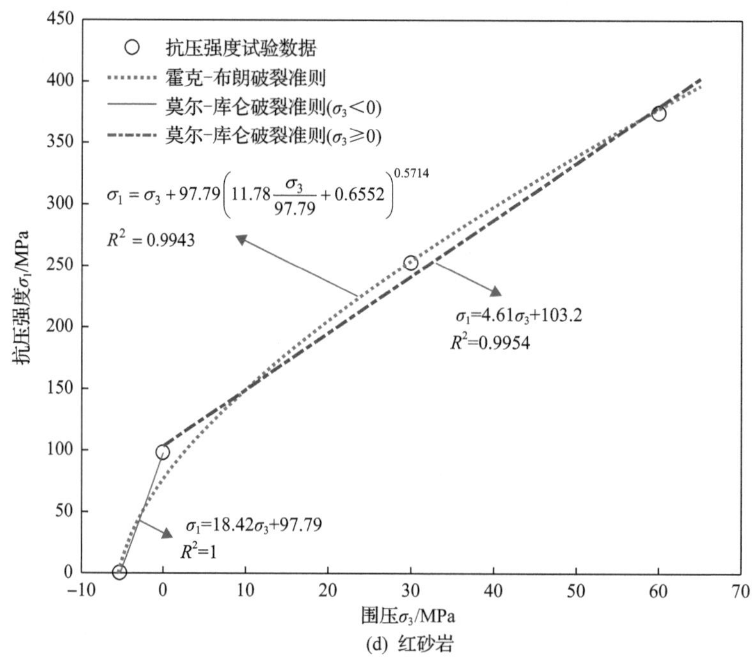

(d) 红砂岩

图 3-4　根据试验数据拟合得到的岩石破裂准则

根据国际岩石力学学会建议的岩石强度等级划分标准，试验所用的岩石材料均属于 R5 级特强岩石。进一步，岩石材料的脆性指数和能量指标被分析用于评价其岩爆倾向性。岩石材料的脆性指数由岩石单轴抗压强度与抗拉强度之比(B_1)，以及单轴抗压强度与抗拉强度之差和单轴抗压强度和抗拉强度之和的比值(B_2)来表示。岩石材料的能量指标根据试验获得的单轴压缩应力-应变曲线计算得到，计算所考虑的能量参数如图 3-5 所示。计算得到的各类岩石材料岩爆倾向性

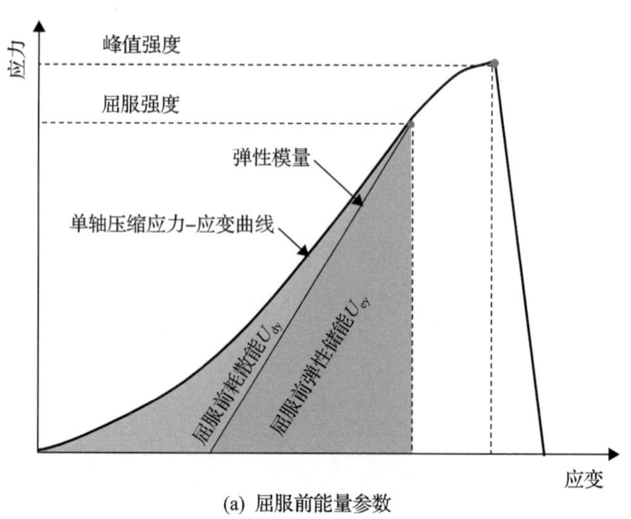

(a) 屈服前能量参数

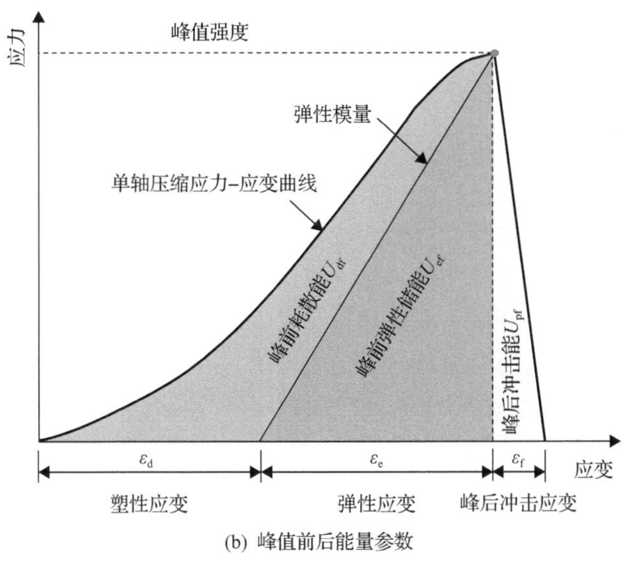

(b) 峰值前后能量参数

图 3-5　能量指标计算图解

指标见表 3-2。从表 3-2 中可以看出，试验所用的岩石材料的岩爆倾向性都比较高，显现出明显的弹脆性特征。

表 3-2　试验所用岩石材料的岩爆倾向性指标

岩石材料	脆性指数		能量指标			
	$B_1=\frac{\sigma_c}{\sigma_t}$	$B_2=\frac{\sigma_c-\sigma_t}{\sigma_c+\sigma_t}$	$\frac{U_{ey}}{U_{dy}}$	$\frac{U_{ef}}{U_{df}}$	$\frac{U_{df}+U_{ef}}{U_{pf}}$	$\frac{\sigma_c}{\sigma_t}\cdot\frac{\varepsilon_e}{\varepsilon_f}$
花岗岩Ⅰ	17.29	0.89	19.21	10.27	76.14	981.22
花岗岩Ⅱ	16.70	0.89	29.93	6.62	66.80	963.47
大理岩	20.91	0.91	11.56	8.65	33.12	598.87
红砂岩	18.42	0.90	95.41	14.12	55.07	944.28

截齿破岩试验和基本力学特性参数测定试验所用的岩样均取自同一块母体的完整岩体。岩样的加载端面打磨光滑平整。截齿破岩时，岩石种类、强度、节理裂隙发育情况等都对破岩效率有重要影响。对于硬岩，如果单纯地用截齿直接作用到较为完整的工程岩体表面，截齿磨损严重且会产生较多的粉尘，很难实现采矿过程的经济、高效、安全、环保。此种情况下，在岩体中人为地制造一些缺陷，破坏岩体的完整性，降低强度，从而可有效提高其可切割性。例如，通过诱导工程形成开挖卸荷临空面将高应力岩体内的储能诱变用于促使岩体破裂形成裂纹，甚至进一步在岩体临空面上开设切割槽或者施工钻孔等。具体来讲，采矿工程中

岩体上的人为诱导缺陷一般有三种，即人为诱导裂隙、临空面切槽和临空面钻孔。人为诱导裂隙在试验中通过模拟工程岩体内岩石的实际应力路径，先给岩样施加三向高应力，然后卸载一个方向上的应力同时增加另两个方向上的应力，再卸载第二个方向上的应力同时增加第三个方向上的应力直至岩样出现塑性段后卸除所有应力，从而使岩样出现诱导裂隙，然后再用截齿进行破岩。由于临空面切槽可将临空面岩体中的应力解除并增加岩体自由面，改变了岩体的应力环境，针对独头掘进工作面和矿房采矿工作面，临空面切槽将岩体的双轴受力环境改变为单轴受力环境，而针对矿柱采矿工作面和长壁式采矿工作面，临空面切槽将壁面岩体的单轴受力环境改变为低受力甚至无受力环境。因此，试验中通过构建单轴围压和无围压两种应力环境来物理模拟临空面预切槽的影响。实际机械化采矿过程中，当通过前两种诱导方式还未能有效提高岩体的可切割性时，则会考虑在临空面上钻凿孔洞增加岩体局部自由面。为了模拟该过程，试验设计对中心含ϕ5mm、10mm、20mm、30mm、50mm圆柱形孔洞的100mm×100mm×100mm立方块岩样进行截齿破岩试验。

鉴于此，本章考虑了岩石种类、岩石结构尺寸、岩石人为诱导缺陷等岩石性质方面的因素对截割破岩的影响。截齿破岩试验中，用到完整立方块岩样、含不同直径孔洞的立方块岩样和加卸荷损伤立方块岩样三种岩样，以立方块花岗岩岩样为例，其制备过程如图3-6所示。

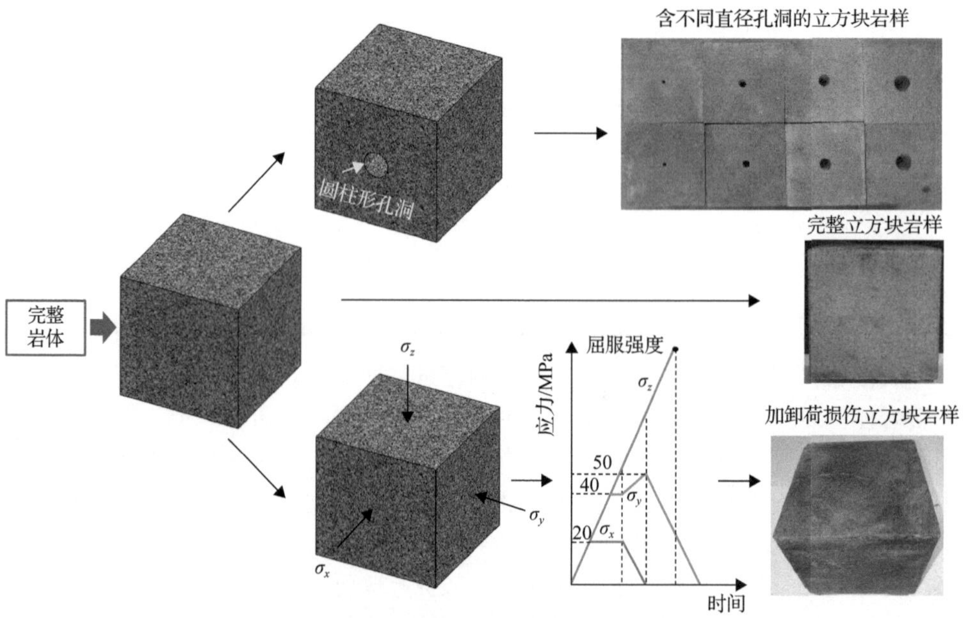

图3-6　岩样制备过程示例图

3. 截齿作用参数

掘进机或者采矿机械上的截齿与待截割岩体直接接触，通过机械力破岩落矿。对于特定的岩石，存在一个合理的经济截割功率，截割机械的截割载荷和截割速度需要满足这样的功率要求才能实现经济截割。同时，机械化采矿在满足基本的经济截割要求下往往还要追求更大的采矿效率。对于截齿本身来讲，决定其破岩效率的是单位时间内作用到岩体上的机械能，影响该过程的因素主要有截齿的加载速率、加载方式、布局间隔等。

1) 加载速率

试验设计考察了 0.3mm/min、3mm/min、15mm/min、30mm/min、60mm/min 共五种截齿加载速率。

2) 加载方式

试验过程中分别采用静态加载和动静组合加载(预静载加扰动载荷)两种方式将机械载荷施加到截齿上进行破岩，以分别模拟采掘机械旋转截割和振动截割两种破岩方式。试验过程中，截齿破岩时的具体加载方式如图 3-7 所示，试验所用的镐型截齿形状及尺寸如图 3-7(d)所示。

3) 布局间隔

采掘机械的截割机构往往分布有多个呈一定螺旋线间隔布置的截齿，这些截齿随着截割机构的旋转依次作用于岩体，实现连续截割。如图 3-7(b)所示，本试验设计了一个简易的齿座，能够安装两个截齿并灵活调整截齿的间隔距离。试验设计了 80mm、100mm、120mm、160mm 共四种截齿安装间距。

(a) 单截齿静态加载

(b) 双截齿静态加载

(c) 扰动加载

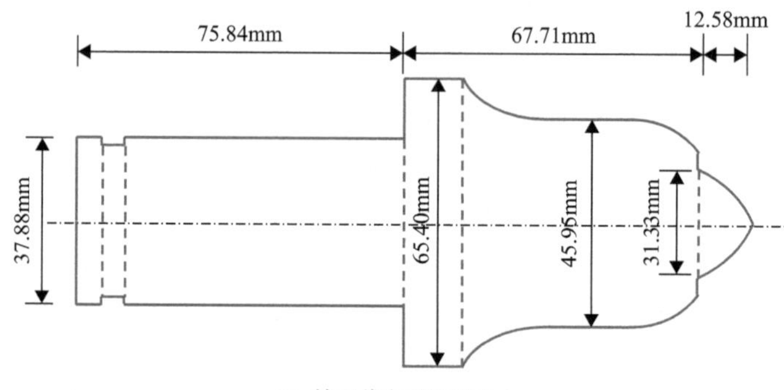

(d) 镐型截齿形状及尺寸

图 3-7 截齿破岩加载方式

3.1.3 试验方法

1. 加载路径

截齿破岩试验模拟了机械化采矿过程中在开挖卸荷形成临空面后遇到的双轴围压、单轴围压和无围压三种应力环境真三轴试验系统上截齿破岩加载结构，如图 3-8 所示。

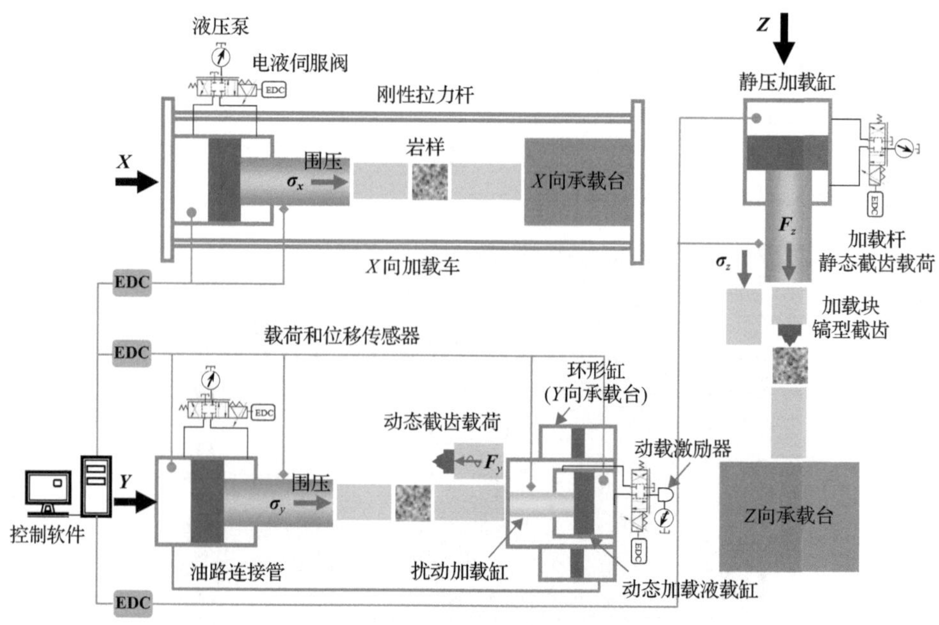

图 3-8 真三轴试验系统上截齿破岩加载结构示意图

EDC-electronic data controller，电子数据控制器

截齿破岩试验时，设计的围压和截齿破岩加载路径如图 3-9 所示。如图 3-9(a)～

(c)所示，静态破岩时，先通过真三轴试验系统 X 和 Y 向静压加载缸、Y 向静压加载缸或者不施加载荷的方式将设计围压施加到立方块岩样的侧向端面，然后再通过真三轴试验系统 Z 向静压加载缸将载荷施加到截齿上，用于从岩样的上端面中心开始截割岩样，直至岩样破坏。如图 3-9(d)～(f)所示，动静组合破岩时，先通过真三轴试验系统 X 和 Z 向静压加载缸、Z 向静压加载缸或者不施加载荷的方式将设计围压施加到立方块岩样的相应端面，然后再通过真三轴试验系统 Y 向静压加载缸将预静载施加到截齿上，随后再通过 Y 向扰动加载缸将具有一定频率和幅值的正弦波扰动载荷施加到截齿上，从而以动静组合截齿载荷从岩样的侧向端面中心开始截割岩样，直至岩样破坏。

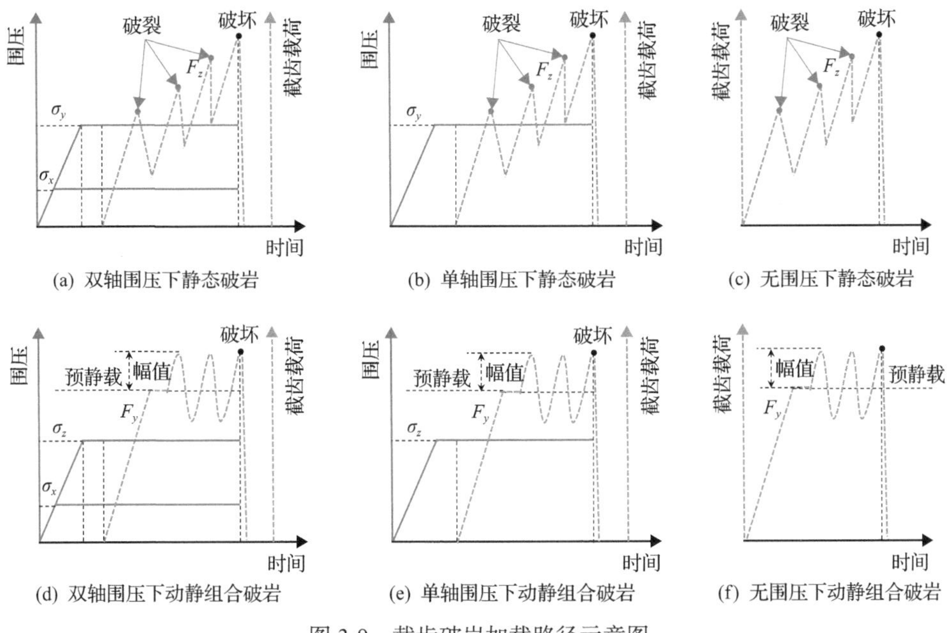

(a) 双轴围压下静态破岩　(b) 单轴围压下静态破岩　(c) 无围压下静态破岩

(d) 双轴围压下动静组合破岩　(e) 单轴围压下动静组合破岩　(f) 无围压下动静组合破岩

图 3-9　截齿破岩加载路径示意图

2. 记录破岩指标数据

在截齿截割坚硬岩体的实际过程中，截割岩体所需要施加在截齿上的截割力以及截落岩块时截齿凿入深度是反映岩体可切割性的主要参数指标，决定着截齿截割效率。将岩块从母岩体上截落所需要的截割力决定着破岩机械所需提供的截割功率，从而决定着现有破岩机械，如掘进机、滚筒采矿机、连续采矿机、刨矿机等能否适用于硬岩矿体开采。截落岩块时截齿的凿入深度影响着截齿的磨蚀寿命，凿入深度越大，则需要的截割力就越大，截齿与岩体接触摩擦相互作用的时间就越长，截齿就越容易被磨损，同时截割过程也会产生大量的岩尘。截割过程理想的状态则是破岩机械施加较小的截齿力，截齿凿入较浅的深度，就能将岩块从母岩体上快速截落。因此，静态破岩试验中，通过试验系统记录的截齿载荷与截齿凿入深度的关系曲线(图 3-10)提取岩样初始破裂和最终破坏时作用在截齿上的峰值载荷 F_{co} 和 F_c，以及岩样初始破裂和最终破坏时截齿凿入深度 D_{co} 和 D_c，从而根据上述指标随试验设计参数的变化情况来研究试验设计参数对镐型截齿硬岩截割特性的影响，从而评价试验设计条件下岩样的可切割性。

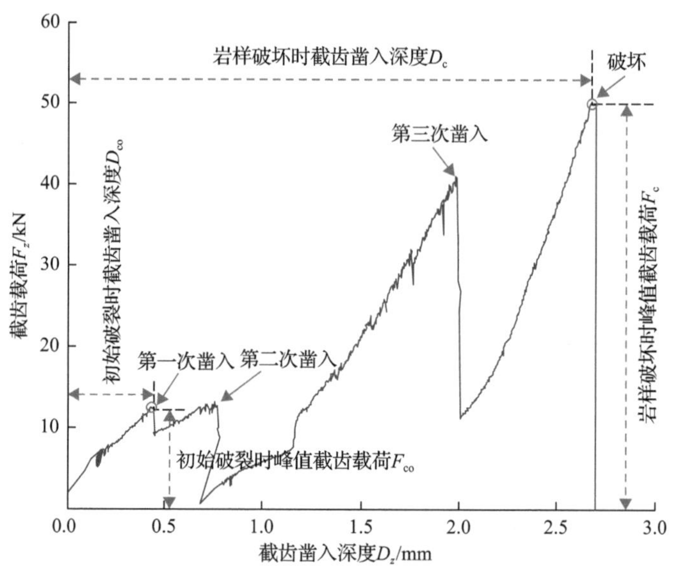

图 3-10　静态破岩时截齿载荷与截齿凿入深度的关系曲线

试验后，收集截齿破落的岩石碎块，测量岩石碎块的体积 V_c。根据式(3-3)和式(3-4)分别计算截齿破岩的截割功 W_c 和破岩比能 E_c：

$$W_c = \int_0^{D_c} F\mathrm{d}(D) \approx \frac{F_c D_c}{2} \tag{3-3}$$

$$E_c = \frac{W_c}{V_c} \tag{3-4}$$

式中：F_c 为岩样破坏时峰值截齿载荷；D_c 为岩样破坏时截齿凿入深度；V_c 为岩石碎块的体积。

动静组合破岩时，在一定的预静载条件下，通过具有一定频率和幅值的正弦波扰动载荷扰动截齿，根据实时记录的截齿载荷随时间的波动曲线(图 3-11)提取岩样破坏时扰动载荷的扰动持时，该指标可作为截齿破岩难易程度即岩样可切割性的一个度量指标。

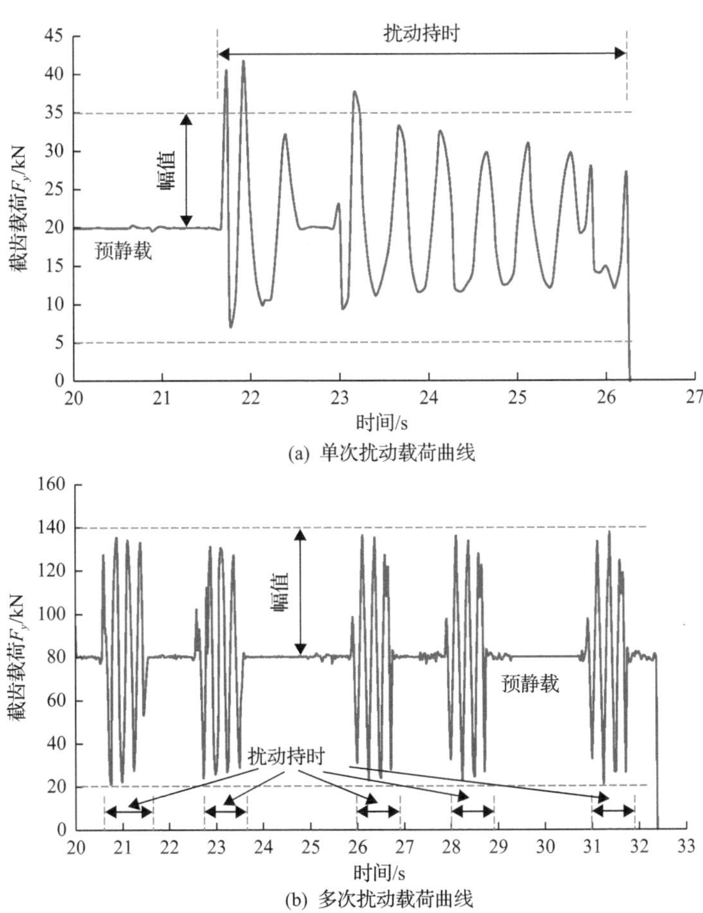

(a) 单次扰动载荷曲线

(b) 多次扰动载荷曲线

图 3-11　动静组合破岩时截齿载荷随时间的变化曲线

3.2　截齿作用参数和岩体缺陷对截齿破岩的影响

3.2.1　截齿加载参数对截齿破岩的影响

1. 截齿加载速率的影响

针对无施加围压的 100mm×100mm×100mm 立方块花岗岩Ⅱ岩样，试验中通过 Z 向静压加载缸分别以 0.3mm/min、3mm/min、15mm/min、30mm/min 和 60mm/min 的截齿加载速率向截齿施加载荷。各截齿加载速率下，岩样破坏时截齿载荷 F_c 和截齿凿入深度 D_c 如图 3-12 所示。从图 3-12 中可以看出，随着截齿加载速率增大，岩样破坏时的峰值截齿载荷和截齿凿入深度都呈现先增大后减小的变化规律，且两者变化过程相互一致。随着截齿加载速率的增加（0.3～30mm/min），出现一定的动态强化效应，这是由于截齿加载速率较小时，截齿加载过程较为稳定，截齿作用端在岩石上的凿坑比较规整且深度较浅，因此截齿载荷能够被均匀作用到凿坑内，需要较小的载荷就可将岩样劈裂；然而随着截齿加载速率增大，截齿凿入岩样过程中，将凿坑附近的岩块快速挤压弹出，形成较大较深的凿坑，截齿端与岩样接触面积较大，点载荷被转化为弧面载荷，因此需要较大的载荷才能使岩样劈裂。随着截齿加载速率继续增大（30～60mm/min），岩样破坏前的几次伴随截齿凿入的岩石破裂现象没有出现，截齿直接将岩样劈裂，截齿作用区域的岩块来不及挤压弹射，形成的凿坑比较小，破岩时峰值载荷反而下降。因此，在后续的试验中，如果采用位移控制的方式施加截齿载荷时，截齿加载速率都设置为 0.3mm/min，或者如果采用载荷控制的方式施加截齿载荷时，为获得平稳的试验过程以及不受加载方式、加载速率影响的稳定的试验结果，截齿加载速率应不超过 1kN/s。然而，在实际采矿过程中尽量提高采矿效率是需要考虑的重要事项，因此为了获得较高的采矿效率，实际硬岩采矿中截齿加载速率宜设置为大于 60mm/min。

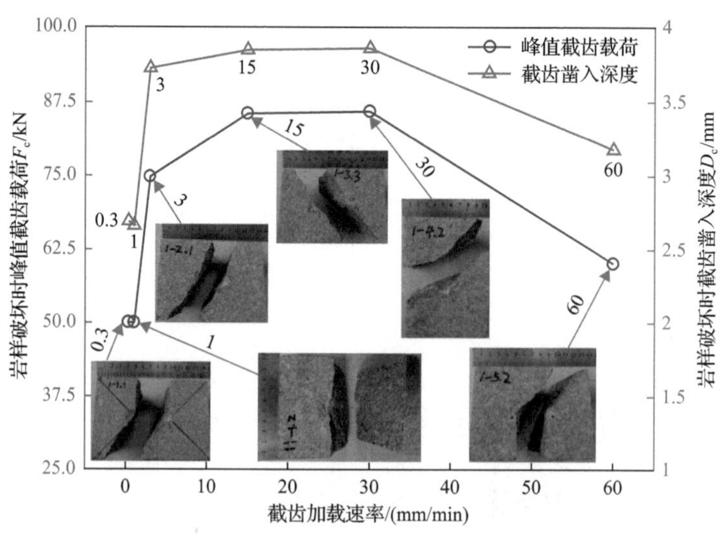

图 3-12　岩样破坏时峰值截齿载荷和截齿凿入深度随截齿加载速率的变化曲线

2. 截齿加载方式的影响

截齿破岩试验中考察了截齿的静态加载和动静组合加载两种加载方式。静态加载是通过 Z 向静压加载缸以 0.3mm/min 的加载速率对截齿施加载荷用于破岩，不同围压条件下 100mm×100mm×100mm 立方块岩样的破岩试验结果见表 3-3。

在与静态破岩相同的围压条件下，动静组合加载首先通过 Y 向静压加载缸以 0.3mm/min 的加载速率对截齿施加不同的预静载，然后通过 Y 向扰动加载缸施加频率 5Hz 具有不同幅值的正弦波扰动载荷对 100mm×100mm×100mm 立方块岩样进行破岩，记录岩样破坏时扰动载荷的扰动持时和岩样的破坏形式，试验结果见表 3-4。对比表 3-3 和表 3-4 可知，在相同的围压条件下，镐型截齿静态破岩和动静组合破岩时岩样具有相同的破坏模式：双轴围压下只发生表面剥落；高单轴围压下发生伴随板裂岩块快速弹射的岩爆现象，并最终发生剪切破坏；无围压条件下岩样被镐型截齿从中心完全劈裂。

表 3-3　100mm×100mm×100mm 立方块岩样镐型截齿静态破岩试验结果

岩石材料	围压/MPa		截齿载荷/kN				岩样破坏时截齿凿入深度 D_c/mm	破坏模式
	σ_x	σ_y	初始破裂 F_{co}	第二次破裂	第三次破裂	岩样破坏 F_c		
花岗岩Ⅱ	20	40	112.64	266.41	—	500.48	22.77	表面剥落
	0	100	59.53	—	—	140.14	5.39	剪切+板裂（岩爆）
	0	0	12.43	13.07	40.39	49.99	2.66	完全劈裂
大理岩	20	40	87.26	213.55	—	420.07	24.39	表面剥落
	0	100	40.92	96.52	91.04	138.34	8.04	剪切+板裂（岩爆）
	0	0	13.51	21.67	33.78	34.84	5.15	完全劈裂

表 3-4　100mm×100mm×100mm 立方块岩样镐型截齿动静组合破岩试验结果

岩石材料	围压/MPa		岩样破坏时截齿载荷特征				破坏模式
	σ_x	σ_z	预静载/kN	扰动载荷（正弦波扰动载荷）			
				幅值/kN	频率/Hz	扰动持时/s	
花岗岩Ⅱ	20	40	120（～24%*）	70	5	＞200	—
			240（～48%）	90	5	＞200	—
			360（～72%）	110	5	93.13	表面剥落
	0	100	80（～57%）	60	5	7.44	剪切+板裂（岩爆）
			60（～43%）	80	5	20.45	剪切+板裂（岩爆）
	0	0	30（～60%）	30	5	2.16	完全劈裂
			30（～60%）	20	5	7.39	完全劈裂
			20（～40%）	30	5	16.14	完全劈裂
			10（～20%）	40	5	51.50	完全劈裂

续表

岩石材料	围压/MPa		岩样破坏时截齿载荷特征				破坏模式
	σ_x	σ_z	预静载/kN	扰动载荷(正弦波扰动载荷)			
				幅值/kN	频率/Hz	扰动持时/s	
大理岩	20	40	100(~24%)	50	5	>200	—
			200(~48%)	70	5	187.33	表面剥落
			300(~71%)	90	5	86.71	表面剥落
	0	100	80(~58%)	60	5	5.13	剪切+板裂(岩爆)
			60(~43%)	80	5	14.70	剪切+板裂(岩爆)
	0	0	20(~57%)	20	5	1.02	完全劈裂
			20(~57%)	15	5	4.57	完全劈裂
			15(~43%)	20	5	10.34	完全劈裂
			10(~29%)	25	5	37.17	完全劈裂

* 圆括号内的百分数代表动静组合破岩时施加的预静载与同样围压条件下静态破岩时岩样破坏时截齿载荷的比值。

在与静态破岩相同的围压条件下，通过不同的动静组合截齿载荷对立方块岩样进行截割试验，试验结果如表 3-4 和图 3-13 所示。在双轴围压条件下，由于岩样受到双向应力限制，只有截齿作用面是临空的，镐型截齿破岩时岩块只能从截

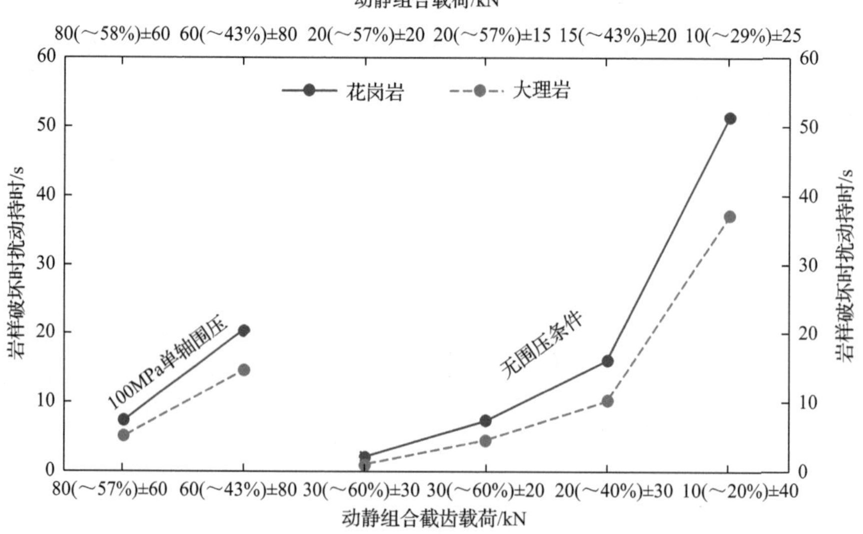

图 3-13　动静组合破岩岩样破坏时动静组合载荷与扰动持时的变化曲线

例如，横坐标上的 80(~57%)±60 表示一组动静组合截齿载荷：预静载为 80kN，是同等条件下静态破岩时岩样破坏时截齿载荷的 57%；正弦波扰动载荷的幅值为 60kN，频率为 5Hz

齿作用面剥落，截齿端部与岩样端面相互作用形成凿坑，且凿坑周围的岩石发生压剪破坏，所以需要的破岩截齿载荷较高；即使采用动静组合的破岩方式，在预静载与扰动载荷幅值之和小于静态破岩所需载荷时，岩样也很难被破坏；然而当预静载与扰动载荷幅值之和接近静态破岩所需载荷时，增加动载扰动持时也可以使岩样破坏。在单轴围压和无围压条件下，在预静载和扰动载荷幅值之和等于静态破岩所需载荷时，动静组合截齿破岩扰动持时随着预静载水平的增加而降低，这说明预静载越大，截齿越容易破岩；此外在预静载不变的条件下，增大扰动载荷幅值也能降低截齿破岩扰动持时，这说明扰动载荷幅值越大，截齿越容易破岩。因此在实际动静组合破岩过程中，通过增大破岩机械原有静载截割能力，或者通过液压激励装置对截割机构施加一定的扰动载荷以及增大其扰动载荷幅值，可提高机械破岩效率。

3.2.2　截齿安装间距对截齿破岩的影响

试验中使用双截齿设计了 80mm、100mm、120mm 和 160mm 四种截齿安装间距对无围压的大尺寸花岗岩Ⅱ岩样进行破岩，试验结果见表 3-5。

对于 200mm×200mm×200mm 的岩样，截齿安装间距 80mm 时，截齿能够将岩样整体劈裂，且两截齿劈开的断面相互贯通，然而当截齿安装间距为 120mm 时，截齿未能将岩样整体劈裂，只是将各截齿作用区域的岩石从岩样边角呈楔形劈落。对于 300mm×150mm×80mm 的岩样，截齿安装间距为 100mm 时，每个截齿都能将岩样整体劈裂，且两截齿形成的劈裂断面能够相互贯通。对于 400mm×100mm×100mm 的岩样，截齿安装间距 120mm 时，两截齿都能将各自作用区域的岩石整体劈裂，然而两截齿形成的劈裂断面未能相互贯通，当截齿安装间距增大到 160mm 时，左边截齿未能将其作用区域的岩石整体破裂。综合上述结果，在实际的硬岩截齿过程中，镐型截齿安装间距建议设置在 100mm 以下，且宜设置在 80～100mm 范围内。

3.2.3　截齿分步截割对截齿破岩的影响

1. 分步截割破岩试验设计

1) 试验目的

目前，国内外开展了大量有关截割参数对岩石截割特性影响的研究，其研究主要针对刀具几何参数、截割速度、截割深度对岩石截割特性的影响。在上述研究中，当岩石碎块从岩样上剥离下来时即视为岩石破坏。而采用悬臂式掘进机旋转截割岩石时，则是通过规律排布的大量镐型截齿依次接触岩石后旋转截割岩石，可以看作为单个镐型截齿分步截割同一块岩石，截齿与岩石间的作用点与岩石表

表 3-5　不同截齿安装间距下双截齿静态破岩试验结果

岩样尺寸(花岗岩Ⅱ) (长×宽×高)/(mm×mm×mm)	截齿安装间距 /mm	岩样破坏时峰值截齿 载荷 F_c/kN	岩样破坏时截齿凿入深度 D_c/mm	岩样破坏图像
200×200×200	80	239.99	4.07	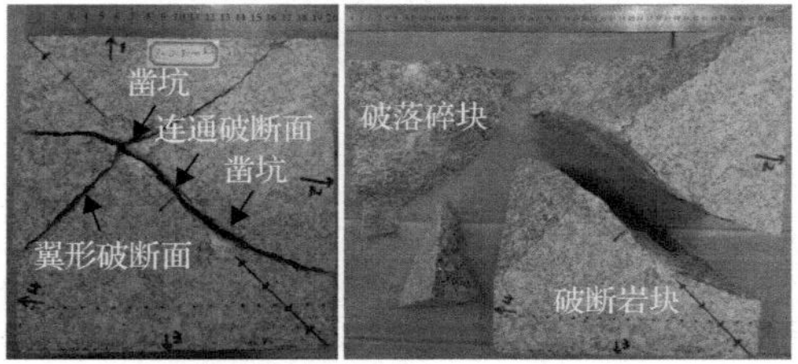
200×200×200	120	170.07	3.70	
300×150×80	100	171.29	3.75	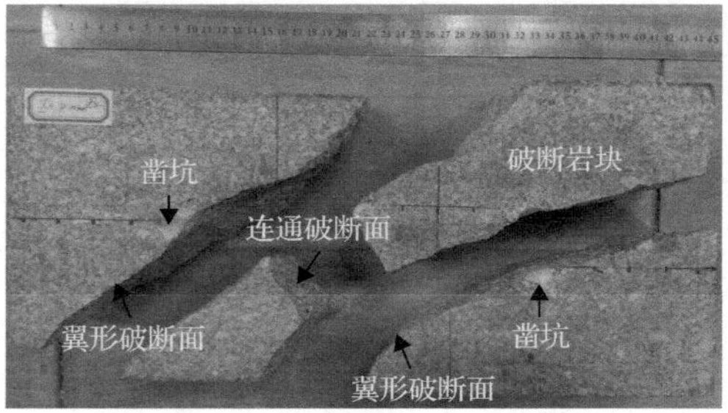

续表

岩样尺寸(花岗岩Ⅱ)(长×宽×高)/(mm×mm×mm)	截齿安装间距/mm	岩样破坏时峰值截齿载荷 F_c/kN	岩样破坏时截齿凿入深度 D_c/mm	岩样破坏图像
400×100×100	120	142.99	3.07	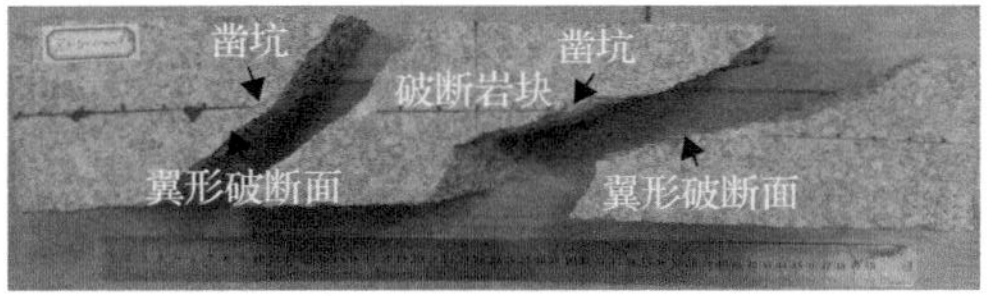
400×100×100	160	109.94	2.84	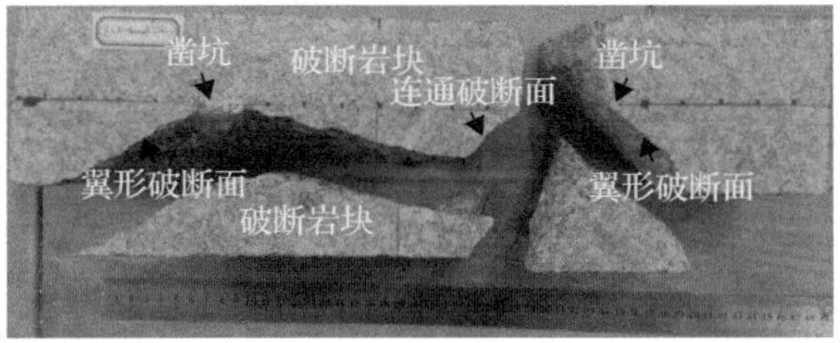

面距离逐渐增大。因此，为了更准确地模拟安装在悬臂式掘进机上的镐型截齿的破岩过程，需要开展分步截割破岩试验，对同一块岩样进行多次截齿凿入，直到岩样发生完全劈裂。在分步截割破岩试验中，根据不同深度及不同截割次数时的破岩参数，探究截割深度及分步截割对岩石截割特性的影响。

2) 岩样准备

在探究截割深度和分步截割对岩石截割特性的影响时，需要选择大尺寸岩样，以便于开展较大截割深度或较多截割次数时的破岩试验，因此该试验选取200mm×200mm×150mm 的花岗岩岩样。破岩试验前，岩样需要打磨光滑。

3) 试验设计

在不同截割深度下的分步截割破岩试验中，设置了截割深度 d 分别为 20mm、30mm、40mm、50mm 和 60mm 的 5 组试验。在各组试验中，截割点均在长和宽均为 200mm 的自由面的中线上。截割点距最近的自由面距离为 d 的截割点为第一次截割点，与该自由面对侧自由面距离为 d 的截割点为第二次截割点，与第一次截齿凿入产生的断裂面距离为 d 的截割点为第三次截割点，与第二次截齿凿入产生的断裂面距离为 d 的截割点为第四次截割点，依次类推，对同一块岩样多次、分步截割，直到岩样发生完全劈裂破坏为止。分步截割破岩试验截割次序如图 3-14 所示。在该试验中，通过截齿载荷-位移曲线，得到不同截割深度和截割顺序下的峰值截齿载荷、截齿凿入深度、截割功和破岩比能，探究截割深度及分步截割对岩石截割特性的影响。试验系统仍采用 TRW-3000，在 Z 轴上安装镐型截齿，试

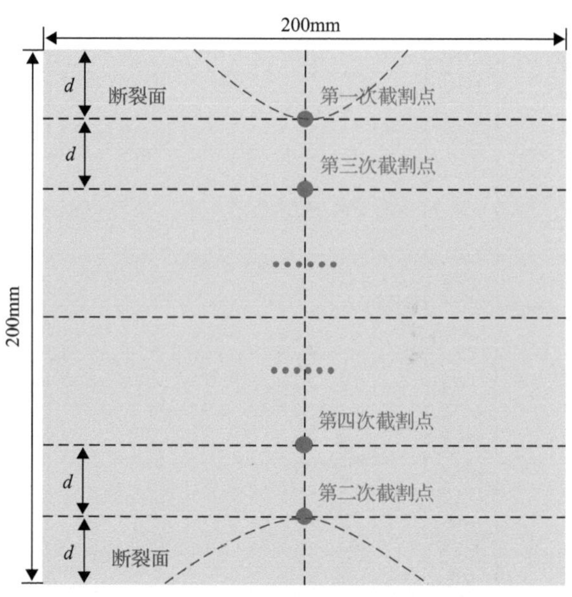

图 3-14　分步截割破岩试验截割次序

验过程中，在 X 轴和 Y 轴方向不施加围压，在 Z 轴方向控制加载速率，以 0.5kN/s 的加载速率使镐型截齿逐渐凿入岩样。同一块岩样需要开展多次截齿破岩试验，因此，需要在每次试验前挪动岩样位置，确保镐型截齿尖部与试验设计的各次截割点对准。

2. 分步截割破岩试验结果

分步截割破岩试验过程如图 3-15 所示。不同截割深度下各次截割时的截齿载荷-位移曲线见表 3-6 中图片。

图 3-15　分步截割破岩试验过程

表 3-6　不同截割深度-次数下的截齿载荷-位移曲线

截割深度-次数	截齿载荷-位移曲线	截割深度-次数	截齿载荷-位移曲线
20-1	截齿载荷/kN（0～25）；位移/mm（0～1.5）；峰值 20.81，对应位移 1.09	20-2	截齿载荷/kN（0～30）；位移/mm（0～2）；峰值 23.91，对应位移 1.72

续表

截割深度-次数	截齿载荷-位移曲线	截割深度-次数	截齿载荷-位移曲线
20-3	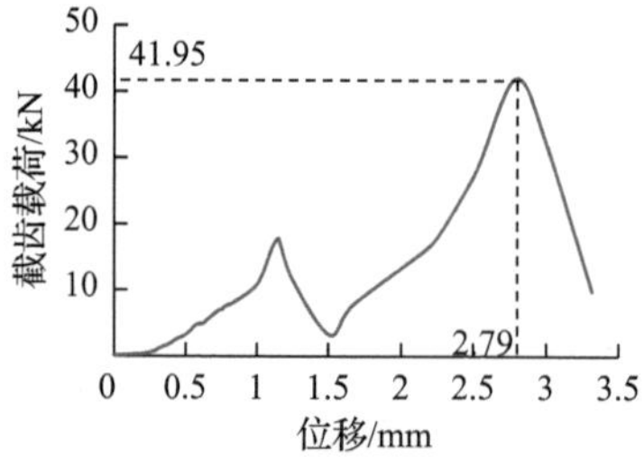 截齿载荷/kN；位移/mm；41.95；2.79	20-4	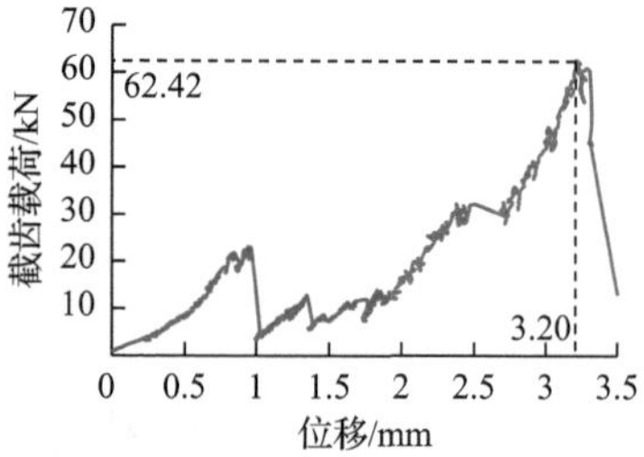 截齿载荷/kN；位移/mm；62.42；3.20
20-5	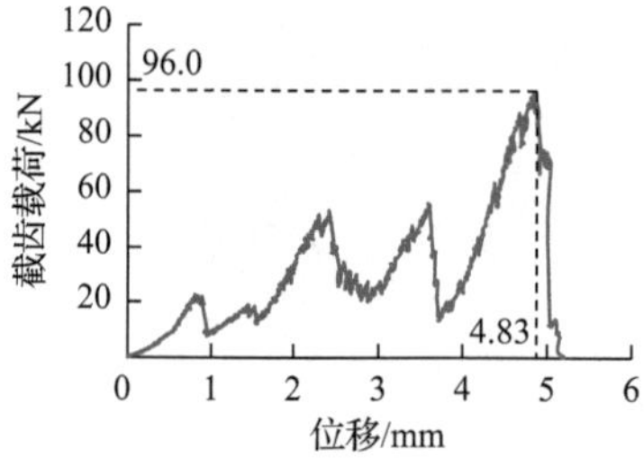 截齿载荷/kN；位移/mm；96.0；4.83	20-6	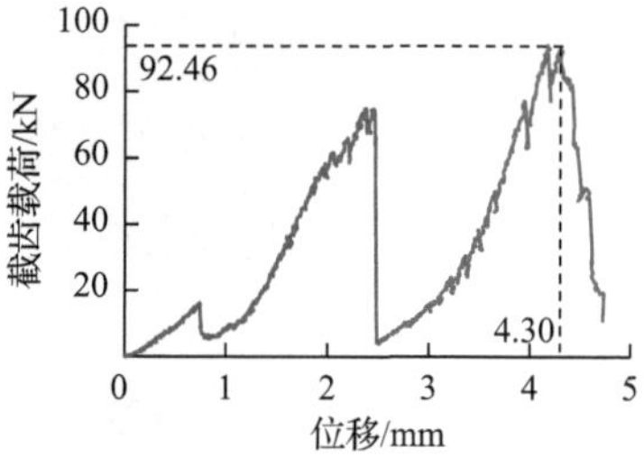 截齿载荷/kN；位移/mm；92.46；4.30
20-7	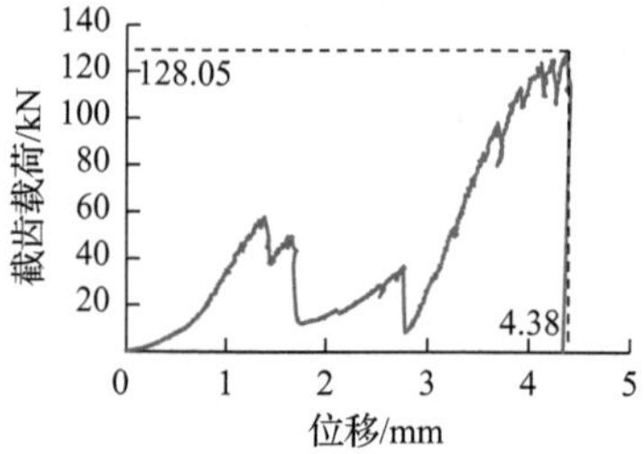 截齿载荷/kN；位移/mm；128.05；4.38	30-1	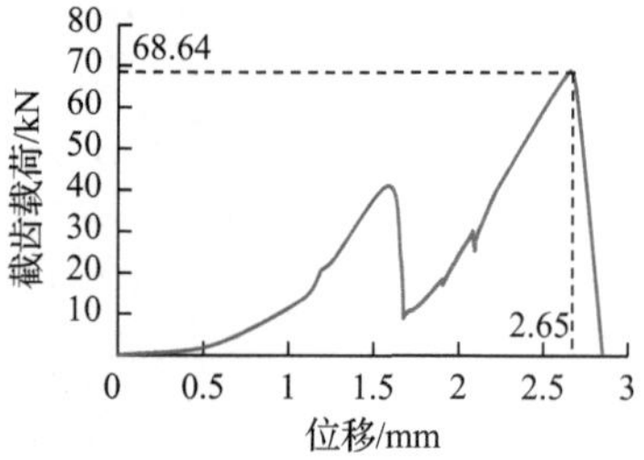 截齿载荷/kN；位移/mm；68.64；2.65
30-2	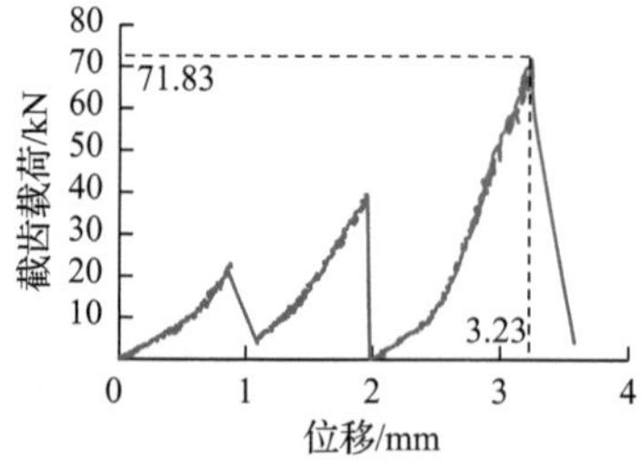 截齿载荷/kN；位移/mm；71.83；3.23	30-3	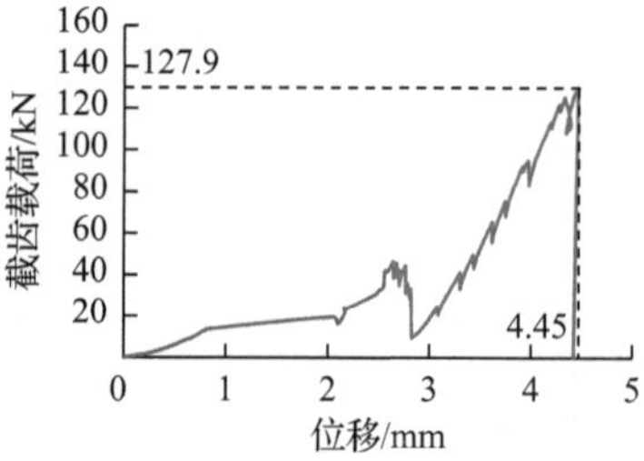 截齿载荷/kN；位移/mm；127.9；4.45
30-4	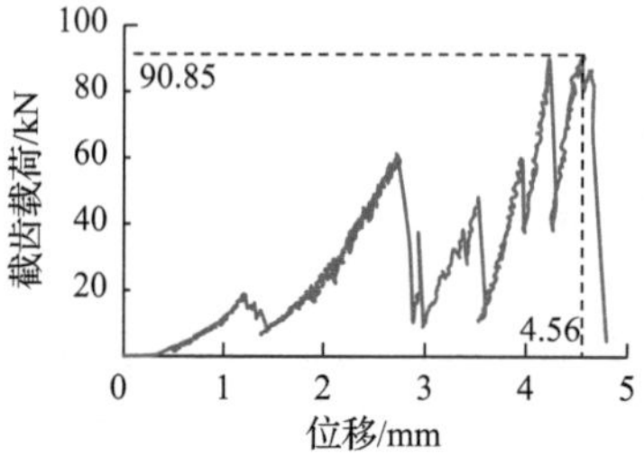 截齿载荷/kN；位移/mm；90.85；4.56	40-1	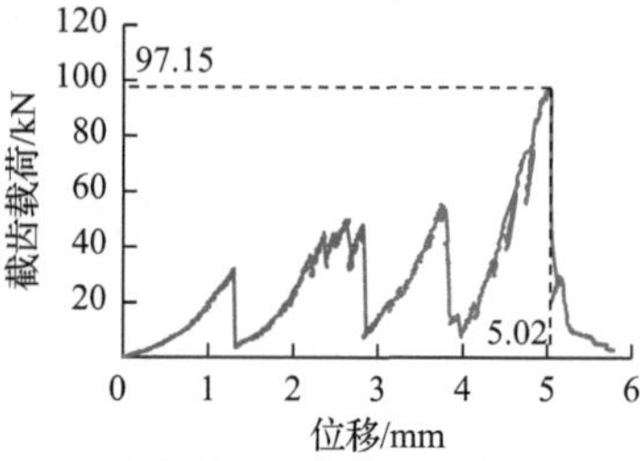 截齿载荷/kN；位移/mm；97.15；5.02

续表

截割深度-次数	截齿载荷-位移曲线	截割深度-次数	截齿载荷-位移曲线
40-2	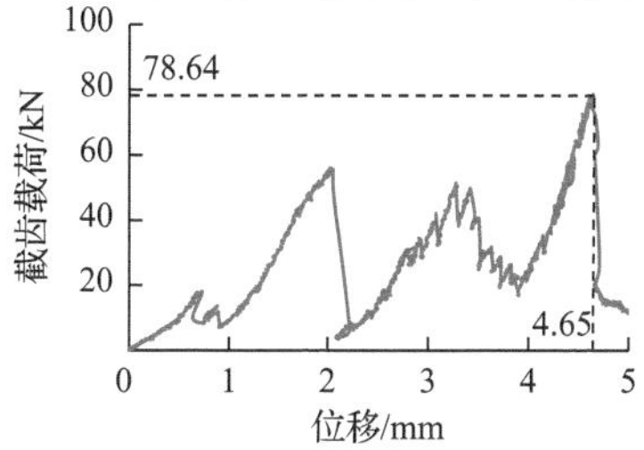 截齿载荷/kN 78.64 4.65 位移/mm	40-3	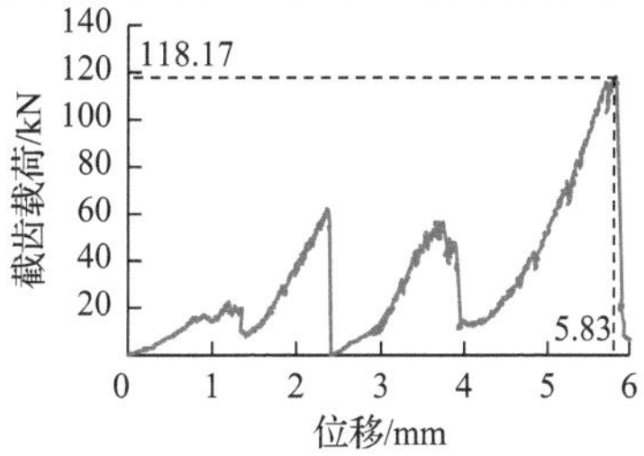 截齿载荷/kN 118.17 5.83 位移/mm
50-1	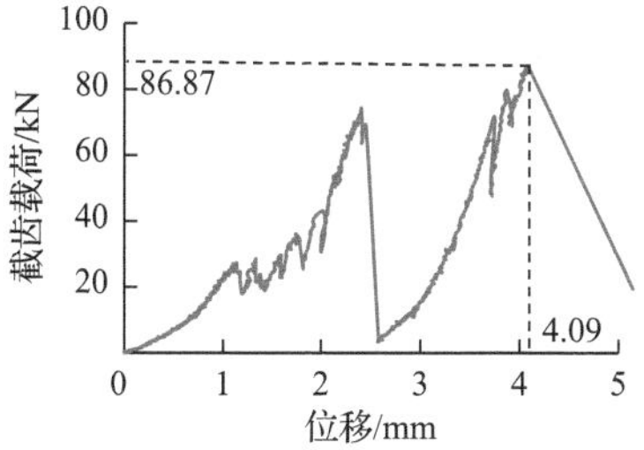 截齿载荷/kN 86.87 4.09 位移/mm	50-2	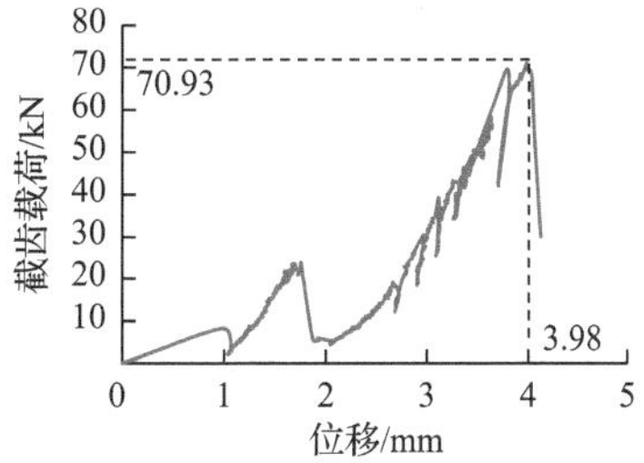 截齿载荷/kN 70.93 3.98 位移/mm
50-3	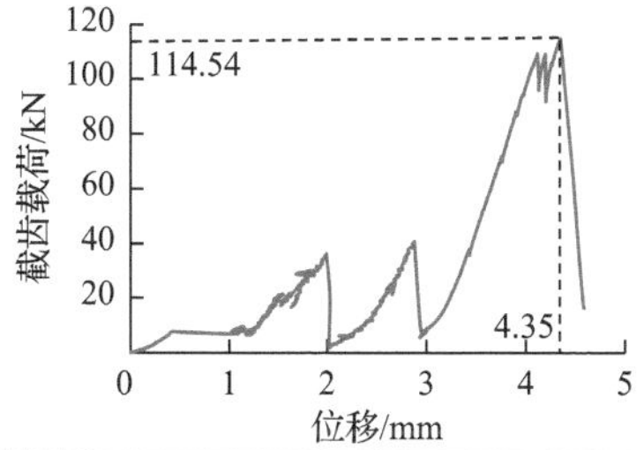 截齿载荷/kN 114.54 4.35 位移/mm	60-1	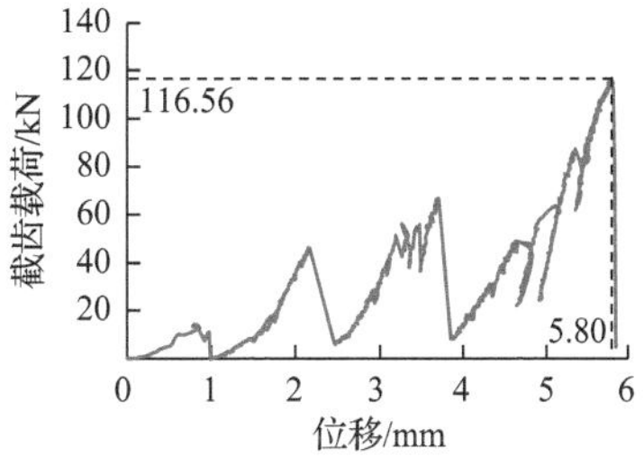 截齿载荷/kN 116.56 5.80 位移/mm

根据截齿载荷-位移曲线，得到不同截割深度-次数下的破岩参数，见表 3-7。

表 3-7　不同截割深度-次数下的破岩参数

截割深度-次数	峰值次数	峰值截齿载荷/kN	截齿凿入深度/mm	碎块体积/cm^3	截割功/J	破岩比能/(J/cm^3)	破坏模式
20-1	1	20.81	1.09	40.0	11.34	0.2832	部分劈裂
20-2	2	23.91	1.72	29.7	20.56	0.6913	部分劈裂
20-3	2	41.95	2.79	142.3	58.52	0.4113	部分劈裂
20-4	3	62.42	3.20	123.9	99.87	0.8062	部分劈裂
20-5	4	96.00	4.83	127.6	231.8	1.8165	部分劈裂
20-6	3	92.46	4.30	282.2	198.8	0.7045	部分劈裂
20-7	4	128.05	4.38	2563.4	280.4	0.1094	完全劈裂

续表

截割深度-次数	峰值次数	峰值截齿载荷/kN	截齿凿入深度/mm	碎块体积/cm³	截割功/J	破岩比能/(J/cm³)	破坏模式
30-1	2	68.64	2.65	38.5	90.95	2.3648	部分劈裂
30-2	3	71.83	3.23	54.3	116.0	2.1382	部分劈裂
30-3	2	127.90	4.45	317.1	284.6	0.8973	部分劈裂
30-4	5	90.85	4.56	2644.1	207.1	0.0783	完全劈裂
40-1	4	97.15	5.02	326.8	243.9	0.7461	部分劈裂
40-2	4	78.64	4.65	188.0	182.8	0.9727	部分劈裂
40-3	4	118.17	5.83	2673.1	344.5	0.1288	完全劈裂
50-1	3	86.87	4.09	719.4	177.7	0.2470	部分劈裂
50-2	4	70.93	3.98	323.3	141.2	0.4366	部分劈裂
50-3	4	114.54	4.35	2280.5	249.1	0.1092	完全劈裂
60-1	5	116.56	5.80	2998.2	338.0	0.1127	完全劈裂

3. 截割深度对岩石截割特性的影响

截割深度是影响岩石破碎的重要因素之一，峰值截齿载荷等破岩参数可以反映岩石截割特性随截割深度变化的趋势。与第一次截割相比，第二次截割会受到第一次截割产生的断裂面的影响，当相邻的两次截割距离较近时，后一次形成的断裂面可能会存在向前一次截割形成的断裂面扩展的趋势。在分步截割破岩试验中，第一次截割点和第二次截割点之间的直线距离大于 2 倍的截割深度，且根据试验结果，第一次截割与第二次截割的破岩参数间无明显差异。因此，可以认为第一次截割不会影响到第二次截割，第一次截割和第二次截割的破岩参数均可作为探究截割深度对岩石截割特性影响的基础数据。根据不同截割深度时的第一次截割和第二次截割的破岩试验结果(当 d 为 60mm 时只有第一次)，对截割深度与峰值截齿载荷、截齿凿入深度、截割功和破岩比能的关系进行回归分析，以探究截割深度对岩石截割特性的影响。不同截割深度下的峰值截齿载荷、截齿凿入深度、截割功和破岩比能回归曲线如图 3-16(a)～(d)所示。截割深度与峰值截齿载荷、截齿凿入深度、截割功和破岩比能之间的关系如下所示：

$$F_c = 0.0063d^3 - 0.7939d^2 + 32.959d - 370.82 \tag{3-5}$$

$$D_c = 0.000174d^3 - 0.0226d^2 + 1.0136d - 11.319 \tag{3-6}$$

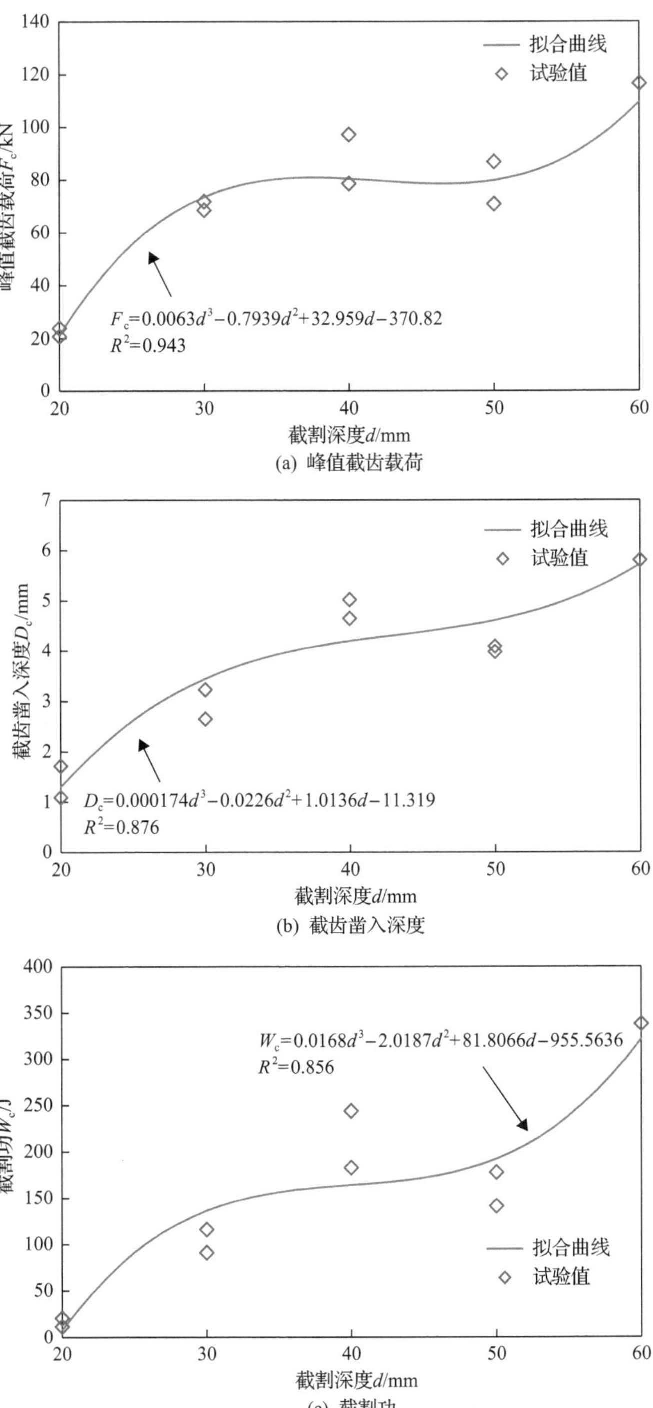

(a) 峰值截齿载荷

(b) 截齿凿入深度

(c) 截割功

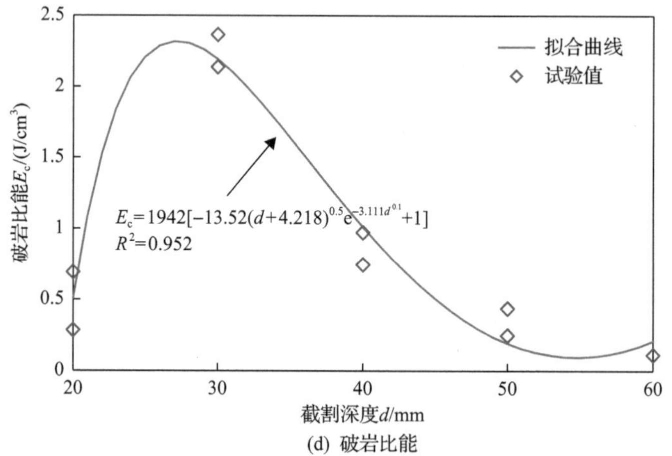

(d) 破岩比能

图 3-16　不同截割深度下的截割破岩参数回归曲线

$$W_c = 0.0168d^3 - 2.0187d^2 + 81.8066d - 955.5636 \tag{3-7}$$

$$E_c = 1942\left[-13.52(d + 4.218)^{0.5}\,\mathrm{e}^{-3.111d^{0.1}} + 1\right] \tag{3-8}$$

回归曲线表明，峰值截齿载荷、截齿凿入深度和截割功随截割深度变化的趋势基本一致，均与截割深度呈正相关关系。当截割深度为 20mm 时，较小的峰值截齿载荷、截齿凿入深度和截割功就能从岩样上剥离碎块。当截割深度在 30～50mm 时，峰值截齿载荷、截齿凿入深度和截割功随截割深度的增加变化平缓。当截割深度增大到 60mm 时，其破坏形态由部分劈裂转变为完全劈裂，破岩所需的峰值截齿载荷、截齿凿入深度和截割功也急剧增大。由此可见，岩石的可切割性随着截割深度的增加而降低，其下降速度在截割深度为 20～30mm、30～50mm 和 50～60mm 范围内分别为快速、平缓、快速。破岩比能对截割深度的变化趋势与其他三种破岩参数的变化趋势不同，呈现为随截割深度的增大先增加后减小的变化趋势，这是受到截割功和碎块体积变化的影响。当截割深度为 20～30mm 时，碎块尺寸较小，破岩比能主要受截割功影响，表现为破岩比能随截割深度的增加而增大。当截割深度在 30～50mm 时，截割功处于相对稳定的阶段，此时破岩比能主要受碎块体积的影响，表现为碎块尺寸随着截割深度的增加而增大，破岩比能逐渐减小。当截割深度达到 60mm 时，虽然截割功会上升到非常高的水平，但由于岩样发生完全劈裂导致碎块体积巨大，破岩比能仍然会下降到非常低的水平。

当截割点与一侧自由面的间距远小于与另一侧自由面的间距时，截齿凿入岩石所形成的断裂面向近侧自由面发展，破坏模式为部分劈裂。当截割点与两侧自由面间距大致相同时，截齿凿入岩石所形成的断裂面会横穿两侧自由面，破坏模式为完全劈裂。岩石尺寸越大，发生完全劈裂所需的截割深度越大。当采用机械刀具截割矿体时，是将矿岩碎块从矿体上剥落，属于部分劈裂，且很难发生完全劈裂。因此，对于实验室试验中出现的当截割深度达到 60mm 时破岩比能极低的完全劈裂破坏，在实际开采过程中不会出现。通过探究截割深度对岩石截割特性的影响，有助于机械截割设备生产时截割参数的选定。悬臂式掘进机就是通过安装在截割头上的镐型截齿旋转截割矿体进行开采，镐型截齿的排距与本试验中的截割深度存在密切关系。理想排距应追求较低的峰值截齿载荷、截齿凿入深度、截割功和破岩比能，以提高岩石的可切割性和开采的经济效益。根据截割深度对破岩参数的影响，为使破岩比能较小，需要提高截割深度，而过大的截割深度会导致破岩所需的峰值截齿载荷和截割功非常大，严重影响到刀具破碎坚硬岩石的能力。综合考虑峰值截齿载荷、截齿凿入深度、截割功和破岩比能，当截割深度为 50mm 时，破岩比能小，破岩所需的峰值截齿载荷和截割功维持在一个适中、稳定的水平，因此，悬臂式掘进机截割头上的镐型截齿排距可设计为 50mm，以获得良好的破岩表现和开采经济效益。

4. 分步截割参数对岩石截割特性的影响

根据分步截割破岩试验数据，明显发现，虽然对于同一块岩样的截割深度相同，但由于截割点距岩样原自由面的距离不同，截割破岩参数存在较大差异。因此，需要探究截割点与岩样原自由面的距离和截割破岩参数的关系。当两侧截割点与岩样原自由面的距离相同时，可以看作相同截割条件下的截割破岩过程。不同截割点与岩样原自由面的距离下的截割破岩参数见表 3-8。

表 3-8　不同截割点与岩样原自由面的距离下的截割破岩参数

距离/mm	峰值截齿载荷/kN	截齿凿入深度/mm	碎块体积/cm^3	截割功/J	破岩比能/(J/cm^3)	破坏模式
20	22.36	1.41	34.89	15.95	0.4873	部分劈裂
40	52.19	3.00	133.08	79.20	0.6088	部分劈裂
60	94.23	4.57	204.91	215.31	1.2605	部分劈裂
80	128.05	4.38	2564.21	280.43	0.1094	完全劈裂

注：数据均为相同截割条件下的截割破岩参数平均值。

峰值截齿载荷、截齿凿入深度和截割功均随截割点与岩样原自由面的距离增加而线性增大。虽然截割深度相同，但截割点与岩样原自由面的距离增大会导致破岩产生的碎块增大，所形成的断裂面面积也增大，破岩所需的峰值截齿载荷、截齿凿入深度和截割功也呈线性增大。此外，随着截割次数及截割点与岩样原自由面的距离增加，截齿载荷-位移曲线上的峰值出现次数增多。这表明，分步截割破岩形成的断裂面同时受到岩样原自由面和先前形成的断裂面的影响。虽然截割深度不变，但随着截割点与岩样原自由面的距离增大，碎块断裂面面积增大，破岩所需的能量增多，岩石可切割性降低，截齿载荷-位移曲线上的峰值出现次数增多。

为探究分步截割对岩石截割特性的影响，将分步截割破岩与单次截割破岩试验数据进行对比，也就是对比截割深度为 20mm 时截割点与岩样原自由面的距离为 20mm、40mm、60mm 时的分步截割破岩试验截割破岩参数和截割深度为 20mm、40mm、60mm 时的单次截割破岩试验截割破岩参数。不同截割深度下的单次截割破岩试验截割破岩参数见表 3-9。

表 3-9　不同截割深度下的单次截割破岩试验截割破岩参数

截割深度/mm	峰值截齿载荷/kN	截齿凿入深度/mm	碎块体积/cm^3	截割功/J	破岩比能/(J/cm^3)	破坏模式
20	22.36	1.41	34.89	15.95	0.4873	部分劈裂
40	87.90	4.84	257.41	213.38	0.8572	部分劈裂
60	116.56	5.80	2998.22	338.02	0.1127	完全劈裂

注：数据均为相同截割条件下的截割破岩参数平均值。

对比分步截割破岩试验中截割点与岩样原自由面的距离与单次截割破岩试验中截割深度相同时的截割破岩参数，可以明显发现，分步截割破岩所需的峰值截齿载荷、截齿凿入深度和截割功更小。这表明，对于同一块岩样，前期开展的截割破岩试验会破坏岩样的完整性，提高岩石的可切割性。因此，当破岩设备可以提供的载荷和动力有限，不能一次性直接完全劈裂岩石时，可以降低截割深度，转为分步截割，从而减小破岩所需的最大载荷，满足破岩需求。当开展单次截割破岩时，截割深度为 60mm 时就能够发生完全劈裂，而当开展分步截割破岩时，要想发生完全劈裂需要截割点与岩样原自由面的距离达到 80mm。这表明，分步截割破岩试验中前几次截割产生的断裂面会减小从截割点开始延伸贯通到岩样表面的距离，从而影响岩石的破坏模式。

5. 破坏模式

当截割深度相同时，发生完全劈裂所需的峰值截齿载荷、截齿凿入深度、截割功较发生部分劈裂时有大幅提高，而破岩比能明显减小。因此，当破岩设备功率充足，碎块大小能够满足破岩块度要求时，通过增加截割深度，使破坏模式从部分劈裂转化为完全劈裂，可以极大提高破岩效率。

根据分步截割破岩试验结果，当岩样发生完全劈裂时，不同截割深度下岩石破碎所需的峰值截齿载荷、截齿凿入深度和破岩比能基本一致，这表明当岩样发生完全劈裂时，上述截割破岩参数与截割深度没有明显的关系。图 3-17 为分步截割破岩试验中的5个岩样在不同截割深度下发生完全劈裂破坏时的图像。

图 3-17 不同截割深度下岩样完全劈裂破坏图像

与其他截割深度下的截割破岩参数相比，当截割深度为60mm时，破岩所需的峰值截齿载荷大小基本相同，但截割功有一个明显的小幅度提升。同时，从图3-17可以看出，当截割深度为60mm时，完整岩样完全劈裂形成的断裂面面积最大，较其他截割深度时的断裂面面积有一个小幅度提升。这表明岩石破坏所需的截割功与断裂面面积直接相关，这与格里菲思-伊尔文(Griffith-Irwin)理论中岩石破碎过程形成断裂面所需能量与面积有关的观点相吻合，为通过建立断裂面模型来预测截割功和峰值截齿载荷提供了思路。

3.2.4 人为诱导缺陷对截齿破岩的影响

试验考察了预切槽、加卸荷损伤和预钻孔三种人为诱导缺陷对截齿破岩的影响，该试验使用单个镐型截齿对由花岗岩Ⅰ材料制备的100mm×100mm×100mm立方块岩样进行静态截割，试验结果见表3-10。

此外，为了与人为诱导缺陷岩样的截割试验进行对比，还开展了$\left(\sigma_x,\sigma_y\right)=$(10MPa,100MPa)双轴围压和$\sigma_y=50\text{MPa}$单轴围压条件下的完整立方块岩样的单截齿静态破岩试验，试验结果分别如图3-18和图3-19所示。由图3-18可知，在$\left(\sigma_x,\sigma_y\right)=$(10MPa,100MPa)双轴围压条件下，伴随镐型截齿的不断凿入，岩样发生多次小范围破裂后最终发生较大范围的破坏(岩石碎块表面剥落)，形成与镐型截齿锤形头相对应的倒锥形凿坑；并且伴随镐型截齿锤形头的不断凿入，凿坑尺寸不断增大，截齿与岩石的接触面积则相应增大，因此造成岩样发生多次破裂以及最终破坏的截齿载荷基本上依次增大；由于围压限制岩样发生劈裂破坏，岩样只能在截齿作用端面因截齿凿入挤压而发生局部压剪破坏，截齿凿入13.806mm，截齿载荷达到 285.41kN 也只能让岩样发生伴有表面剥落的局部破坏，截割难度

表 3-10　不同人为诱导缺陷条件下截齿静态破岩试验结果

岩样（花岗岩 I）		围压/MPa		截齿载荷/kN					与峰值截齿载荷对应的截齿凿入深度/mm					岩样破坏模式
		σ_x	σ_y	初始破裂 F_{co}	第二次 F_{zs}	第三次 F_{zt}	第四次 F_{zu}	岩样破坏 F_c	初始破裂 D_{co}	第二次 D_{zs}	第三次 D_{zt}	第四次 D_{zu}	岩样破坏 D_c	
有围压完整岩样（P 波速度 5351m/s）		10	100	117.56	118.42	233.49	205.43	285.41	3.132～3.898	5.433～5.982	7.902～8.815	10.949～11.839	13.311～13.806	表面剥落
		0	50	43.61	120.64	121.56	143.19	173.15	1.080～1.886	3.329～3.824	4.873～5.474	5.751～6.817	7.688	部分劈裂
无围压完整岩样（预切槽周围岩石）		0	0	12.03	29.20	80.62	—	102.88	0.258～0.517	1.002～1.488	2.275～3.593	—	4.061	完全劈裂
加卸荷损伤岩样（P 波速度 2163m/s）		0	0	9.01	—	—	—	50.98	0.224～0.473	—	—	—	1.584	沿宏观损伤裂隙劈裂
含不同直径孔洞岩样	ϕ5mm	0	0	11.02	46.15	—	—	108.53	0.462～0.655	1.709～2.925	—	—	3.680	横切孔方向完全劈裂
	ϕ10mm	0	0	11.05	45.26	—	—	100.59	0.120～0.614	1.694～2.482	—	—	3.190	沿孔方向完全劈裂
	ϕ20mm	0	0	11.34	53.52	—	—	88.72	0.491～0.916	2.011～3.645	—	—	4.345	沿孔方向完全劈裂
	ϕ30mm	0	0	10.08	59.81	57.24	—	63.37	0.213～0.561	1.694～2.246	2.626～3.773	—	3.897	沿孔方向完全劈裂
	ϕ50mm	0	0	10.09	28.54	—	—	43.05	0.607～0.738	1.205～1.993	—	—	2.131	沿孔方向完全劈裂
	ϕ10mm	0	50	26.67	75.75	91.95	113.68	167.74	0.449～0.901	1.933～2.752	3.384～4.497	4.601～5.748	6.327	横切孔方向部分劈裂
	ϕ20mm	0	50	20.41	55.47	91.12	—	166.22	0.489～0.725	1.506～3.176	3.496～4.319	—	5.045	横切孔方向部分劈裂
	ϕ30mm	0	50	20.39	57.02	87.88	137.13	143.90	0.493～1.103	1.564～1.977	3.096～4.569	5.093～5.574	5.879	横切孔方向部分劈裂
	ϕ50mm	0	35	20.27	44.40	—	—	68.02	0.635～0.926	1.378～2.787	—	—	3.616	横切孔方向部分劈裂

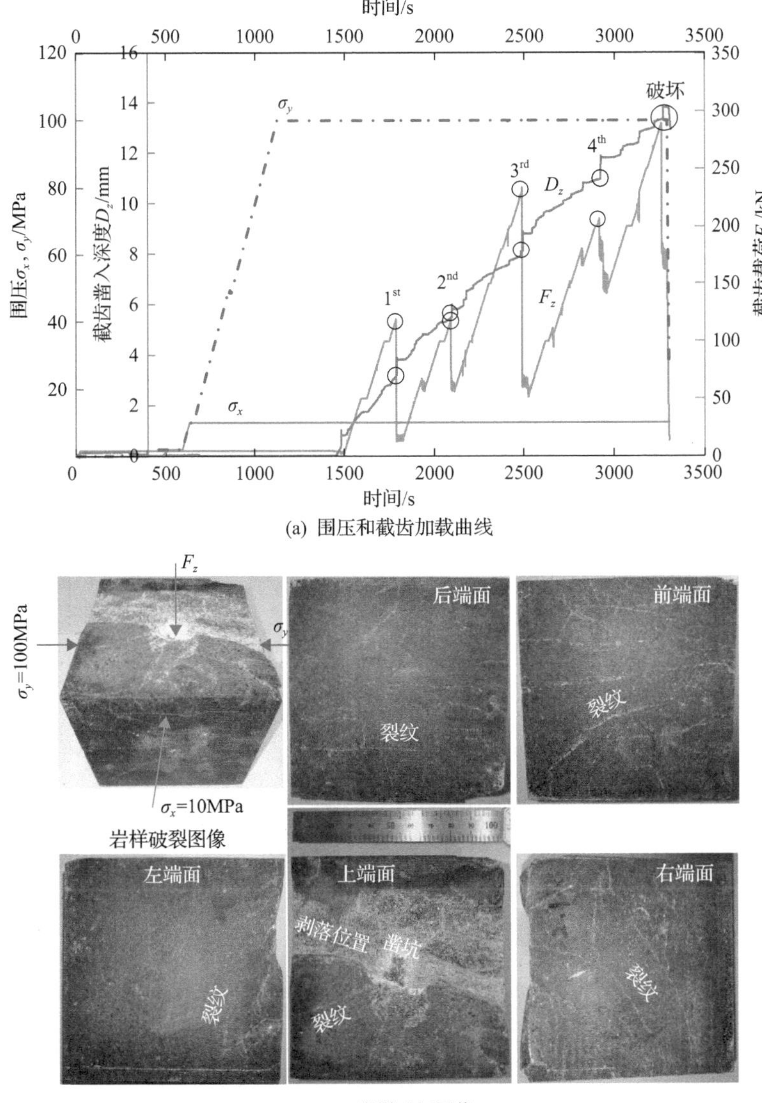

(a) 围压和截齿加载曲线

(b) 岩样破坏图像

图 3-18　双轴围压$\left(\sigma_x,\sigma_y\right)=(10\text{MPa},100\text{MPa})$条件下完整立方块岩样的单截齿静态破岩试验结果

大，且岩块剥落形成的剥落槽偏向于沿较大围压作用方向；因截齿不断凿入挤压，形成凿坑后，截齿破岩相当于双轴围压下岩样在截齿作用区发生局部压缩破坏，纵使岩样未能发生整体破坏，但在岩样内出现了众多裂纹。由图 3-19 可知，在$\sigma_y=50\text{MPa}$单轴围压条件下，伴随镐型截齿的不断凿入，岩样同样发生多次破裂和最终破坏(部分劈裂)；由于 Y 向围压的限制，岩样受到镐型截齿截割时则会从

X 向自由面劈裂，劈落岩块呈楔形，且劈裂面沿 Y 向围压作用方向；相比于双轴围压，破岩载荷大幅减小，截齿凿入 7.688mm 具有 173.15kN 载荷则可将岩样部分劈裂。

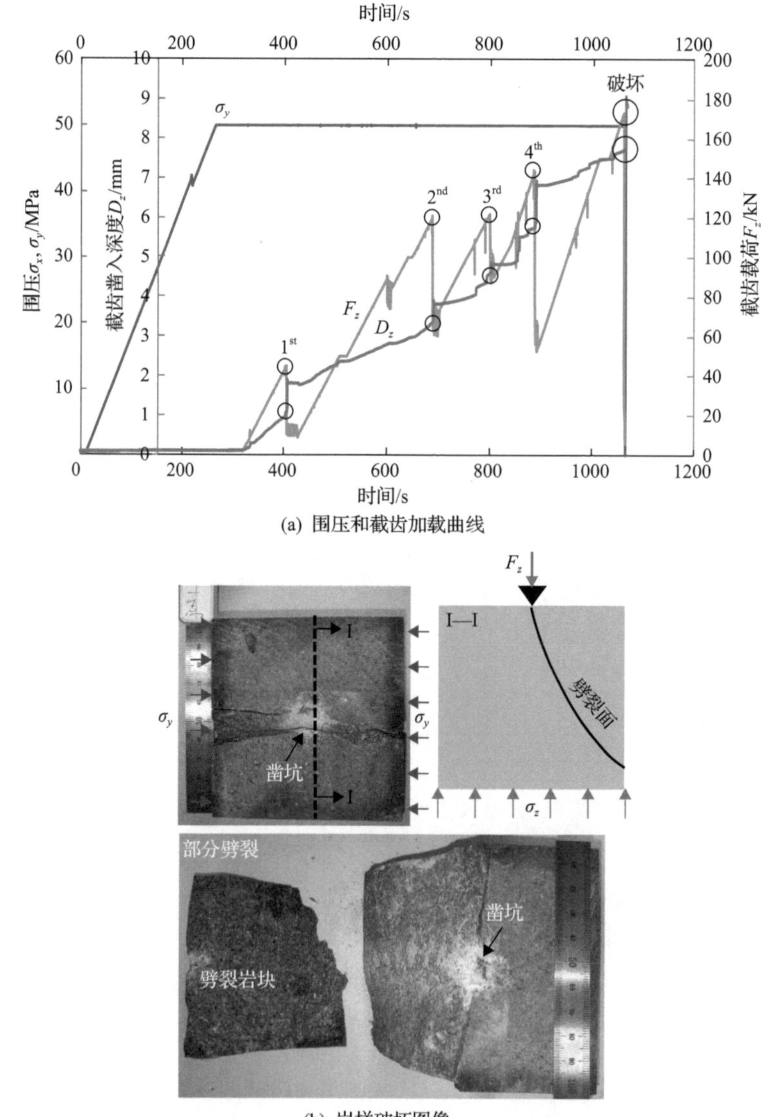

(a) 围压和截齿加载曲线

(b) 岩样破坏图像

图 3-19　单轴围压 $\sigma_y = 50$MPa 条件下完整立方块岩样的单截齿静态破岩试验结果

1. 预切槽

非爆机械化开采实践中，如果诱导工程开挖后矿岩体未能出现较多的诱导裂隙，而保持较为完整的状态时，为了解除限制应力，可以在矿岩壁上施工临空面预切槽，将单轴围压应力环境改变为无围压应力环境，以提高矿岩体的可切割性。该条件下的试验结果对应于无围压 100mm×100mm×100mm 岩样的静态破岩结果。如图 3-20 所示，在无围压条件下，伴随截齿的不断凿入，岩样出现数次破裂

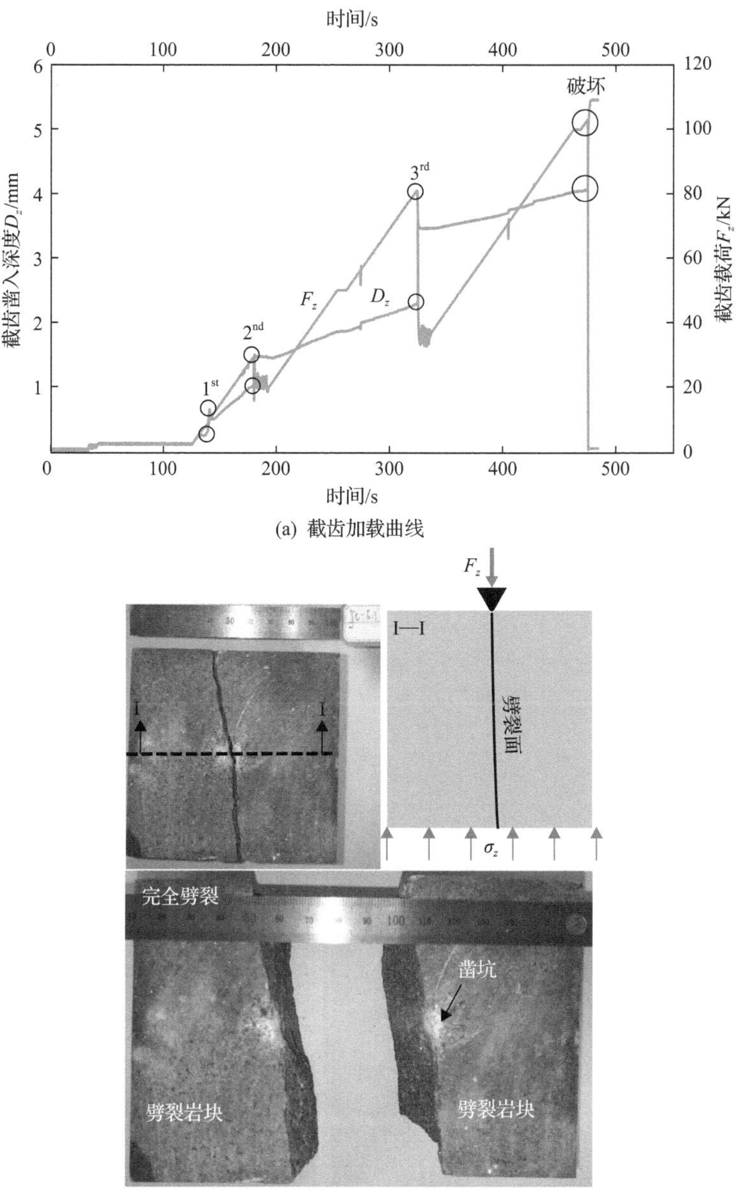

(a) 截齿加载曲线

(b) 岩样破坏图像

图 3-20　无围压条件下完整岩样(预切槽周围岩石)的截齿破岩试验结果

后最终破坏(完全劈裂)；此条件下，截齿凿入 4.061mm，截齿载荷达到 102.88kN 就可将由花岗岩 I 材料制备的立方块岩样快速完全劈裂成尺寸几乎相同的两块。相比同等条件下的双轴围压和单轴围压条件，其致使岩样破坏的截齿载荷分别降低 63.9%和 40.6%，并且岩样发生最终破坏前的局部破裂次数明显减少，同时致使岩样最终破坏的截齿作用耗时大幅降低，这说明临空面预切槽使岩体内的应力充分解除，可大幅度提高岩石的可切割性和截割效率。

2. 加卸荷损伤

实际矿岩体非爆机械化开采过程中，会通过开挖诱导工程使诱导工程围岩内待截割矿岩体经历伴随应力集中、应力转移、应力释放等路径的应力重分布过程，使矿岩体内产生预裂纹而松动。模拟上述应力变化过程，试验中先在 100mm×100mm×100mm 立方块岩样的 X、Y、Z 向端面上分别施加 20MPa、40MPa、50MPa 的围压，随后卸除 X 向围压并增加 Y(Y 向围压增加到 50MPa)和 Z 向围压，然后卸除 Y 向围压并增加 Z 向围压直至岩样出现塑性屈服，最后完全卸除 Y、Z 向围压，从而获得经历加卸荷损伤的岩样。随后，再用截齿在无围压条件下对损伤岩样进行破岩，结果如图 3-21 所示。经历加卸荷损伤的岩样，P 波在其内的传播速度由完整岩样内的 5351m/s 下降到 2163m/s，说明损伤岩样内部有大量预裂纹。无围压条件下，截齿只需要凿入 1.584mm，截齿载荷达到 50.98kN(相比同等条件下的完整岩样，截齿载荷下降了 50.4%)就可将岩样完全劈裂，劈裂面由宏观预裂纹相互贯通形成，并且岩样发生最终破坏前几乎没有出现局部破裂现象，相比同等条件下的完整岩样截齿破岩耗时显著降低。这说明诱导工程围岩松动区内的预裂纹可有效提高岩石的可切割性和截割效率。

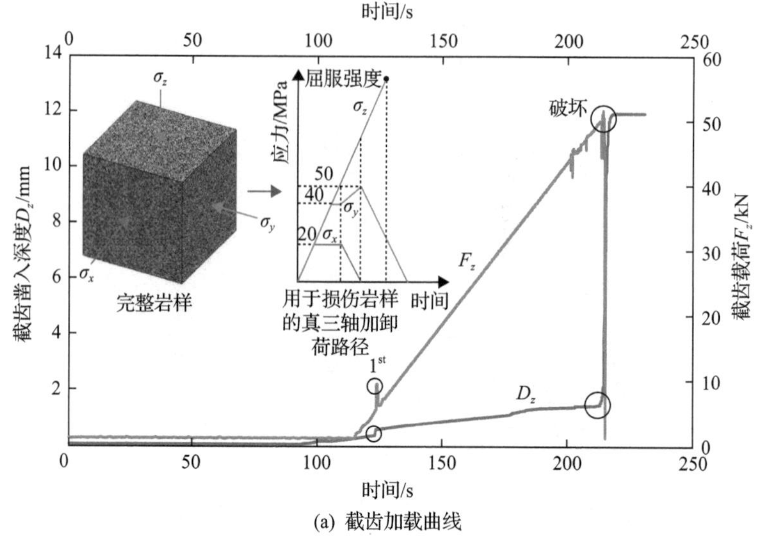

(a) 截齿加载曲线

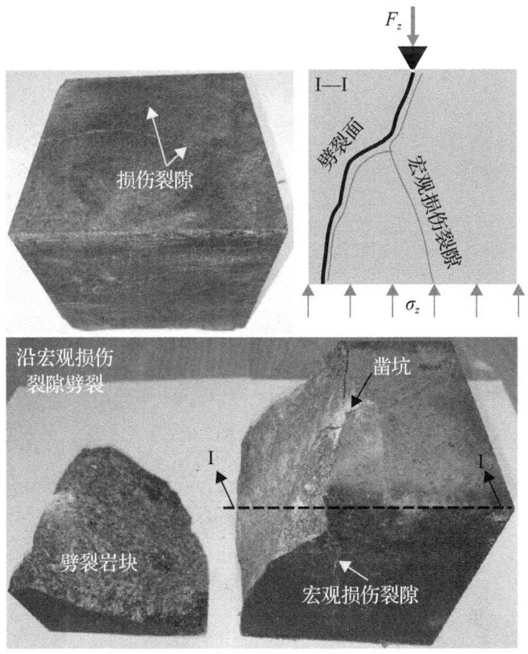

(b) 岩样破坏图像

图 3-21　无围压条件下加卸荷损伤岩样的截齿破岩试验结果

3. 预钻孔

有时在硬岩开采实践中，为了降低岩体完整性或者其他采矿工序需求，需要在待开采矿壁上施工钻孔，对于钻孔附近的岩石，其受限应力被部分解除。因此，在用机械刀具截割相应区域的矿岩体时，岩石的可切割性受到受限应力和预钻孔的综合影响。为了物理模拟此种截齿破岩条件，试验中分别在无围压和单轴围压条件下，对含不同直径孔洞的 100mm×100mm×100mm 立方块花岗岩 I 岩样进行单截齿静态截割，试验获得的截割破岩参数及岩样破坏模式见表 3-10。其中，无围压条件下含不同直径孔洞岩样对应经临空面预切槽和预钻孔共同影响区域的岩石，而单轴围压条件下的含不同直径孔洞岩样对应只经预钻孔影响区域的岩石。无围压条件下，含 ϕ5mm、ϕ10mm、ϕ20mm、ϕ30mm、ϕ50mm 孔洞岩样的截齿破岩加载过程和相应的破坏图像如图 3-22 所示。50MPa 单轴围压条件下含 ϕ10mm、ϕ20mm、ϕ30mm 孔洞岩样，以及 35MPa 单轴围压条件下含 ϕ50mm 孔洞岩样的截齿破岩加载过程和相应的破坏图像如图 3-23 所示。

在无围压条件下，当岩样内的圆柱形孔洞孔径为 5mm 时，截齿凿入深度 3.68mm，截齿载荷达到 108.53kN 可将岩样完全劈裂，劈裂面没有沿着圆柱形孔洞方向发生而是横切孔洞方向(即横切孔洞方向完全劈裂，劈裂面将孔洞横切截断

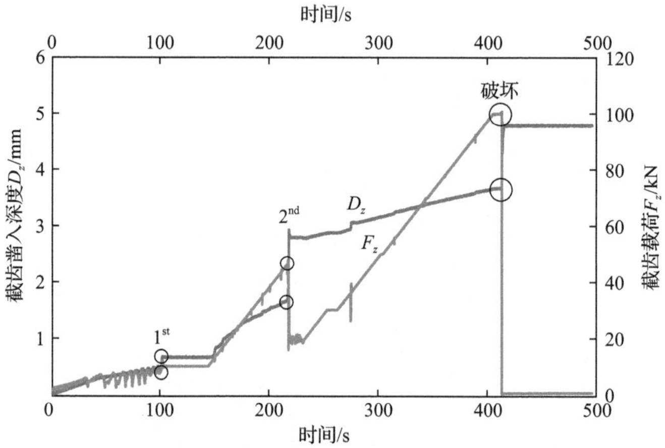

(a) 含ϕ5mm孔洞岩样的截齿加载曲线

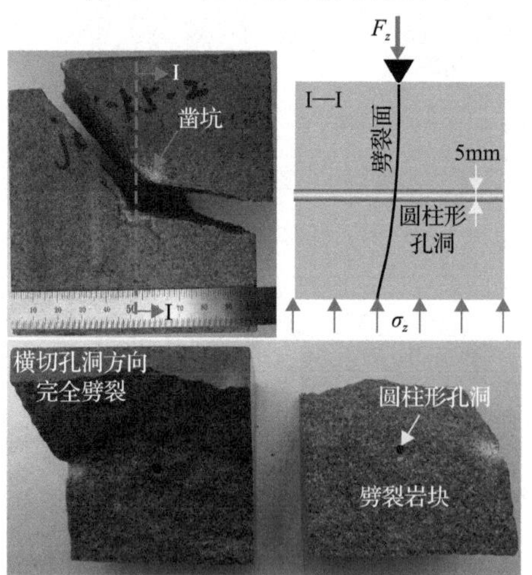

(b) 含ϕ5mm孔洞岩样的破坏图像

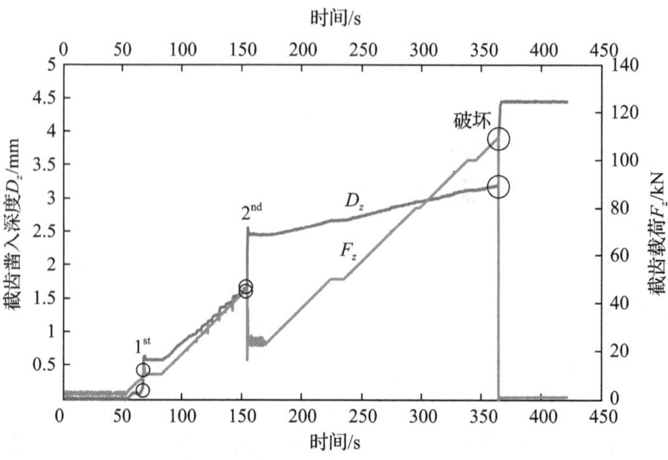

(c) 含ϕ10mm孔洞岩样的截齿加载曲线

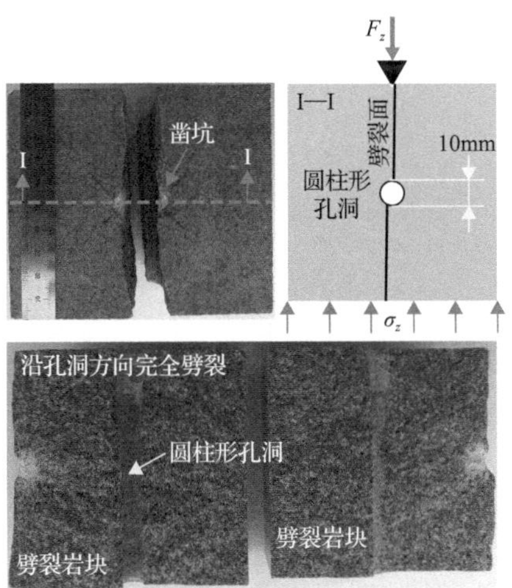

(d) 含ϕ10mm孔洞岩样的破坏图像

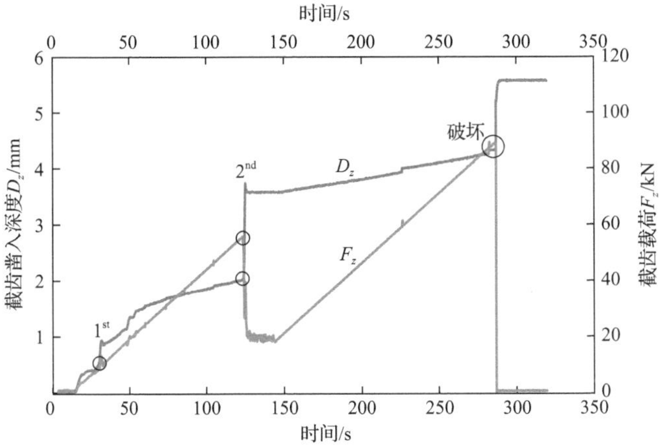

(e) 含ϕ20mm孔洞岩样的截齿加载曲线

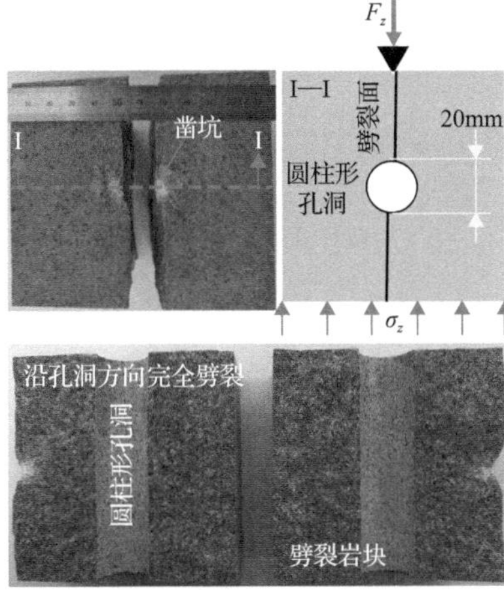

(f) 含ϕ20mm孔洞岩样的破坏图像

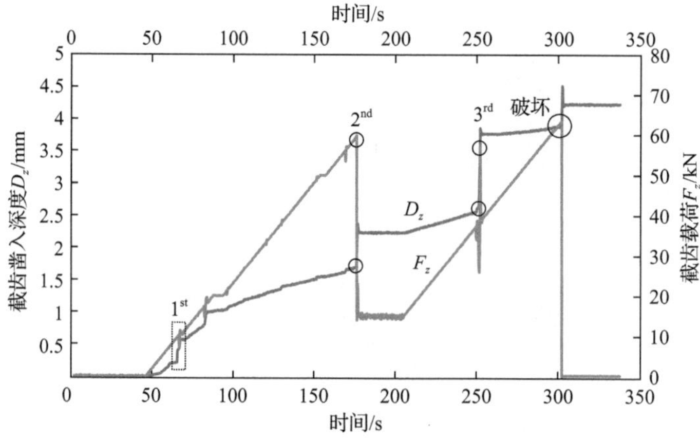

(g) 含ϕ30mm孔洞岩样的截齿加载曲线

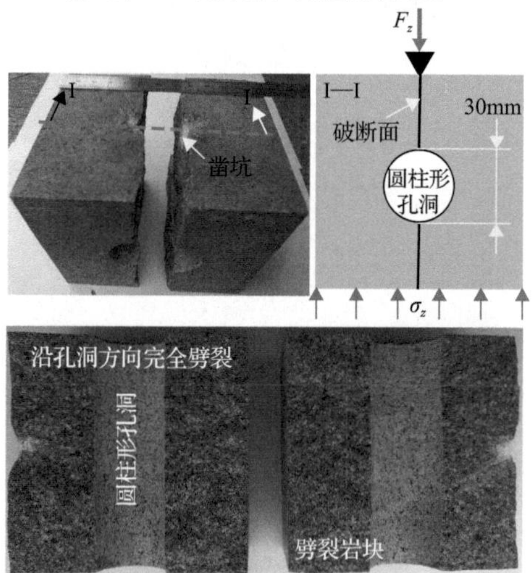

(h) 含ϕ30mm孔洞岩样的破坏图像

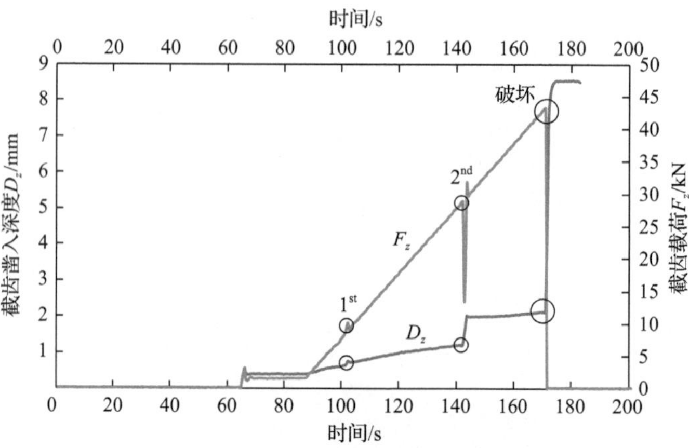

(i) 含ϕ50mm孔洞岩样的截齿加载曲线

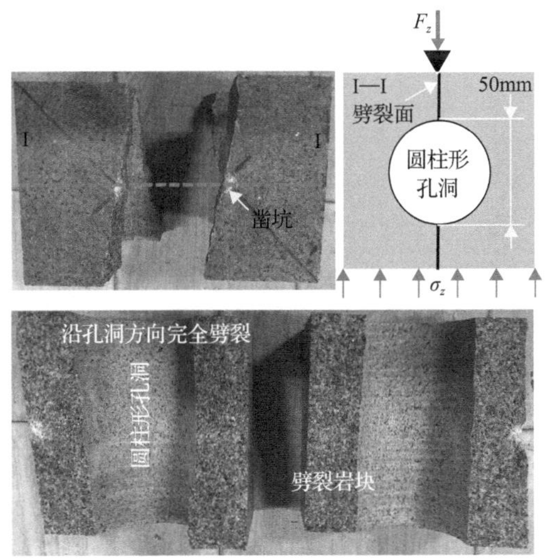

(j) 含ϕ50mm孔洞岩样的破坏图像

图 3-22　无围压条件下含不同直径孔洞岩样的截齿破岩试验结果

而不是沿孔洞方向劈开)，此条件下岩样的截齿载荷和破坏模式与同样围压条件下完整岩样的截齿载荷和破坏模式相似，说明较小的孔径不会影响岩样的可切割性及破坏模式；当岩样内的圆柱形孔洞直径为 10mm 时，截齿凿入深度 3.19mm，截齿载荷达到 100.59kN 可将岩样完全劈裂，并且岩样沿圆柱形孔洞方向劈裂(即沿孔洞方向完全劈裂，劈裂面沿着孔洞方向)；随着岩样内圆柱形孔洞直径继续增大，由 20mm 增大到 30mm 再增大到 50mm，对应的截齿载荷逐渐降低，由 88.72kN 降至 63.37kN 再降至 43.05kN，并且岩样都沿孔洞方向发生完全劈裂破坏。上述结果表明，随着岩样内圆柱形孔洞直径增大，无围压条件下岩样的可切割性逐渐提高，当岩样内的圆柱形孔洞直径较大时(大于 10mm)，圆柱形孔洞则会主导岩样劈裂面沿着其开设方向发生。

在 50MPa 单轴围压条件下，当岩样内的圆柱形孔洞直径由 10mm 增大至 20mm 再增大至 30mm 时，对应的截齿载荷逐渐降低，相应地由 167.74kN 降至 166.22kN 再降至 143.90kN，且岩样均发生横切孔洞方向的部分劈裂破坏，破落岩块从无围压的 X 向自由面劈落或劈开，从而形成的劈裂面偏向于沿施加围压的 Y 向。对于含 50mm 孔洞岩样，由于岩样承受不住 50MPa 的单轴围压，因此只施加 35MPa 的围压；此时在大直径圆柱形孔洞和相对低单轴围压的双重影响下，镐型截齿只需要凿入 3.616mm，截齿载荷达到 68.02kN 就可将岩样破坏，即使如此岩样的劈裂分开方向依然向着无围压的自由面，相比同等条件下含直径较小的孔洞岩样，其破碎程度更高。上述结果进一步表明，由于临空面是完全解除受限应力，而钻孔只是提供局部自由面，只能降低钻孔附近岩石的受限应力，从而临空面对

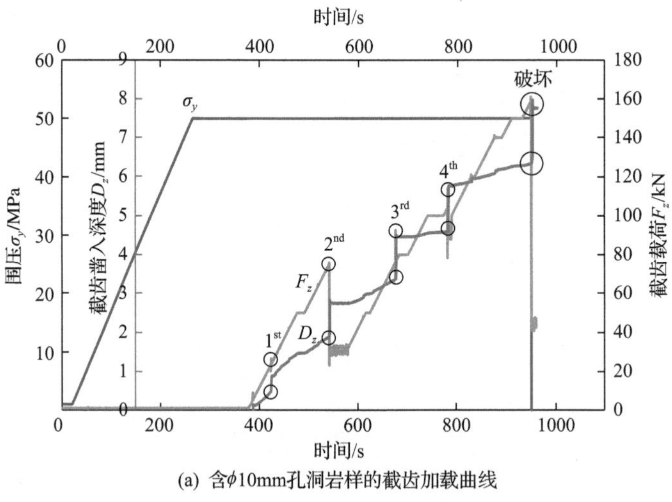

(a) 含ϕ10mm孔洞岩样的截齿加载曲线

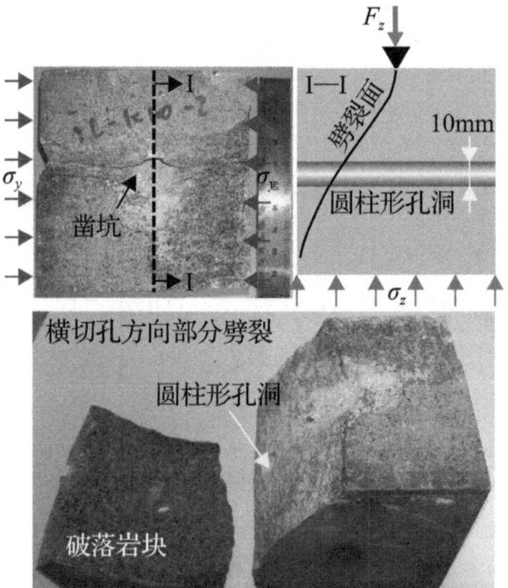

(b) 含ϕ10mm孔洞岩样的破坏图像

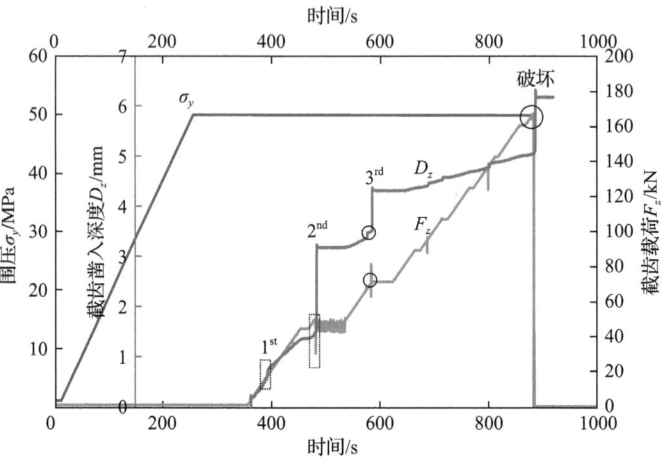

(c) 含ϕ20mm孔洞岩样的截齿加载曲线

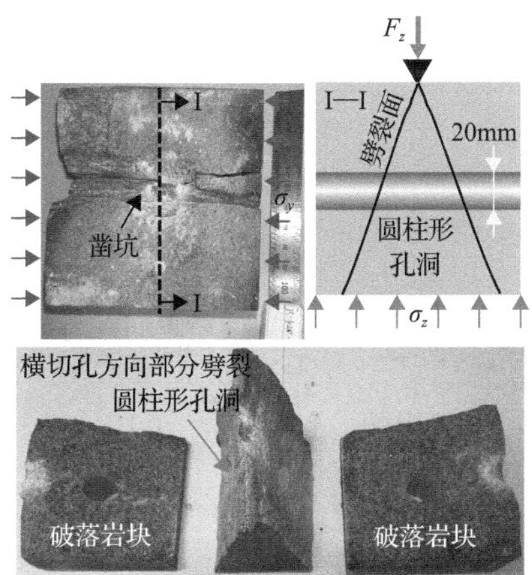

(d) 含ϕ20mm孔洞岩样的破坏图像

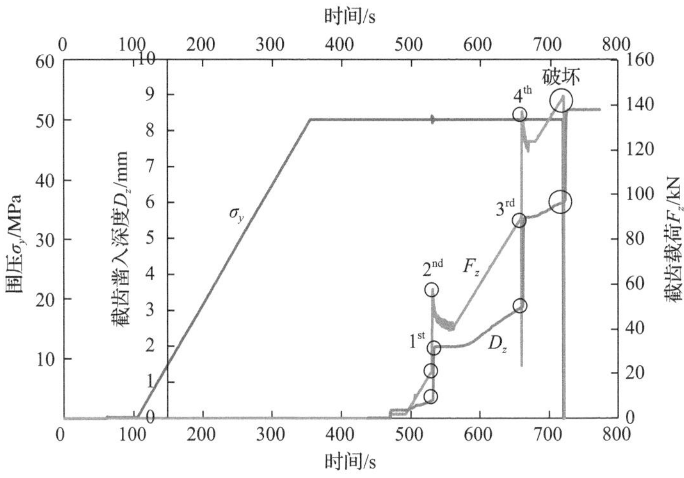

(e) 含ϕ30mm孔洞岩样的截齿加载曲线

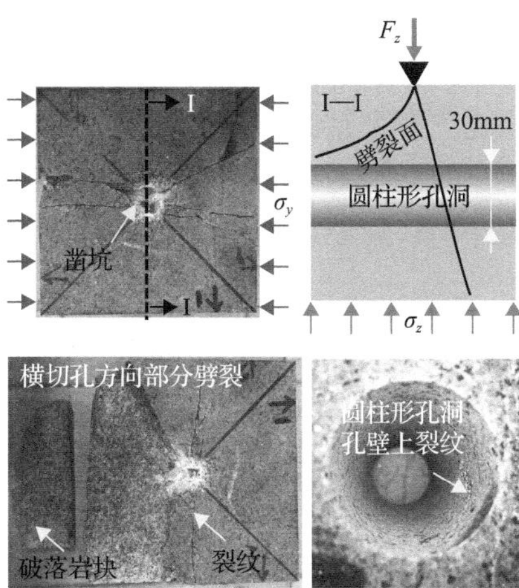

(f) 含ϕ30mm孔洞岩样的破坏图像

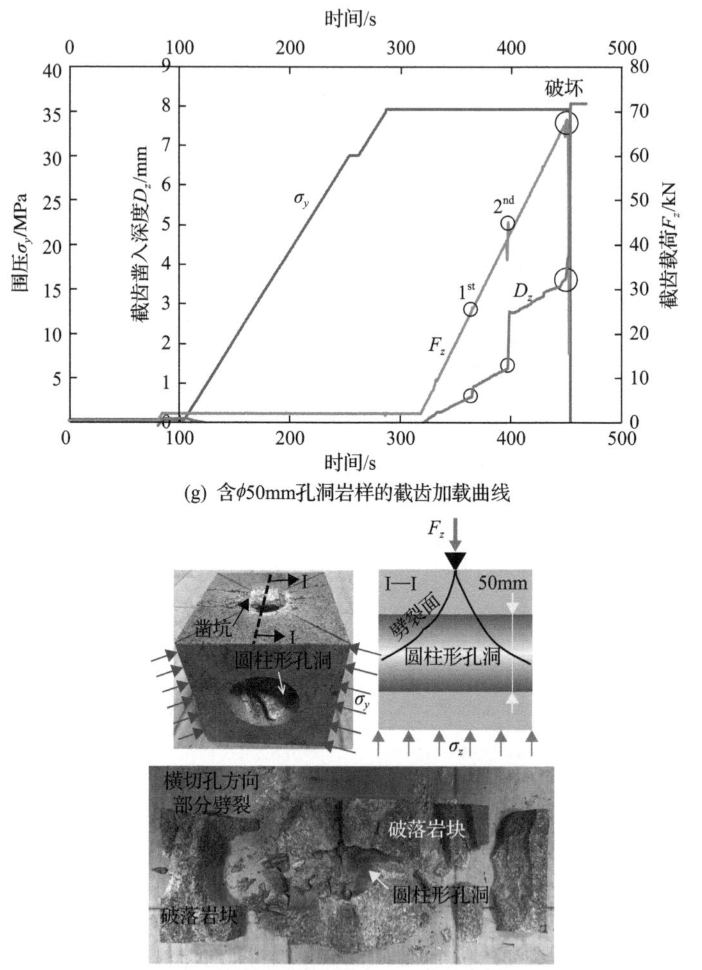

(g) 含ϕ50mm孔洞岩样的截齿加载曲线

(h) 含ϕ50mm孔洞岩样的破坏图像

图 3-23　50MPa 和 35MPa 单轴围压条件下含不同直径孔洞岩样的截齿破岩试验结果

岩样可切割性的提高作用要大于预钻孔。

为进一步综合比较预钻孔孔径对岩石截割特性的影响，从试验结果中提取岩样初始破裂时的峰值截齿载荷，以及岩样破坏时的峰值截齿载荷和截齿凿入深度作为岩样可切割性的评价指标，并将其随预钻孔孔径变化而变化的曲线绘制于图 3-24。由图 3-24 可知，岩样初始破裂时的峰值截齿载荷几乎不受预钻孔孔径的影响，此外单轴围压条件下的峰值截齿载荷普遍略高于无围压条件下的，这是因为岩样初始破裂只是截齿与岩样表面相互作用形成的局部破裂，只与岩样自身强度和围压条件有关；岩样破坏时的峰值截齿载荷随着孔径的增大而降低，并且同样孔径岩样在单轴围压条件下的峰值截齿载荷普遍大于无围压条件下的，这是因为岩样的最终破坏涉及岩样整体，破坏面能够贯穿岩样整体，从而其破坏不仅受到围压条件的影响，还受到预钻孔的影响且影响程度随钻孔直径的增大而增强；岩样破坏时截齿凿入深度在孔径小于 30mm 的情况下随孔径变化不明显，会表现出上下波动的情形，然而当孔径为 50mm 时破岩所需的截齿凿入深度明显降低，这是由于预钻孔孔径较小时，截齿凿岩形成的凿坑形状及尺寸受孔径影响不明显，而孔径较大时，截齿作用面与孔壁间的厚度较薄从而导致只需要很小的凿坑(对应于很小的凿入深度)就能使孔壁岩石破坏。

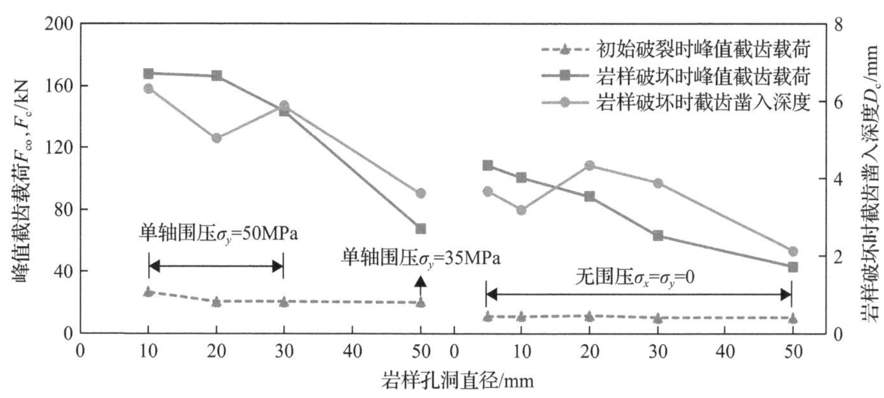

图 3-24 峰值截齿载荷和截齿凿入深度随岩样孔洞直径的变化曲线

根据上述研究发现，岩石内的预钻孔可一定程度上提高其可切割性，且可切割性随孔径的增大而提高。岩样初始破裂时的峰值截齿载荷几乎不受预钻孔直径的影响，并且单轴围压条件下的峰值截齿载荷普遍略高于无围压条件下的；岩样破坏时的峰值截齿载荷随着孔径的增大而降低，并且同样孔径岩样在单轴围压条件下的峰值截齿载荷普遍大于无围压条件下的；岩样破坏时截齿凿入深度在预钻孔直径较小时随孔径变化不明显，然而当孔径较大时破岩所需的截齿凿入深度明显降低。预切槽制造的临空面是完全解除受限应力，而预钻孔只是提供局部自由面只能降低钻孔附近岩石的受限应力，因此临空面对岩样可切割性的提高作用要大于预钻孔。

3.3 应力条件对截齿破岩的影响

3.3.1 截齿对立方块岩样的破岩特性

物理模拟岩石开挖后形成的双轴围压(对应于巷道独头掘进)、单轴围压(对应于采场半岛或孤岛型矿柱)和无围压(对应于应力释放后失去承载能力的围岩塑性区或者矿壁、矿柱上切槽后应力解除的岩体)三种应力环境，试验中通过 TRW-3000 的 X、Y 向静压加载缸施加围压载荷到立方块岩样侧面，构建相应的应力环境。随后通过试验系统的 Z 向静压加载缸施加载荷到岩样上端面进行单镐型截齿静态破岩试验，物理模拟受限应力条件下或者应力解除条件下机械刀具的截割破岩过程。

试验中首先对 150mm×150mm×150mm 立方块花岗岩Ⅱ岩样进行截齿破岩试验。对应于双轴围压应力环境，静态破岩试验中通过 X 和 Y 向静压加载缸在 150mm×150mm×150mm 岩样的两对侧面上构建双轴围压 σ_x-σ_y =13MPa-13MPa 和 4MPa-22MPa，然后通过 Z 向静压加载缸以位移控制的加载方式(加载速率 0.3mm/min)进行截齿破岩，试验结果见表 3-11，岩样破坏图像如图 3-25(a)和(b)所示。从表 3-11 中可以看出，当双轴围压 σ_x-σ_y =13MPa-13MPa 时，即使截齿端部全部凿入岩样也未能使其整体破坏，而是由于截齿不断凿入挤压岩样，岩样内出现众多裂纹，并且在截齿作用端有薄片岩块从岩样端面剥落，相应的破岩载荷超过 650kN。当双轴围压 σ_x-σ_y = 4MPa-22MPa 时，岩样破坏时截齿凿入 20.49mm，截齿载荷高达 648.77kN，岩样被截割成沿较小围压方向分裂的四块岩板，发生部分劈裂，且有破断面贯通岩样。在此种应力环境下，实际对应于巷道独头掘进(只有一个自由面)，如果单纯地用截齿直接作用到双向受限的工程岩体表面，截齿需要较深的凿入深度和较大的截齿载荷才能将岩石剥落。这是由于此种应力环境下岩样破坏以压剪破坏为主，只有截齿凿入更深的深度才能在岩体内形成足够大的破裂区域，因此需要的截齿载荷较大。然而在破岩机械性能固定的条件下，往往会因为截齿载荷达不到足够高而使截齿难以凿入岩体，而且截齿与岩体表面不断发生摩擦，从而造成截齿磨损严重，使用寿命较短，且破岩过程会产生较多的粉尘。因此，目前基于截齿旋转切削的机械化破岩落矿方法还不适用于硬岩的独头掘进。

表 3-11 不同围压条件下截齿破岩(150mm×150mm×150mm)试验结果

围压/MPa		F_c/kN	D_c/mm	岩样破坏模式
σ_x	σ_y			
13	13	>650	>20.5(由于截齿端部全部凿入岩样，停止试验)	表面剥落
4	22	648.77	20.49	部分劈裂
0	30	547.42	17.03	部分劈裂
0	0	103.39	3.79	完整劈裂

对应于单轴围压应力环境，静态破岩试验中通过 Y 向静压加载缸在 150mm×150mm×150mm 岩样的一对侧面上施加单轴围压 σ_y = 30MPa，然后通过 Z 向静压加载缸对截齿施加载荷用于破岩，试验结果见表 3-11，岩样破坏图像如图 3-25(c)

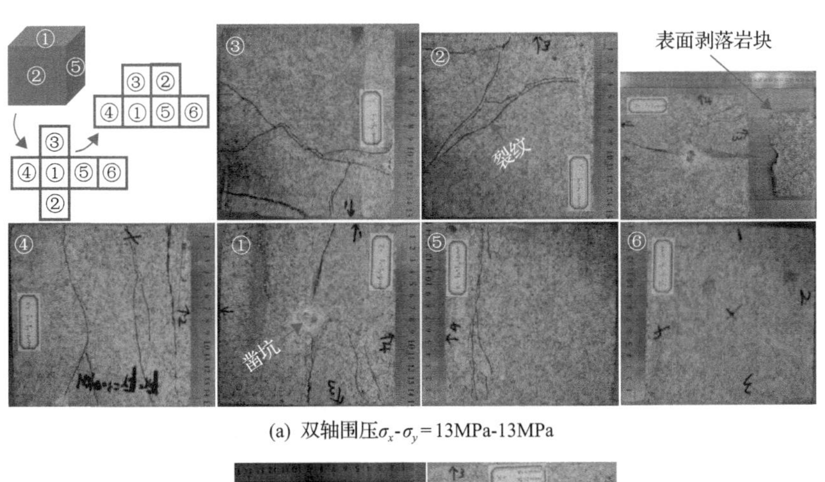

(a) 双轴围压σ_x-σ_y=13MPa-13MPa

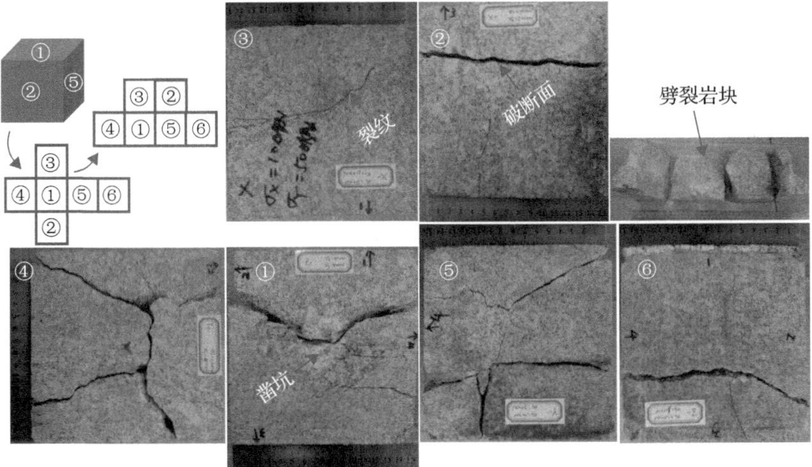

(b) 双轴围压σ_x-σ_y=4MPa-22MPa

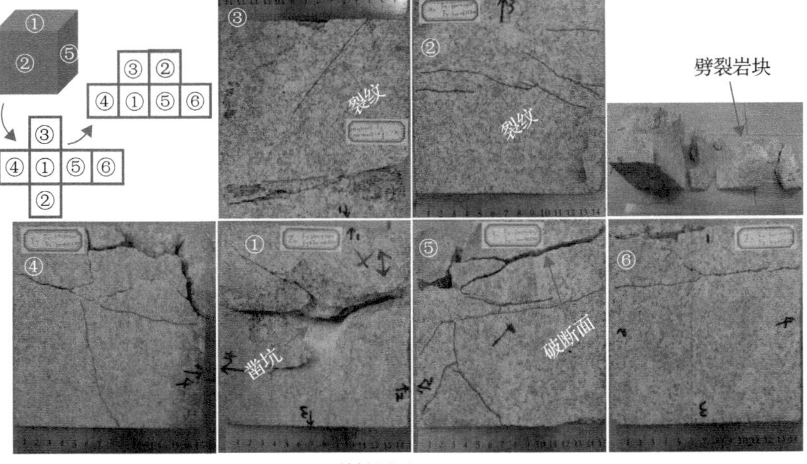

(c) 单轴围压σ_y=30MPa

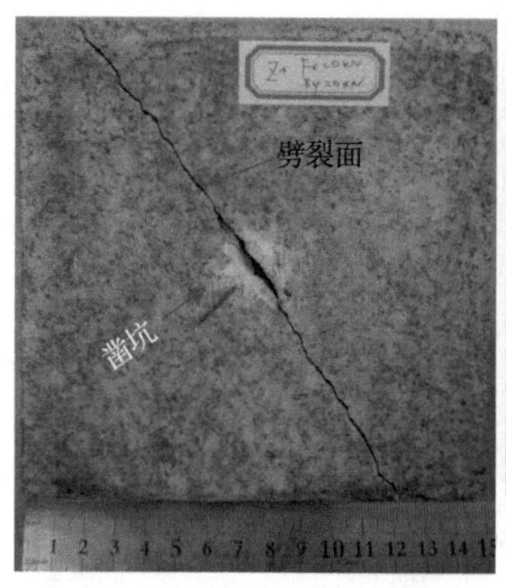

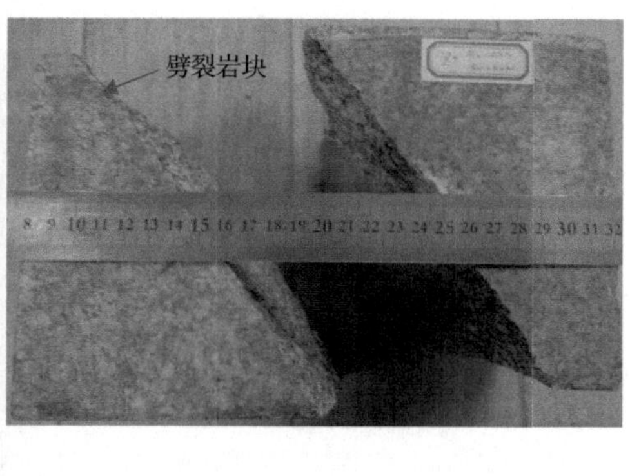

(d) 无围压条件

图 3-25　不同围压条件下截齿破岩时岩样(150mm×150mm×150mm)破坏图像

所示。截齿凿入 17.03mm，截齿载荷达到 547.42kN 时，岩样发生部分劈裂，劈裂岩块从未施加围压的临空面截落，岩样内有众多裂纹产生。

对应于无围压条件，静态破岩试验中只通过 Z 向静压加载缸在 150mm×150mm×150mm 岩样的上端面施加载荷用于破岩，试验结果见表 3-11，岩样破坏图像如图 3-25(d)所示。截齿仅需要凿入 3.79mm，截齿载荷达到 103.39kN，就可将岩样完整劈裂为对等的两块，破岩最为容易。

为了更详细地研究围压条件对截齿破岩的影响，以及能够施加更高的围压，试验中进一步通过 TRW-3000 的 X、Y 向静压加载缸施加围压载荷到 100mm×100mm×100mm 花岗岩Ⅱ和大理岩岩样侧面，构建双轴、单轴、无围压三种条件。随后通过 TRW-3000 的 Z 向静压加载缸施加载荷到岩样上端面进行单镐型截齿静态破岩试验，物理模拟受限应力条件下或者应力解除条件下机械刀具的截割破岩过程。在各种围压条件下，单镐型截齿静态破岩试验获得的截齿载荷-截齿凿入深度曲线如图 3-26 所示。截齿破岩时，在岩样发生最终破坏前，随着截齿的不断凿入，截齿与岩样相互作用的接触面会发生多次局部破裂，形成凿坑，且凿坑的尺寸不断增大。

对于不同的围压条件，截齿破岩形成的岩样破坏模式不同，存在表面剥落、岩爆、部分劈裂、完全劈裂等破坏模式，具体为：在双轴围压条件下，岩样只发生表面剥落的局部破坏，未发生整体破坏；在高单轴围压条件下发生岩爆；在中等单轴围压条件下发生部分劈裂破裂；在较低单轴围压以及无围压条件下发生完全劈裂破坏。花岗岩Ⅱ和大理岩岩样的不同破坏模式图像分别如图 3-27 和图 3-28 所示。根据截齿载荷-截齿凿入深度曲线提取出岩样多次破裂以及最终破坏时的峰值截齿载荷和岩样最终破坏时的截齿凿入深度等数据，以及各围压条件下的岩样破坏模式综合列于表 3-12 中。

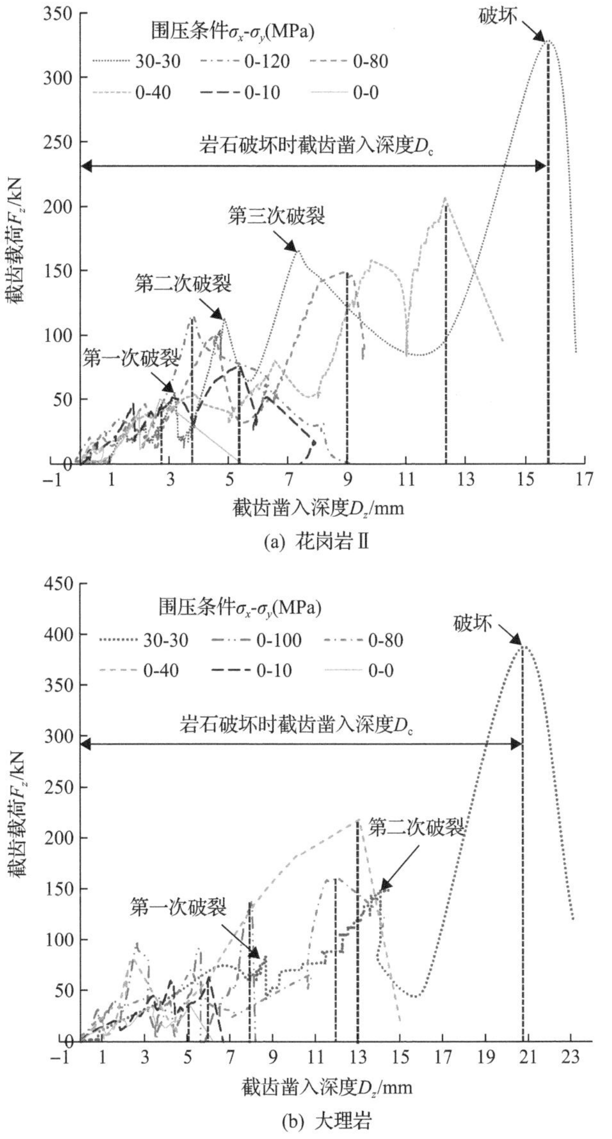

(a) 花岗岩Ⅱ

(b) 大理岩

图 3-26　不同围压条件下单镐型截齿破岩时截齿载荷-截齿凿入深度曲线

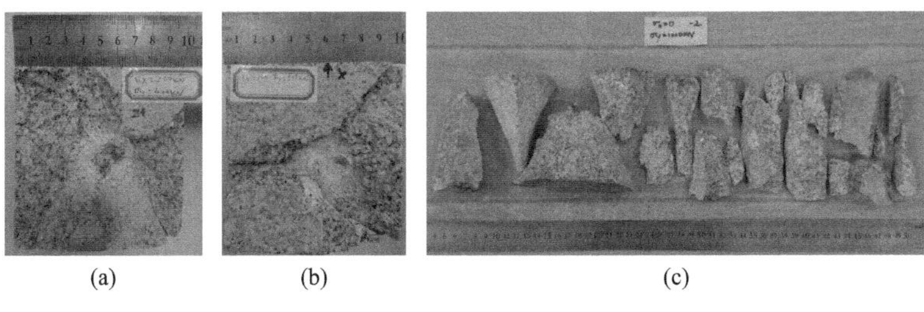

(a)　(b)　(c)

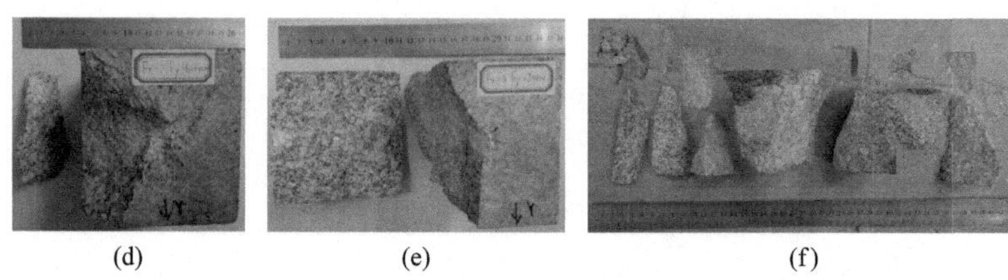

(d) (e) (f)

图 3-27 不同围压条件下 100mm×100mm×100mm 立方块花岗岩Ⅱ岩样的破坏模式图像

(a)、(b)截齿破岩时的表面剥落；(c)截齿破岩时岩爆产生的岩石碎块；(d)截齿破岩时的部分劈裂；(e)截齿破岩时的完全劈裂；(f)单轴压缩时岩爆产生的岩石碎块

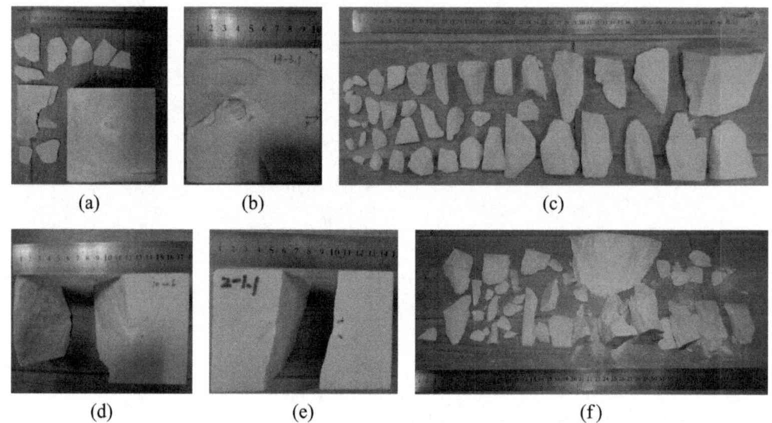

(a) (b) (c)

(d) (e) (f)

图 3-28 不同围压条件下 100mm×100mm×100mm 立方块大理岩岩样的破坏模式图像

(a)、(b)截齿破岩时的表面剥落；(c)截齿破岩时岩爆产生的岩石碎块；(d)截齿破岩时的部分劈裂；(e)截齿破岩时的完全劈裂；(f)单轴压缩时岩爆产生的岩石碎块

表 3-12 不同围压条件下 100mm×100mm×100mm 立方块岩样镐型截齿静态破岩试验结果

岩石材料	围压/MPa		截齿载荷/kN				岩样破坏时截齿凿入深度 D_c/mm	破坏模式
	σ_x	σ_y	初始破裂 F_{co}	第二次破裂	第三次破裂	岩样破坏 F_c		
花岗岩Ⅱ	30	30	55.18	112.86	164.30	327.76	15.79	表面剥落
	20	40	112.64	266.41	—	500.48	22.77	表面剥落
	10	50	127.11	312.51	—	413.79	21.45	表面剥落
	0	130	6.74	—	—	37.94	2.71	剪切+板裂（岩爆）
	0	120	35.37	—	—	114.27	3.74	剪切+板裂（岩爆）
	0	100	59.53	—	—	140.14	5.39	剪切+板裂（岩爆）
	0	80	23.72	45.79	98.28	148.95	9.10	部分劈裂
	0	60	48.26	—	—	162.33	12.19	部分劈裂

续表

岩石材料	围压/MPa		截齿载荷/kN				岩样破坏时截齿凿入深度 D_c/mm	破坏模式
	σ_x	σ_y	初始破裂 F_{co}	第二次破裂	第三次破裂	岩样破坏 F_c		
花岗岩Ⅱ	0	40	53.39	78.54	157.07	206.28	12.27	部分劈裂
	0	20	52.53	143.69	122.81	203.44	11.25	完全劈裂
	0	10	45.58	51.37	76.45	51.64	5.34	完全劈裂
	0	5	23.32	45.18	79.52	63.77	3.43	完全劈裂
	0	0	12.43	13.07	40.39	49.99	2.66	完全劈裂
	0	0	立方块岩样单轴压缩强度			σ_{zc} /MPa 135.72	—	剪切+板裂（岩爆）
大理岩	30	30	73.10	156.27	—	386.54	20.70	表面剥落
	20	40	87.26	213.55	—	420.07	24.39	表面剥落
	10	50	96.13	292.63	—	373.94	19.11	表面剥落
	0	120	16.41	—	—	100.07	5.17	剪切+板裂（岩爆）
	0	100	40.92	96.52	91.04	138.34	8.04	剪切+板裂（岩爆）
	0	80	43.89	68.7	—	160.83	12.08	部分劈裂
	0	60	33.52	58.96	91.65	188.90	12.83	部分劈裂
	0	40	24.11	81.70	—	217.90	13.04	完全劈裂
	0	20	32.67	—	—	183.26	12.07	完全劈裂
	0	10	20.56	45.03	59.30	62.89	6.03	完全劈裂
	0	5	13.85	38.00	44.82	43.42	5.61	完全劈裂
	0	0	13.51	21.67	33.78	34.84	5.15	完全劈裂
	0	0	立方块岩样单轴压缩强度			σ_{zc} /MPa 136.25	—	剪切+板裂（岩爆）

1. 双轴围压条件下截齿破岩

对应于双轴受限应力环境，试验中通过 X 和 Y 向静压加载缸构建双轴围压 σ_x-σ_y = 30MPa-30MPa 、20MPa-40MPa 、10MPa-50MPa ，然后通过 Z 向静压加载缸对截齿加载用于破岩，试验结果如图 3-29 所示。从图 3-29 中可以看出，在双轴围压条件下，截齿需要在岩样端面中心凿入较深的深度(对于花岗岩Ⅱ和大理岩岩样其凿入深度要大于 15mm)才能将岩块从岩样表面剥落，相应地岩样发生表面剥落时作用在截齿上的载荷较大，对于花岗岩Ⅱ和大理岩岩样其载荷都超过 300kN。此外，此种应力条件下，岩样发生初始破裂所需的截齿载荷也较大，对于花岗岩Ⅱ和大理岩岩样其载荷超过 50kN。在此种应力环境下，实际条件下相应于巷道独头掘进(只有一个自由面)，如果单纯地用截齿直接作用到双向受限的工程岩体表面，截齿需要较深的凿入深度和较大的截齿载荷才能将岩石剥落。这是由于在待截割岩体受到双向边界应力限制后，截齿截割岩体时，随着截齿凿入，岩块只能从截齿作用端的临空面被挤压破裂而发生剥落，其破坏以压剪破坏为主，只有截齿凿入更深的深度才能在岩体内形成足够大的破裂区域，因此需要的截齿载荷较大。然而在破岩机械性能固定的条件下，往往会因为截齿载荷达不到足够高而使截齿难以凿入岩体，而是与岩体表面不断发生摩擦，从而造成截齿磨损严重，使用寿命较短，且破岩过程会产生较多的粉尘，污染作业环境，影响作业视线，很难实现采矿过程的经济、高效、安全、环保。因此，目前基于截齿旋转切削的机械化破岩落矿方法还不适用于硬岩的独头掘进。

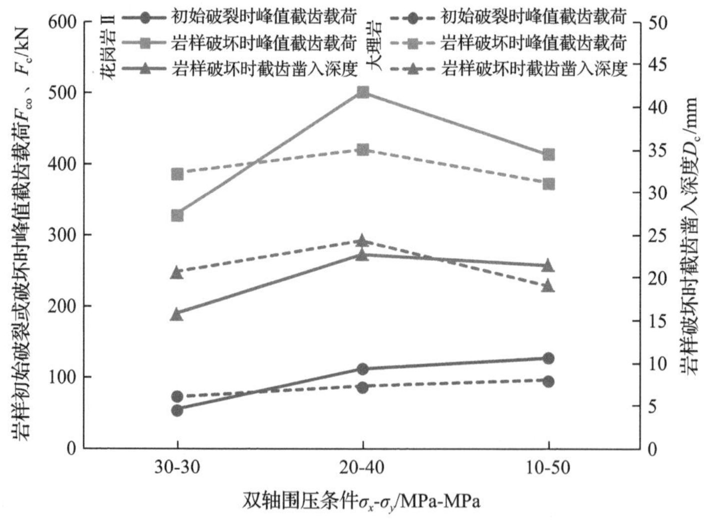

图 3-29　双轴围压条件下截齿破岩试验结果

2. 单轴围压和无围压条件下截齿破岩

对应于单轴受限应力环境，试验中通过 Y 向静压加载缸构建单轴围压 σ_y = 5MPa、10MPa、20MPa、40MPa、60MPa、80MPa、100MPa、120MPa(对于大理岩岩样该值是施加单轴围压的最大值)和 130MPa(对于花岗岩Ⅱ岩样该值是施加单轴围压的最大值)。对应于无受限应力环境，试验中不施加 X 和 Y 方向载荷。单轴围压施加完成后，通过 Z 向静压加载缸对截齿加载用于破岩，试验结果如图 3-30 所示。从图 3-30 中可以看出，在无围压和单轴围压 σ_y <40MPa 条件下，随着单轴围压增大，截齿载荷和凿入深度也相应增大，单轴围压从 0 到 20MPa 截齿载荷和

凿入深度增加速度较快，而单轴围压在 20～40MPa 内截齿载荷和凿入深度增加速度缓慢。在单轴围压 $\sigma_y \geqslant$40MPa 条件下，随着单轴围压增大，截齿破岩需要的载荷和凿入深度则逐渐减小。在较低的单轴围压下，岩样受到的围压限制较小，截齿破岩时会沿着单轴围压作用方向将岩样完全劈裂成形状尺寸相同的两块岩块，即劈裂岩块向无围压作用的自由面方向分离成形状尺寸相同的两块岩块并向自由面劈落；随着单轴围压增大，岩样受到的围压限制相应增大，限制了岩样在围压作用方向上的变形，并且会因为存在随围压增大而相应增加的端部效应，相当于在临空面方向施加一定的限制应力，从而阻碍岩块从临空面剥落，因此岩样的截割难度会随着单轴围压的增大而增大。然而在较高的单轴围压下，岩样内部会因为单轴围压的作用而萌生裂纹，且随着围压增大，裂纹相应增多，当截齿从岩样端面不断凿入时，较高的单轴围压会加剧截齿作用区域岩石的应力集中，从而致使岩样在截齿作用端面发生部分劈裂，产生从岩样临空侧面剥落的楔形岩块；此种应力条件下，随着单轴围压的增大，围压反倒有利于截齿破岩。然而，当单轴围压继续增大，接近及超过岩样单轴抗压强度的 70%时，岩样在截齿截割前存在较高的弹性储能，当截齿从岩样端面凿入时，破坏了岩样的完整性，降低了岩样的抗压能力，因为花岗岩具有极为明显的弹脆性，当岩样失去对高单轴围压的支撑能力后，岩样会在此单轴围压下产生剧烈破坏，岩块会从围压作用端快速弹射，从而产生岩爆现象。

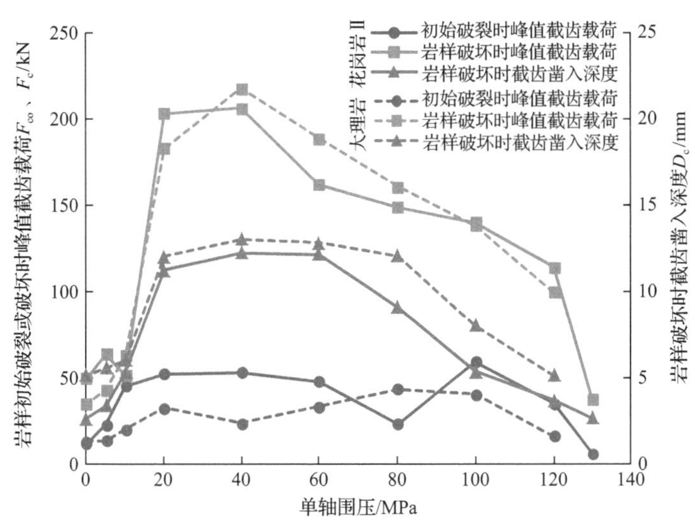

图 3-30　单轴围压和无围压条件下截齿破岩试验结果

3. 应力条件对岩样可切割性的影响

镐型截齿破岩是涉及镐型截齿与岩石在两者接触区域发生相互作用的一个由

点载荷到局部载荷的破岩过程，该过程受到应力条件、岩样特性、截齿作用参数等因素的综合影响，因此岩样的可切割性与岩样所处的围压条件密切相关。岩样的初始破裂载荷表示截齿与岩样相互作用区域发生局部破裂所需的峰值载荷，能够反映截齿初始凿入岩样的难易程度；岩样最终破坏时的截齿载荷和截齿凿入深度则是岩样发生宏观破坏，有较大尺寸破碎岩块脱离岩样时，截齿所需的峰值载荷和截齿凿入深度，能够反映截齿破坏岩样并剥落岩块的难易程度。因此，试验中通过岩样初始破坏以及最终破坏时的峰值截齿载荷和岩样最终破坏时的截齿凿入深度来作为岩样可切割性的评价指标。

综合分析图 3-29 和图 3-30 所示的各种围压条件下截齿破岩试验结果，可以得出：双轴围压条件下岩样的可切割性最差，单轴围压条件下次之，无围压条件下岩样的可切割性最高；单轴围压条件下，随着围压增大，岩样的可切割性先降低后升高，表现出非线性非单调的变化过程，因此存在一个临界点，当单轴围压大于或者小于此临界点时反倒有利于截齿破岩；此外，当单轴围压过高接近或超过岩样单轴抗压强度的 70%时，截齿破岩会作为岩样内高弹性储能瞬态释放的诱导因素而易引起伴随岩石碎块快速弹射的岩爆现象，因此存在一个临界点，当单轴围压大于此临界点时，截齿破岩极易诱发岩爆，截齿破岩过程极不安全。综上所述，在低单轴围压以及无围压条件下，岩样可被安全高效地完全劈裂，具有最优的可切割性。因此，在深部硬岩非爆机械化开采中，应通过开挖诱导工程、诱导围岩形成松动区、开设预切槽、施工预钻孔等措施创造具备低单轴受限应力甚至无受限应力的采矿条件，从而提高非爆机械化采矿方法在深部硬岩矿体中的应用及推广。

由于巷道开挖构建采场过程中应力重分布作用，巷道开挖后形成的采矿作业面内的待采矿柱一般处于单轴受限应力状态。因此，在试验研究基础上，构建单轴围压下截齿破岩力学分析模型对评价其可切割性显得尤为重要。根据试验条件，构建如图 3-31 所示的镐型截齿破岩力学分析模型。

假设截齿破岩时岩石破裂面上发生张拉破坏，镐型截齿破岩需要施加的峰值截齿载荷满足[式(3-9)]：

$$\sigma_{\mathrm{t}}\iint_{S}\sin\theta\mathrm{d}S+2f\sigma_{y}S_{\mathrm{B}}=\frac{F_{\mathrm{c}}^{\mathrm{t}}}{\pi\tan\alpha} \tag{3-9}$$

即

$$\sigma_{\mathrm{t}}S_{\mathrm{A}}+2f\sigma_{y}S_{\mathrm{B}}=\frac{F_{\mathrm{c}}^{\mathrm{t}}}{\pi\tan\alpha} \tag{3-10}$$

因此，岩样破坏时峰值截齿载荷可表达为

$$F_{\mathrm{c}}^{\mathrm{t}} = \pi \tan\alpha\left(\sigma_{\mathrm{t}} S_{\mathrm{A}} + 2 f \sigma_y S_{\mathrm{B}}\right) \tag{3-11}$$

式中：$F_{\mathrm{c}}^{\mathrm{t}}$ 为根据张拉破坏计算得到的峰值截齿载荷；σ_{t} 为岩石材料的抗拉强度；σ_y 为岩样上施加的单轴围压；S_{A} 为岩石破裂面 S 在 yz 平面上的投影面积；S_{B} 为破裂岩块与用于施加 y 向单轴围压的加载块间的接触面积；α 为镐型截齿尖部半角；θ 为破裂面上某点的切面在 x 方向上的倾角；f 为单轴围压加载块与岩样表面间的摩擦系数。

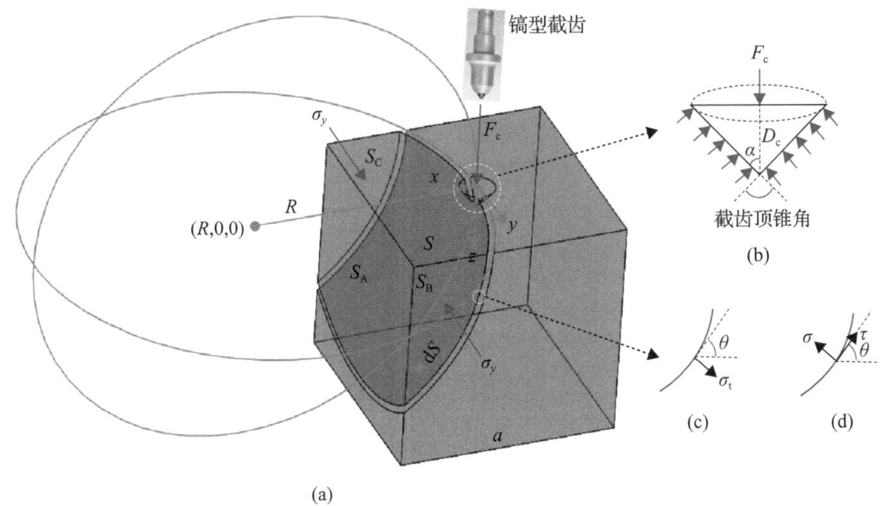

图 3-31　镐型截齿破岩力学分析模型

(a) 截落岩块的几何模型和受力分析模型；(b) 截齿顶锥受力分析模型；(c) 破裂面上某点应力（张拉破坏）；(d) 破裂面上某点应力（剪切破坏）

假设岩石破裂面上发生剪切破坏，镐型截齿破岩需要施加的峰值截齿载荷满足式(3-12)～式(3-14)：

$$2 f \sigma_y S_{\mathrm{B}} + \tau \iint_S \cos\theta \mathrm{d}S = \frac{F_{\mathrm{c}}^{\mathrm{S}}}{\pi \tan\alpha} + \sigma \iint_S \sin\theta \mathrm{d}S \tag{3-12}$$

$$2 f \sigma_y S_{\mathrm{B}} + \tau \iint_S \sin\theta \mathrm{d}S + \sigma \iint_S \cos\theta \mathrm{d}S = \frac{F_{\mathrm{c}}^{\mathrm{S}}}{2} \tag{3-13}$$

$$\tau = \sigma \tan\varphi + c \tag{3-14}$$

式(3-12)和式(3-13)分别可写成

$$2 f \sigma_y S_{\mathrm{B}} + \tau S_{\mathrm{C}} = \frac{F_{\mathrm{c}}^{\mathrm{S}}}{\pi \tan\alpha} + \sigma S_{\mathrm{A}} \tag{3-15}$$

$$2f\sigma_y S_B + \tau S_A + \sigma S_C = \frac{F_c^S}{2} \tag{3-16}$$

因此，岩样破坏时峰值截齿载荷可表示为

$$F_c^S = \frac{2\pi\tan\alpha\left[2f\sigma_y S_B\left(S_A + S_C + \tan\varphi S_A - \tan\varphi S_C\right) + c\left(S_A^2 + S_C^2\right)\right]}{2S_C + 2\tan\varphi S_A + \pi\tan\alpha S_A - \pi\tan\alpha\tan\varphi S_C} \tag{3-17}$$

式中：F_c^S 为根据剪切破坏计算得到的峰值截齿载荷；S_C 为岩石破裂面 S 在 xy 平面上的投影面积；σ 和 τ 分别为岩石破裂面上某点的正应力和切应力；c 和 φ 分别为岩石材料的黏聚力和内摩擦角。

假设岩石破裂面呈球面形，即破裂面是以 R 为半径，以 $(R, 0, 0)$ 为球心的圆球面上的一部分，S_A、S_B、S_C 参数值可分别由圆球半径 R 和立方块岩样的边长 a 唯一确定。破裂球面的半径 R 受单轴围压影响。事实上，镐型截齿破岩引起的岩石破坏既有张拉破坏也有剪切破坏。因此，岩样破坏时峰值截齿载荷可综合表达为

$$F_c = \frac{S_t}{S}F_c^t + \frac{S_c}{S}F_c^S \tag{3-18}$$

式中：S_t 和 S_c 分别为岩石破裂面 S 上张拉破坏区域面积和剪切破坏区域面积。可根据破裂岩块上破裂面表现出的形貌特征，判断张拉破坏区域和剪切破坏区域。

由上述分析可知，单轴围压下截齿破岩致使岩石破坏所需的峰值截齿载荷受到镐型截齿顶锥角、岩样的几何尺寸和力学特性、单轴围压大小、岩样与加载块间的摩擦系数等因素的影响。

已有的峰值截齿载荷计算公式(见第 1 章)能够一定程度上反映镐型截齿破岩过程的影响因素，但是忽略了岩石尺寸效应、岩样端面效应、应力条件的影响。考虑上述影响因素，基于 Goktan 提出的峰值截齿载荷计算公式，本章构建了新的峰值截齿载荷拟合表达式，如式(3-19)所示：

$$F_c = \frac{12\pi\sigma_t d^2\sin^2(\alpha+f)k_s}{\cos(\alpha+f)}f\left(\sigma_y\right) = \frac{12\pi\sigma_t d^2\sin^2(\alpha+f)k_s}{\cos(\alpha+f)}\left(m\sigma_y^2 e^{-n\sigma_y} + 1\right) \tag{3-19}$$

式中：k_s 为岩样尺寸影响系数；$f\left(\sigma_y\right)$ 为与单轴围压 σ_y 有关的端面效应影响因子；m 和 n 为端面效应影响因子 $f\left(\sigma_y\right)$ 内的影响系数，可由试验数据回归分析得到；d 为截割深度；f 为截齿和岩石间的摩擦角。

根据理论模型和基于试验数据的拟合模型，计算得到各单轴围压条件下镐型

截齿破岩所需的峰值截齿载荷，并与试验数据一并绘制于图 3-32 中。从图 3-32 中可知，理论模型可以较好地表达低围压至中等围压条件下(当岩样发生完全劈裂或者部分劈裂破坏时)峰值截齿载荷随围压的变化情况，而不能表达高围压条件下(当岩样发生岩爆破坏时)峰值截齿载荷的变化情况；而基于试验数据的拟合模型能够较好地反映各个围压条件下的峰值截齿载荷的大小，从而能够反映整个围压范围内峰值截齿载荷的变化情况。提出的峰值截齿载荷计算模型能够为处于单轴围压条件下的半岛型或全岛型硬岩矿柱内的矿岩体的可切割性评估提供理论支持，并可为破岩机械截割能力以及截割参数的合理设计提供理论参考。

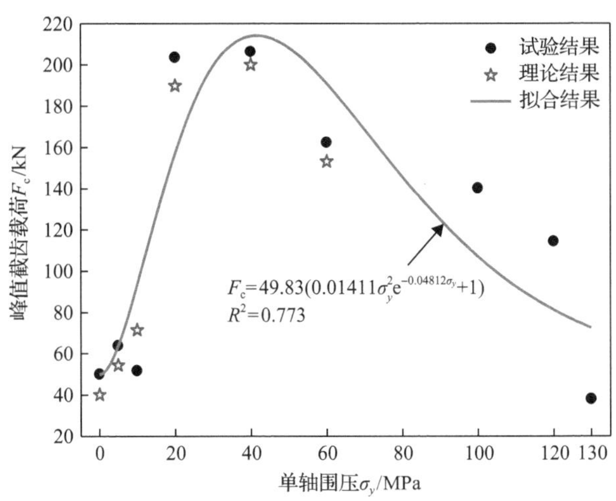

图 3-32　单轴围压条件下峰值截齿载荷计算结果

4. 应力条件对岩样破坏模式的影响

相同围压条件下，对于花岗岩Ⅱ和大理岩岩样，截齿破岩时具有相同的破坏模式，因此此处以花岗岩Ⅱ岩样的破坏模式为例进行有关应力条件对岩样破坏模式影响的详细分析。花岗岩Ⅱ岩样在不同围压条件下的破坏模式见表 3-13。

在双轴围压条件下，除了截齿作用面是临空面外，立方块岩样的其他端面均处于受限应力状态，破裂岩石碎块只能随着截齿的不断凿入从截齿作用临空面被挤压剥落，岩样发生不了较大范围的破落，只能在截齿作用面局部破裂，因此这种破坏模式称为表面剥落，但是岩样内部会因截齿在岩样端面形成凿坑后的局部压缩而出现大量损伤裂纹。当双轴围压相等时，镐型截齿破岩引起的岩样表面剥落表现为破裂岩块从截割端面均向起裂。当双轴围压不相等时，表面剥落表现为破裂岩块倾向于沿较小围压方向分离开裂。这种表面剥落式的破坏模式，是截齿凿岩形成一定尺寸的凿坑后的局部压缩破坏，正是如此才致使只有截齿在凿入较深的深度并具备较大的截齿载荷时，才能将岩样破坏。

表 3-13　不同围压条件下 100mm×100mm×100mm 立方块花岗岩Ⅱ岩样破坏模式

围压/MPa		F_c/kN	D_c/mm	岩样破坏模式	岩样破坏图像
σ_x	σ_y				
30	30	327.76	15.79	表面剥落	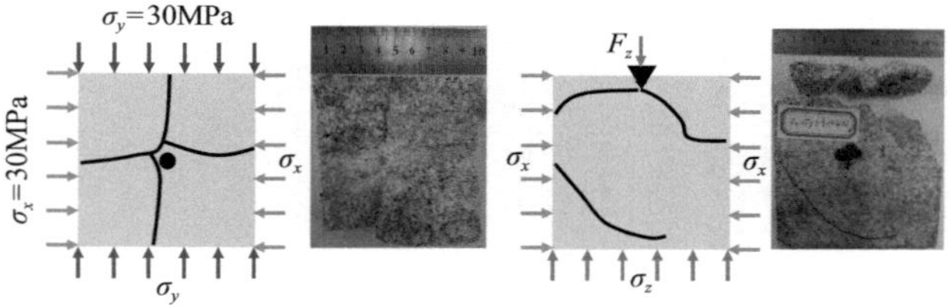 σ_y=30MPa　σ_x=30MPa　σ_x　σ_y　F_z　σ_x　σ_z
20	40	500.48	22.77	表面剥落	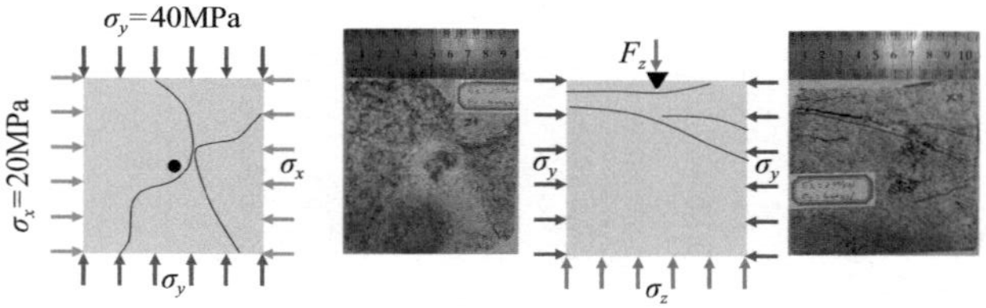 σ_y=40MPa　σ_x=20MPa　σ_x　σ_y　F_z　σ_y　σ_z
10	50	413.79	21.45	表面剥落	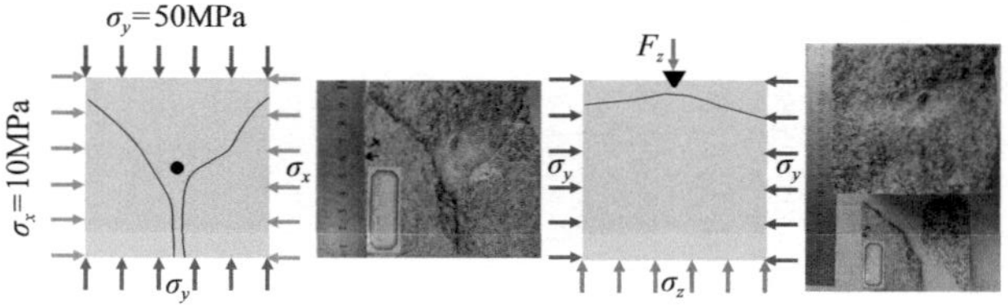 σ_y=50MPa　σ_x=10MPa　σ_x　σ_y　F_z　σ_y　σ_z

续表

围压/MPa		F_c/kN	D_c/mm	岩样破坏模式	岩样破坏图像
σ_x	σ_y				
0	130	37.94	2.71	岩爆+剪切	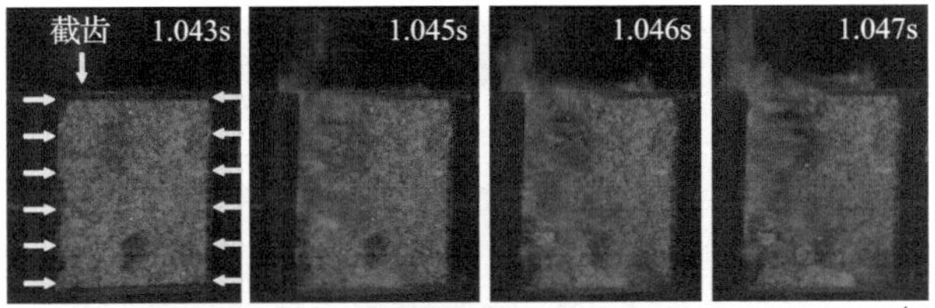
0	120	114.27	3.74	岩爆+剪切	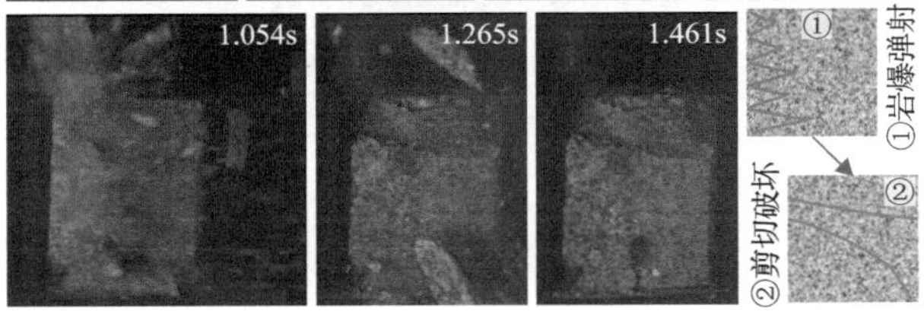
0	100	140.14	5.39	岩爆+剪切	
0	60	162.33	12.19	部分劈裂	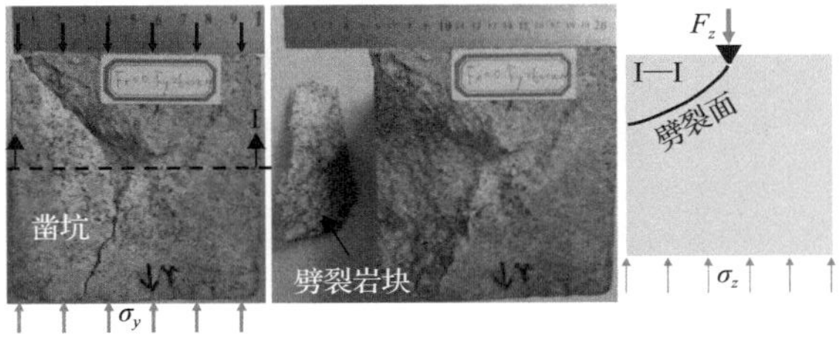

续表

围压/MPa		F_c/kN	D_c/mm	岩样破坏模式	岩样破坏图像
σ_x	σ_y				
0	40	206.28	12.27	部分劈裂	
0	20	203.44	11.25	部分劈裂	
0	10	51.64	5.34	完全劈裂	

续表

围压/MPa		F_c/kN	D_c/mm	岩样破坏模式	岩样破坏图像
σ_x	σ_y				
0	5	63.77	3.43	完全劈裂	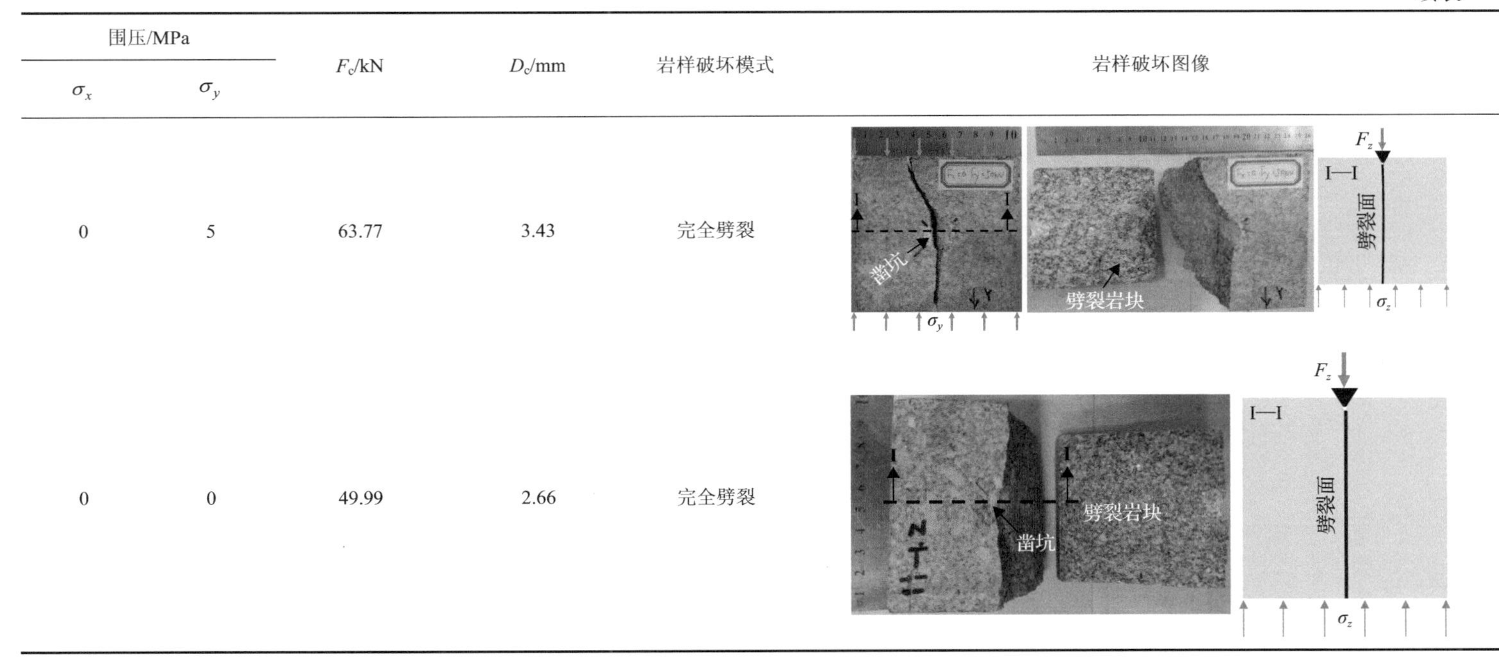
0	0	49.99	2.66	完全劈裂	

在单轴围压条件下，除了截齿作用面是临空面外，立方块岩样的侧向端面具有一对临空面，该临空面处于受限应力完全解除状态。因岩样侧向端面单轴受限应力和临空面的共同作用，单轴围压条件下截齿破岩的难易程度随单轴围压的增大表现出非线性非单调的变化过程，该变化过程的内部诱因是随单轴围压变化岩样破坏模式改变，具体为随着单轴围压增大，截齿破岩造成的岩样破坏模式从完全劈裂变化为部分劈裂，再变化为岩爆。当单轴围压较小时，围压引起的限制作用较小，接近于临空面，镐型截齿破岩相当于点载荷劈裂破岩，岩样会发生完全劈裂破坏，岩样被镐型截齿施加的点载荷劈裂成形状尺寸相同的两块岩块，此种应力条件下截齿只需凿入很浅的深度以及具备很小的截齿载荷就可将岩样完全劈裂；当单轴围压较大时，围压引起的限制作用较大，并且因较大围压引起的不可忽略的端部效应，相当于在临空面上施加了一定的侧向围压，此种应力条件下镐型截齿破岩会造成劈裂岩块从临空面破裂，并因另一方向上的围压限制，劈裂面会从截齿作用面起裂，随后从侧向临空面裂开，从而形成的劈裂岩块呈楔形，这种劈裂面未能贯通岩样上下端面而是从侧向端面裂开的破坏模式称为部分劈裂，此应力条件下致使岩样破坏的截齿载荷会相应增大；单轴围压继续增大，更大的单轴围压相当于施加单轴载荷致使岩样发生预先破裂损伤，随后的截齿破岩致使岩样破裂所需的破岩载荷反而降低，此种应力条件下单轴围压反倒有利于截齿破岩；单轴围压继续增大，接近或者超过岩样单轴压缩强度的 70%时，截齿破岩前岩样内会因超高应力的单轴压缩储存有大量的弹性储能，随后的截齿破岩会诱发这些弹性储能快速释放，从而致使岩样边缘位置的岩石板裂并快速弹射形成岩爆，并在最后因单轴压缩形成整体的剪切破坏，此种应力条件下截齿破岩只是作为岩爆的诱因，高围压条件才是岩样破坏的主导因素，因此截齿破岩时只需很小的截齿载荷则可诱发岩爆，致使岩样破坏。

在无围压条件下，岩样未受到侧向应力限制，截齿破岩时只涉及点载荷的劈裂破坏岩样，此种应力条件下岩样会在镐型截齿施加的点载荷下发生完全劈裂破坏，并且截齿只需凿入很浅的深度以及具有很小的截齿载荷就可将岩样完全劈裂成形状尺寸相同的两块岩块。该条件下的破坏模式也是其可切割性最好的内在原因。

5. 应力条件对岩样破坏块度的影响

截齿破岩后岩样破坏形成的破碎岩块的大小能够间接反映岩样的破坏模式。岩爆产生的破碎岩块块度小，部分劈裂产生的破碎岩块块度次之，而完全劈裂产生的破碎岩块块度最大。因此，试验结束后对破碎岩块进行拍照，然后通过如图 3-33 所示的基于数字图像处理的岩块块度分布计算方法，对镐型截齿破岩产生的破碎岩块块度分布进行分析。

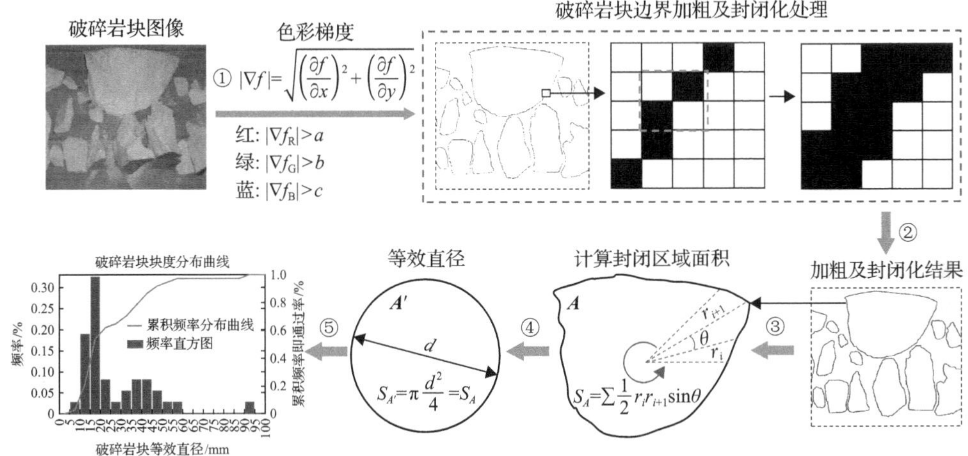

图 3-33　基于数字图像处理的岩块块度分布计算方法

因岩爆过程会产生大量破碎岩块，其块度分析计算量大且具有代表性，所以本章将岩爆产生的破碎岩块块度分布计算作为示例，其结果如图 3-34 所示。

根据上述基于数字图像处理的岩块块度分布计算方法，不同围压条件下截齿破岩产生的破碎岩块平均块度计算结果如图 3-35 所示。镐型截齿静态破岩时，在单轴围压条件下，随着单轴围压增大截齿破岩产生的破碎岩块平均块度逐渐降低，这是随着单轴围压增大岩样破坏模式由完全劈裂变化为部分劈裂再变化为岩爆所致的。单轴围压较小时，岩样发生完全劈裂破坏，产生两块形状尺寸相同的破碎岩块，因此其等效直径最大；单轴围压较大时，岩样发生部分劈裂破坏，产生两块一大一小的破碎岩块，因此其等效直径次之；单轴围压很大接近以及超过方块岩样单轴抗压强度的 70%时，岩样发生岩爆产生大量破碎岩块，因此其等效直径最小。动静组合破岩时，因岩样破坏模式与相同围压条件下静态破岩时的岩样破坏模式相同，所以截齿破岩产生的破碎岩块平均块度在高单轴围压下发生岩爆时最小，在无围压下发生完全劈裂时最大。此外，对比花岗岩Ⅱ和大理岩岩样，在各单轴围压条件下，以及静态破岩和动静组合破岩两种截齿加载方式下，大理岩岩样破坏时产生的破碎岩块块度均都略小于花岗岩Ⅱ岩样破坏时产生的破碎岩块块度，这是大理岩与花岗岩Ⅱ材料在微细观组成颗粒上有所差异所致的。

6. 工程指导

岩石的可切割性是反映截齿与暴露岩体相互作用的一个综合参数，其受到截割参数、岩石特性、地应力条件等因素影响。通过物理模拟岩石开挖后形成的双轴围压(对应于巷道独头掘进)、单轴围压(对应于采场半岛型或孤岛型矿柱)和无围压(对应于应力释放后失去承载能力的围岩塑性区或者矿壁、矿柱上切槽后应力

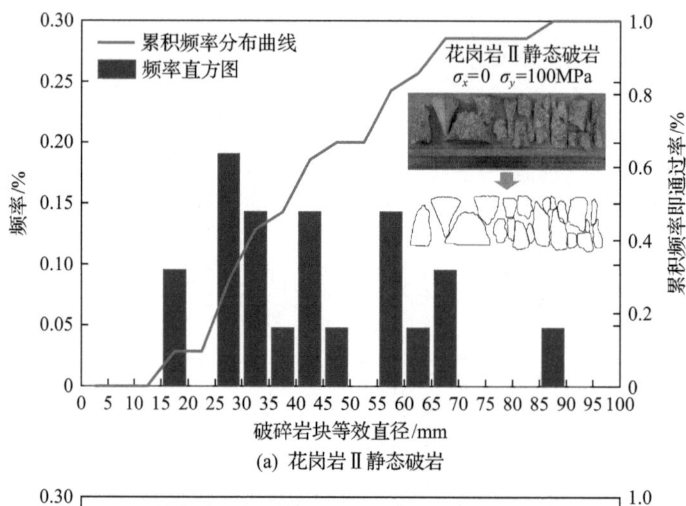

(a) 花岗岩Ⅱ静态破岩

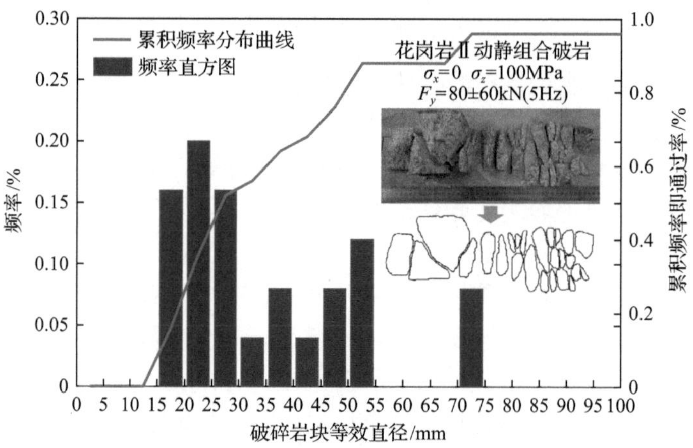

(b) 花岗岩Ⅱ动静组合破岩

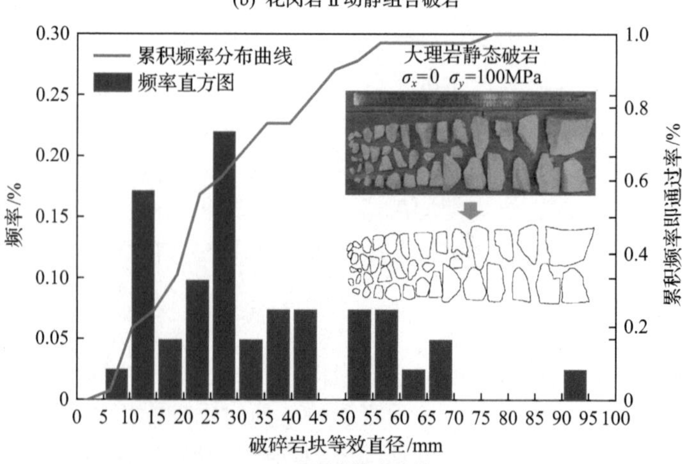

(c) 大理岩静态破岩

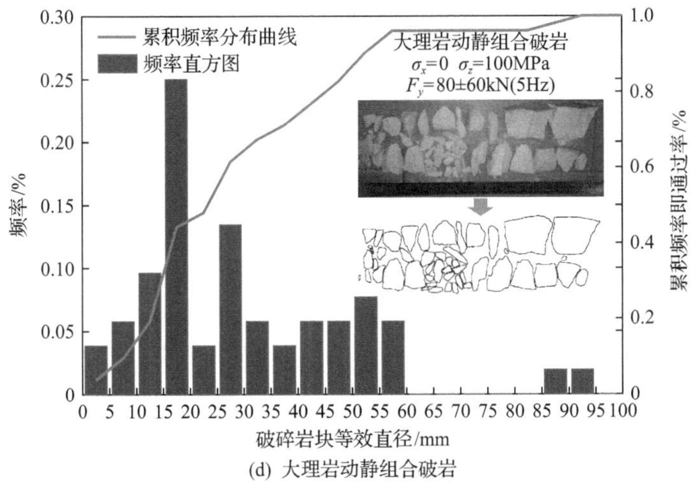

(d) 大理岩动静组合破岩

图 3-34　高单轴围压$\left(\sigma_x=0,\sigma_y=100\text{MPa}\right)$下截齿破岩诱发岩爆产生的破碎岩块块度分析结果

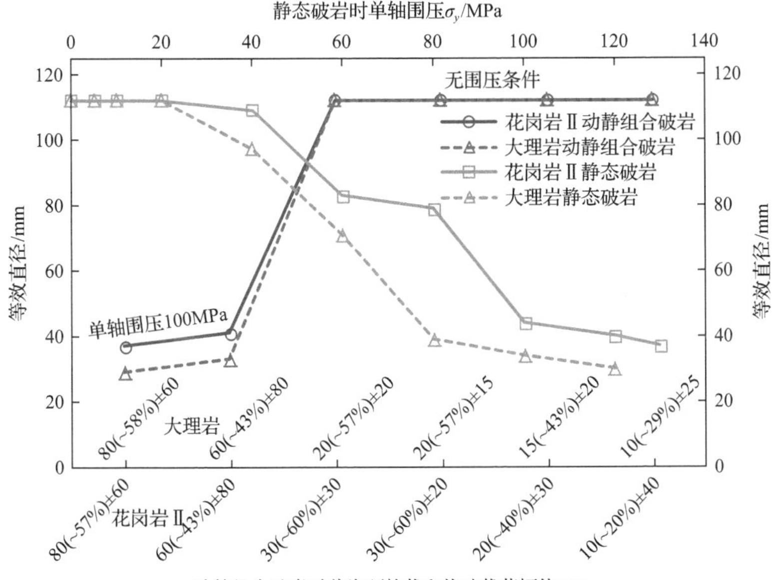

图 3-35　截齿破岩产生的破碎岩块块度随围压条件的变化曲线

解除的岩体)三种应力环境，在 TRW-3000 上以立方块岩样为试验对象构建了相应的应力环境。通过开展双轴、单轴以及无围压条件下的截齿破岩试验，得到如下结论。

(1) 双轴围压条件下岩样的可切割性最差，单轴围压条件下次之，无围压条件下岩样的可切割性最高。单轴围压条件下，随着围压增大，岩样的可切割性先降低后升高，表现出非线性非单调的变化过程，存在两个临界点，其中一个界于低围压和较高围压之间，单轴围压低于或者高于该临界点围压反倒有利于截齿破岩；另一个界于较高围压和超高围压之间，单轴围压高于该临界点时截齿破岩易诱发岩爆。较低单轴围压以及无围压条件下，截齿破岩能够完全劈裂岩样且只需要很小的截齿载荷和截齿凿入深度，因此具有最优的可切割性。

(2)在双轴围压条件下，截齿破岩只能致使岩样表面剥落而难以发生整体破坏，且所需的截齿载荷和截齿凿入深度都比较大，可切割性最差，并且当双轴围压相等时，镐型截齿破岩引起的岩样表面剥落表现为破裂岩块从截割端面均向起裂，当双轴围压不相等时，表面剥落表现为破裂岩块倾向于沿较小围压方向分离开裂。在单轴围压条件下，随着单轴围压增大，镐型截齿破岩引起的岩样破坏模式由完全劈裂变化为部分劈裂再变化为岩爆，从而致使截齿破岩产生的破碎岩块的平均块度随着岩样所受单轴围压增大而逐渐降低。

(3)在深部开采实践中，高地应力作为引发非常规岩体破坏(如岩爆、分区破裂、挤压大变形、板裂等)的主要因素往往被视为一个致灾因素。如果通过开挖一些诱导工程以及采取必要的柔性支护手段，将深部较高的原岩地应力集中施加到诱导工程形成的临空面岩体(半岛型或全岛型矿柱)上形成应力集中，随后根据岩体自身结构的支撑能力进行应力重分布，加上卸荷效应及扰动作用，使临空面浅部岩体裂纹发育而将集中应力平稳释放，形成只有较低竖向残余应力的松动区。截割松动区内的岩石只需要克服较低的单轴受限应力。硬岩在较低的单轴受限应力下，具有较好的可切割性，同时松动区内的岩体裂隙发育，更有利于机具破岩。在机械截割深部硬岩矿体时，需要开挖采准巷道和诱导巷道，增加待截割岩体的临空面数量，将双轴受限应力环境改变为单轴受限应力环境，并使临空面岩体在单轴应力下产生受限应力较低和裂纹发育的松动区，从而通过机械刀具截割剥落松动区内的岩石。因此，在深部硬岩机械化开采实践中，可以通过改变待截割矿岩体的受限应力条件来提高其可切割性，具体如下。①目前应尽量避免非爆机械化破岩方法在硬岩巷道独头掘进中应用，将来需要发明具有更高耐磨性、更高强度的刀具材料来提高截齿破岩在硬岩巷道独头掘进中的适用性。采矿现场在开挖采准巷道后，应该开挖与采准巷道相交或垂直的诱导巷道，形成半岛型或全岛型矿柱，增加待截割矿岩体的临空面，将其所处的双向受限应力条件改变为单向受限应力条件。此时，伴随巷道开挖引起的应力重分布过程，矿柱上的支撑应力呈现单轴受力状态且应力集中，当支撑应力较高时会致使矿柱周边岩体内形成大量裂隙从而有利于截齿破岩。②如果开挖后，矿柱内的支撑应力过高，再加上硬岩矿体具有明显的弹脆性，截齿破岩时诱发矿柱岩爆的风险则会明显升高。此时需要采取能够控制弹性储能进行缓慢稳定释放并用于预裂岩体的柔性支护措施，一方面引导释放矿岩体内的弹性储能，另一方面促进矿柱周围松动区的形成，从而避免矿柱型岩爆灾害的发生。③应尽量通过开挖诱导工程以及采取主动支护措施促使矿柱周围松动区的形成。松动区内应力释放后只残存有较低的受限应力，并且松动区内有大量的预裂纹，因此截齿截割松动区内的矿岩体极为容易。④如果上述措施未能在矿柱内形成松动区，则需要在矿柱临空面上开设方向与轴向应力方向垂直的预切槽或者预钻孔，全部或者局部解除矿柱周围待截割矿岩体内的受限应力，从而提高其可切割性。

3.3.2 截齿对长方块岩样的破岩特性

前文所述单向围压条件下小尺寸立方块岩样上的截齿破岩试验，因为围压加载块与岩样间存在明显的摩擦力，导致试验过程中端部效应显著。为了尽可能降低端部效应的影响，笔者又开展了长方块岩样的镐型截齿破岩试验。

1. 单轴围压下的截割破岩试验

1) 岩样准备

为减小端部效应对截割破岩的影响，岩样尺寸设计为 300mm×120mm×120mm，且六个端面打磨光滑。试验所需的所有岩样均从同一块均质花岗岩基岩上截割获得。

2) 试验设计

将长方体岩样水平放置在 TRW-3000 试验台上，岩样长轴沿 Y 轴加载方向。在 Y 轴方向，以 1kN/s 的加载速率对岩样施加单轴围压，围压分别设置为 0、1MPa、2.5MPa、5MPa、10MPa、15MPa、20MPa、30MPa、40MPa、50MPa、60MPa、70MPa。在 Z 轴方向上安装有镐型截齿，当围压加载到设定值后，镐型截齿以 0.5kN/s 的加载速率凿入岩样，直至岩样破坏。岩样加载受力示意图如图 3-36 所示。

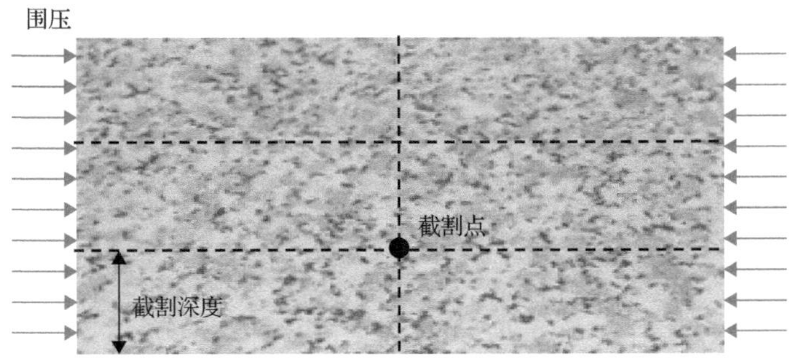

图 3-36 岩样加载受力示意图

2. 截割破岩试验结果

单轴围压下截割破岩试验过程如图 3-37 所示。不同单轴围压下的截齿载荷-

截齿凿入深度曲线和岩样破坏模式见表 3-14。

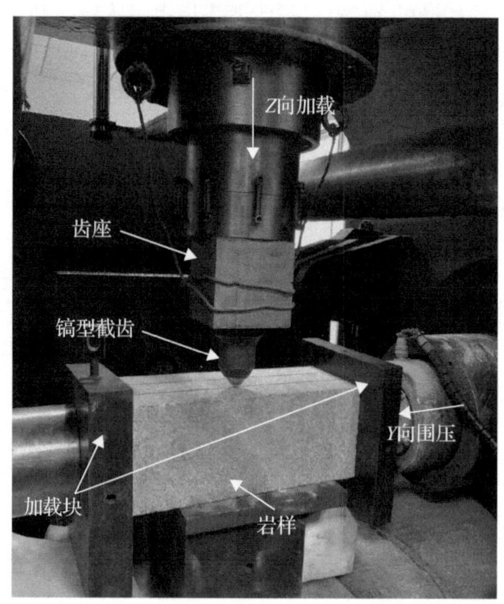

图 3-37　单轴围压下截割破岩试验过程

表 3-14　不同单轴围压下的截齿载荷-截齿凿入深度曲线和岩样破坏模式

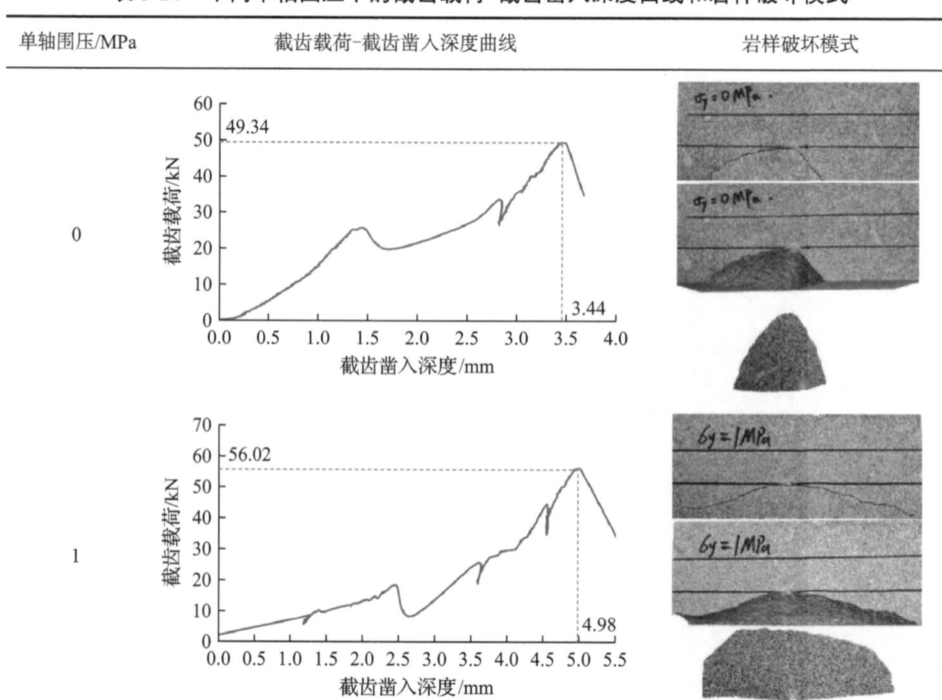

单轴围压/MPa	截齿载荷-截齿凿入深度曲线	岩样破坏模式
0		
1		

续表

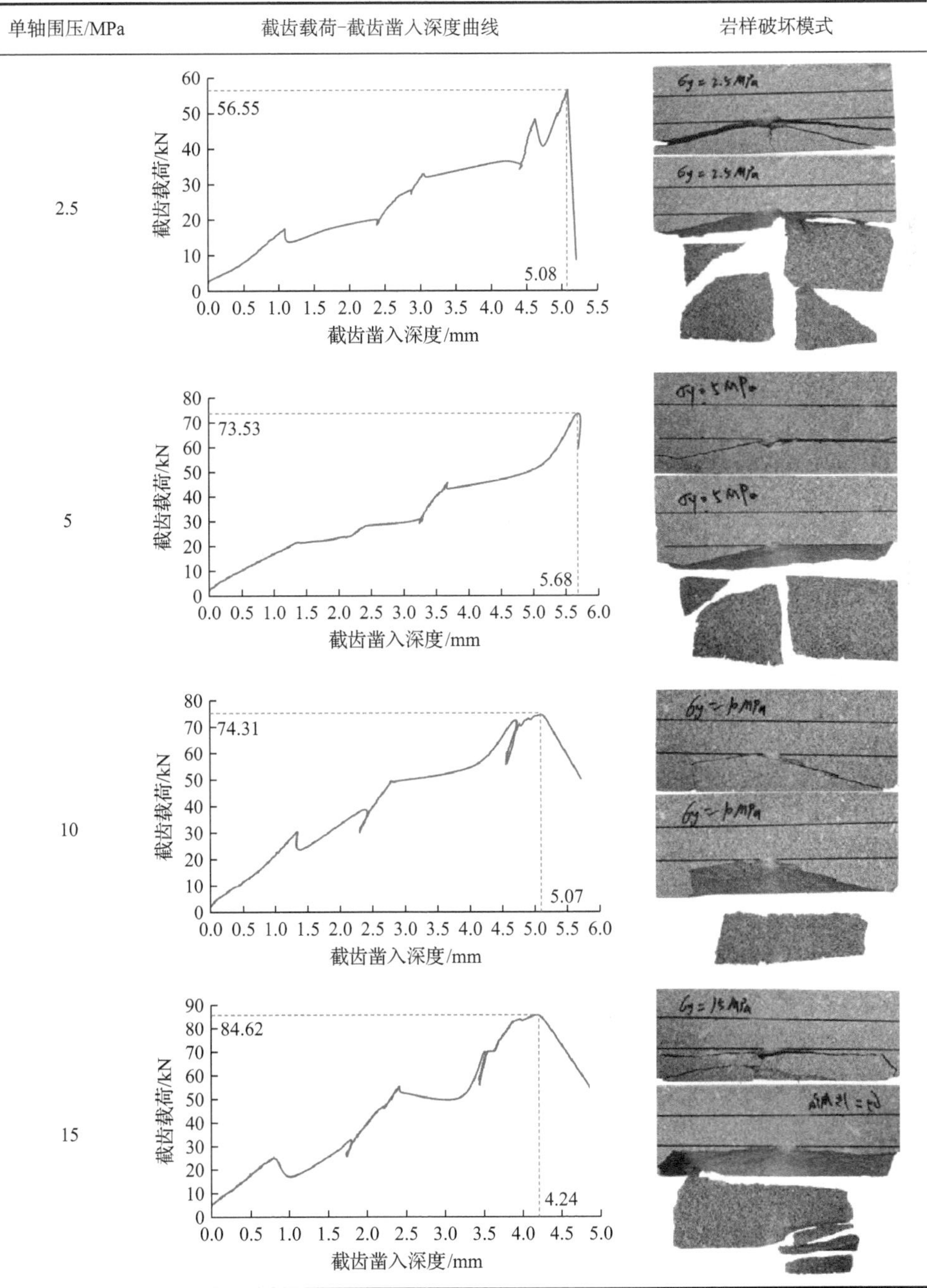

单轴围压/MPa	截齿载荷-截齿凿入深度曲线	岩样破坏模式
2.5		
5		
10		
15		

续表

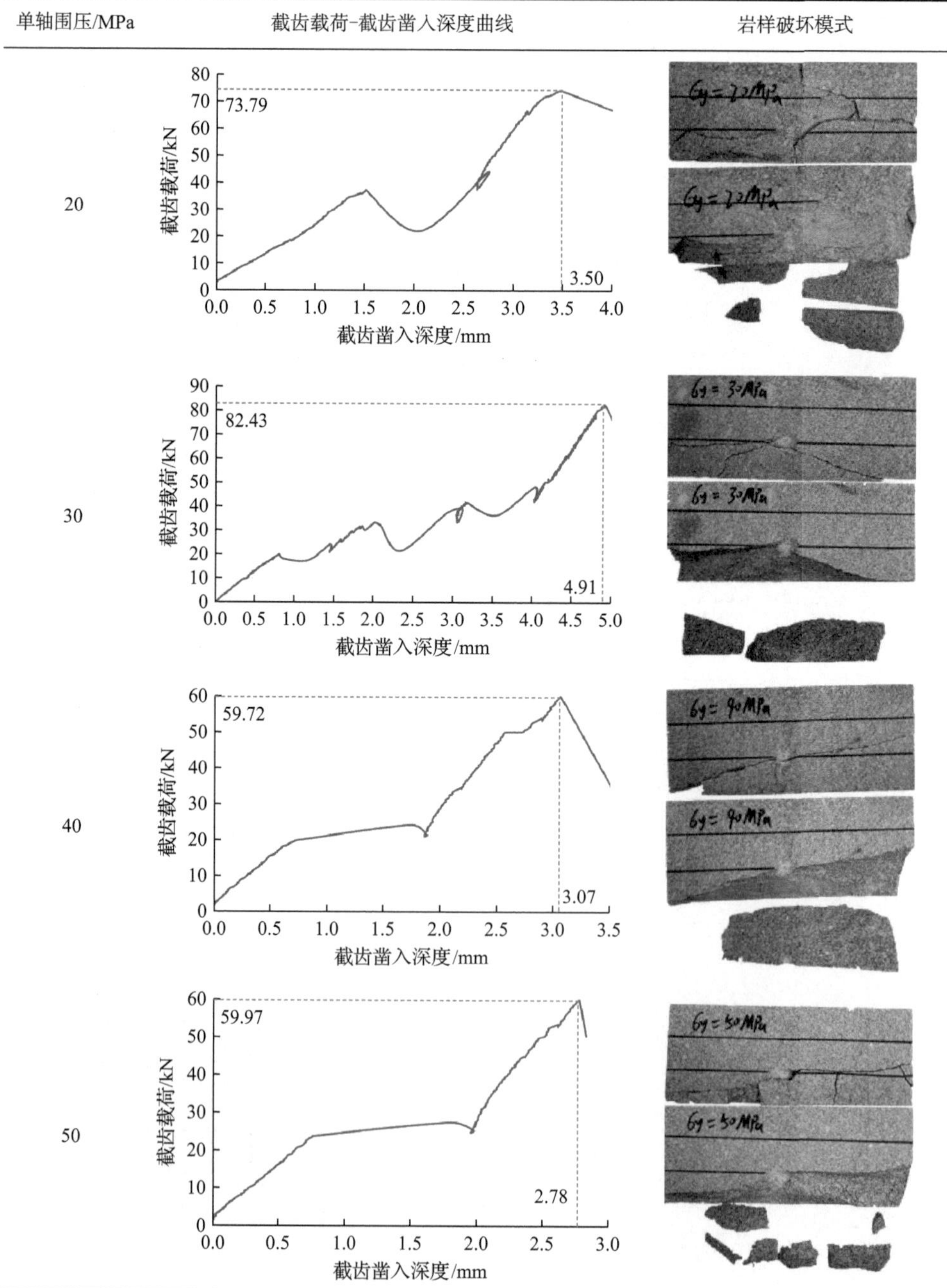

单轴围压/MPa	截齿载荷-截齿凿入深度曲线	岩样破坏模式
20		
30		
40		
50		

续表

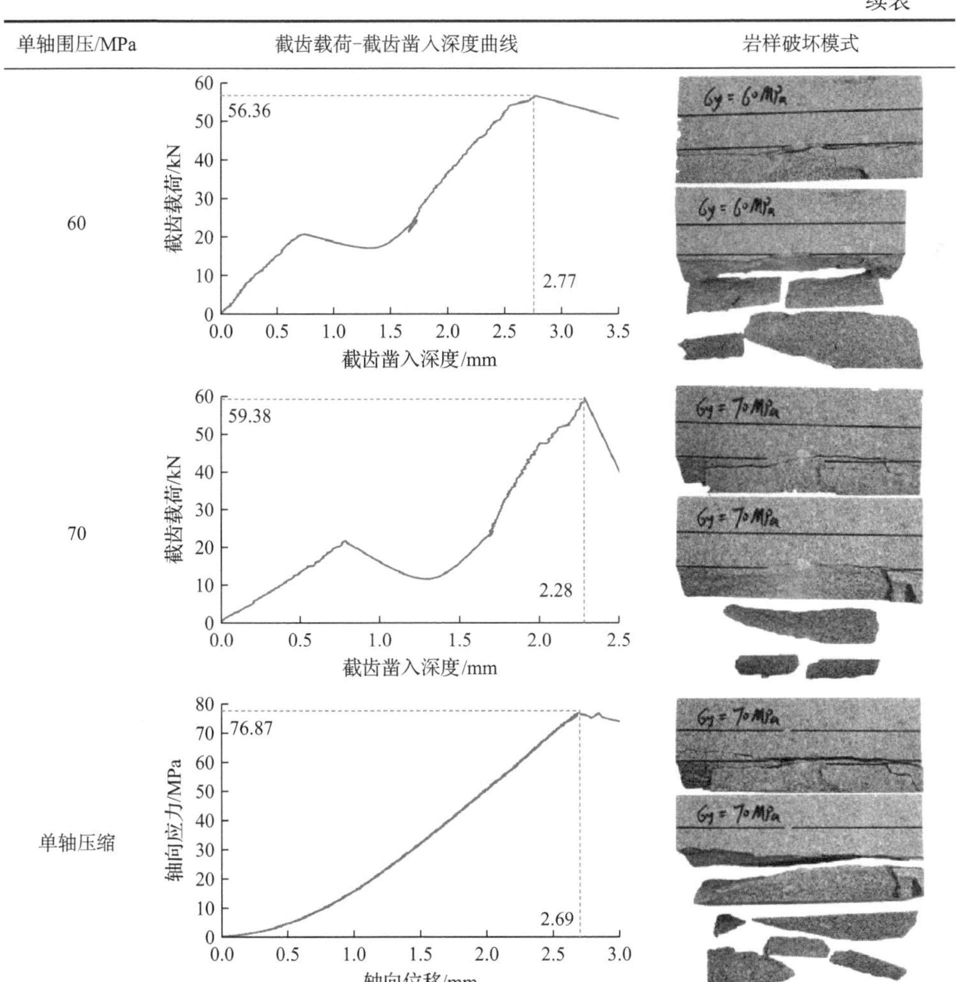

单轴围压/MPa	截齿载荷-截齿凿入深度曲线	岩样破坏模式
60		
70		
单轴压缩		

当单轴围压加载到 76.87MPa 时，岩样发生板裂，并伴有较大的噪声和碎块的快速喷射，将 76.87MPa 视为长方体岩样所能承受的单向应力极限。因此，该试验中设置的最大单轴围压为 70MPa。根据截齿载荷-截齿凿入深度曲线，得到不同单轴围压下截割破岩的峰值截齿载荷、截齿凿入深度、截割功和破岩比能见表 3-15。

3. 单轴围压对硬岩截割特性的影响

1) 单轴围压对峰值截齿载荷的影响

在截齿载荷-截齿凿入深度曲线中，最后一个峰值对应的截齿载荷为峰值截齿载荷，此时岩样完全破坏。根据表 3-15，峰值截齿载荷随单轴围压的增大先增大后减小。当岩石所受单轴围压较小时，峰值截齿载荷较低。当单轴围压在 5～30MPa 时，峰值截齿载荷保持在较高水平，围压作用下凿入岩石所需的截齿载荷显著增加。当单轴围压在 40～70MPa 时，峰值截齿载荷明显降低，这表明高的单轴围压反而会促进截齿凿入岩石。根据不同单轴围压下的峰值截齿载荷，对峰值截齿载荷与单轴围压的关系开展回归分析，以进一步反映单轴围压对峰值截齿载荷的影响。拟合出的曲线如图 3-38 所示，单轴围压与峰值截齿载荷的关系如式(3-20)所示：

$$F_c = 50.4\left(0.1629\sigma_y e^{-1.062\sigma_y^{0.5}} + 1\right) \tag{3-20}$$

式中：F_c 为峰值截齿载荷；σ_y 为单轴围压。

表 3-15　不同单轴围压下的截割破岩参数

单轴围压/MPa	截齿载荷/kN				岩样破坏时截齿凿入深度 D_c/mm	截割功 W_c/J	破岩比能 E_c/(J/cm³)	破坏模式
	初始破裂 F_{co}	第二次破裂	第三次破裂	岩样破坏 F_c				
0	25.59	33.76	—	49.34	3.44	75	0.395	劈裂
1(1%*)	18.25	25.55	44.4	56.02	4.98	95	0.222	劈裂
2.5(3%*)	17.41	32.97	48.29	56.55	5.08	140	0.092	劈裂
5(7%*)	21.68	45.71	—	73.53	5.68	188	0.08	劈裂
10(13%*)	30.31	38.6	70.89	74.31	5.07	201	0.215	劈裂
15(20%*)	25.44	55.27	69.71	84.62	4.24	168	0.244	劈裂
20(26%*)	37.11	73.53	—	73.79	3.50	140	0.305	劈裂
30(39%*)	19.93	33.1	41.64	82.43	4.91	180	0.629	劈裂
40(52%*)	24.34	—	—	59.72	3.07	90	0.566	劈裂
50(65%*)	27.54	—	—	59.97	2.78	82	0.414	劈裂
60(78%*)	20.58	—	—	56.36	2.77	78	0.212	板裂
70(91%*)	21.38	—	—	59.38	2.28	68	0.043	板裂
	单轴压缩			σ_{zc} =76.87MPa			板裂+剪切	

*是加载围压与 σ_{zc} 的比值。

根据峰值截齿载荷在不同单轴围压下的回归曲线，峰值截齿载荷随单轴围压的增大先增大后减小。这表明，围压一方面会阻碍截齿凿入岩石，另一方面会促进岩石发育裂纹，有利于截齿凿入岩石。峰值截齿载荷在无围压情况下最小，当单轴围压为 15MPa 时达到峰值，这表明，围压对截齿凿入的阻碍为主导作用，当单轴围压超过 15MPa 时，单轴围压对裂纹发育的促进作用逐渐显现，且随单轴围

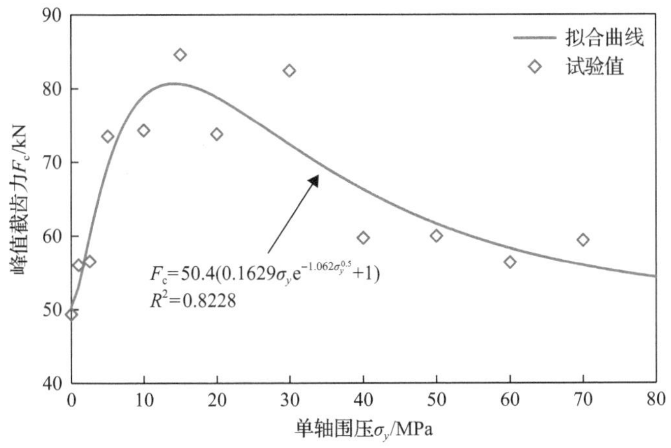

图 3-38　不同单轴围压作用下的峰值截齿力回归曲线

压的增大效果更加明显。在实际岩石工程中，过高的围压易诱发岩爆等工程灾害，严重影响作业的安全和工程的稳定。因此，为降低破岩所需的截齿载荷，提高破岩效率，应采取开挖卸压巷道、卸压槽等措施，改变待开采区域的应力状态，使岩石处于低围压状态甚至无围压状态。

2) 峰值截齿载荷预测模型构建

在单轴围压下截割破岩试验和分步截割破岩试验中，当岩样无围压限制时，碎块形状大多为半椭圆锥。由此，可以将岩石碎块简化为半椭圆锥建立截割破岩碎块模型，并根据弹性断裂力学构建峰值截齿载荷预测模型。半椭圆锥碎块模型如图 3-39 所示，半椭圆锥高为 L，底部椭圆长轴为 $2a$，底部椭圆短轴为 $2b$。

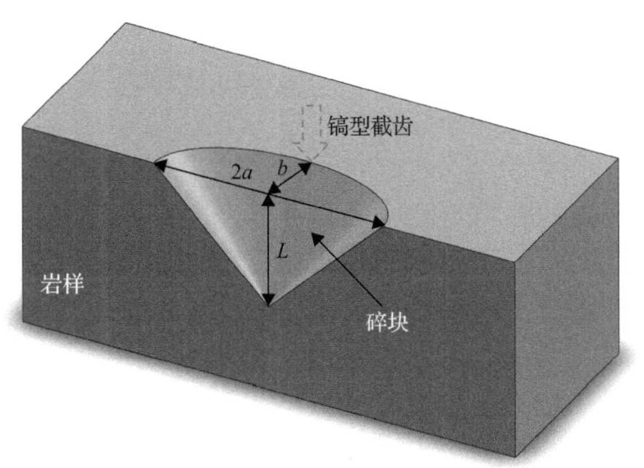

图 3-39　半椭圆锥碎块模型

根据半椭圆锥碎块模型，可以得到断裂面面积：

$$A = \frac{L}{4}[2\pi b + 4(a-b)] \tag{3-21}$$

式中：A 为截割破岩断裂面面积。

根据接触力学，在不考虑岩屑对截割破岩的影响时，截齿的凿入载荷与凿入深度存在一定的关系：

$$F_z = \bar{H} {D_z}^2 \tag{3-22}$$

式中：F_z 为截齿载荷；$\bar{H}$ 为与岩石性质和截齿的几何参数有关的系数；D_z 为截齿凿入深度。

根据式(3-22)，峰值截齿载荷与截齿凿入深度的平方成正比。因此，可以得

$$F_z = I{D_z}^2 \tag{3-23}$$

$$F_c = ID_c^2 \tag{3-24}$$

式中：I 为由岩石性质、截齿几何参数和碎块参数共同决定的综合参数；D_c 为岩石破坏时的截齿凿入深度。

对式(3-23)在 0～D_c 之间进行积分，可以得到镐型截齿从开始凿入岩石到岩石破坏过程中对岩石所做的功：

$$W_c = \int_0^{D_c} F_z \mathrm{d}D_z = \int_0^{D_c} I{D_z}^2 \mathrm{d}D_z = \frac{1}{3}ID_c^3 \tag{3-25}$$

式中：W_c 为截割破岩过程中截齿对外做功。

对于截割破岩过程中截齿对外做功，有一部分能量用于产生新的断裂面，这部分能量如下所示：

$$E_S = k_e W_c \tag{3-26}$$

式中：E_S 为产生断裂面所需的能量；k_e 为用于产生断裂面的能量转化率。

根据 Griffin-Irwin 理论，形成断裂面所需的能量与断裂面面积成正比，如式(3-27)所示：

$$E_S = 2G_S A = G_S[\pi b + 2(a-b)]L \tag{3-27}$$

式中：G_S 为应变能释放率。

应变能释放率可以通过式(3-28)获得

$$G_S = \frac{K_I^2}{E} \tag{3-28}$$

式中：K_{I} 为 I 型断裂韧度；E 为弹性模量。

岩石的 I 型断裂韧度与岩石单轴抗拉强度之间存在确定的数值关系，如式(3-29)所示。但岩石的 I 型断裂韧度与单轴抗拉强度之间只是简单的数值关系，没有明确的物理含义，且两边单位不统一。因此，式(3-29)右侧需乘以 $1\mathrm{m}^{1/2}$，以确保单位的一致性。

$$K_{\mathrm{I}}=\frac{\sigma_{\mathrm{t}}}{6.88} \tag{3-29}$$

联立式(3-25)～式(3-29)，对应的参数 I 表达式如式(3-30)所示：

$$I=\frac{L\sigma_{\mathrm{t}}^{2}[\pi b+2(a-b)]}{15.78k_{\mathrm{e}}ED_{\mathrm{c}}^{3}} \tag{3-30}$$

将式(3-30)代入式(3-24)，可以得到峰值截齿载荷的预测模型：

$$F_{\mathrm{c}}=\frac{L\sigma_{\mathrm{t}}^{2}[\pi b+2(a-b)]}{15.78k_{\mathrm{e}}ED_{\mathrm{c}}} \tag{3-31}$$

上述峰值截齿载荷的预测模型没有考虑围压对截割破岩的影响，可以将峰值截齿载荷的预测模型与反映单轴围压对峰值截齿载荷影响的拟合公式相结合，得到考虑单轴围压条件的峰值截齿载荷的预测模型。考虑单轴围压条件的峰值截齿载荷的预测模型如下所示：

$$F_{\mathrm{c}}=\frac{L\sigma_{\mathrm{t}}^{2}[\pi b+2(a-b)]}{15.78k_{\mathrm{e}}ED_{\mathrm{c}}}f\left(\sigma_{y}\right) \tag{3-32}$$

式中：F_{c} 为不同围压下的峰值截齿载荷；$f\left(\sigma_{y}\right)$ 为围压对峰值截齿载荷的影响函数。

前文拟合出的单轴围压下峰值截齿载荷公式(3-20)中，50.4 为无围压情况下的峰值截齿载荷，括号内的项为围压对峰值截齿载荷的影响函数。由此可知围压对峰值截齿载荷的影响函数如下所示：

$$f\left(\sigma_{y}\right)=0.1629\sigma_{y}\mathrm{e}^{-1.062\sigma_{y}^{0.5}}+1 \tag{3-33}$$

将式(3-33)代入式(3-32)，可得单轴围压条件下峰值截齿载荷的预测模型：

$$F_{\mathrm{c}}=\frac{L\sigma_{\mathrm{t}}^{2}[\pi b+2(a-b)]}{15.78k_{\mathrm{e}}ED_{\mathrm{c}}}\left(0.1629\sigma_{y}\mathrm{e}^{-1.062\sigma_{y}^{0.5}}+1\right) \tag{3-34}$$

3) 不同截割深度下的能量转化率

对于不同的截齿几何参数和破岩时的截割参数，k_e 有相对应的取值范围。为了确定反映产生新的断裂面的能量占截齿对外做功比重的取值范围，根据镐型截齿分步截割破岩试验中的前两次截割数据，记录各次截割破岩时的 F_c、D_c、a、b、L。通过式(3-35)计算得到各截割深度下的能量转化率。该试验中的截齿载荷-截齿凿入深度曲线及破坏状态见表 3-16。

$$k_e = \frac{L\sigma_t^2[\pi b + 2(a-b)]}{15.78F_c ED_c} \tag{3-35}$$

表 3-16　不同截割深度下的截割破岩结果

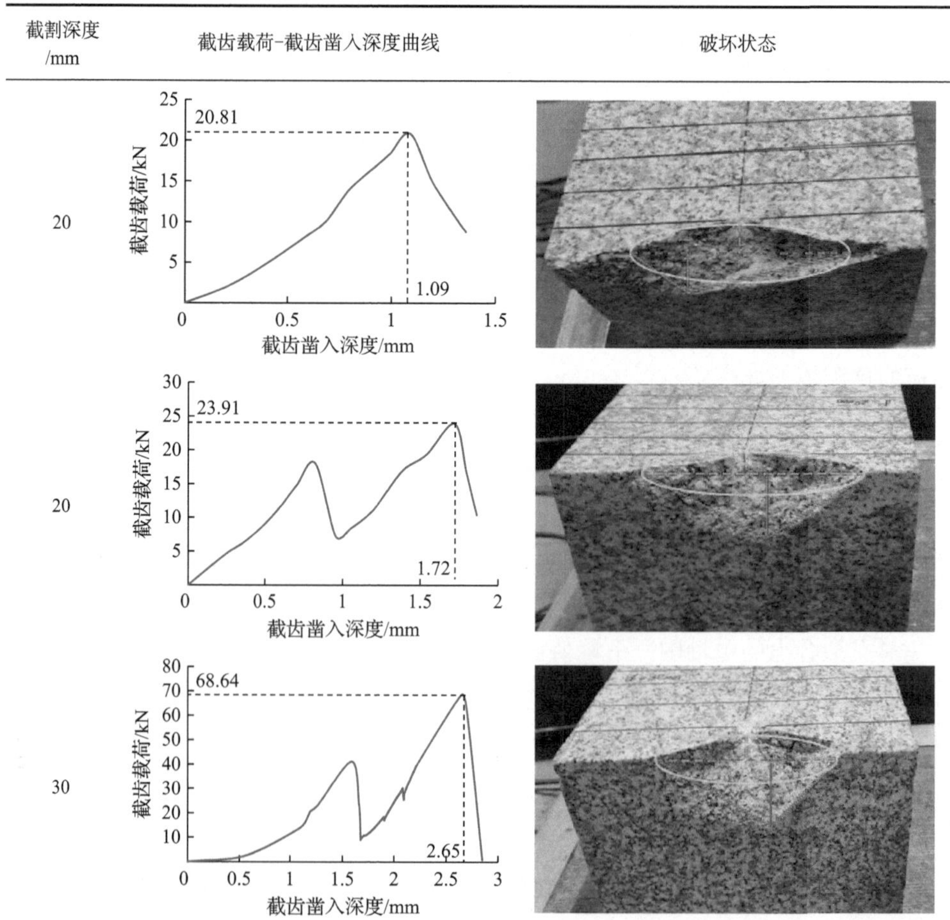

截割深度/mm	截齿载荷-截齿凿入深度曲线	破坏状态
20		
20		
30		

续表

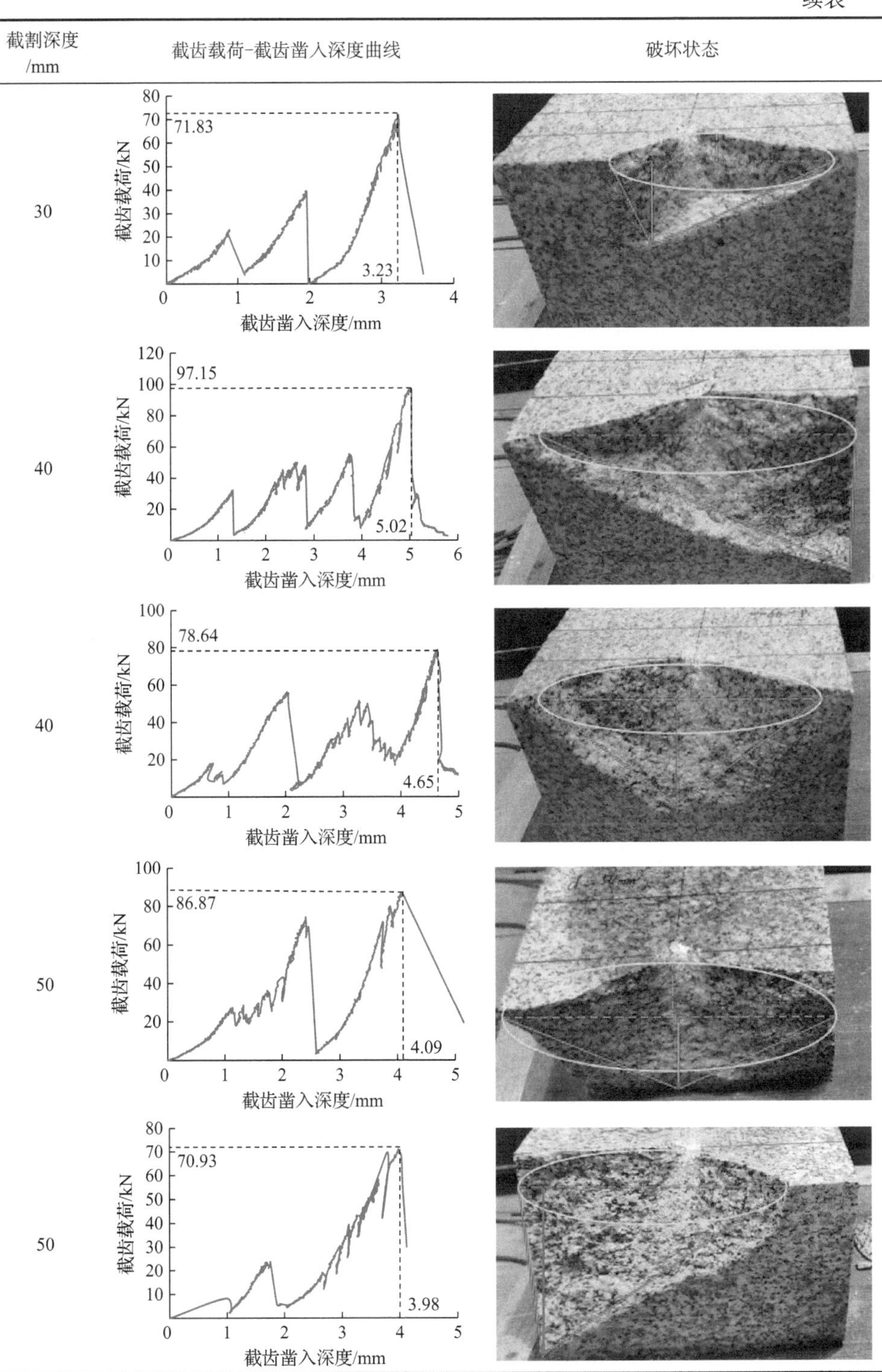
截割深度 /mm
截齿载荷-截齿凿入深度曲线
破坏状态
30
71.83
3.23
40
97.15
5.02
40
78.64
4.65
50
86.87
4.09
50
70.93
3.98
截齿载荷/kN
截齿凿入深度/mm

续表

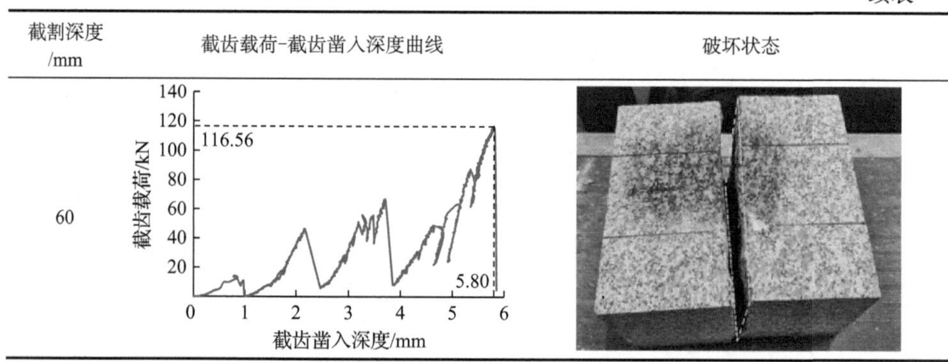

截割深度/mm	截齿载荷-截齿凿入深度曲线	破坏状态
60		

当截割深度小于 60mm 时，截齿凿入会导致岩石发生局部劈裂破坏，形成半椭圆锥形碎块。然而，当截割深度达到 60mm 时，截齿凿入会导致岩石发生完全劈裂破坏，破坏面为矩形，面积约为 0.033m^2。根据截齿载荷-截齿凿入深度曲线，可得到截齿对外做功 338J。因此，当截割深度为 60mm 时，k_e 可以根据式(3-26)和式(3-27)得到。不同截割深度下的截割破岩试验结果、岩石碎块参数及对应的 k_e 见表 3-17。

表 3-17　不同截割深度下的截割破岩试验结果、岩石碎块参数及对应的 k_e

截割深度/mm	F_c/kN	D_c /mm	a/mm	b/mm	L/mm	k_e
20	20.81	1.09	53	20	43	0.0337
20	23.91	1.72	63.5	20	48	0.0241
30	68.64	2.65	53	30	53	0.0072
30	71.83	3.23	63	30	60	0.0071
40	97.15	5.02	100	40	128	0.0088
40	78.64	4.65	88.5	40	100	0.0084
50	86.87	4.09	100	50	150	0.0091
50	70.93	3.98	81	50	125	0.0108
60	116.56	5.80	$E_S = 3.03$J		$W_c = 338$J	0.0089

根据表 3-17 中的 k_e，当截割深度相同时，k_e 相近，且 k_e 会随着切截割深度的变化而变化。但在各截割深度下，k_e 均低于 0.05。这表明，产生新断裂面所需的能量只占截齿对外做功的一小部分，截齿对外做功大部分在岩石的塑性变形、形成破碎区过程中耗散。当截割深度为 20mm 时，截割点靠近岩石自由面，岩石破碎所需的截割功较小，用于产生新的断裂面所需的能量较高，k_e 较大。当截割深度大于 20mm 时，岩石破碎所需的截割功较大，用于产生新的断裂面所需的能量较低，k_e 较小，在 0.01 左右。为了进一步探究 k_e 大小，根据表 3-17 中的数值结果，拟合出 k_e 与截割深度的关系，回归曲线如图 3-40 所示。

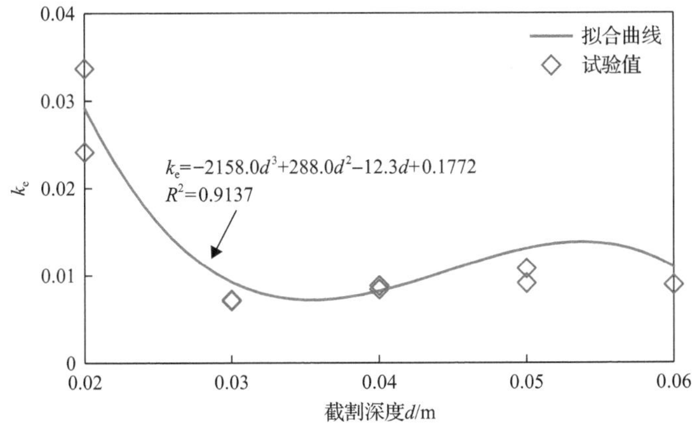

图 3-40　k_e 与截割深度的回归曲线

根据回归曲线，k_e 与截割深度的数值关系如式(3-36)所示：

$$k_e = -2158.0d^3 + 288.0d^2 - 12.3d + 0.1772 \tag{3-36}$$

当截割深度不高于 60mm 时，通过截割深度计算出的 k_e 具有较高的准确度。将式(3-36)代入式(3-31)，得到无围压状态下不同截割深度下的峰值截齿载荷预测模型：

$$F_c = \frac{L\sigma_t^2[\pi b + 2(a-b)]}{15.78\left(-2158.0d^3 + 288.0d^2 - 12.3d + 0.1772\right)ED_c} \tag{3-37}$$

将截割破岩试验中无围压状态下的岩石物理力学参数和碎块参数代入式(3-37)，其中 a 为 67.5mm、b 为 40mm、L 为 103mm、σ_t 为 8.19MPa、E 为 58.99GPa、D_c 为 3.44mm，计算出的峰值截齿载荷为 47.46kN。与试验中的实际峰值截齿载荷(49.34kN)相比，预测值与实际值的误差为 3.8%，证明了式(3-37)的准确性。由此得到不同单轴围压条件下峰值截齿载荷的预测模型：

$$F_c = \frac{L\sigma_t^2[\pi b + 2(a-b)]}{15.78\left(-2158.0d^3 + 288.0d^2 - 12.3d + 0.1772\right)ED_c}\left(0.1629\sigma_y e^{-1.062\sigma_y^{0.5}} + 1\right) \tag{3-38}$$

4. 单轴围压对截割功的影响

从不同围压下的截割功变化结果来看，其变化趋势与峰值截齿载荷随围压的变化趋势基本相似。随着单轴围压增大，破岩所需的截割功先升高后降低。当岩石所受围压较低时，随着单轴围压增大，破岩所需的截割功逐渐升高，当围压为

10MPa 时达到峰值。当单轴围压从 10MPa 增加到 40MPa 时，破岩所需截割功迅速减小。当单轴围压超过 40MPa 后，破岩所需的截割功趋于稳定，且维持在较低水平，甚至低于无围压时破岩所需的截割功。对截割功与单轴围压的关系开展回归分析，以进一步反映单轴围压对截割功的影响。拟合曲线如图 3-41 所示，单轴围压与截割功的关系如式(3-39)所示：

$$W_{\mathrm{c}} = 62.61\left(1.61\sigma_y^{1.5}\mathrm{e}^{-1.009\sigma_y^{0.5}} + 1\right) \tag{3-39}$$

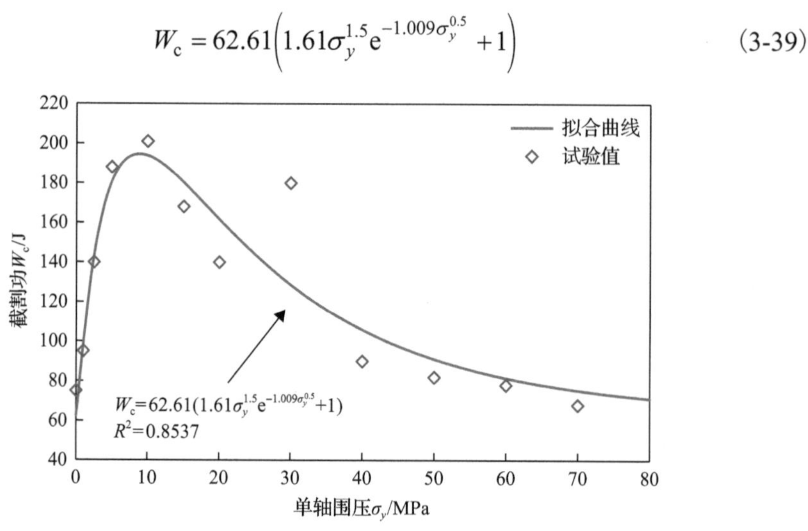

图 3-41　不同单轴围压作用下截割功回归曲线

当岩石受到单轴围压作用时，截齿凿入岩石形成的断裂面会逐渐向受单侧围压限制的端面扩展。随着单轴围压增大，断裂面面积逐渐增大，岩石破碎所产生的碎块逐渐变大，产生断裂面所需的能量也会明显提高。因此，随着单轴围压增大，破岩所需的截割功也增大。然而，当岩石受到的单轴围压较高时，岩石在截割破岩前已储存了大量的能量，当截齿凿入岩石后，其中一部分能量会用于岩石内部裂纹的发育，促进断裂面向受单侧围压限制的端面扩展，从而使破岩所需的截割功降低，甚至低于无围压时破岩所需的截割功。

5. 单轴围压对破岩比能的影响

破岩比能随单轴围压的变化趋势与峰值截齿载荷和截割功随单轴围压的变化趋势略有不同，无围压状态下的破岩比能较低围压状态下的破岩比能略大，这是由于无围压状态下岩石碎块较小。除此之外，破岩比能随单轴围压的增大呈现出先增大后减小的变化趋势。当单轴围压低于 30MPa 时，破岩比能随单轴围压的增大而增大，并在单轴围压为 30MPa 时破岩比能达到峰值。当单轴围压超过 30MPa 后，破岩比能随单轴围压增大而减小。同样地，对破岩比能与单轴围压的关系开展回归分析，进一步反映单轴围压对破岩比能的影响。拟合曲线如图 3-42 所示，单轴围压与破岩比能的关系如式(3-40)所示：

$$E_c = 0.1719\left(2.219 \times 10^{-9} \sigma_y^{7.8} e^{-0.09542\sigma_y^{1.2}} + 1\right) \tag{3-40}$$

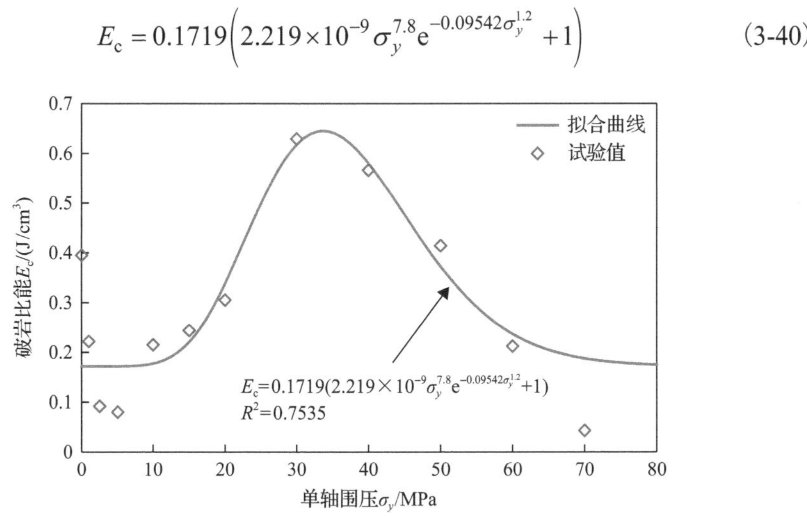

图 3-42　不同单轴围压作用下的破岩比能回归曲线

回归结果表明，随着单轴围压增大，破岩比能先增大后减小，在接近 30MPa 时达到峰值。破岩比能的转折点与峰值截齿载荷和截割功的转折点有很大的不同，这是由于破岩比能是由截割功和碎块体积共同决定的，碎块体积越大，破岩所需的截割功一般越高。当岩石处于无围压状态时，形成的断裂面是从截齿凿入点延伸到岩石无应力端面的曲面，而当岩石所受单轴围压高于 10MPa 时，形成的断裂面是沿单轴围压方向形成的平面。在 0～10MPa 的低单轴围压下，形成的断裂面处于二者之间的过渡状态，故而导致破岩比能在 0～10MPa 的低单轴围压下有明显的波动。在这一过渡过程中，断裂面扩展具有明显的随机性，但在单侧围压限制下，断裂面具有最终向受力端面扩展的总体变化趋势。

6. 单轴围压对破坏模式的影响

截齿凿入岩石有两种破坏模式：劈裂破坏和板裂破坏(伴随着碎块的高速弹射)。当单轴围压不高于 50MPa 时，碎块完全从岩样中破裂分离出来，碎块的大小和形状随着单轴围压的变化而变化。在超高的单轴围压下(围压大于 70%σ_{zc})，岩样受到强烈挤压，会发生板裂破坏，产生的岩石碎块被高速弹出，并伴随有巨大噪声。截齿凿入引发了板裂破坏，超高单轴围压会在岩石中储存大量的弹性势能，当岩石破碎时，弹性势能释放，推动了碎块的高速弹射。这一结果表明，在高应力状态下使用镐型截齿破碎坚硬岩石可能会诱发灾难性的岩石动力学破坏，威胁岩石破碎的安全。

第 4 章　截齿破岩诱发高应力矿柱岩爆机制

4.1　截齿破岩过程

截齿破岩诱发岩爆试验选用花岗岩Ⅱ、大理岩、红砂岩三种材料制备的 100mm×100mm×100mm 立方块岩样。试验中首先在立方块岩样沿 Y 方向的一对端面上施加大约等于岩样材料单轴抗压强度 80%的单轴围压(花岗岩Ⅱ上施加 100MPa 围压、大理岩上施加 100MPa 围压、红砂岩上施加 80MPa 围压)，而 X 方向处于临空自由状态，然后通过 Z 向静压加载缸施加静态载荷到镐型截齿上，截齿载荷施加到岩样的上端面。截齿破岩诱发岩爆试验中，针对花岗岩Ⅱ、大理岩、红砂岩岩样，实际的围压和截齿载荷加载路径分别如图 4-1(a)、(c)和(e)所示，以及实时的截齿载荷-截齿凿入深度曲线分别如图 4-1(b)、(d)和(f)所示。图 4-1 显示，随着截齿的不断凿入，截齿载荷发生多次瞬间跌落，每次跌落对应一次岩样表面的局部破裂，直至岩样最终发生伴随大量碎裂岩块快速弹射的剧烈破坏现象，该破坏现象被称作岩爆。此现象表明截齿破岩致使岩样最终破坏前需要多次在截齿端部与岩样表面接触区域产生局部破裂，直至形成一定深度的凿坑。

从截齿载荷加载路径以及截齿载荷-截齿凿入深度曲线中提取岩样岩爆发生时的截齿载荷和截齿凿入深度，以及岩样发生初始破裂(板裂)时的截齿载荷和截齿凿入深度，作为截齿破岩诱发岩爆的易发性指标。

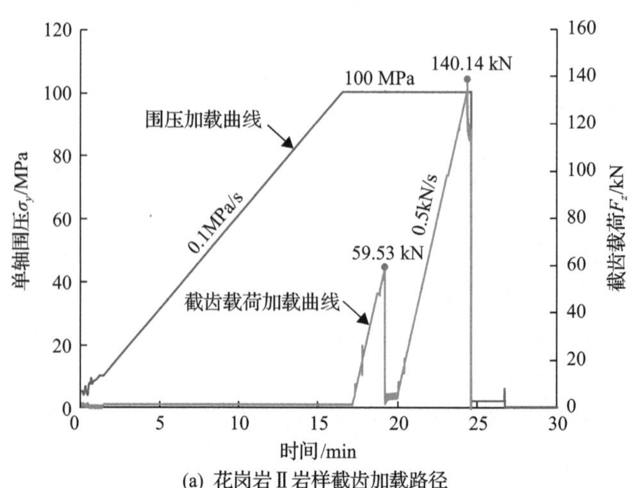

(a) 花岗岩Ⅱ岩样截齿加载路径

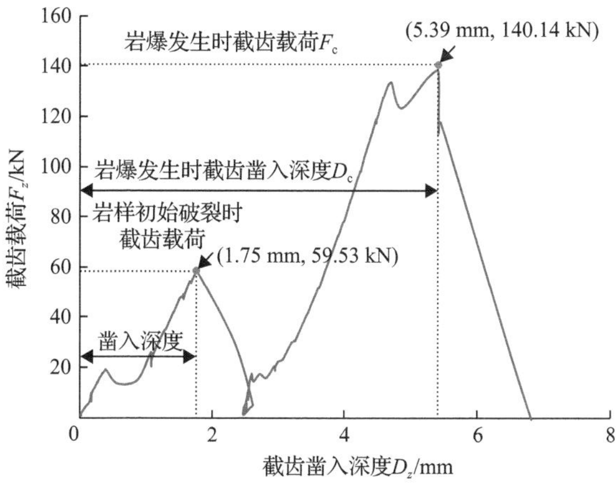

(b) 花岗岩 Ⅱ 岩样截齿载荷–截齿凿入深度曲线

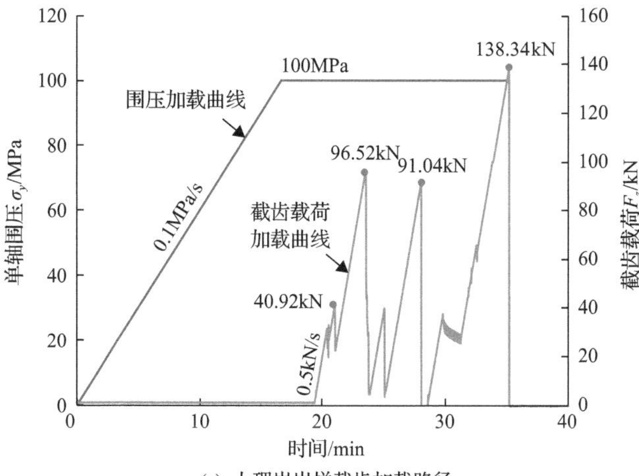

(c) 大理岩岩样截齿加载路径

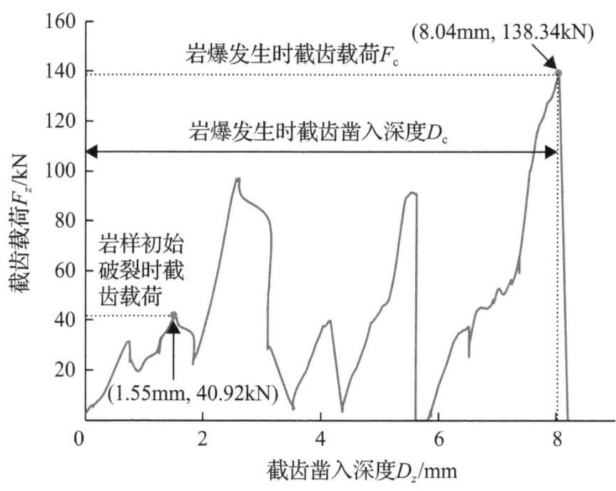

(d) 大理岩岩样截齿载荷–截齿凿入深度曲线

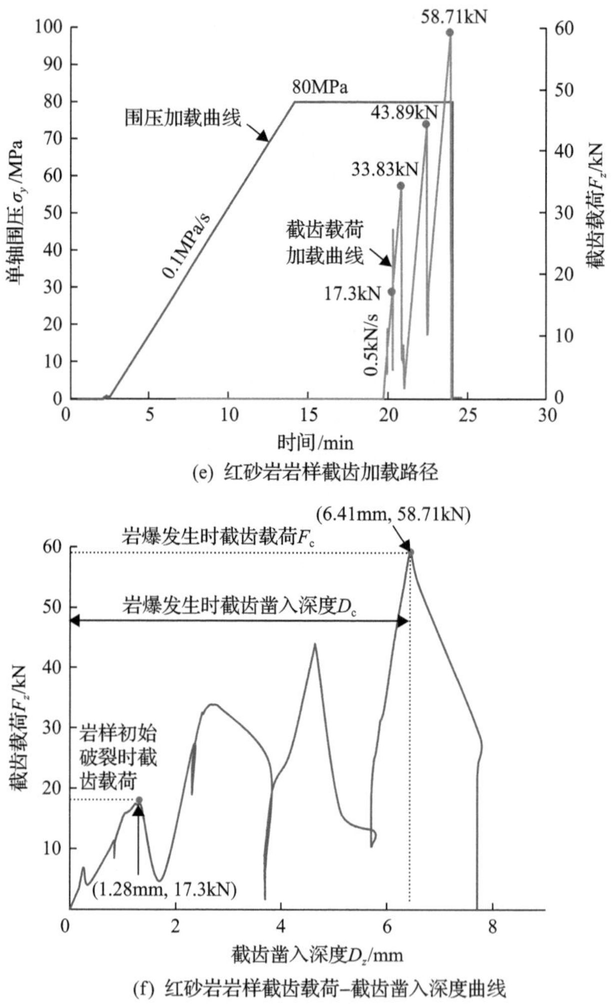

(e) 红砂岩岩样截齿加载路径

(f) 红砂岩岩样截齿载荷-截齿凿入深度曲线

图 4-1　截齿破岩过程中截齿载荷加载路径及截齿载荷-截齿凿入深度曲线

4.2　岩爆过程监测

试验中通过高速摄像机对岩样 X 向的临空面进行实时拍摄，记录截齿破岩过程中岩样破裂及岩爆过程。拍摄的截齿破岩引起的花岗岩Ⅱ、大理岩、红砂岩岩样的初始板裂、岩爆过程以及最终剪切破坏分别如图 4-2 所示。

高速摄像机拍摄的岩爆过程图像表明，镐型截齿破岩诱发岩爆过程包含以下三个过程：随着截齿凿入，岩样上截齿作用端面发生初始板裂；碎裂岩块沿围压作用方向快速弹射，随后强烈岩爆；最终因单轴压缩产生剪切破坏。

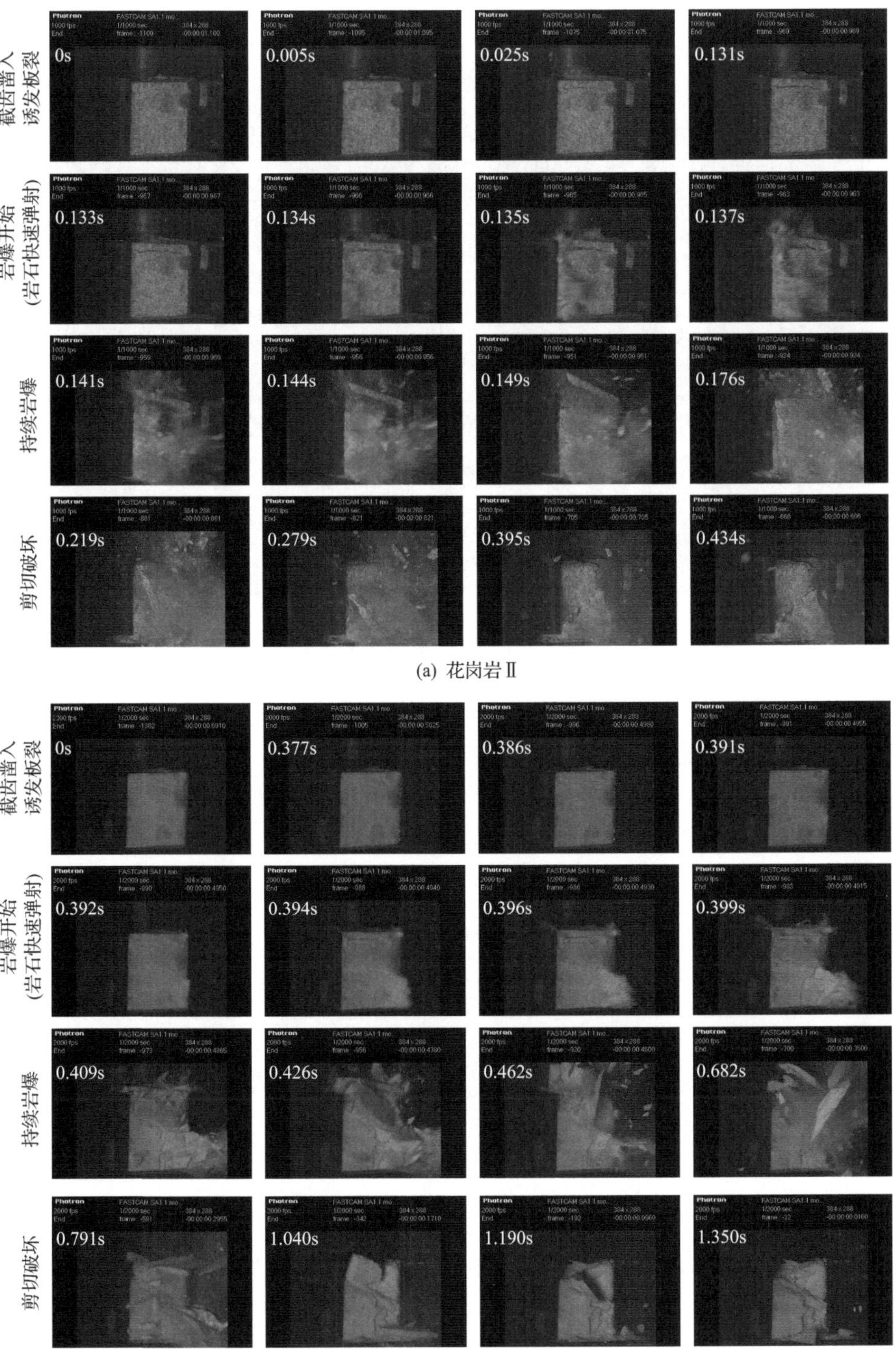
截齿凿入
诱发板裂
0s
0.005s
0.025s
0.131s
岩爆开始
(岩石快速弹射)
0.133s
0.134s
0.135s
0.137s
持续岩爆
0.141s
0.144s
0.149s
0.176s
剪切破坏
0.219s
0.279s
0.395s
0.434s
(a) 花岗岩Ⅱ
截齿凿入
诱发板裂
0s
0.377s
0.386s
0.391s
岩爆开始
(岩石快速弹射)
0.392s
0.394s
0.396s
0.399s
持续岩爆
0.409s
0.426s
0.462s
0.682s
剪切破坏
0.791s
1.040s
1.190s
1.350s

(b) 大理岩

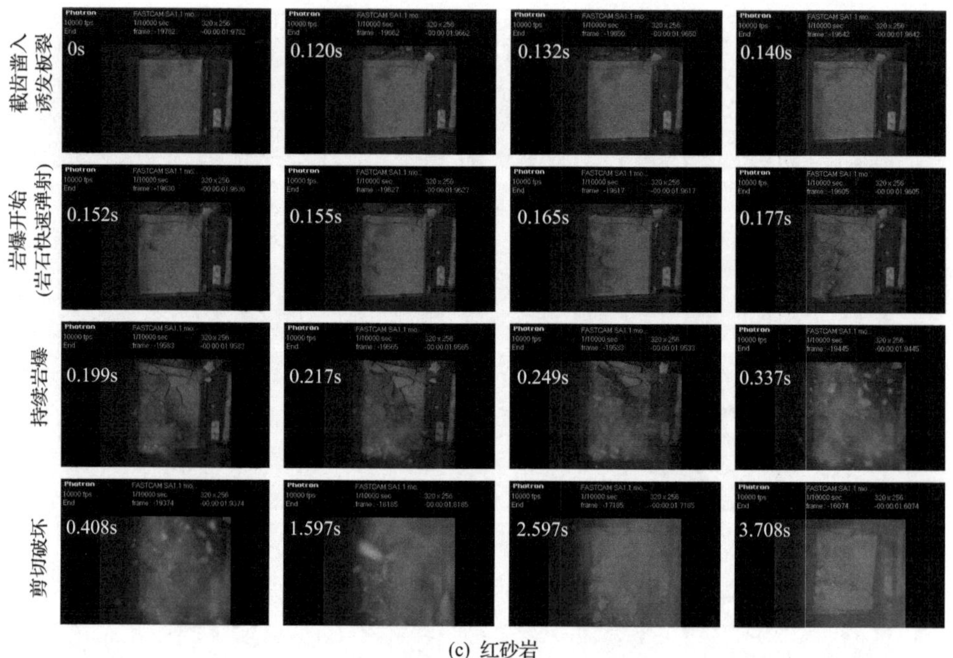

(c) 红砂岩

图 4-2　截齿破岩诱发岩爆过程高速摄像机拍摄的图像

为了更清晰地观察截齿破岩诱发高应力矿柱岩爆过程，采用数值模拟方法再现高单轴围压下截齿凿入引起的岩爆破坏过程。考虑到实验中观察到的剥落、岩爆和剪切破坏近似在二维平面上发展，建立了二维数值模型，如图 4-3 所示。数值模型采用了基于离散元法的通用离散元代码(universal distinct element code,

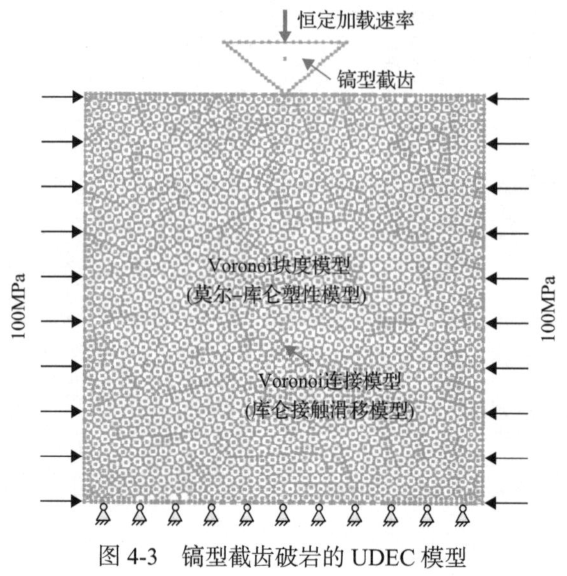

图 4-3　镐型截齿破岩的 UDEC 模型

UDEC)，并基于沃洛诺伊(Voronoi)节理网络将岩石样本划分为离散块体。采用莫尔-库仑塑性模型和库仑接触滑移模型，分别确定块体和接触件的力学行为。模型的左右边界处于 100MPa 围压下。镐型截齿作为刚体以 0.3mm/min 的恒定加载速率凿入岩样。镐型截齿引发岩石渐进破坏过程的模拟结果如图 4-4 所示。在初始剥落阶段，当截齿最初凿入岩体时，片状岩石碎片从岩石表面分离出来。然后，许多粒状岩石碎片产生并从岩石的自由表面喷出，这些碎片由岩石中因高单轴围压压缩而储存的高弹性应变能提供动力。随着截齿的继续凿入，剪切裂缝逐渐延伸到岩石内部。最后，宏观剪切裂纹大约沿 45°斜角出现，表明岩样最终发生了剪切破坏。数值计算结果表明，镐型截齿破碎岩石的渐进破坏过程包括三个步骤：截齿凿入引发岩样表面板裂剥落、岩石碎片快速弹射和最终剪切破坏，该过程与试验结果相类似。

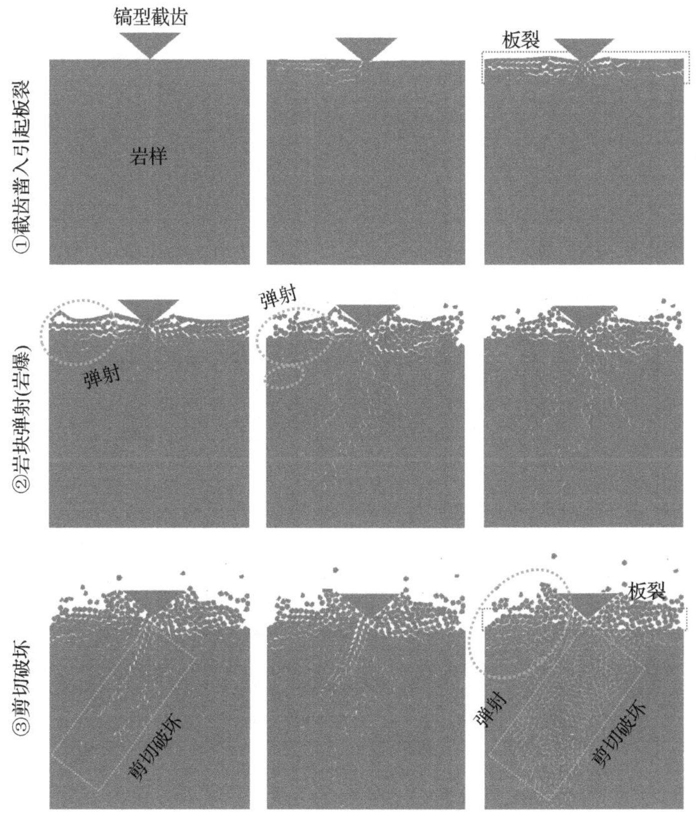

图 4-4　UDEC 模拟的镐型截齿破岩过程

4.3　岩爆产生破碎岩块块度分析

在镐型截齿破岩诱发岩爆过程中，有大量的破碎岩块产生并快速弹射脱离岩样。岩爆完成后，收集破碎岩块，并一起分散在地面上进行整体拍照，然后基于数字图像处理技术，依据破碎岩块块度分析方法，对岩爆产生的破碎岩块的块度分布特性进行分析，得到破碎岩块等效直径(依据面积相等将破碎岩块轮廓线所围面积等效为一定直径的圆形面积)的频率直方图和累积频率分布曲线。针对试验所用的花岗岩Ⅱ、大理岩、红砂岩岩样，其破碎岩块等效直径的频率直方图以及累积频率分布曲线分别如图 4-5 所示。除了因最终剪切破坏产生的一到两块比较大的锥形岩块外，由于岩爆过程岩样在高单轴围压下发生了剧烈破坏和快速弹射导致其他破碎岩块的块度都较小。破碎岩块块度分析中引入参数 d_{50}，该参数表示 50%的破碎岩块可以通过的等效直径范围。对于花岗岩Ⅱ、大理岩、红砂岩岩样，岩爆产生的破碎岩块的 d_{50} 分别为 35～40mm、20～25mm 和 30～35mm。对比花岗岩Ⅱ和红砂岩岩样，大理岩岩样发生岩爆产生的破碎岩石明显具有较小的尺寸。

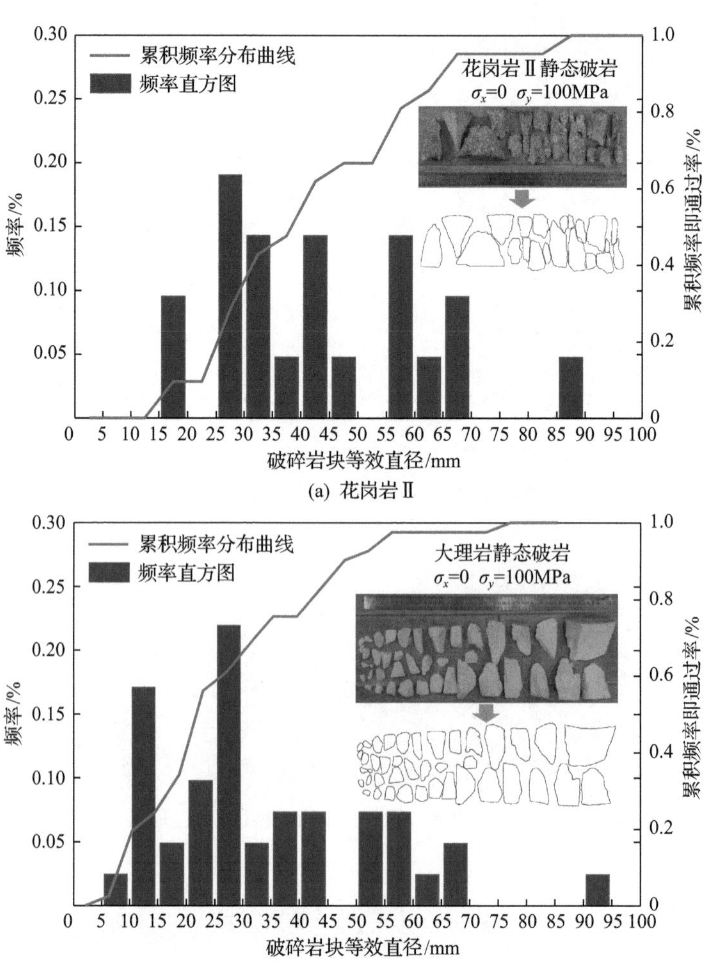

(a) 花岗岩Ⅱ

(b) 大理岩

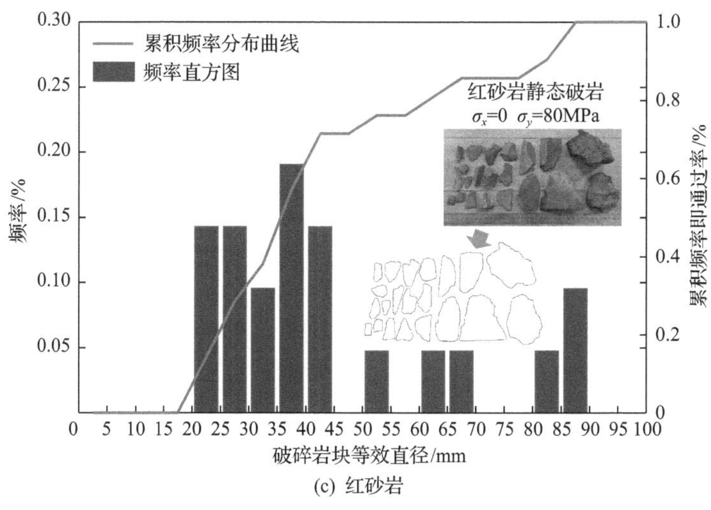

(c) 红砂岩

图 4-5　截齿破岩诱发岩爆产生的破碎岩块块度分布特征

4.4　截齿破岩诱发岩爆特性分析

在相同的截齿作用条件和应力条件下，截齿破岩诱发岩爆的易发性受到岩石强度特性、脆性、完整性等岩石材料特性的影响。基于镐型截齿破岩诱发岩爆试验，本节考察了岩样发生岩爆破坏时峰值截齿载荷和截齿凿入深度，岩样发生初始破裂(板裂)时峰值截齿载荷和截齿凿入深度等截齿破岩诱发岩爆易发性指标，以及岩爆产生破碎岩块的平均等效直径与岩样材料特性(材料抗拉强度σ_t、材料常数 m、材料抗拉强度与脆性指数之比σ_t^2/σ_c、材料脆性指数σ_c/σ_t、材料常数 s)的关系。岩样发生初始破裂(板裂)时峰值截齿载荷和截齿凿入深度，以及岩样发生岩爆破坏时峰值截齿载荷与材料抗拉强度σ_t、材料常数 m、材料抗拉强度与脆性指数之比σ_t^2/σ_c的关系曲线如图 4-6 所示。图 4-6 表明岩样发生初始破裂和岩爆时的峰值截齿载荷，以及岩样发生初始破裂时的截齿凿入深度随着岩样的材料抗拉强度σ_t、材料常数 m、材料抗拉强度与脆性指数之比σ_t^2/σ_c的增大而增大。岩样最终破坏时峰值截齿载荷与材料抗压强度的正相关关系在半经验的 Goktan 式子中有所体现。岩样最终破坏时的峰值截齿载荷与材料抗拉强度与脆性指数之比σ_t^2/σ_c的正相关关系在基于极限分析的 Evans 式子中有所体现。岩样发生岩爆破坏时的截齿凿入深度和破碎岩块的平均等效直径与材料脆性指数σ_c/σ_t和材料常数 s 的关系曲线如图 4-7 所示。图 4-7 表明岩样发生岩爆破坏时截齿凿入深度随着材料脆性指数σ_c/σ_t的增大而增大，随着材料常数 s 的增大而减小。上述结果表明岩样发生最终破坏时在截齿与岩样相互作用界面发生的岩石破裂与剥落涉及张拉破坏和剪切破坏，因此该破坏过程受到岩样材料抗拉强度、抗压强度以及完整性的综合影响。图 4-7 还显示花岗岩Ⅱ、大理岩、红砂岩岩样发生岩爆产生的破碎岩块的平均等效直径分别为 44.47mm、34.21mm 和 44.14mm；破碎岩块的平均等效直径随着材料脆性指数 σ_c / σ_t 的增大而减小，随着材料常数 s 的增大而增大。具有最高脆性指数的大理岩岩样岩爆时产生的破碎岩块的平均等效直径最小，即破碎岩块最为破碎。其原因可能是在屈服点之前大理岩岩样的能量耗散率 U_{ey} / U_{dy} 相比于花岗岩Ⅱ和红砂岩岩样具有最大值。这些耗散的能量用于促使岩样内预裂纹的产生并形成破裂网络，当岩石破坏发生时这些破裂网络引导破碎岩块产生。对于大理岩岩样，如图 4-2(b) 所示在发生岩爆前岩样内已存在大量的预裂纹。

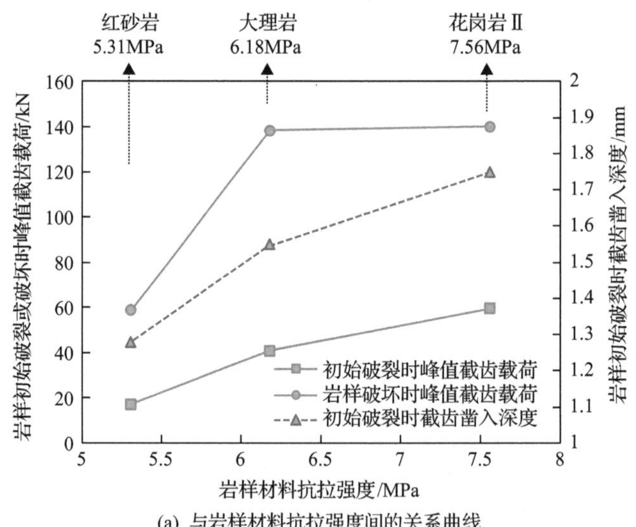

(a) 与岩样材料抗拉强度间的关系曲线

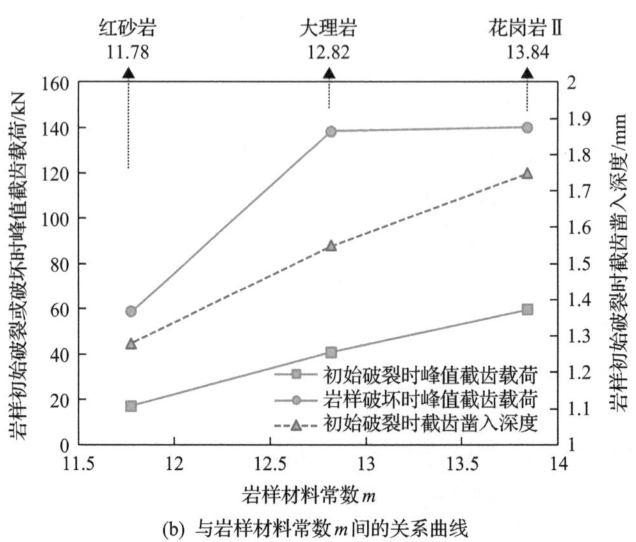

(b) 与岩样材料常数 m 间的关系曲线

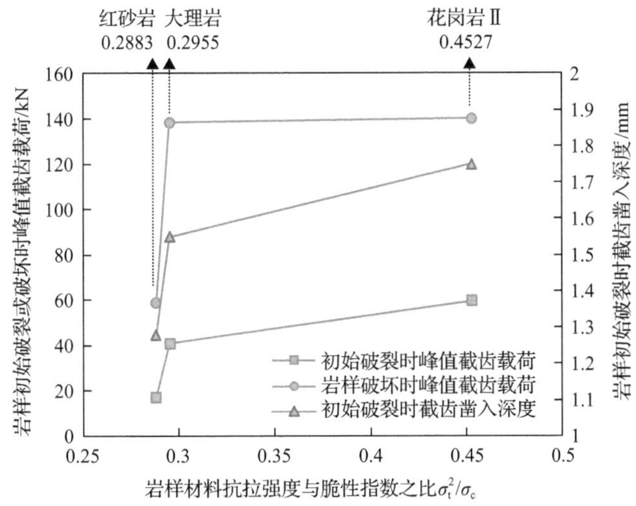

(c) 与岩样材料抗拉强度与脆性指数之比间的关系曲线

图 4-6　截齿破岩诱发岩爆易发性指标与岩样材料参数的关系曲线

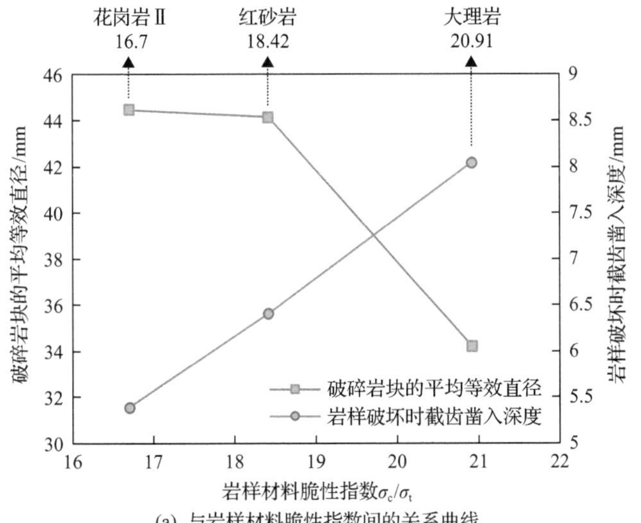

(a) 与岩样材料脆性指数间的关系曲线

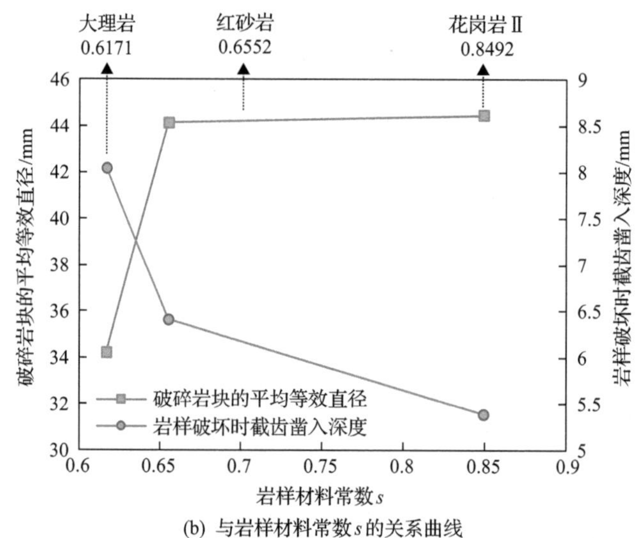

(b) 与岩样材料常数s的关系曲线

图 4-7 截齿破岩诱发岩爆易发性指标和破碎岩块的平均等效直径与岩样材料参数的关系曲线

更深层次的原因可能是试验选用的大理岩在形成过程中由于地质构造或者成岩变质作用等岩体内已存在大量的原生微裂纹，该特性可由大理岩的材料常数 s(表示岩石本身完整性，越接近于 1 完整性越好)相比于花岗岩Ⅱ和红砂岩具有最小值予以佐证。

4.5 截齿破岩诱发岩爆机制分析

高速摄像机拍摄的岩样破坏过程显示截齿破岩诱发岩爆需要经历以下三个过程：首先是岩样在截齿作用端面发生初始板裂破坏；随后岩样在高单轴围压下破裂，在临空面上从围压作用端面处开始产生大量破碎岩块并沿围压作用方向快速弹射脱离岩样的临空面，岩爆发生；最后岩样在单轴围压下发生剪切破坏，形成一到两块尺寸较大的锥形岩块。根据拍摄到的岩爆过程，本节提出一个示意的过程模型用于描述截齿破岩诱发岩爆的诱发、发展和结束过程，如图 4-8(a)所示，并给出了截齿破岩诱发岩爆机制的分析示意图，如图 4-8(b)所示。图 4-8 表明随着截齿的不断凿入，在截齿作用端面上岩样的初始板裂逐渐形成，从而导致岩样本身的单轴抗压能力逐渐降低；当发生板裂的岩样的单轴抗压能力降低到单轴围压水平后，岩样失去对高单轴围压的承载能力，而在单轴围压作用端面产生破裂并形成破碎岩块沿围压作用方向弹射而脱离岩样，该过程伴随岩样内高弹性储能转化为动能而促使破碎岩块快速弹射，从而促使岩爆持续进行；最后岩样在单轴围压下整体显现为剪切破坏。在高单轴围压下，截齿破岩诱发立方块岩样岩爆发生在岩样临空面，破落弹射的岩石为岩样临空面破裂产生的破碎岩块，而岩样内部的岩石则在单轴压缩下显现为剪切破坏，形成一到两个尺寸较大的对顶的锥形破碎岩块。从上述描述中可知，截齿破岩过程中截齿凿入引起的初始板裂只是作为引发岩爆的一个诱发因素，即截齿破岩是岩爆发生的诱因，而岩样内受高单轴围压压缩储存的高弹性储能可为岩爆的发展及持续进行提供必要的能量需求，即高单轴围压是岩爆发生的能量来源和其发展的推动力。

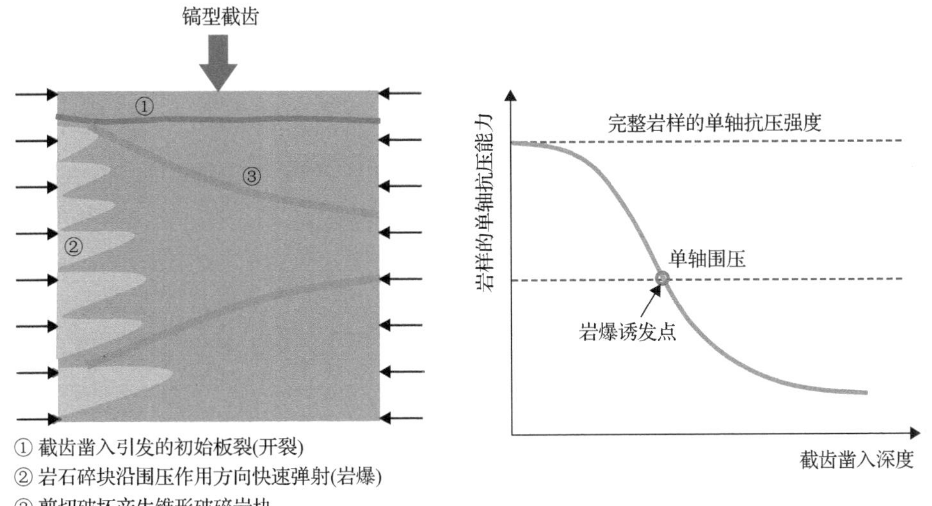

(a) 岩爆发生过程模型　　(b) 岩爆产生原因

图 4-8　截齿破岩诱发岩爆的发生机制分析

在实际采矿过程中，当深部硬岩矿体内的采准及诱导工程开挖后，形成采场内的待采矿柱，这些矿柱内的矿岩体在开挖引起的应力重分布作用下可能处于应力集中状态，受高单轴受限应力作用，此条件下如果直接用机械刀具对矿柱进行开采极易引发岩爆灾害。因此，在开采前需要在高应力矿柱上施工预切槽或者预钻孔卸除或降低矿柱内的高应力，从而降低机械开采诱发岩爆的风险；或者在矿柱上采取有效的柔性支护手段，伴随可控的矿柱侧向变形释放其内部的高应力并促使预裂纹的产生形成松动区，从而调控高应力矿柱内的高弹性储能用于预裂矿岩体，提高其可切割性的同时降低岩爆风险；或者通过安全可控的水力压裂或预爆破技术，使矿柱内的岩体在高应力和爆破扰动的耦合作用下产生预裂，从而提高岩体的可切割性并降低岩爆风险。

第 5 章　深部硬岩可切割性表征与改善方法

5.1　深部硬岩可切割性综合表征

岩石截割是一个复杂的过程，受到众多因素的影响，如截割机械及刀具性能、岩石自身性质、地应力条件等。因此，如何提高破岩效率已成为广大学者及破岩机械制造商所关注的焦点。硬岩由于其强度高、完整性好、耐磨蚀性强，一般难以轻易被截割，从而导致机械化破岩效率低、刀具磨损大、工期延长以及项目支出增加等问题。同时，由于深部硬岩具有高储能性，在高地应力下机械化破岩过程中由于破岩扰动容易诱发岩爆，会严重威胁作业人员以及设备的安全。

岩石可切割性反映的是破岩刀具与岩石之间相互作用的难易程度，与岩石性质和岩石所处的地应力条件、地质环境等相关，是直接反映岩石可机械化开采难易程度的定量指标，决定着破岩效率，对机械化开采具有重要指导意义。岩石的不同力学性质可由与其对应的力学参数衡量，如岩石抗压强度、抗拉强度、弹性模量、泊松比、弹塑性等。同样岩石的可切割性也存在对应的衡量参数，称为岩石可切割性表征参数。对于机械化破岩设备，在作业过程中实时记录的功率、推动力、转速、扭矩、凿入率、采掘速度、破岩比能等均是衡量岩石可切割性的表征参数，且上述岩石可切割性表征参数具体表现为：在破岩作业过程中，所需功率、推动力、扭矩越大，采掘速度越小，则表明岩石越难被截割。对于刀具而言，其磨损率、磨损失效等也可作为衡量岩石可切割性的表征参数，且表现为：刀具磨损率、磨损失效程度越大，则意味着岩石越难被截割；对于破岩作业后所得到的岩石碎屑而言，其形貌及尺寸和单位时间破岩产量也可作为衡量岩石可切割性的表征参数，且表现为：碎屑形貌及尺寸适中、破岩产量大，则岩石可切割性越好。此外，破岩比能作为衡量岩石可切割性的表征参数也被广泛应用于岩石可切割性评价，且表现为：截割岩石所需破岩比能越小，则岩石可切割性能越好。本章笔者主要以镐型截齿为破岩工具，以峰值截齿载荷、截齿凿入深度、截割功、破岩比能作为深部硬岩可切割性的表征参数，用于表征岩石的可切割性大小。

5.1.1　单向侧限应力下截齿破岩特征参数

为了分析单轴围压对岩石可切割性的影响，分别对花岗岩、大理岩、红砂岩及磷矿石在不同单轴围压条件下的岩石可切割性进行分析，并分别以峰值截齿载荷、截齿凿入深度、截割功及破岩比能为因变量，单轴围压为自变量建立 16 组回归模型，拟合曲线如图 5-1～图 5-4 所示。

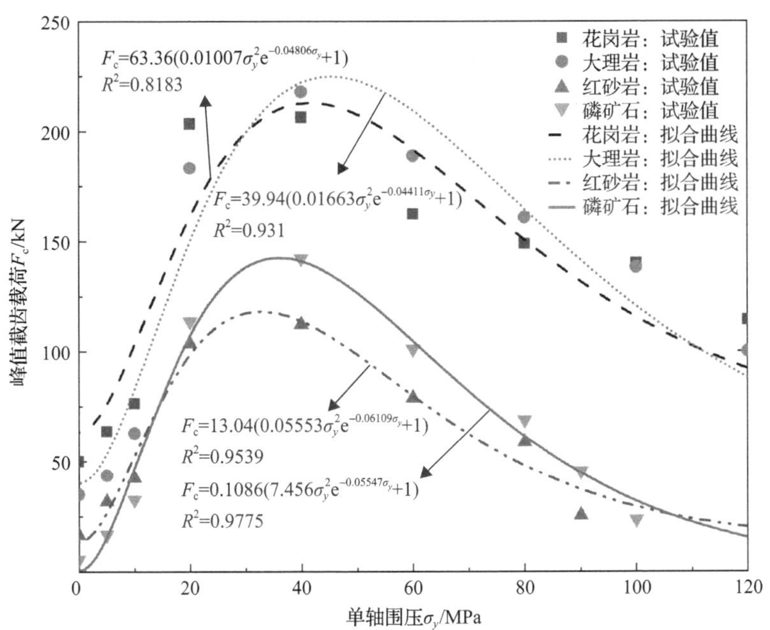

图 5-1　四类岩石在不同单轴围压条件下的峰值截齿载荷回归模型

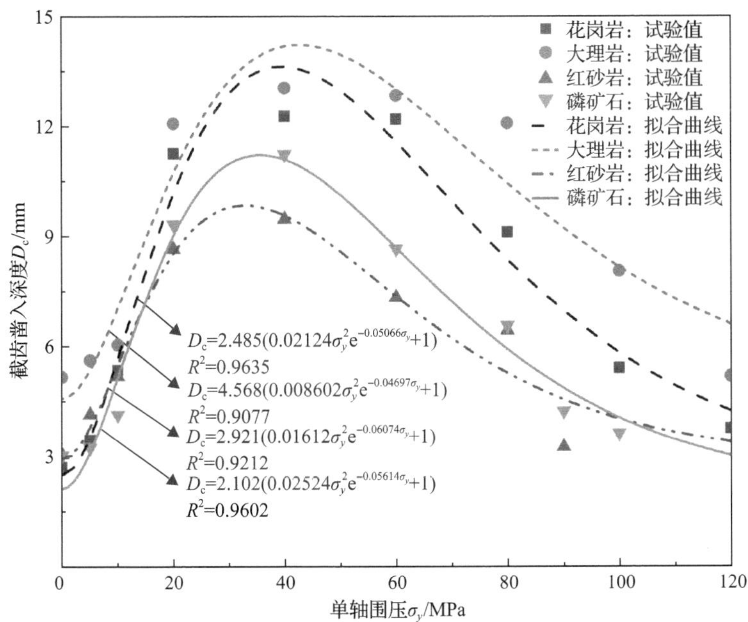

图 5-2　四类岩石在不同单轴围压条件下的截齿凿入深度回归模型

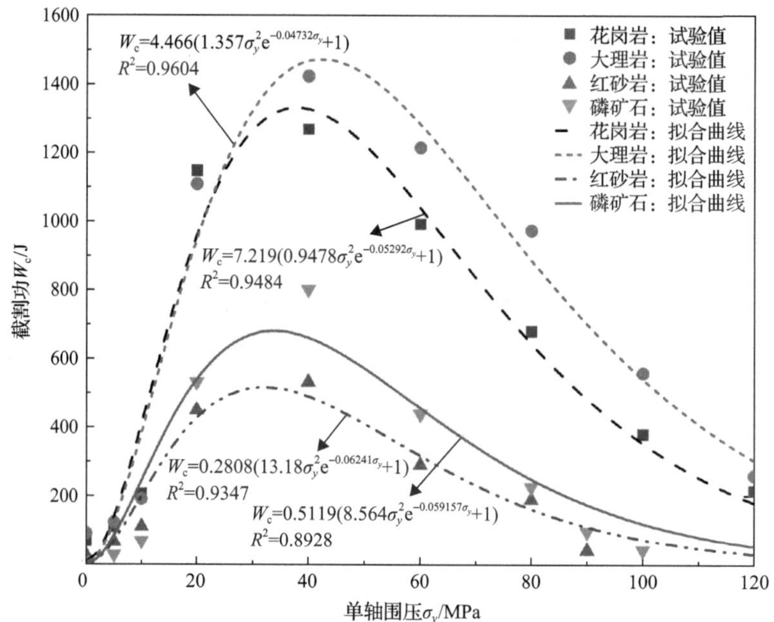

图 5-3　四类岩石在不同单轴围压条件下的截割功回归模型

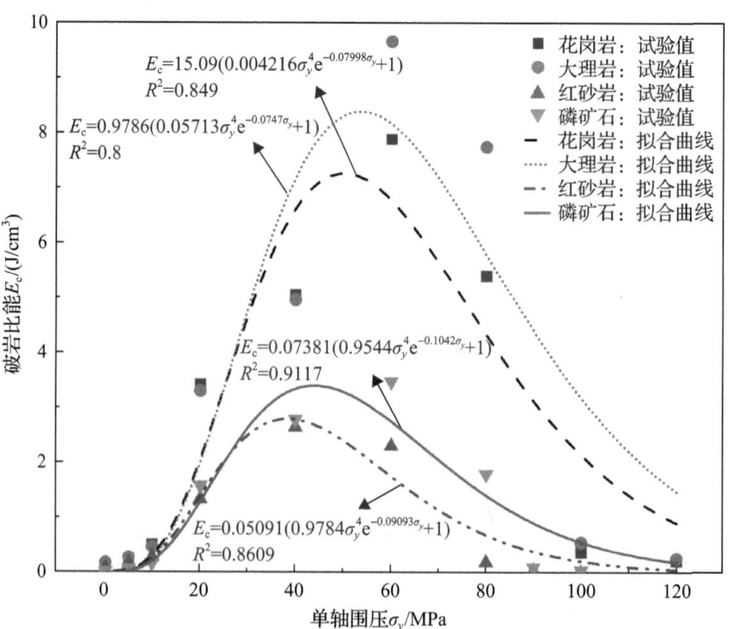

图 5-4　四类岩石在不同单轴围压条件下的破岩比能回归模型

对于花岗岩，峰值截齿载荷、截齿凿入深度和截割功的变化趋势可分为三个区域。区域 1：单轴围压从 0 至 40MPa（接近花岗岩材料单轴抗压强度 σ_c 的 30%），峰值截齿载荷、截齿凿入深度和截割功随单轴围压的增大而增大，且破坏模式为完全劈裂。区域 2：单轴围压从 40MPa 至 100MPa(接近花岗岩材料 σ_c 的 80%)，峰值截齿载荷、截齿凿入深度和截割功随单轴围压的增大而减小，岩石破坏模式为部分劈裂。区域 3：单轴围压超过100MPa，峰值截齿载荷、截齿凿入深度和截割功继续减小，并发生岩爆(在试验中，岩石试样发生破坏，大量岩石碎片高速喷射，称为试验岩爆)。根据破岩比能的变化趋势，也有三个区域。在区域 1 内，单轴围压从 0 增加到 60MPa(接近花岗岩材料 σ_c 的 50%)，破岩比能随着单轴围压的增大而增大；在区域 2 内，单轴围压从 60MPa 增加到 100MPa(接近花岗岩材料 σ_c 的 80%)，破岩比能随着单轴围压的增大而减小；在区域 3 内，单轴围压超过 100MPa，随着岩爆的发生，破岩比能急剧减小。

对于大理岩，峰值截齿载荷、截齿凿入深度、截割功和破岩比能的变化同样可以分为三个区域。区域 1：单轴围压为 0～40MPa(接近大理石材料 σ_c 的 30%)，峰值截齿载荷、截齿凿入深度和截割功随单轴围压的增大而增大，破坏模式为完全劈裂。区域 2：单轴围压为 40～100MPa(接近大理石材料 σ_c 的 80%)，峰值截齿载荷、截齿凿入深度和截割功随单轴围压的增大而减小，破坏模式为部分劈裂。区域 3：单轴围压超过 100MPa，峰值截齿载荷、截齿凿入深度和截割功继续减小至非常低的值，并最终以岩爆的形式发生破坏。单轴围压在 0～100MPa 时，破岩比能随着单轴围压的增大而减小，并以 60MPa 为拐点。此外，当单轴围压继续增大并超过 100MPa 时，破岩比能继续下降，并维持在一个很低的值。

类似于花岗岩和大理石，红砂岩在单轴围压 0～40MPa(接近红砂岩材料 σ_c 的 40%)到 40～80MPa(接近红砂岩材料 σ_c 的 80%)时，破坏模式从完全劈裂变为部分劈裂。当单轴围压超过 80MPa 时，峰值截齿载荷、截齿凿入深度和截割功继续减小，破坏模式为岩爆。单轴围压在 0～40MPa 和 40～80MPa 增大时，破岩比能呈现先增大后减小的趋势。此外，当单轴围压超过 80MPa 且发生岩爆时，破岩比能会继续下降，并处于一个很低的值。

对于磷矿石，其峰值截齿载荷、截齿凿入深度、截割功和破岩比能的变化趋势类似于花岗岩、大理岩和红砂岩，且具体表现为：单轴围压在 0～40MPa(接近磷矿石材料 σ_c 的 40%)到 40～90MPa(接近磷矿石材料 σ_c 的 80%)变化时，岩石的破坏模式由完全劈裂转换为部分劈裂，且峰值截齿载荷、截齿凿入深度和截割功的变化趋势为先增大后减小。当单轴围压继续增大超过 90MPa 时，发生岩爆。单轴围压从 0～60MPa(接近磷矿石材料 σ_c 的 55%)到 60～90MPa 变化时，破岩比能随着单轴围压增大呈现先增大后减小的趋势，并当单轴围压超过 90MPa 时，发生岩爆，且破岩比能继续减小至一个很低的值。

综上所述，单轴受限应力小于岩石单轴抗压强度的 30%～40%时，峰值截齿载荷随着单轴受限应力与岩石单轴抗压强度的比值增大而增大。单轴受限应力超过岩石单轴抗压强度的 30%～40%时，随着单轴受限应力与岩石单轴抗压强度的比值增大，峰值截齿载荷则逐渐减小。在较低的单轴受限应力下，岩样受到的侧压限制较小，截齿破岩时会沿着单轴受限应力作用方向将岩样完整劈裂，劈裂碎块向垂直于受限应力加载方向的自由面分离；随着单轴受限应力增大，侧压限制作用相应增大，阻碍了岩样在受限应力作用方向上的变形，并且随着受限应力增大而增强的端部效应相当于在临空面方向施加一定的限制应力，从而阻碍岩块从临空面截落，因此岩样的截割难度会随着单轴受限应力的增大而增大。然而在较高的单轴受限应力下，岩样内部会预先萌生裂纹，且裂纹会随着受限应力的增大而增多，当截齿从岩样端面不断凿入时，较高的单轴受限应力会加剧截齿作用区域岩石内的应力集中，从而致使岩样在截齿作用端面发生部分劈裂，产生从岩样临空侧面截落的楔形岩块，此时侧压反倒有利于截齿破岩。当单轴受限应力继续增大，接近或超过岩石材料单轴抗压强度的 80%时，岩样在截齿截割前存在较高的弹性储能，当截齿从岩样端面凿入时，破坏了岩样的完整性而降低其抗压能力，因为试验选用的硬岩具有极为明显的弹脆性，当岩样失去对高单轴受限应力的支撑能力后，岩样会在此高单轴受限应力下产生剧烈破坏，岩块会从围压作用端快速弹射，从而产生试验岩爆现象。

类似地，破岩比能也随着单轴受限应力与岩石单轴抗压强度的比值增大呈现先增大后减小的趋势。单轴受限应力小于岩石单轴抗压强度的 50%～60%时，破岩比能随着单轴受限应力与岩石单轴抗压强度的比值增大而增大。单轴受限应力超过岩石单轴抗压强度的 50%～60%时，随着单轴受限应力与岩石单轴抗压强度的比值增大，破岩比能逐渐减小。

5.1.2　截齿破岩特征参数回归分析

为了研究在不同受限应力条件下，岩石自身性质与岩石可切割性的关系，结合截齿破岩试验结果，将进行归一化处理后的式(5-1)所示的脆性指数 1(B_1)和式(5-2)所示的脆性指数 2(B_2)以及单轴受限应力为自变量，建立一系列与峰值截齿载荷及破岩比能相关的回归模型，试验获得的 35 组数据均用于模型建立。其中，模型可划分为无量纲化回归模型和非无量纲化回归模型。相较于非无量纲化回归模型，无量纲化回归模型与所选的参量单位无关，使其更具普遍性，消除了各参量不同量纲的影响。最后，利用确定性系数(R^2)和均方根误差(RMSE)对各模型回归效果进行分析和评价，并绘制了试验值与模型预测值之间的对比图，来验证模型回归效果。

$$B_1 = \frac{\sigma_c}{\sigma_t} \tag{5-1}$$

$$B_2 = \frac{\sigma_c - \sigma_t}{\sigma_c + \sigma_t} \tag{5-2}$$

式中：σ_c 为单轴抗压强度；σ_t 为抗拉强度。

1. 非无量纲化回归模型

以归一化后的脆性指数 1 和脆性指数 2 分别为 X 轴，单轴受限应力为 Y 轴，峰值截齿载荷和破岩比能分别为 Z 轴，建立了 4 组回归模型。归一化方程为

$$f(x) = \frac{x - x_{\min}}{x_{\max} - x_{\min}} \tag{5-3}$$

式中：$f(x)$ 为归一化后的数值；x 为影响因素试验值；$x_{\min}$ 为试验值的最小值；$x_{\max}$ 为试验值的最大值。

1) 峰值截齿载荷回归模型

将归一化后的脆性指数 1、单轴受限应力和峰值截齿载荷分别作为 X 轴、Y 轴和 Z 轴，通过拟合得到如式(5-4)所示的回归模型，并绘制如图 5-5 所示的回归曲面，其中散点是通过归一化处理的试验值：

$$F_c = 0.1638\left[1.143\times10^4 \times \left(\frac{\sigma_c}{\sigma_t} - 0.5\right)^2 \sigma_y^{2.5} e^{-7.707\sigma_y^{0.7}} + 1\right] \tag{5-4}$$

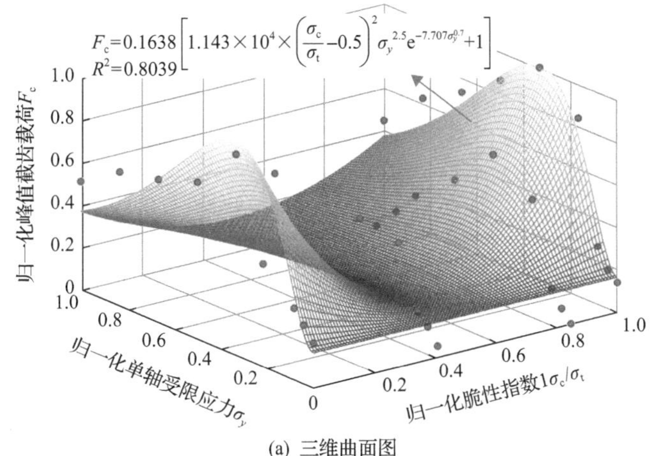

(a) 三维曲面图

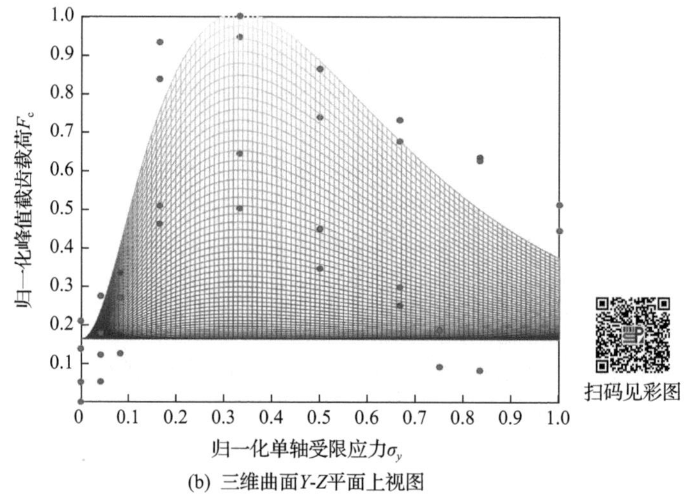

(b) 三维曲面Y-Z平面上视图

图 5-5　峰值截齿载荷回归模型(X轴为脆性指数 1)

以归一化后的脆性指数 2、单轴受限应力和峰值截齿载荷分别作为 X 轴、Y 轴和 Z 轴，通过拟合得到如式(5-5)所示的回归模型，其回归曲面与图 5-5 类似：

$$F_c = 0.1769\left[1540\times\left(\frac{\sigma_c-\sigma_t}{\sigma_c+\sigma_t}-0.5\right)^4\sigma_y^{1.5}e^{-4.248\sigma_y}+1\right] \tag{5-5}$$

2) 破岩比能回归模型

将归一化后的脆性指数 1、单轴受限应力和破岩比能分别作为 X 轴、Y 轴和 Z 轴，通过拟合得到如式(5-6)所示的回归模型，并绘制如图 5-6 所示的回归曲面：

$$E_c = 0.04394\left[797.9\times\left(\frac{\sigma_c}{\sigma_t}-0.5\right)^2\sigma_y^{2.5}e^{-9.072\sigma_y^4}+1\right] \tag{5-6}$$

将归一化后的脆性指数 2、单轴受限应力和破岩比能分别作为 X 轴、Y 轴和 Z 轴，通过拟合得到如式(5-7)所示的回归模型，其回归曲面与图 5-6 类似：

$$E_c = 0.03315\left[659.6\times\left(\frac{\sigma_c-\sigma_t}{\sigma_c+\sigma_t}-0.5\right)^2\sigma_y^{2}e^{-7.792\sigma_y^4}+1\right] \tag{5-7}$$

2. 无量纲化回归模型

首先，对单轴受限应力、峰值截齿载荷和破岩比能进行无量纲化处理。将单轴受限应力与单轴抗压强度的比值、不同受限应力条件下峰值截齿载荷与 0MPa

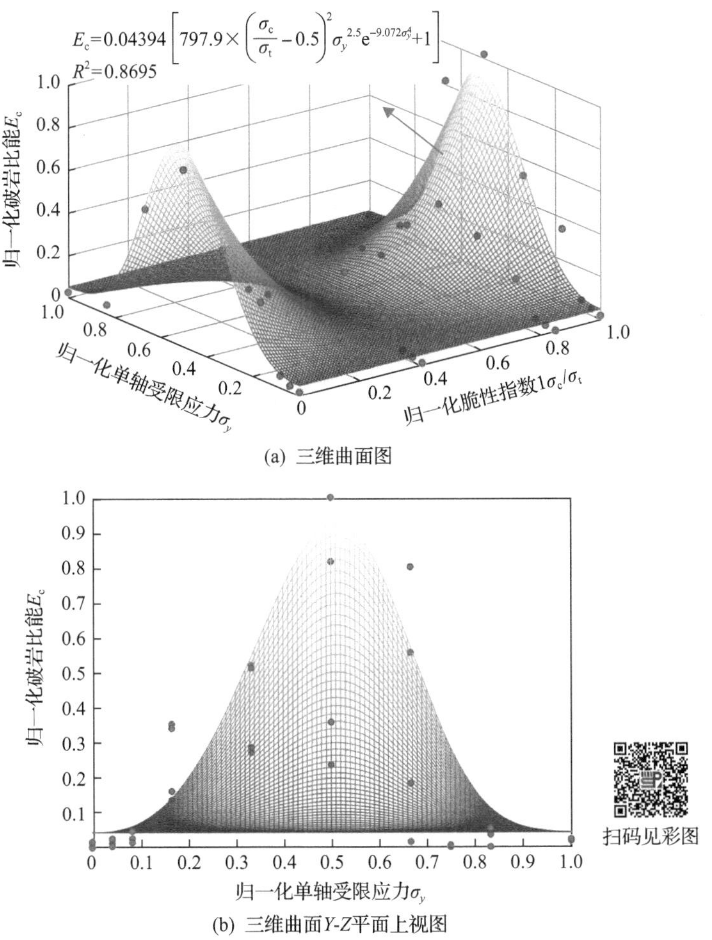

(a) 三维曲面图

(b) 三维曲面Y-Z平面上视图

图 5-6　破岩比能回归模型(X 轴为脆性指数 1)

受限应力下峰值截齿载荷的比值、不同受限应力条件下破岩比能与 0MPa 受限应力下破岩比能的比值，分别作为对应的无量纲值。然后，对其进行归一化处理。最后拟合得到 4 组回归模型。

1) 峰值截齿载荷回归模型

将无量纲化和归一化处理后的脆性指数 1、单轴受限应力和峰值截齿载荷相关数据分别作为 X 轴、Y 轴和 Z 轴。通过拟合得到如式(5-8)所示的回归模型，并根据模型绘制了如图 5-7 所示的三维曲面图：

$$\frac{F_c}{F_0}=0.09636\left[-1484\times\left(\frac{\sigma_c}{\sigma_t}-1\right)\times\left(\frac{\sigma_c}{\sigma_t}\right)^4\left(\frac{\sigma_y}{\sigma_c}\right)^{1.5}e^{-4.578\left(\frac{\sigma_y}{\sigma_c}\right)^{1.5}}+\left(\frac{\sigma_y}{\sigma_c}\right)^{0.5}\right] \tag{5-8}$$

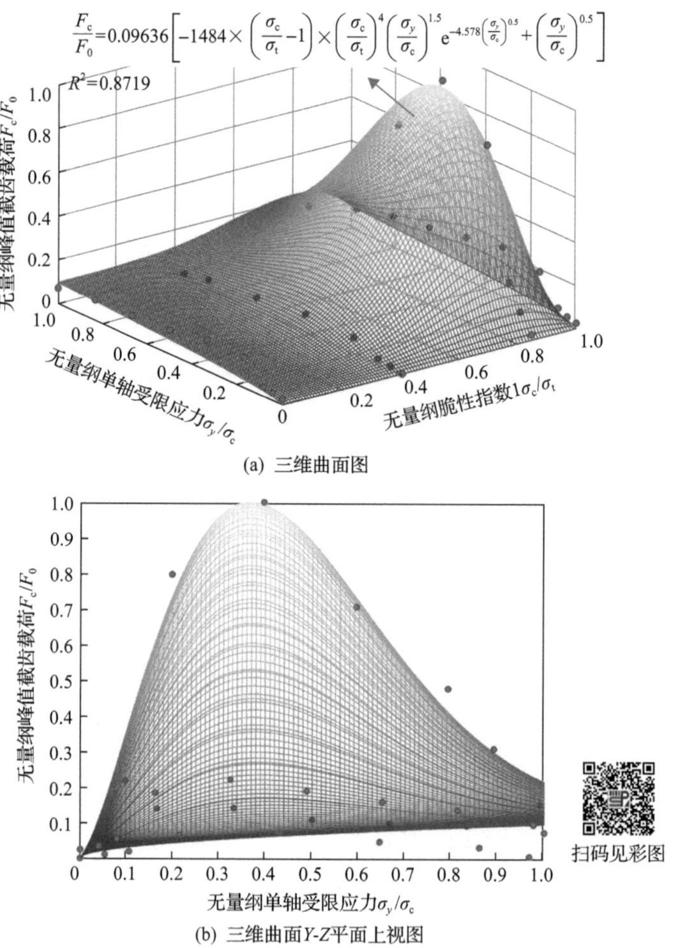

(a) 三维曲面图

(b) 三维曲面Y-Z平面上视图

图 5-7　无量纲化峰值截齿载荷回归模型(X 轴脆性指数 1)

针对脆性指数 2，通过拟合得到如式(5-9)所示的回归模型，其三维曲面类似于图 5-7：

$$\frac{F_c}{F_0}=0.1044\left[-3293\times\left(\frac{\sigma_c-\sigma_t}{\sigma_c+\sigma_t}-1\right)\times\left(\frac{\sigma_c-\sigma_t}{\sigma_c+\sigma_t}\right)^4\times\left(\frac{\sigma_y}{\sigma_c}\right)^2 e^{-5.914\times\left(\frac{\sigma_y}{\sigma_c}\right)^{1.5}}+\left(\frac{\sigma_y}{\sigma_c}\right)^{0.5}\right] \tag{5-9}$$

2) 破岩比能回归模型

将经过无量纲化处理的脆性指数 1、单轴受限应力和破岩比能相关数据分别作为 X 轴、Y 轴和 Z 轴。通过拟合得到如式(5-10)所示的回归模型，并根据模型绘制如图 5-8 所示的三维曲面图：

$$\frac{E_c}{E_0}=0.08028\left[-1212\times\left(\frac{\sigma_c}{\sigma_t}-1\right)\times\left(\frac{\sigma_c}{\sigma_t}\right)^4\times\left(\frac{\sigma_y}{\sigma_c}\right)^2 e^{-5.3948\times\left(\frac{\sigma_y}{\sigma_c}\right)^3}+\left(\frac{\sigma_y}{\sigma_c}\right)^{0.5}\right] \tag{5-10}$$

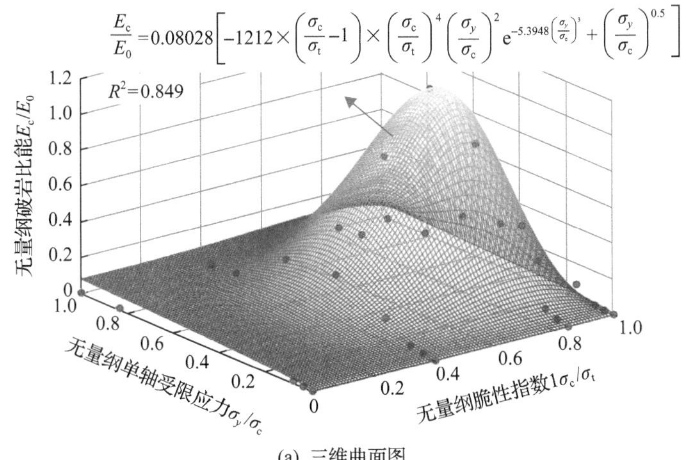

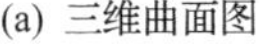
(a) 三维曲面图

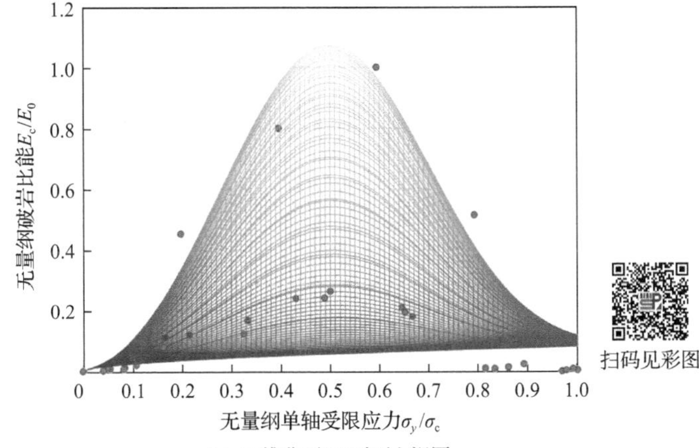

扫码见彩图

(b) 三维曲面Y-Z平面上视图

图 5-8　无量纲破岩比能回归模型(X 轴脆性指数 1)

针对脆性指数 2，通过拟合得到如式(5-11)所示的回归模型，其三维曲面类似于图 5-8：

$$\frac{E_c}{E_0}=0.07237\left[-2895\times\left(\frac{\sigma_c-\sigma_t}{\sigma_c+\sigma_t}-1\right)\times\left(\frac{\sigma_c-\sigma_t}{\sigma_c+\sigma_t}\right)^4\times\left(\frac{\sigma_y}{\sigma_c}\right)^{2.5} e^{-5.916\left(\frac{\sigma_y}{\sigma_c}\right)^{2.5}}+\left(\frac{\sigma_y}{\sigma_c}\right)^{0.5}\right] \tag{5-11}$$

3. 模型评价

利用确定性系数和均方差误差对所建立的回归模型进行分析和评价。由式(5-12)和式(5-13)计算得各模型的 R^2 和 RMSE，见表 5-1。

$$R^2=\sum_{i=1}^{n}\left(y_{p(i)}-\overline{y}_t\right)^2\Big/\sum_{i=1}^{n}\left(y_{t(i)}-\overline{y}_t\right)^2 \tag{5-12}$$

$$\text{RMSE}=\sqrt{\frac{1}{n}\sum_{i=1}^{n}\left(y_{t(i)}-y_{p(i)}\right)^2} \tag{5-13}$$

式中：n 为样本数量；$y_{p(i)}$ 为回归预测值；$y_{t(i)}$ 为试验值；$\overline{y}_t$ 为试验值的平均值。

表 5-1　回归模型 R^2 和 RMSE

评价指标	非无量纲化回归模型				无量纲化回归模型			
	脆性指数 1		脆性指数 2		脆性指数 1		脆性指数 2	
	F_c/kN	E_c/(J/cm^3)	F_c/kN	E_c/(J/cm^3)	F_c/F_0	E_c/E_0	F_c/F_0	E_c/E_0
R^2	0.8039	0.8695	0.7845	0.8573	0.8719	0.8490	0.8110	0.8235
RMSE	27.14	0.92	28.46	0.97	2.17	19.37	2.64	32.29

然后，根据得到的模型，将各原始参数代入回归模型，得到初始预测值，再通过反归一化得到最终的预测值。图 5-9 和图 5-10 分别为非无量纲化和无量纲化下峰值截齿载荷和破岩比能的预测值和试验值的分布图。

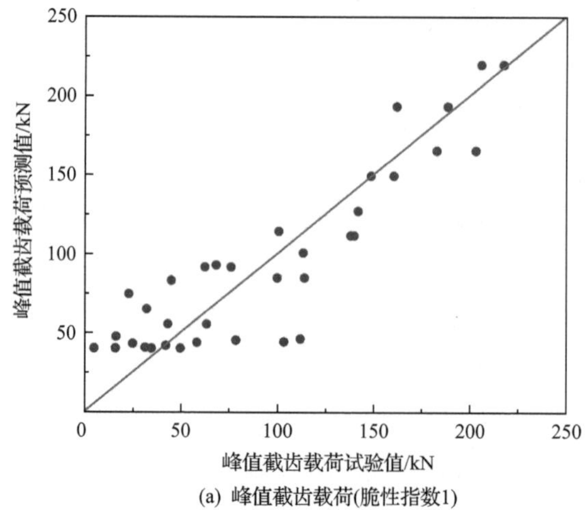

(a) 峰值截齿载荷(脆性指数1)

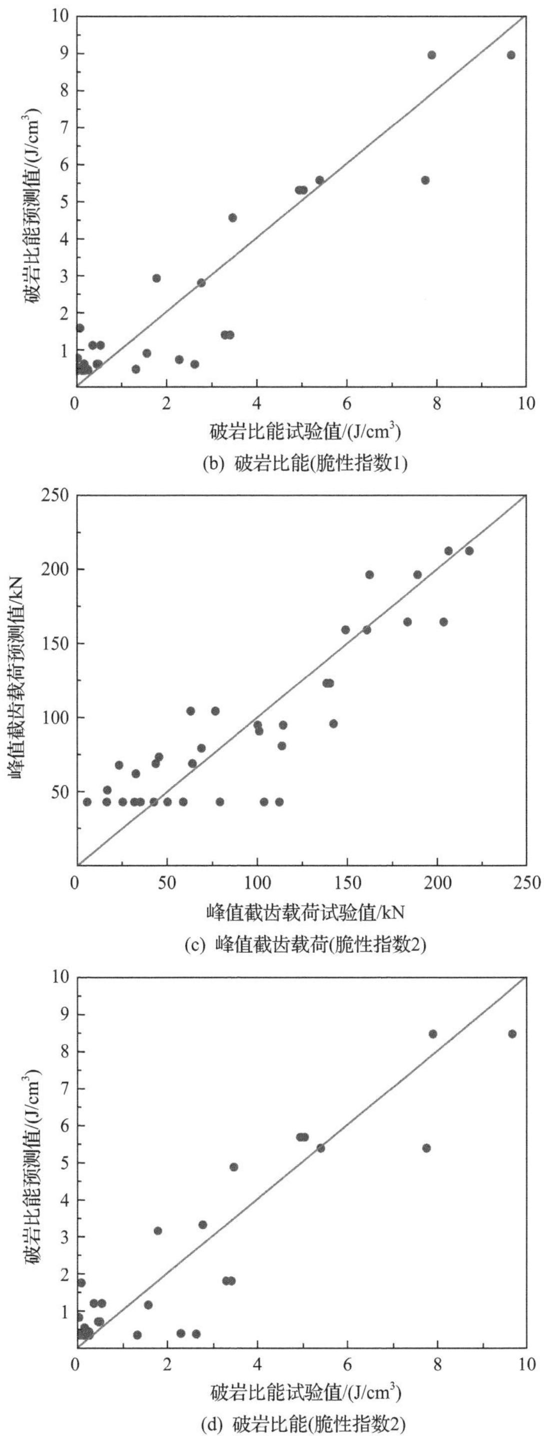

图 5-9　非无量纲化回归模型预测值与试验值对比

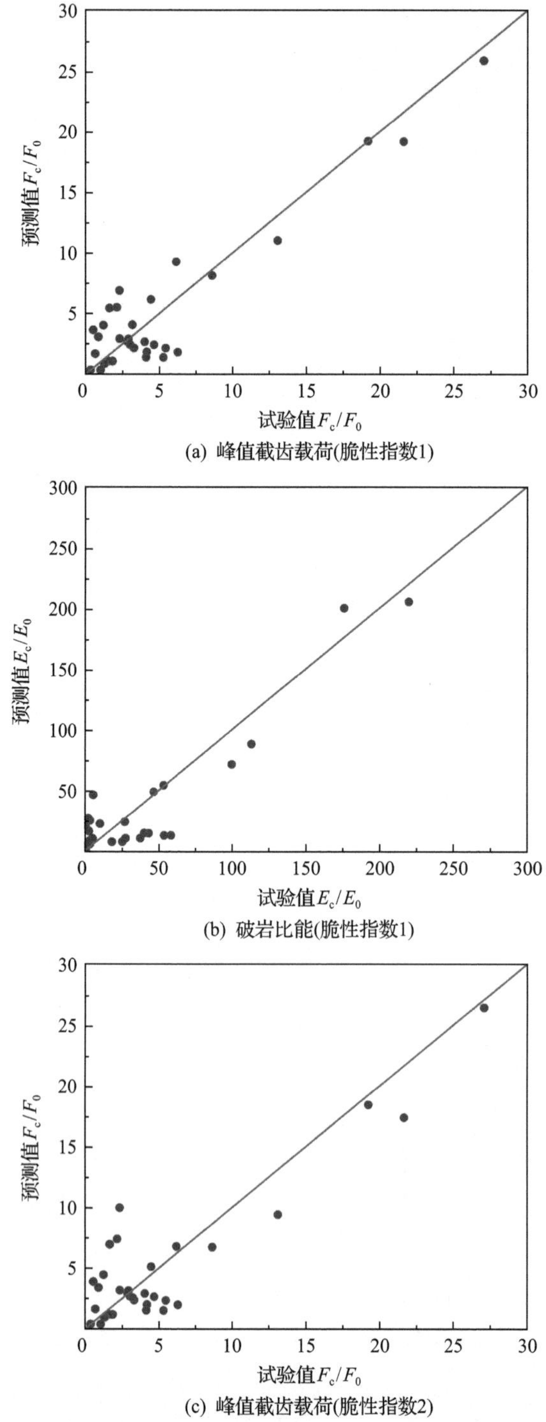

(a) 峰值截齿载荷(脆性指数1)

(b) 破岩比能(脆性指数1)

(c) 峰值截齿载荷(脆性指数2)

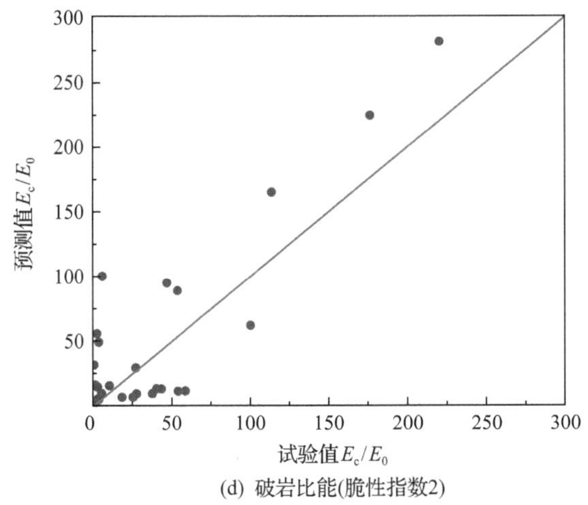

(d) 破岩比能(脆性指数2)

图 5-10　无量纲化回归模型预测值与试验值对比

4. 脆性指数和围压条件对破岩特性的影响分析

(1) 脆性指数影响。通过回归分析可得，无论是在非无量纲化还是无量纲化的回归模型，单轴受限应力和两类脆性指数对峰值截齿载荷和破岩比能的影响均呈非线性变化，且在不同脆性指数范围内，对岩石的可切割性影响不同。其中，对于非无量纲化回归模型，将脆性指数 1 划分为两个区间：区间 1 为 16.698～18.416，区间 2 为 18.417～20.909。在区间 1 内，峰值截齿载荷和破岩比能随着脆性指数 1 的增大而减小，即岩石的可切割性增强；而在区间 2 内，峰值截齿载荷和破岩比能随着脆性指数 1 的增大而增大，即岩石的可切割性降低。同样，脆性指数 2 也可以划分为两个区间：区间 1 为 0.887～0.897，区间 2 为 0.898～0.909。与脆性指数 1 类似，在区间 1 内，峰值截齿载荷和破岩比能随着脆性指数 2 的增大而减小，岩石的可切割性增强；而在区间 2 内，峰值截齿载荷和破岩比能随着脆性指数 2 的增大而增大，岩石的可切割性降低。

对于无量纲化回归模型，当脆性指数 1 在 16.698～20.269，脆性指数 2 在 0.887～0.906 时，F_c/F_0 和 E_c/E_0 均随着脆性指数的增大而增大；当脆性指数 1 在 20.270～20.907，脆性指数 2 在 0.907～0.909 时，F_c/F_0 和 E_c/E_0 均随着脆性指数的增大而减小。

(2) 单轴受限应力影响。随着单轴受限应力增大，所有的峰值截齿载荷和破岩比能均呈现先增大后减小的趋势，意味着岩石的可切割性随着单轴受限应力的增大呈先减小后增大。试验结果和回归分析表明，单轴受限应力对岩石可切割性的影响可划分为 3 个区域：区域 1，当单轴受限应力小于岩石单轴抗压强度的 30%～40%时，单轴受限应力的增大对岩石可切割性起阻碍作用；区域 2，当单轴受限应力小于岩石单轴抗压强度的 40%～80%时，单轴受限应力继续增大反而对岩石可切割性有一定的促进作用；区域 3，当单轴受限应力达到岩石单轴抗压强度的 80%以上时，纵使单轴受限应力对岩石的可切割性继续起促进作用，但是在较高的单轴受限应力条件下，受岩石截割的点载荷扰动作用，会引发岩爆现象。

5.1.3　熵权法权重评价

熵权法是利用指标变异程度来确定客观权重的方法，其广泛应用于工程技术和社会经济等领域。本节以上述模型为基础，借用熵权法来评价岩石性质和单轴受限应力对岩石可切割性的影响权重。熵权法确定指标权重步骤如下。

(1) 数据标准化。在采用熵权法之前，需要对每个数据进行归一化处理。

(2) 求指标信息熵。信息熵 E_j 反映了指标变异程度的大小。E_j 越小，表明变异程度越大，能够提供的信息量越大，在指标衡量中作用也越大，则权重也越大，反之权重越小。信息熵 E_j 的计算公式为

$$E_j = -K\sum_{i=1}^{n} P_{ij} \ln P_{ij} \tag{5-14}$$

式中：E_j 为第 j 个指标的信息熵；K 为熵系数，$K = \ln(n)^{-1}$；n 为该指标的样本总数；$P_{ij} = \dfrac{Y_{ij}}{\sum\limits_{i=1}^{n} Y_{ij}}$，$Y_{ij}$ 为该指标的某一样本值。

(3) 权重计算。结合步骤 (2) 计算得到的信息熵，计算各指标权重，表示为

$$w_j = \frac{\left(1 - E_j\right)}{\left(m - \sum\limits_{j=1}^{m} E_j\right)} \tag{5-15}$$

式中：w_j 为指标权重；m 为信息熵总个数。

按照上述步骤，对不同脆性指数下无量纲化和非无量纲化的岩石自身性质及受限应力条件进行权重评价，通过计算得到脆性指数 1、脆性指数 2 的信息熵分别为 0.9003 和 0.9038，无量纲化单轴受限应力和非无量纲化单轴受限应力的信息熵分别为 0.8825 和 0.8834。计算所得的最终权重见表 5-2。

结果表明，无论利用脆性指数 1 还是脆性指数 2，无量纲化或非无量纲化下的单轴受限应力权重总是大于岩石性质权重。所以，岩石在截割过程中所受到的单轴受限应力比岩石性质对岩石可切割性的影响更大。但是，由于权重差别不大，因此岩石性质和单轴受限应力对岩石的可切割性均具有重要影响。

表 5-2　岩石性质和单轴受限应力权重

影响权重	非无量纲化回归模型		无量纲化回归模型	
	脆性指数 1	脆性指数 2	脆性指数 1	脆性指数 2
岩石性质	0.459	0.450	0.461	0.452
单轴受限应力	0.541	0.550	0.539	0.548

5.2　深部硬岩可切割性改善方法

根据不同单轴受限应力下镐型截齿破岩试验，岩石的可切割性受到单轴受限应力和岩石性质的影响。因此，可以从受限应力调控和岩石强度弱化两个方面改善岩石的可切割性。试验结果显示在较低单轴受限应力条件下，硬岩可被安全高效截割；纵然高单轴受限应力能够提高截割效率，但因为易引发岩爆导致破岩危险升高。因此，在机械化截割深部硬岩矿体时，需要开挖诱导工程，增加待截割矿岩体的临空面数量，并通过有效的支护和能量调控措施使临空面矿岩体在单轴受限应力下发生应力释放效应，产生受限应力较低(受限应力调整)和裂纹发育(岩石强度弱化)的松动区，从而提高硬岩矿体的可切割性并降低高应力硬岩矿柱的岩爆风险。

通过镐型截齿截割缺陷岩样试验，考察了预切槽(0MPa 围压下的完整岩样)、加卸荷损伤(加卸荷损伤岩样)和预钻孔(含不同直径孔洞岩样)三种人为诱导缺陷对截齿破岩特性的影响。该试验使用单个镐型截齿对 100mm×100mm×100mm 的立方块花岗岩岩样进行静态截割，试验所用花岗岩为一种更为坚硬的花岗岩，其密度为 2.765g/cm^3，单轴抗压强度为 210.24MPa，抗拉强度为 12.16MPa。试验结果如图 5-11～图 5-13 所示。由试验结果可知，在无受限应力条件下(相当于在矿岩壁上施工临空面预切槽，将单轴受限应力环境改变为无受限应力环境)，伴随截齿的不断凿入，岩样出现数次破裂后最终发生破坏(完全劈裂)；该条件下，峰值截齿载荷达到 102.88kN 就可将岩样快速完全劈裂成尺寸几乎相同的两块，破岩比能为 417.8×10^{-3}J/cm^3。相比于同等条件下 50MPa 单轴受限应力环境，其峰值截齿载荷和破岩比能分别降低 40.6%和 87.4%，并且岩样发生最终破坏前的局部破裂次数明显减少，同时致使岩样最终破坏的截齿作用耗时大幅降低，这说明预切槽创造的临空面岩体内的应力充分解除，可大幅提高硬岩的可切割性和截割效率。经历真三轴加卸荷损伤的岩样，P 波在其内的传播速度由完整岩样的 5351m/s 下降到 2163m/s，说明损伤岩样内部有大量预裂纹。无受限应力条件下，峰值截齿载荷达到 50.98kN(相比同等条件下的完整岩样，峰值截齿载荷下降了 50.4%)时岩样就会发生完全劈裂，劈裂面由宏观预裂纹相互贯通形成，破岩比能为

80.75×10^{-3}J/cm^3（相比同等条件下的完整岩样破岩比能下降了 80.7%），并且岩样发生最终破坏前几乎没有出现局部破裂现象，相比同等条件下的完整岩样截齿破岩耗时显著降低。这说明如果诱导工程能使围岩内形成预裂纹发育的松动区，则可有效提高硬岩的可切割性和截割效率。对于预钻孔岩样，峰值截齿载荷和破岩比能随着孔径的增大而减小，并且同样孔径尺寸下单轴受限应力条件下峰值截齿载荷和破岩比能普遍大于无受限应力条件下的，这是因为岩样的最终破坏涉及岩样整体的破裂，破裂面能够贯穿岩样整体，从而其破坏不仅受到受限应力条件的影响，而且还受到预钻孔的影响且影响程度随钻孔尺寸的增大而增强。在 50MPa 单轴受限应力条件下，当岩样内的孔洞直径由 10mm 增大至 20mm 再增大至 30mm 时，对应的峰值截齿载荷逐渐减小，相应地由 167.74kN 降至 166.22kN 再降至

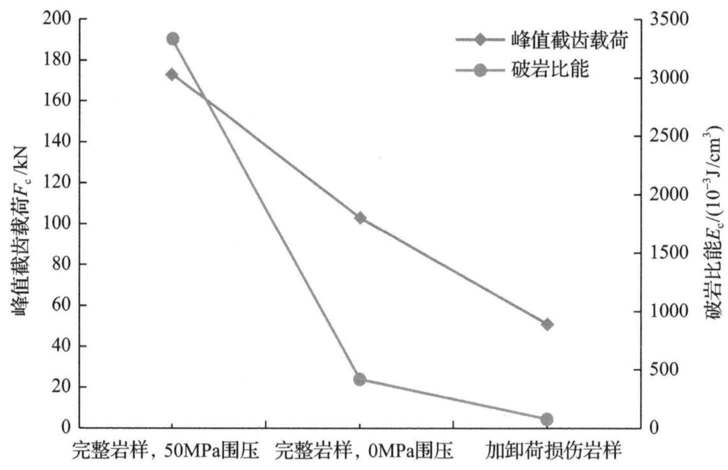

图 5-11　完整岩样和加卸荷损伤岩样的峰值截齿载荷和破岩比能变化曲线

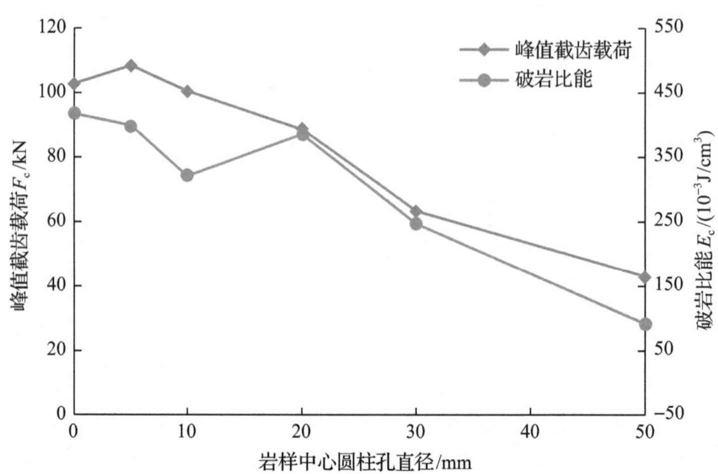

图 5-12　无围压条件下含不同直径孔洞岩样的峰值截齿载荷和破岩比能变化曲线

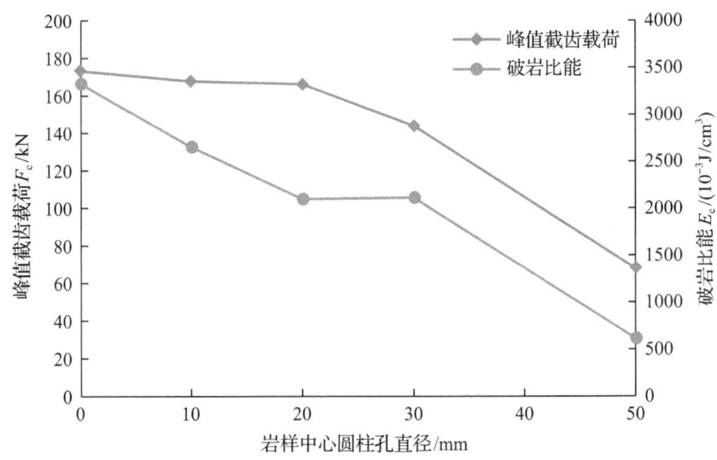

图 5-13　单轴围压条件下含孔洞岩样的峰值截齿载荷和破岩比能变化曲线

143.90kN，破岩比能纵然出现小幅度波动上升但总体也是减小趋势，且岩样均发生横切孔方向的部分劈裂破坏，破落岩块从无受限应力的自由面劈落或劈开，从而形成的劈裂面偏向于沿受限应力的方向。对于含有 50mm 孔洞岩样，由于岩样承受不住 50MPa 的单轴受限应力，因此只施加 35MPa 的应力，此时镐型截齿破岩截齿载荷达到 68.02kN 就可将岩样破坏，即使如此岩样的劈裂分开方向依然向着无受限应力的自由面，相比于同等条件下孔洞直径较小的岩样，其破碎程度更高。上述结果进一步表明，由于临空面是完全解除受限应力，而钻孔只是提供局部自由面只能降低钻孔附近部分岩石的受限应力，所以临空面对岩样可切割性的提高作用要大于预钻孔的。

由上述分析可知，预切槽、加卸荷损伤和预钻孔能够不同程度地改善硬岩的可切割性。因此，当诱导工程在矿岩体内未形成松动区，矿岩体依然较为完整坚硬时，则可以在矿岩体内施工人为诱导缺陷，降低矿岩体的完整性，解除矿岩体的局部受限应力，从而提高硬岩的可切割性。

根据截齿破岩试验结果，并结合采场开挖引起的矿柱周围岩石应力变化，提出了基于深部高应力诱导调控的硬岩可切割性改善方法，如图 5-14 所示。对于矿柱周围岩石，由于开挖引起应力重新分布，矿柱上的支撑应力发生变化，岩石峰值强度之前的应力集中导致矿柱支撑应力增加，岩石峰值强度之后的应力释放导致矿柱支撑应力降低。此外，如果岩石通过控制爆破、预注水、预切槽或预钻孔进行人工预破裂或预制缺陷，矿柱上的支撑应力则会在岩石应力达到峰值强度之前被解除。根据岩石可切割性和单轴围压的关系曲线，开挖引起的应力调整对岩石可切割性的影响存在两个临界点(C1 和 C2)、三个区域(区域 1、区域 2 和区域 3)和四个趋势(A、B、C 和 D)。临界点 C1 和 C2 分别为岩石材料σ_c的 30%和 80%附近的单轴受限应力水平。这两个临界点将单轴受限应力分为三个区域：区域 1(0≤

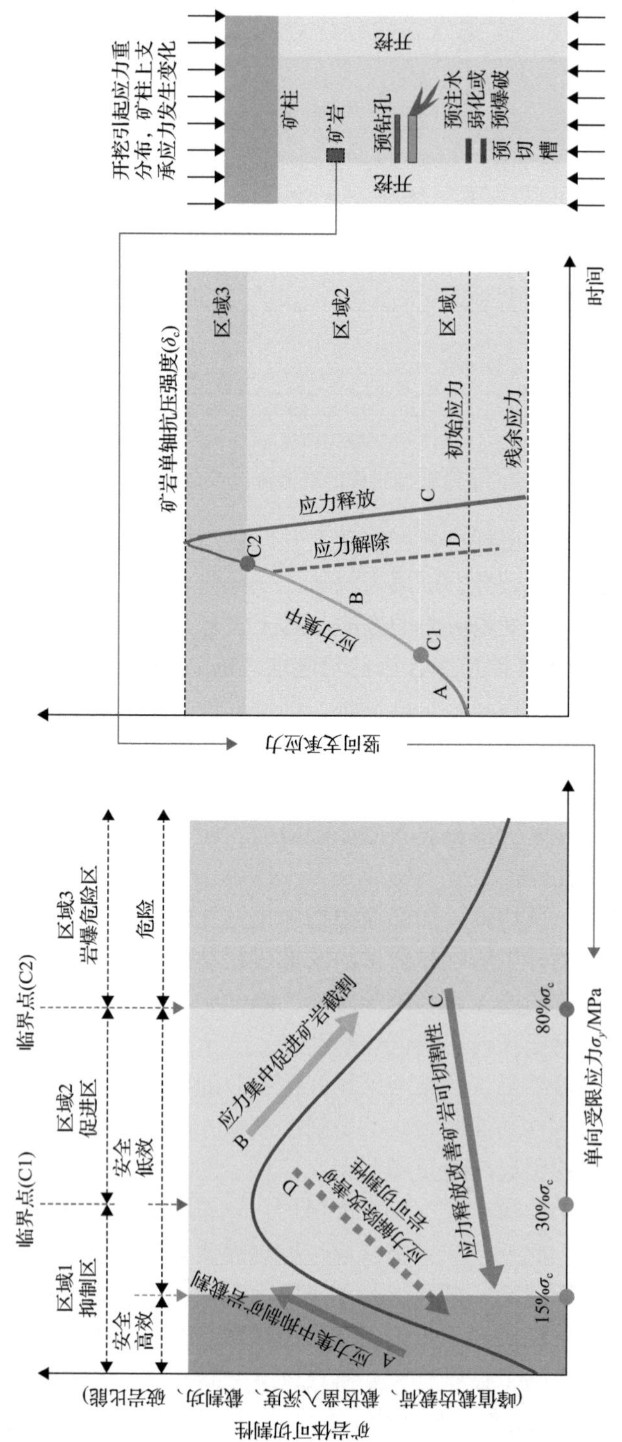

图 5-14　基于深部高应力诱导调控的硬岩可切割性改善方法示意图

$\sigma_y < 30\% \sigma_c$），岩石可切割性随着单轴受限应力（因矿柱上应力释放或解除所致）减小而升高，或者随着单轴受限应力（因矿柱上应力集中所致）增大而降低；区域 2（$30\% \sigma_c \leqslant \sigma_y < 80\% \sigma_c$），随着单轴受限应力持续增大，岩石中相对较高的应力则会引起的预破裂，从而提高岩石的可切割性；区域 3 区（$\sigma_y \geqslant 80\% \sigma_c$），岩石在高应力下会因为侧向截齿破岩而触发岩爆，并在超高应力的推动下快速喷出岩石碎片。如果矿柱上的应力位于区域 3，应将矿柱中的超高单轴应力释放或解除至低单轴应力水平（区域 1），以防止岩爆。矿柱上支撑应力对岩石可切割性影响的四个趋势是：区域 1 应力集中（路径 A）对岩石截割的阻碍作用；区域 2 应力集中（路径 B）对岩石截割的促进作用；在岩石达到峰值强度后发生应力释放（路径 C），将矿柱支撑应力从区域 3 降低到区域 1，从而改善岩石可切割性；在岩石达到峰值强度之前，在矿柱周围使用控制爆破、预切槽或预钻孔等手段，将应力解除（路径 D），把矿柱上的支撑应力从区域 3 或区域 2 降低到区域 1，从而改善岩石可切割性。结果表明，深部硬岩非爆机械化开采应采用以下措施来提高其对硬岩矿体的适用性：首先，先开挖采准巷道和诱导巷道，形成采场和采矿工作面，以释放矿柱水平受限应力，并在垂直方向产生高应力集中；开挖引起的高应力可导致岩石预破裂，以释放应力并耗散弹性储能，从而在矿柱周围形成开挖松动区；如果松动区未能满足采矿需求，则需要在矿柱上进行预爆破、预注水、预切槽或者预钻孔，解除矿柱上的高应力，在提高硬岩可切割性的同时降低岩爆风险。具体实施过程如下：在矿岩层内开挖诱导工程，增加矿岩体的临空面数量，将矿岩体所受的双轴围压应力环境改变为单轴围压应力环境；在开挖诱导工程中，通过有效支护及能量调控措施，使临空面矿岩体在单轴应力下发生应力释放效应，产生受限应力较低和裂纹发育的松动区；若采取上述措施在矿岩体内未形成松动区，则可以通过临空面预切槽、预钻孔等人工降质手段解除临空面矿岩体内的应力并降低矿岩体的完整性，在坚硬矿岩体中人为再造可机械化开采区域。针对可采区域，通过机械刀具连续旋转截割矿岩体，从而实现深部高应力硬岩非爆机械化开采。

第 6 章　深部硬岩矿体非爆机械化开采实践

6.1　深部硬岩矿体松动区监测

岩体诱导松动区的形成能有效提高岩石的可切割性。这是由于截割松动区内的岩石只需要克服较低的单轴受限应力，且松动区内的岩体裂隙较为发育，破岩过程中所需的破岩截齿载荷小、凿入深度浅、能量消耗低、作业过程安全高效，更有利于机具破岩。因此，在机械截割深部硬岩矿体时，通过合理地布置采准巷道和诱导巷道，增加待截割岩体的临空面数量，将双轴受限应力环境改变为单轴受限应力环境，使临空面岩体在单轴受限应力下产生受限应力较低和裂纹发育的松动区后，再利用机械设备进行破岩将显著提高破岩效率。为了解诱导工程围岩松动区的分布规律，以及深部硬岩非爆机械化开采效果，在贵州开磷集团有限责任公司马路坪矿 640 中段和 580 中段分别布置试验采场，开展松动区监测及非爆机械化开采实践。

6.1.1　640 中段松动区监测

1. 采场概况

马路坪矿 640 中段开采深度已达+640m 水平，垂直深度已超过 800m，测试区域最大主应力在水平方向，达 30～40MPa，竖直方向地应力超过 20MPa。矿层倾角为 16°～45°，一般为 25°～30°，随着向深部延伸，矿层倾角变缓，矿层厚度 4.5～8.2m。试验采场内矿石及顶底板岩石物理力学特性见表 6-1。从开采深度、地应力大小以及矿岩强度特性分析，试验采场属于深部硬岩采场。岩心质量指标(rock quality designation, RQD)为 50%～60%；裂隙倾向优势方位为 210°～230°、325°～340°，呈网格状，裂隙倾角多分布在 30°～40°，节理间距为 22.17cm，节理裂隙发育，网络状节理、节理倾向玫瑰图、节理裂隙等密图如图 6-1 所示。

表 6-1　试验采场内岩石物理力学特性

位置	岩性	密度 /(g/cm^3)	弹性模量 /GPa	泊松比	抗压强度 /MPa	抗剪强度 /MPa	内摩擦角 /(°)	抗拉强度 /MPa
顶板	白云岩	2.81	29.82	0.27	158.83	37.49	32.27	5.61
矿层	磷矿石	3.22	29.21	0.25	147.89	36.67	41.94	4.46
底板	砂岩	2.67	17.77	0.23	109.50	29.78	42.56	3.02

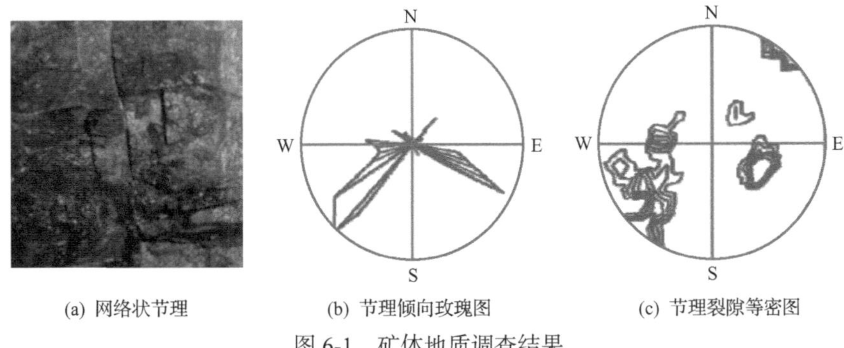

(a) 网络状节理　(b) 节理倾向玫瑰图　(c) 节理裂隙等密图

图 6-1　矿体地质调查结果

试验采场结构示意图及开采后岩体表面图像如图 6-2 所示。首先，沿矿体走向开采一条采准巷道，然后沿矿体倾向开采数条诱导巷道，构成一个采场的诱导工程，形成数个具有三个临空面的回采矿柱(半岛型)，诱导深部地压使临空面矿体内的裂隙发育，形成松动区，为采矿试验创造只存在竖向极低残余应力以及裂纹发育的可机采松动矿体。

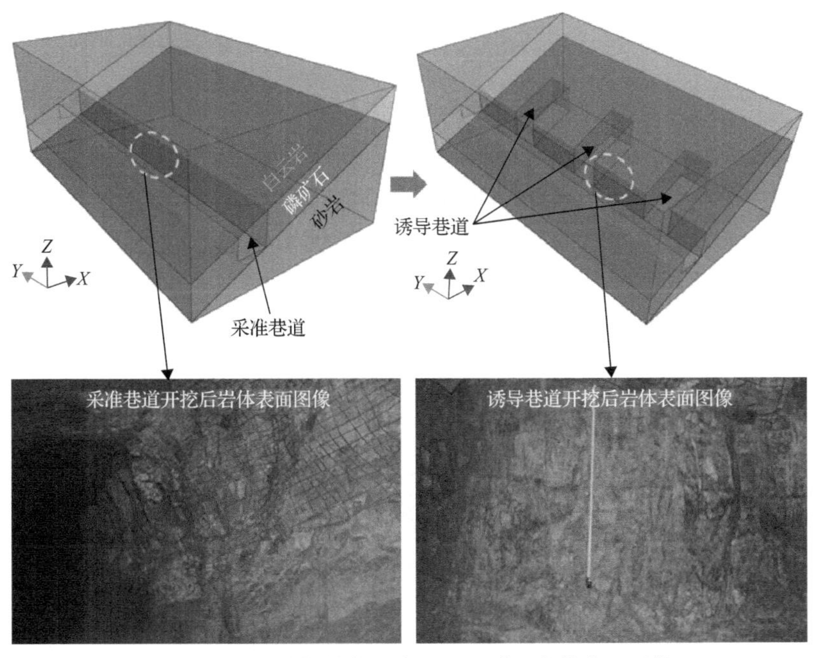

图 6-2　试验采场结构示意图及开采后岩体表面图像

为了分析采准巷道和诱导巷道开挖引起的矿柱应力调整，利用 FLAC3D 软件建立数值模型，对开挖过程中矿柱上的应力变化过程进行模拟。不同开挖阶段的垂直应力分布云图和相关应力变化如图 6-3 所示。结果表明，随着采准巷道和诱导巷道开挖，矿柱周围自由面数量增加，矿柱中的垂直应力先增大后减小。应力增大是由于顶板支撑应力从开挖暴露的无支撑顶板转移到矿柱上引起应力集中。

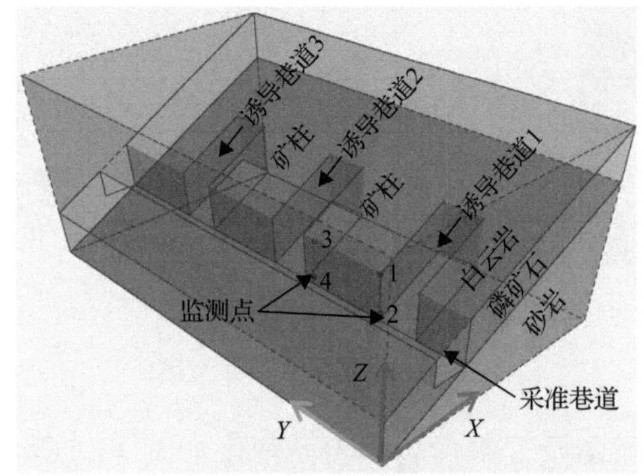

(a) 开挖模型和应力监测点位置

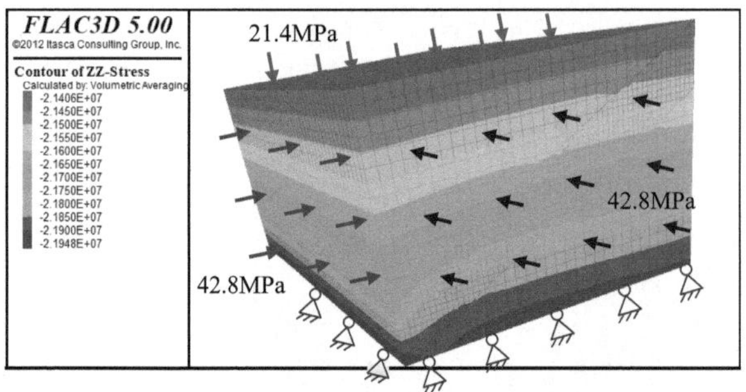

(b) 初始应力平衡后的垂直应力分布云图

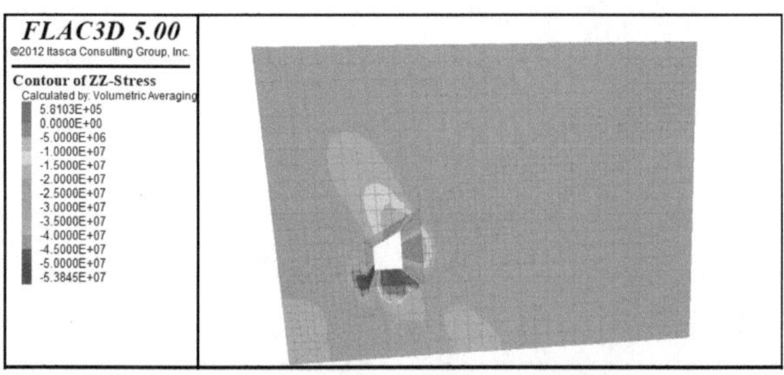

(c) 采准巷道开挖后的垂直应力分布云图

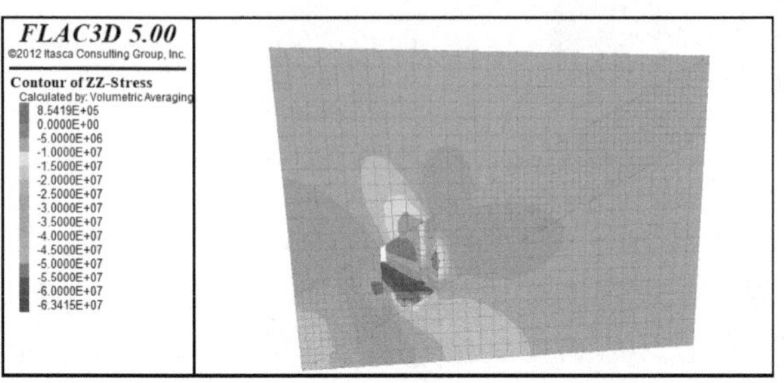

(d) 诱导巷道1开挖后的垂直应力分布云图

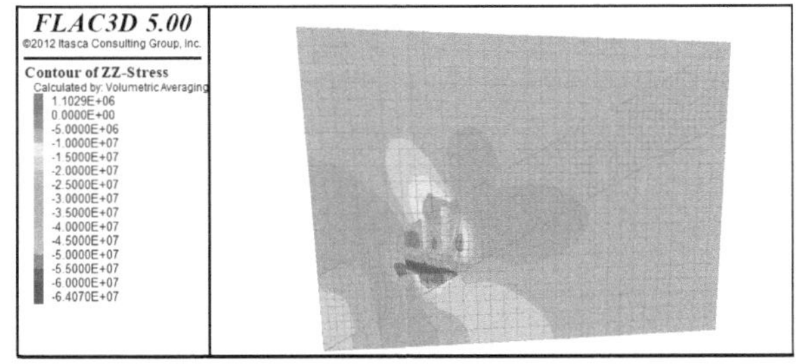

(e) 诱导巷道2开挖后的垂直应力分布云图

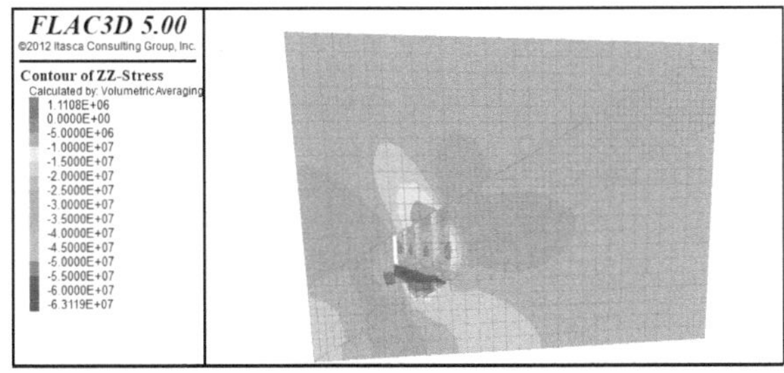

(f) 诱导巷道3开挖后的垂直应力分布云图

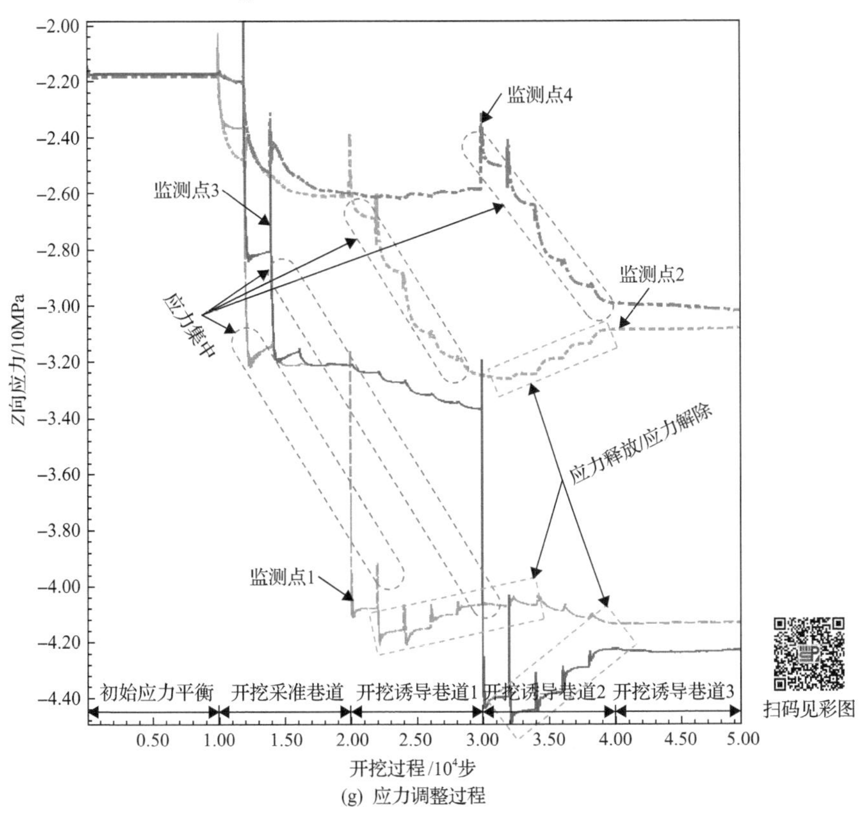

(g) 应力调整过程

图 6-3　采准巷道和诱导巷道开挖引起应力调整的数值模拟计算结果

应力减小的原因在于应力集中超过岩石塑性强度后，由于岩石破裂而导致矿柱应力释放，或者由于诱导巷道开挖导致水平应力在垂直方向产生张拉效应致使矿柱垂直应力发生部分解除。因此，通过开挖诱导巷道可使矿柱上形成应力降低区，有利于非爆机械化开采。

2. 松动区监测

诱导工程围岩松动区分布情况决定着试验采场开采技术参数的合理设计。在诱导工程(包括采准巷道和三条诱导巷道)施工完毕后，按如图 6-4 所示的布孔结构，在采准巷道的两个断面采用 Sandvik DL331 中深孔凿岩台车施工扇形孔用于巷道围压松动区检测，然后按如图 6-5 所示的布孔结构，在采准巷道和诱导巷道

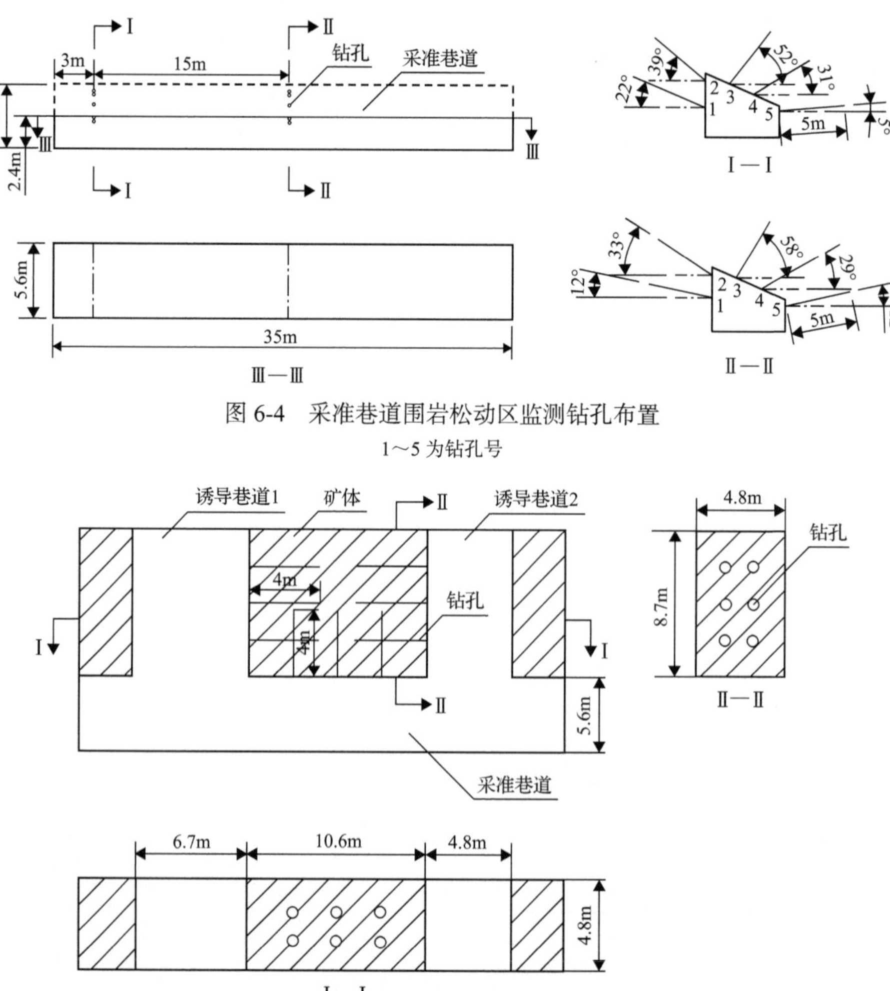

图 6-4　采准巷道围岩松动区监测钻孔布置

1～5 为钻孔号

图 6-5　采准巷道和诱导巷道围成的半岛型矿柱上松动区监测钻孔布置

围成的半岛型矿柱上沿矿层平面方向施工上下两层监测孔用于矿柱松动区检测。孔径大小约 60mm，孔深为 5m，孔壁圆滑、顺直、清洁。同时为了便于清除孔内碎屑，所打钻孔为倾斜钻孔，且微向上倾斜。

监测孔布置好后，对各个监测孔的孔壁进行扫描成像。监测设备采用高清数字监测孔内电视，设备主要包含用于拍摄孔壁图像的孔内装置、用于确定孔内装置监测深度的位移罗盘以及用于呈现孔壁图像的控制面板。其中，孔内装置由玻璃罩、灯光及高清数字摄像头组成，可以照亮监测孔深部并能够清晰地拍摄孔壁图像。孔内装置与金属连接杆连接，通过人为推送金属连接杆将孔内装置匀速推送至孔底进而实现孔壁拍摄。数据线两端分别连接孔内装置与控制面板，可将孔内设备获取的数据传送到数据面板。此外，数据线在监测过程中需要拉紧并通过位移罗盘。通过位移罗盘处数据线的转动距离，可以确定孔内装置的监测深度。监测设备示意图如图 6-6 所示。

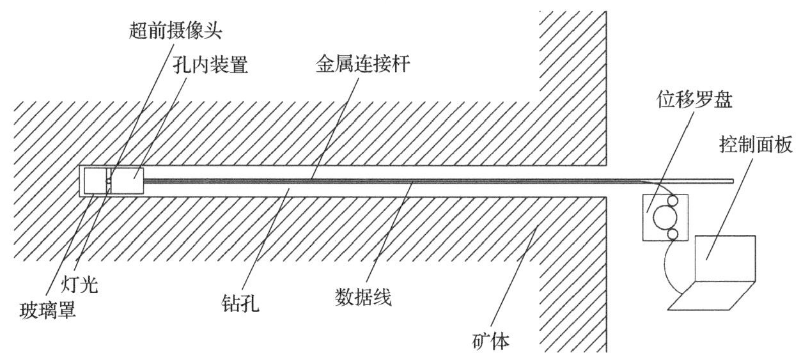

图 6-6　监测设备示意图

监测过程中，首先需要设置监测参数，然后将孔内装置通过金属连接杆从监测孔孔口匀速推进到监测孔孔底，高清数字监测孔内电视的控制面板会呈现实时孔壁拍摄图像，现场监测过程如图 6-7 所示。部分监测孔展开图像如图 6-8 所示。拍摄孔壁图像后，通过后期处理软件，对图像上的节理裂隙进行识别标定，根据裂隙分布区别原岩与松动区岩体，并划定出分界线位置，从而确定松动区边界。测得采准巷道各个监测孔位置的松动区厚度(松动区边界与围岩表面的垂直距离)和松动区范围分别如表 6-2 和图 6-9 所示。测得矿柱各个监测孔位置的松动区厚度(松动区边界与围岩表面的垂直距离)和松动区范围分别如表 6-3 和图 6-10 所示。

由表 6-2 分析可知,诱导工程开挖后采准巷道截面Ⅰ—Ⅰ松动区厚度为 2.27～3.65m，截面Ⅱ—Ⅱ松动区厚度为 1.93～4.03m，一般顶板松动区厚度要大于矿体松动区厚度，因为顶板存在一定范围的假顶，假顶内岩层强度较低，在开挖卸荷扰动下，更易发生离层松动。由表 6-3 分析可知，由采准巷道和诱导巷道围成的

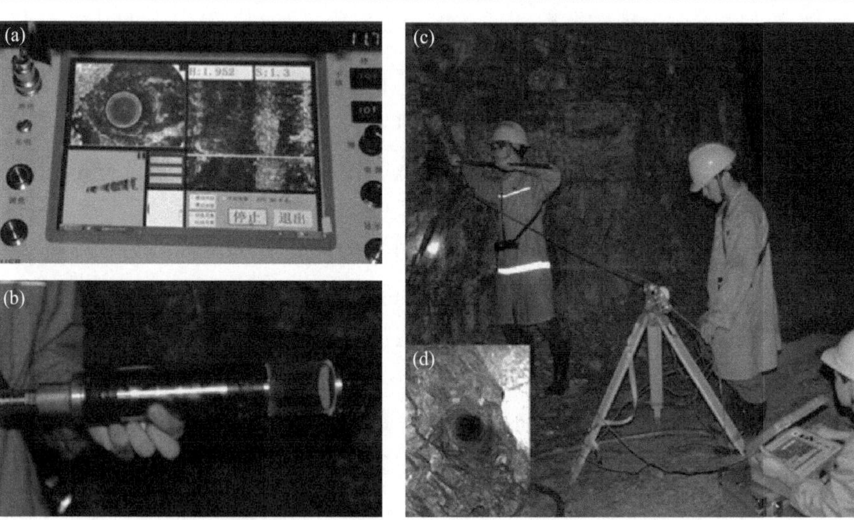

图 6-7　高清数字监测孔内电视测试过程

(a)监测孔电视控制面板；(b)高清数字摄像头；(c)现场测试；(d)监测孔图像

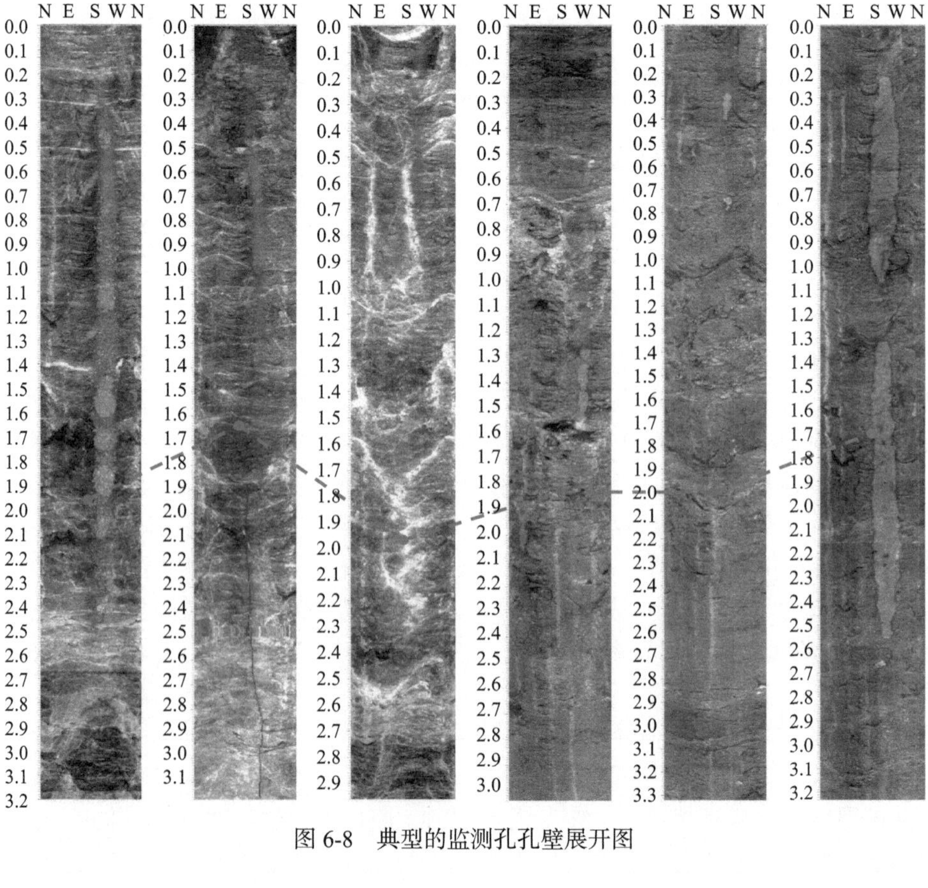

图 6-8　典型的监测孔孔壁展开图

表 6-2　采准巷道松动区测量数据记录表

钻孔位置	钻孔编号	钻孔与水平面夹角 θ/(°)	钻孔中松动区厚度/m	松动区实际厚度/m
截面Ⅰ—Ⅰ	1	22	2.45	2.27
	2	39	3.12	2.42
	3	52	3.78	3.65
	4	31	3.24	2.63
	5	5	3.11	3.11
截面Ⅱ—Ⅱ	1	12	1.97	1.93
	2	33	2.41	2.02
	3	58	4.08	4.03
	4	29	3.57	2.82
	5	12	3.20	3.13

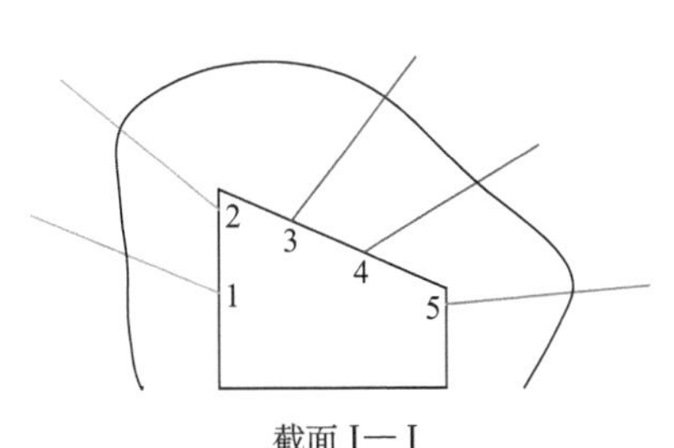

截面Ⅰ—Ⅰ

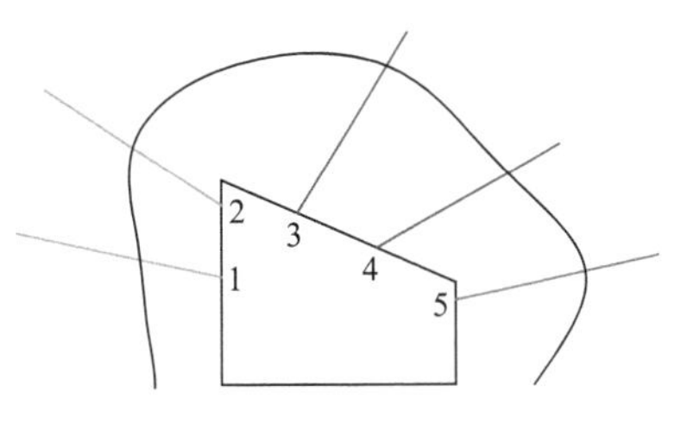

截面Ⅱ—Ⅱ

图 6-9　采准巷道松动区范围分布图

表 6-3　矿柱松动区测量数据记录表

钻孔位置	钻孔编号	钻孔与水平面夹角 θ/(°)	钻孔中松动区厚度/m	松动区实际厚度/m
矿柱	1	0	2.24	2.24
	2		1.84	1.84
	3		2.26	2.26
	4		2.16	2.16
	5		2.30	2.30
	6		1.98	1.98
	7		2.09	2.09
	8		2.17	2.17
	9		1.86	1.86
	10		2.53	2.53
	11		2.42	2.42
	12		2.54	2.54
	13		2.49	2.49
	14		2.14	2.14
	15		2.03	2.03
	16		2.37	2.37
	17		2.23	2.23
	18		2.01	2.01

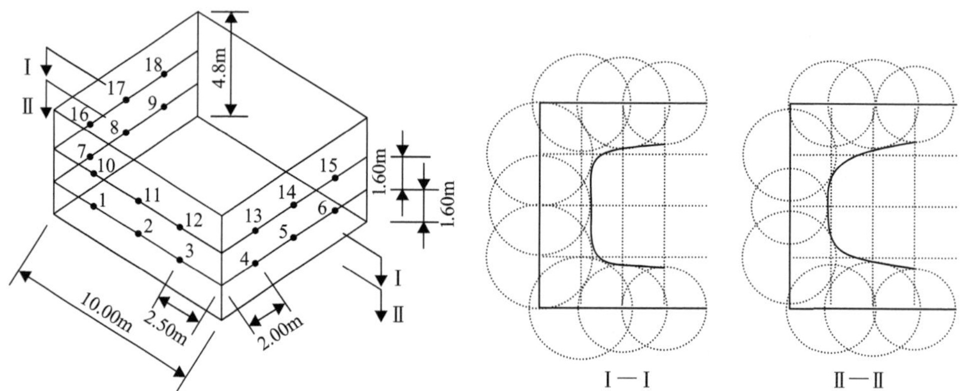

图 6-10　矿柱松动区范围分布图

半岛型矿柱内松动区厚度为 1.84～2.54m，矿柱两边角处松动区厚度较大，由于此处存在两个卸荷自由面，应力经历更为集中的加卸荷扰动，岩体损伤程度更大。因此机械化开采诱导致裂区域内的矿体时，其开采厚度应等于松动区厚度，一个半岛型矿柱上的松动区矿体开采完成后，转至邻近矿柱开采，其间深部地压会重新进行应力调整，在原矿柱上形成新的松动区，然后再转至原矿柱开采，依次进行，直至将相邻两矿柱开采完毕。

6.1.2　580 中段松动区监测

1. 采场概况

马路坪矿 580 中段下盘矿埋深 490m(加上地表山体，实际埋深近千米)，受到 F41 断层影响，原本向东倾斜的矿体形成褶皱中的向斜构造，使得矿体反转，形成向西倾斜的矿体，矿体形态酷似炒锅状，俗称“锅底矿”，向斜轴部即锅底底部。中段高度为 50m，划分为 5 个分层，分层段高 10m，矿体范围南北方向长 530m，东西方向长 220m。机械开采试验区域选定于 580 分层至 600 分层之间的锅底矿轴部，为脉内开拓工程，该区域矿体范围南北方向长 80m，东西方向长 30m，由北往南划分为 $1^{\#}$～$4^{\#}$矿房，矿房截割径路已施工完毕且已完成锚网支护。试验部分矿体为近水平矿体，节理发育，真厚度为 5～6m，普氏硬度系数为 6～8，顶板为白云岩，构造不发育，底板为砂岩。首先沿矿体走向开采两条采准巷道，然后沿矿体倾向开采数条诱导巷道，构成一个采场的诱导工程，形成数个具有四个临空面的回采矿柱作为试验矿柱。

将地质钻安置在巷道内，分别在矿体一侧、顶板、底板钻取多个倾斜钻孔(图 6-11)，每部分矿体可以进行多次钻孔，取出岩心，规则放置在岩心盒内，每部分矿体内钻取的岩心达到试验要求(岩心完整长度达到 150mm)。将符合规定的岩心带回到实验室，加工成ϕ50mm×100mm 和ϕ50mm×25mm 尺寸的圆柱形岩样进行试验。

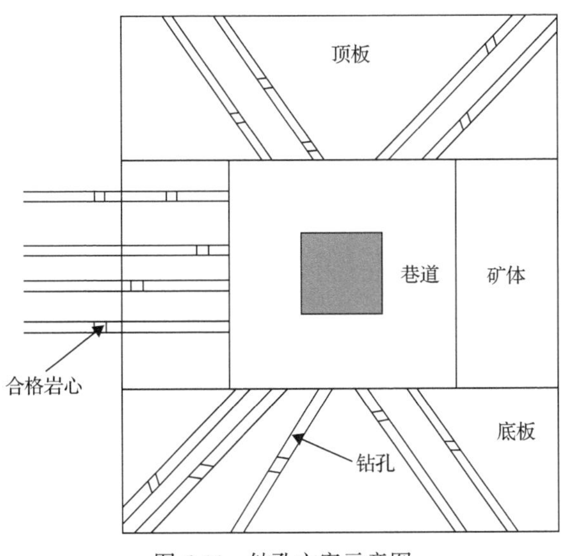

图 6-11　钻孔方案示意图

取心过程中，在顶板获得符合标准的岩心 4 块，在底板获得符合标准的岩心 3 块，在矿柱获得符合标准的岩心 3 块。符合标准的岩心位置如图 6-12 和图 6-13 所示。将所获岩心进行加工，得到圆柱形岩样并进行单轴抗压试验和巴西劈裂试验。其中，顶板 1 号岩心较为破碎，加工后岩心破碎，未获得圆柱形岩样；矿柱所取岩心内部裂隙发育，较为破碎，加工过程中全部破坏，未获得圆柱形岩样。其余岩心均经过加工，得到理想圆柱形岩样，其中，顶板 5 号岩心和底板 2 号岩

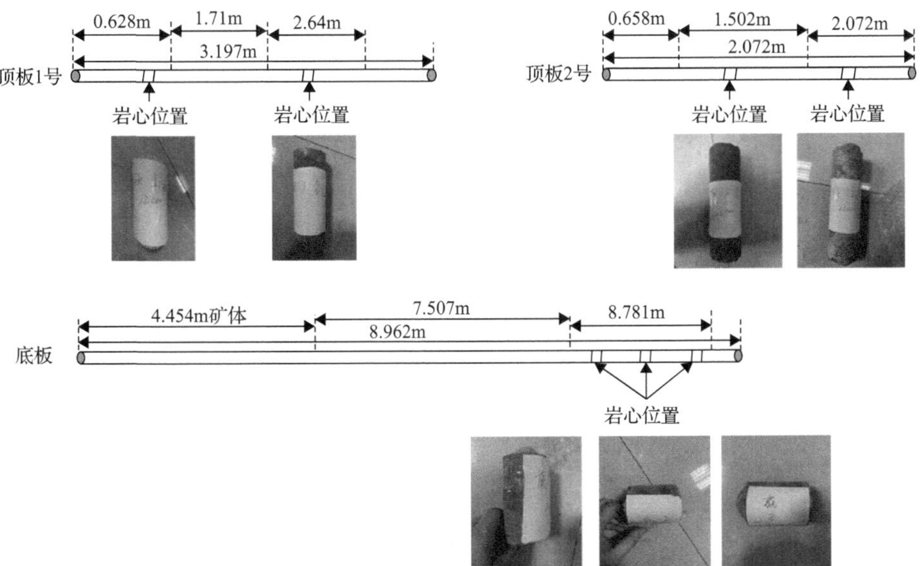

图 6-12　顶板及底板钻取岩心位置

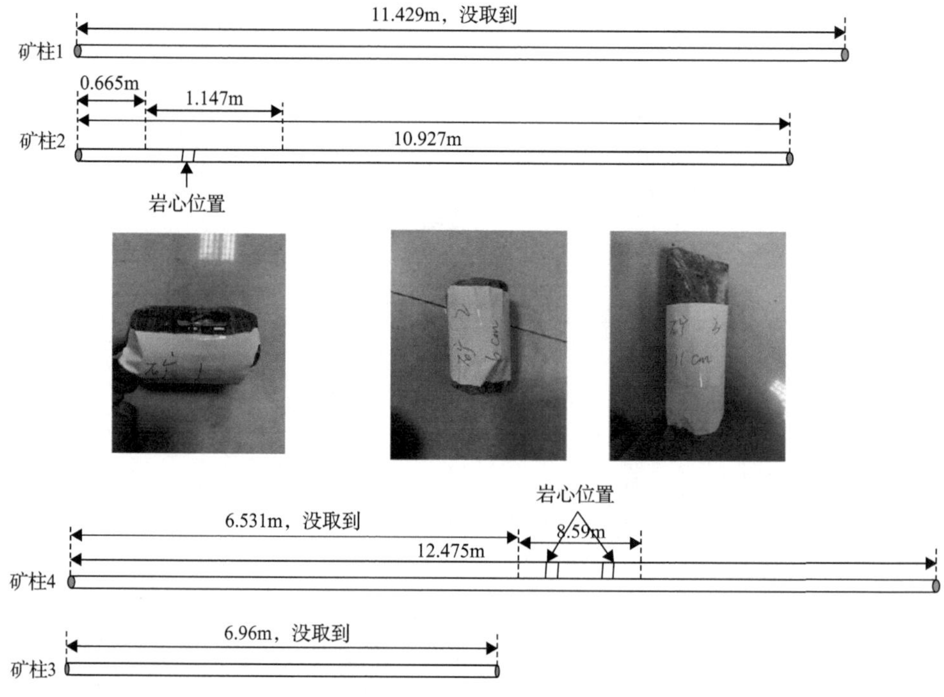

图 6-13　矿柱钻取岩心位置

心进行巴西劈裂试验，其余岩心进行单轴抗压试验。试验前，记录获得的岩样直径、高度和质量，试验过程图片以及测得的抗压强度、抗拉强度见表 6-4。

表 6-4　试验区域岩样基本物理力学性质

岩样	直径/mm	高度/mm	质量/g	密度/(g/cm^3)	抗压强度或抗拉强度/MPa	岩样破坏图片
顶 1	31.18	45.14	98.09	2.85		
顶 2	30.84	30.42	63.31	2.79	45.37(抗压)	
顶 3-1	30.87	59.61	124.49	2.79	44.97(抗压)	
顶 3-2	30.85	59.87	126.46	2.83	48.42(抗压)	

续表

岩样	直径/mm	高度/mm	质量/g	密度/(g/cm^3)	抗压强度或抗拉强度/MPa	岩样破坏图片
顶 3-3	30.89	44.87	95.46	2.84	23.56(抗压)	
顶 4	30.59	59.71	124.53	2.84	116.49(抗压)	
顶 5-1	43.33	22.39	92.5	2.80	6.92(抗拉)	
顶 5-2	43.23	22.51	92.56	2.80	8.62(抗拉)	
底 1	29.45	59.66	108.59	2.67	176.27(抗压)	
底 2-1	43.53	22.3	85.99	2.59	6.48(抗拉)	
底 2-2	43.26	22.22	86.04	2.63	5.73(抗拉)	
底 3	30.03	59.7	113.21	2.68	205.27(抗压)	

由表 6-4 可知，完整顶板抗压强度达到 116MPa，破碎顶板抗压强度在 45MPa 左右，抗拉强度在 7～8.5MPa；完整底板抗压强度高于 180MPa，抗拉强度在 6MPa 左右；在矿柱取心过程中，较难取得一段完整岩心，获得的岩心在岩样加工过

程中均发生破坏，这表明矿柱内裂隙发育，抗压强度小，有利于开展非爆机械化开采。

2. 松动区监测

在试验矿柱三个自由面上规则布置监测孔，每个自由面上布置上下平行共 6 个水平监测孔，监测孔孔径为 73mm，孔深为 3.5m，监测孔布置示意图如图 6-14 所示。监测孔布置完成后，清理监测孔内碎石和积水，确保检测设备能够平稳清晰地拍摄孔壁图像。

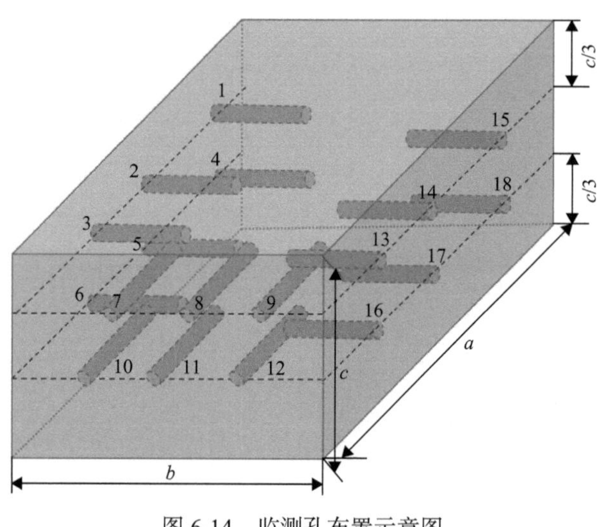

图 6-14　监测孔布置示意图

监测设备及监测过程与 640 中段松动区监测相同，但 580 中段矿岩破碎，监测孔钻孔过程中受到扰动，孔口处易发生自然垮落。因此，需要用卡尺测量孔口处自然垮落厚度，实际松动区厚度为监测孔孔内松动区厚度与孔口垮落厚度之和。上下两排监测孔孔壁展开图分别如图 6-15 和图 6-16 所示。分析相关图像数据后，得到松动区厚度监测数据（表 6-5）。根据松动区厚度监测数据，该矿柱松动区厚度在 1.92～3.41m 浮动，平均厚度为 2.59m。

由松动区厚度监测数据可知，监测孔 1 处的松动区厚度明显高于其他监测孔的松动区厚度，这是由于监测孔 1 是所有监测孔中距离工作区域最近的监测孔，表明机械化开采产生的扰动可以有效促进矿体内的裂隙发育，扩大松动区范围。此外，每个自由面上的每排 3 个监测孔所确定的松动区厚度基本呈现出两边大、中间小的分布特点。在进行机械化开采时，可率先从矿柱边角区域开挖。边角区域的开挖，会产生新的自由面，其开挖产生的扰动也会促进周围区域裂纹的扩展，

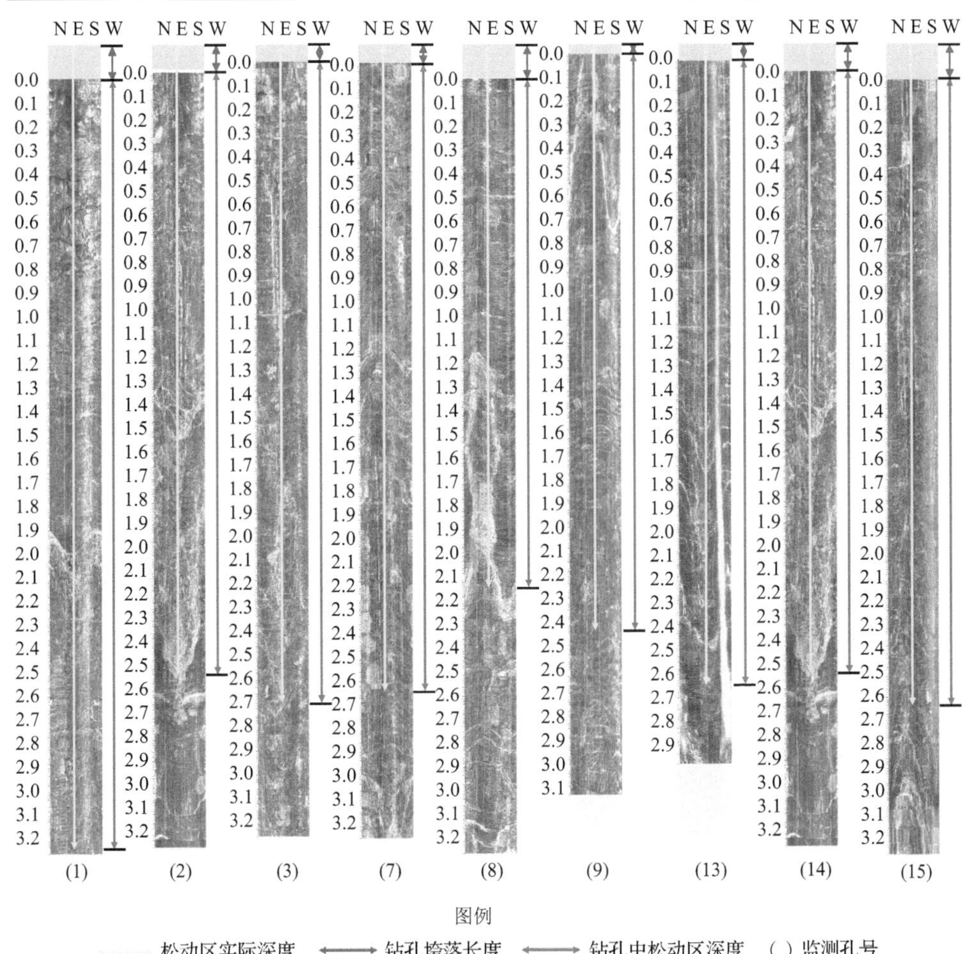

图 6-15　上排监测孔孔壁展开图

有利于松动区范围的扩展，从而保证非爆机械化开采的连续进行。

松动区范围内的矿岩破碎、裂隙发育，有利于提高非爆机械化开采效率。因此，设计机械化开采方案时，应确保推进步长低于松动区厚度，使机械开采区域处于松动区范围内。当矿柱松动区范围内的矿石开采完后，由于水平方向受限应力的释放，在垂直方向上将产生新的应力转移和应力集中，一定时间后，围绕矿柱会形成一个新的松动区。然后，在新形成的矿柱松动区内，可以继续机械化开挖矿岩。通过松动区范围周期性监测，可以探究松动区二次形成的规律，方便优化设计机械化开采步进参数以及设备转场策略。

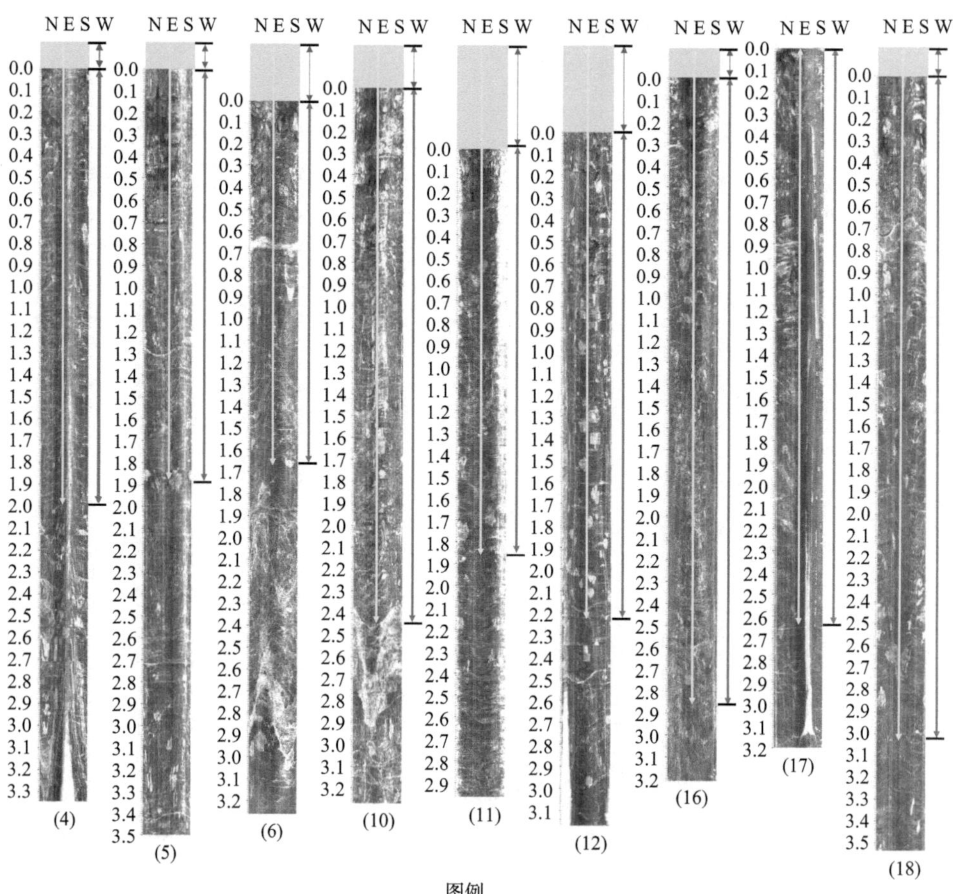

松动区实际深度　钻孔垮落长度　钻孔中松动区深度　( ) 监测孔号

图 6-16　下排监测孔孔壁展开图

表 6-5　松动区厚度监测数据

监测孔号	监测孔内松动区厚度/m	钻孔后孔口垮落厚度/m	松动区实际厚度/m	松动区范围
1	3.26	0.15	3.41	
2	2.56	0.10	2.66	
3	2.70	0.05	2.75	
4	1.99	0.12	2.11	
5	2.10	0.13	2.23	
6	1.66	0.26	1.92	
7	2.65	0.07	2.72	
8	2.15	0.16	2.31	上排松动区范围
9	2.33	0.02	2.35	

续表

监测孔号	监测孔内松动区厚度/m	钻孔后孔口垮落厚度/m	松动区实际厚度/m	松动区范围
10	2.44	0.18	2.62	
11	1.85	0.47	2.32	
12	2.22	0.39	2.61	
13	2.40	0.05	2.45	
14	2.70	0.06	2.76	
15	2.65	0.13	2.78	
16	2.67	0.12	2.79	
17	2.68	0	2.68	下排松动区范围
18	3.03	0.13	3.16	

6.2　深部硬岩矿体非爆机械化开采判据

煤矿机械化开采程度普遍较高，这主要是因为煤岩较软，采用机械刀具进行直接掘进回采既能达到很高的生产能力，又能改善工人作业环境。目前，硬岩矿山开展非爆机械化开采需满足两个必要条件：高效能的机械化采掘设备和节理裂隙发育程度较高的矿岩体。

深部高地应力条件下硬岩储存了大量能量，岩体开挖卸荷引起储存能量的变化、转移和重新分布，加剧了岩石中裂纹的扩展。而且采矿进入深部后，会出现更多的岩体非常规破裂，如岩爆、板裂、分区破裂等，其与深部高地应力硬岩在开挖卸荷和动力扰动下岩体中的能量转移和释放密切相关。事实上深部的非常规破裂是一个高能量岩体的自破裂过程。因此，如果能找到适当的诱导破裂方法，将深部岩体的灾害性破坏诱变为有序致裂，进而在不用炸药的情况下实现深部矿床的安全高效开采，即意味着深部高地应力这一特殊环境将有望“变害为利”，成为硬岩非爆机械化开采的一个有利因素，给非爆机械化开采硬岩矿山提供了一个良好的契机。

机械截割松动区内的矿岩体只需要克服较低的单轴受限应力。硬岩在较低的单轴受限应力下，具有较好的可切割性，同时由于松动区内的岩体裂隙发育，更有利于机具破岩。因此，深部诱导工程开挖后矿岩体松动区的形成与分布特性是决定非爆机械化破岩方法能否高效开采深部硬岩矿体的关键。

6.2.1　松动区厚度回归分析

在工程实践中收集了 69 组有关矿岩体松动区的基础数据(表 6-6)，分别来自湘西金矿、玲珑金矿、凡口铅锌矿和开阳磷矿等矿山。其中，数据主要参数包含单轴抗压强度σ_c、岩体质量等级F、埋深H、岩石容重γ、开挖跨度S和松动区厚度L。其中，松动区厚度通过钻孔超声波探测和钻孔电视监测方法实测获得。将搜集到的现场数据进行分析处理及回归拟合，再由得到的回归系数建立松动区厚度与5个影响因素的函数关系式，从而得到松动区厚度的预测模型。

表 6-6 矿山现场监测的矿岩体松动区基础数据

序号	单轴抗压强度/MPa	岩体质量等级	埋深/m	岩石容重/(kN/m³)	开挖跨度/m	松动区厚度/m
1	10.5	3	370	28.8	3.5	1
2	10.1	4	305	31	3.2	1.3
3	9.1	4	420	27.5	3.2	1.4
4	10.5	3	350	29.4	3.2	1.2
5	12.6	4	510	25.9	3.7	1.4
6	12.6	3	403	27.9	2.9	1.3
7	11.9	3	293	31.5	3.5	1.1
8	13.3	4	410	27.8	3.2	1.4
9	11.2	3	450	26.9	3	1.2
10	62.4	2	362	29	2.6	0.6
11	11.2	3	315	30.6	2.8	1.1
12	101.6	1	460	26.7	3.2	0.4
13	13.3	3	125	29.3	2.8	1.1
14	28	3	310	30.8	3.2	0.8
15	18.8	3	340	29.7	3.4	1.3
16	10.9	4	665	24.1	3.6	1.7
17	14.3	4	322	30.3	4.4	1.5
18	9.1	5	450	26.9	3.4	2
19	16.8	3	249	23.9	3.2	1
20	22.4	3	296	31.4	3.4	1.2
21	23.8	3	178	30.1	2.6	1.2
22	11.96	4	268	24.8	3.4	1.4
23	110.2	1	180	29.8	2.8	1
24	14.3	3	236	24.7	3	1.2
25	13.3	3	321	30.4	3	1.1
26	11.2	3	97	28.3	2.6	1.1
27	73.6	2	340	29.7	3	0.8
28	13.3	4	450	26.9	3.6	1.6
29	32.2	2	340	29.7	3.2	0.7
30	10.1	5	470	26.5	4	2.2
31	14.3	3	420	27.5	3.6	1.1
32	11.9	4	520	25.8	3.8	1.7
33	9.1	5	470	26.5	3.6	2.1

续表

序号	单轴压缩强度 /MPa	岩体质量等级	埋深 /m	岩石容重 /(kN/m^3)	开挖跨度 /m	松动区厚度 /m
34	10.1	4	467	26.6	3.4	1.8
35	16.8	4.5	600	25.4	3.6	2.25
36	22.4	3.5	610	27.3	3.6	1.75
37	21.96	4.5	620	26.1	3.6	2.12
38	25.64	4	640	26.9	3.6	1.98
39	21.96	4.5	660	25.4	3.6	2.2
40	25.64	3	615	27.1	3.6	1.5
41	16.8	4.5	670	24.6	3.6	2.35
42	25.64	3	685	27.3	3.6	1.7
43	16.8	4.5	700	23.4	3.6	2.55
44	25.64	3.5	675	28.4	3.8	2.1
45	16.8	5	705	23.1	3.8	2.85
46	25.64	3	700	28.4	3.8	1.78
47	16.8	5	650	24.2	6	3.45
48	25.64	4.5	680	28.3	3.8	2.35
49	21.96	5	630	26.3	4	2.6
50	52	3	700	28.4	4.2	1.7
51	52	3	750	28.4	4.2	1.7
52	52	3	690	28.4	4.2	1.4
53	52	3	690	28.4	4.6	1.5
54	40	3	690	24.6	4.6	1.6
55	25.64	3	615	28.3	3.6	1.5
56	16.8	4.5	670	24.2	3.6	2.35
57	25.64	3	685	28.3	3.6	1.7
58	34.37	4	660	27.2	4.5	1.65
59	147.89	5	660	32.3	4	2.34
60	71.26	3	600	27.1	3.8	1.1
61	39.19	3	1000	28.6	4.6	1.93
62	158.83	5	800	28.1	5.6	2.9
63	147.89	4	800	32.2	5.6	2.69
64	109.5	3	800	26.7	5.6	2.27
65	142.16	3	370	31.1	3.4	1.2
66	142.16	3	450	31.1	3.4	1.4

续表

序号	单轴压缩强度/MPa	岩体质量等级	埋深/m	岩石容重/(kN/m³)	开挖跨度/m	松动区厚度/m
67	142.16	3	530	31.1	3.4	1.55
68	142.16	3	680	31.1	3.4	1.8
69	142.16	3	780	31.1	3.4	1.975

将岩石单轴抗压强度、岩体质量等级、埋深、岩石容重和开挖跨度 5 个影响因素进行组合，建立了预测松动区厚度的量纲统一化公式。将岩石单轴抗压强度、岩体质量等级、埋深和岩石容重组合为与松动区厚度量纲一致的岩性指标，将岩体质量等级和开挖跨度组合为与松动区厚度量纲一致的开挖参数指标。采用多元回归分析方法，将岩性指标和开挖参数指标分别作为 X 轴和 Y 轴，得到两个指标与松动区厚度之间的函数关系式(6-1)：

$$L=\beta_1+\frac{H^2F^4\gamma}{\sigma_c}\beta_2+FS\beta_3 \tag{6-1}$$

式中：L 为松动区厚度；β_1、β_2 和 β_3 为回归系数；$\frac{H^2F^4\gamma}{\sigma_c}$ 为岩性指标；FS 为开挖参数指标；H 为埋深；F 为岩体质量等级；γ 为岩石容重；σ_c 为岩石单轴抗压强度；S 为开挖跨度。

利用在多个矿山现场收集的 69 组现场数据，通过多元线性回归拟合得到 3 个回归系数，$\beta_1=0.3533$，$\beta_2=9.8865\times10^{-10}$，$\beta_3=0.0919$，将这 3 个回归系数代入式(6-1)得到式(6-2)。式(6-2)显示松动区厚度随着岩性指标和开挖参数指标的增大而增大。松动区厚度回归预测模型如图 6-17 所示。

$$L=0.3533+9.8865\times10^{-10}\frac{H^2F^4\gamma}{\sigma_c}+0.0919FS \tag{6-2}$$

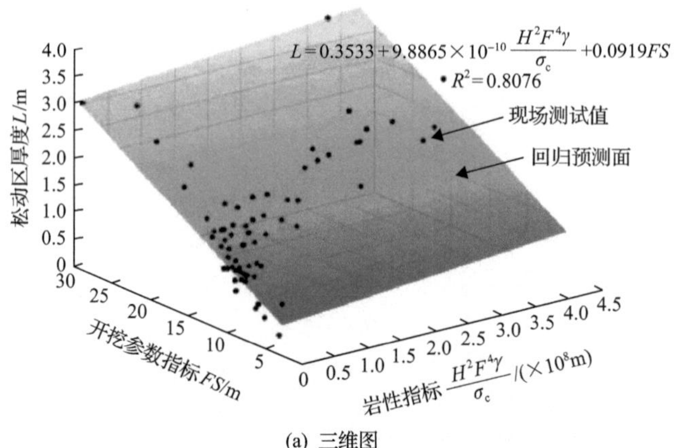

(a) 三维图

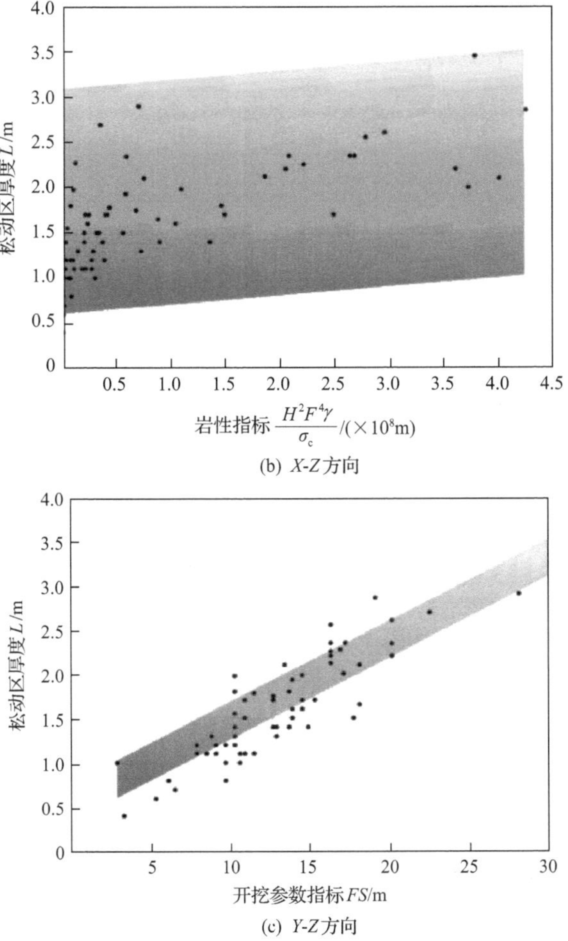

(b) X-Z 方向

(c) Y-Z 方向

图 6-17　松动区厚度回归预测模型

通过式(6-3)和式(6-4)计算确定性系数(R^2)及均方根误差(RMSE)来评价松动区厚度回归预测模型的合理性，计算结果为 R^2=0.8076、RMSE=0.2601。较高的确定性系数及较小的均方根误差显示，建立的松动区厚度回归预测模型具有较好的可靠性。

$$R^2 = 1 - \sum_{i=1}^{m}\left(y^{(i)}{}_{\text{test}} - \hat{y}^{(i)}{}_{\text{mod}}\right)^2 \Big/ \sum_{i=1}^{m}\left(y^{(i)}{}_{\text{test}} - \overline{y}^{(i)}{}_{\text{test}}\right)^2 \tag{6-3}$$

$$\text{RMSE}=\sqrt{\frac{1}{m}\sum_{i=1}^{m}\left(y^{(i)}{}_{\text{test}} - \hat{y}^{(i)}{}_{\text{mod}}\right)^2} \tag{6-4}$$

式中：$y^{(i)}{}_{\text{test}}$ 为现场测试值；$\hat{y}^{(i)}{}_{\text{mod}}$ 为模型预测值；$\overline{y}^{(i)}{}_{\text{test}}$ 为现场测试平均值；m 为现场测试数据个数。

将松动区厚度回归预测模型得到的预测值与对应的现场测试的松动区厚度数据进行比较，并组合作为数据点绘制于如图 6-18 所示的散点图上。从图 6-18 可以看出，松动区厚度预测值和测试值大都集中分布在对角线上，这说明预测值和测试值的差异较小，证明了松动区厚度回归预测模型的可靠性。

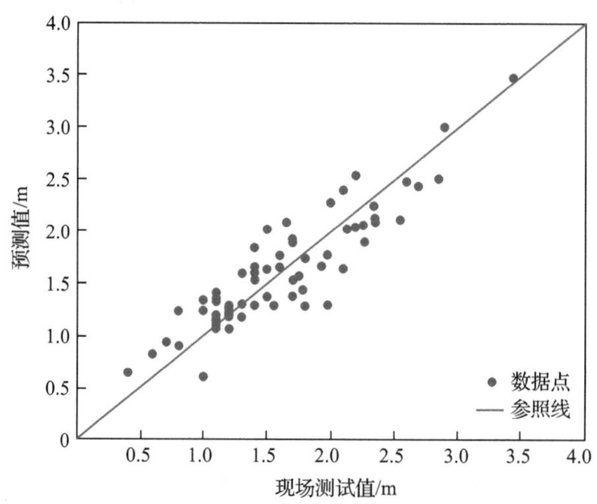

图 6-18　现场测试值与预测值散点对比图

利用熵权法，确定单轴抗压强度、岩体质量等级、埋深、岩石容重和开挖跨度 5 个影响因素对于松动区厚度的影响权重(表 6-7)，并且依次对各个影响因素的影响权重进行排序。结果表明：单轴抗压强度对于松动区厚度的影响权重最大，岩体质量等级对于松动区厚度的影响权重最小，埋深、岩石容重和开挖跨度对于松动区厚度的影响权重依次增大。因此，岩石单轴抗压强度和开挖跨度对于开挖后松动区厚度有较大影响。

表 6-7　松动区厚度影响因素权重

影响因素	权重
单轴抗压强度 σ_c	0.5865
岩体质量等级 F	0.0607
埋深 H	0.0929
岩石容重 γ	0.1024
开挖跨度 S	0.1574

6.2.2　非爆机械化开采判据

现场监测得到马路坪矿 580 水平试验矿柱的 18 个监测孔处的岩石单轴抗压强

度、岩体质量等级、埋深、岩石容重及开挖跨度等参数(表 6-8)。将现场测试区域的岩性及开挖数据代入由式(6-2)建立的松动区厚度回归预测模型中，计算得到矿柱左侧、外侧和右侧松动区厚度的预测值，分别为 2.22m、2.18m 和 2.18m。将松动区预测值与现场实测值进行对比(其中 1 号和 16 号监测孔受到开挖扰动的影响，舍弃)，左侧和外侧数据吻合度较好，右侧数据预测误差较大，总体误差满足要求。

表 6-8 监测孔基础数据

监测孔号	岩石单轴抗压强度/MPa	岩体质量等级	埋深/m	岩石容重/(kN/m³)	开挖跨度/m	平均开挖跨度/m
1	147.89	4	490	27.048	4.94	5.06(左侧：1 号～6 号孔)
2	147.89	4	490	27.048	5.21	
3	147.89	4	490	27.048	5.03	
4	147.89	4	490	27.048	4.94	
5	147.89	4	490	27.048	5.21	
6	147.89	4	490	27.048	5.03	
7	147.89	4	490	27.048	4.49	4.95(外侧：7 号～12 号孔)
8	147.89	4	490	27.048	5.46	
9	147.89	4	490	27.048	4.89	
10	147.89	4	490	27.048	4.49	
11	147.89	4	490	27.048	5.46	
12	147.89	4	490	27.048	4.89	
13	147.89	4	490	27.048	5.85	4.95(右侧：13 号～18 号孔)
14	147.89	4	490	27.048	4.81	
15	147.89	4	490	27.048	4.20	
16	147.89	4	490	27.048	5.85	
17	147.89	4	490	27.048	4.81	
18	147.89	4	490	27.048	4.20	

现场试验得到松动区厚度大于 2m 时机械化开采效果较好。给定松动区厚度 L_m=2m，利用建立的式(6-2)得到基于矿岩开挖松动区厚度的非爆机械化开采判据。给定埋深 H、岩体质量等级 F、岩石容重 γ、岩石单轴抗压强度 σ_c、开挖跨度 S，代入判据公式(6-5)，如果得到的松动区厚度大于等于 L_m，即符合非爆机械化开采要求。依据马路坪矿现有的开采条件，松动区厚度预测值均大于 2m，符合非爆机械化开采对于松动区厚度的要求，验证了现阶段马路坪矿非爆机械化开采的可行性及合理性。

$$L_{\mathrm{m}} = 0.3533 + 9.8865 \times 10^{-10} \frac{H^2 F^4 \gamma}{\sigma_{\mathrm{c}}} + 0.0919 FS \tag{6-5}$$

6.3　磷矿岩截割特性

在试验区域矿柱上获得一块大尺寸岩样，岩样上存在钻孔和裂纹等缺陷。为探究矿体性质，采用镐型截齿破碎该岩样，记录破岩的峰值截齿载荷和破岩比能，并根据破岩数据探究岩石缺陷对硬岩截割特性的影响。岩样形态、岩样内部缺陷、截割点和形成的断裂面如图 6-19 所示。大尺寸缺陷硬岩截割破岩试验曲线及结果见表 6-9。

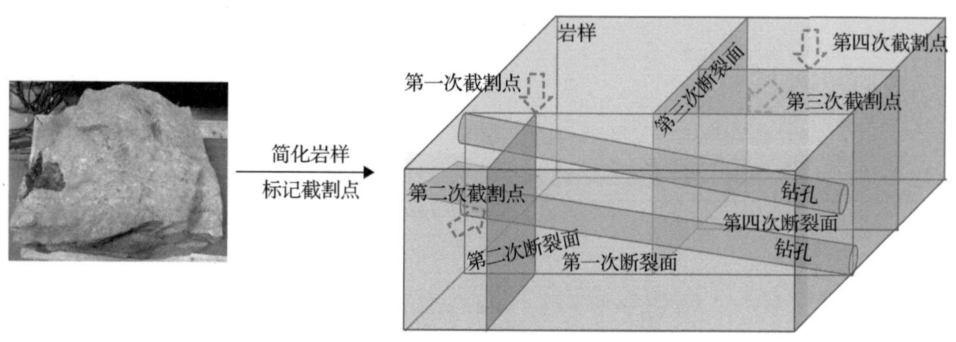

图 6-19　大尺寸缺陷硬岩截割破岩示意图

表 6-9　大尺寸缺陷硬岩截割破岩试验曲线及结果

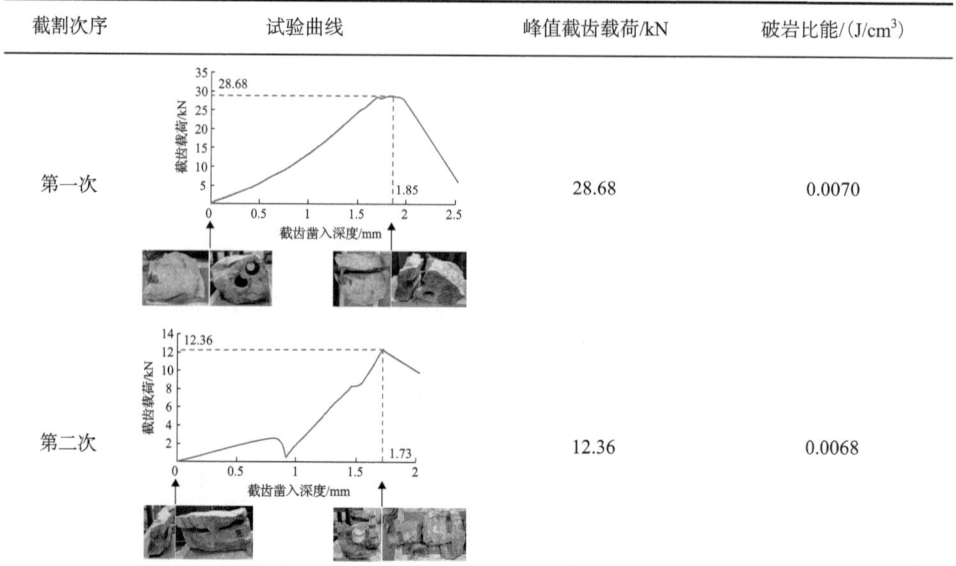

截割次序	试验曲线	峰值截齿载荷/kN	破岩比能/(J/cm^3)
第一次		28.68	0.0070
第二次		12.36	0.0068

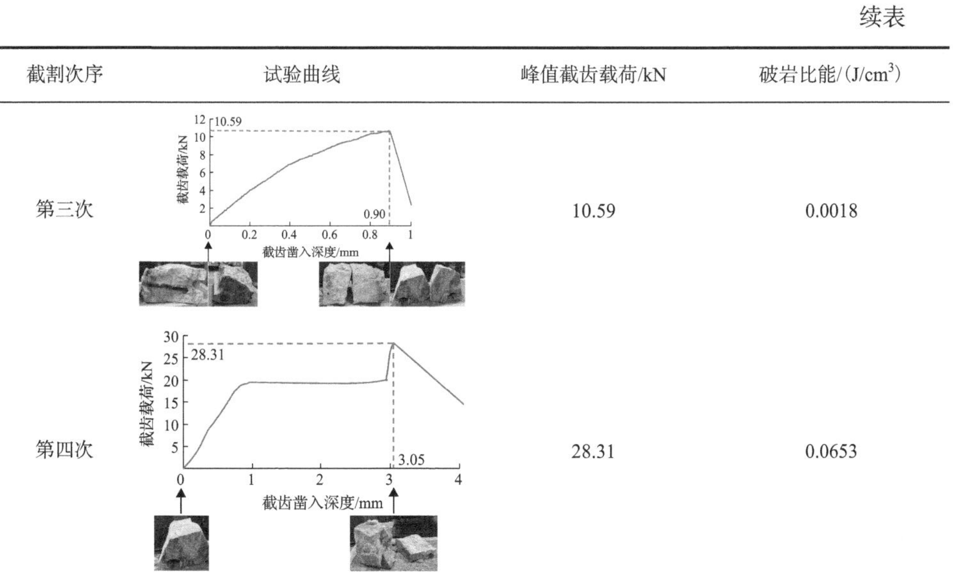

续表

截割次序	试验曲线	峰值截齿载荷/kN	破岩比能/(J/cm³)
第三次	截齿载荷/kN；10.59；0.90；截齿凿入深度/mm	10.59	0.0018
第四次	截齿载荷/kN；28.31；3.05；截齿凿入深度/mm	28.31	0.0653

在大尺寸缺陷硬岩截割破岩试验中，第一次截割点是在大尺寸岩样钻孔的上方，钻孔离自由面较远，截齿凿入导致岩样沿钻孔方向劈裂；第二次截割的岩样上包含钻孔，钻孔离自由面较近，截齿凿入导致岩样贯穿钻孔劈裂；第三次截割的岩样包含大量裂纹，截割破岩受裂纹影响较大；第四次截割的岩样为完整岩样，没有可见的缺陷。对于完整矿岩，截割破岩所需的峰值截齿载荷为 28.31kN，破岩比能为 0.0653J/cm³；对于含钻孔的矿岩，截割破岩所需的峰值截齿载荷为 28.68kN，破岩比能可以低至 0.0070J/cm³；对于含裂纹的岩石，截割破岩所需的峰值截齿载荷仅为 10.59kN，破岩比能仅为 0.0018J/cm³。为了更加直观地比较各种缺陷下的截割破岩试验结果，探究各类缺陷对硬岩截割特性的影响，将上述截割破岩试验结果按照缺陷进行分类对比，见表 6-10。

表 6-10　不同缺陷下的硬岩截割破岩试验结果

岩样内的缺陷	峰值截齿载荷/kN	破岩比能/(J/cm³)
无缺陷，完整岩样	28.31	0.0653
含钻孔(离截割点较远)	28.68	0.0070
含钻孔(离截割点较近)	12.36	0.0068
含裂纹	10.59	0.0018

通过对比发现，钻孔、裂纹等岩石缺陷均可以大幅降低破岩所需的峰值截齿载荷和破岩比能，不同程度地提高岩石的可切割性。岩石破碎时，趋向于朝着距

离自由面更近，所需能量最小的方向破碎。钻孔作为岩样内部的自由面，减小截割点到自由面的距离，同样也减少了形成新的断裂面所需的能量，从而大幅降低岩石破碎所需的能量。因此，含钻孔缺陷岩样的破岩比能远低于完整岩样的破岩比能。由于含钻孔缺陷岩样通过增加新的自由面、减小形成的断裂面面积影响岩石破碎，且钻孔的远近不会影响形成的断裂面面积，所以钻孔距自由面的距离不会明显影响破岩比能，但会影响破岩所需的峰值截齿载荷。当钻孔距离截割点较近时，从截割点形成朝钻孔发育的裂纹所需的力较小，岩石破碎所需的峰值截齿载荷也会显著降低。在截割力作用下，岩样中的裂纹发育扩展，而对于含裂纹缺陷岩样，很小的截割力就能使裂纹相互贯通并贯穿岩样表面，破碎岩样。因此，含裂纹缺陷岩样破岩所需的峰值截齿载荷很小，破岩所需能力也很小，导致含裂纹缺陷岩样破岩所需的峰值截齿载荷和破岩比能比含钻孔缺陷岩样破岩所需的峰值截齿载荷和破岩比能更低。

钻孔、裂纹等缺陷会破坏岩石的完整性，在不同程度上提高岩石的可截割性，改善岩石的截割特性。在深部硬岩开采中，特别是对于难以通过机械刀具破碎的矿岩体，可以通过人工预裂、预钻孔等方法来提高岩石的截割特性。通过人工预处理，使机械刀具能够更加容易地凿入矿体，降低破岩所需的峰值截齿载荷和破岩比能，提高破岩效率。

6.4 深部硬岩矿体机械化开采方法及应用

诱导工程施工完成后，对半岛型矿柱松动区内的矿岩体进行机械化开采。在640中段试验采场内，试验了悬臂式掘进机、挖掘机载铣挖头、挖掘机载高频冲击头、铲运机载高频冲击头四种机械破岩设备。在 580 中段试验采场，通过挖掘机载高频破碎锤开采矿柱，记录了每日开采时间、破碎锤和挖掘机状态、矿柱形貌、采矿量、剥落矿石块度、粉尘情况、顶板情况以及破碎锤尖部抖齿磨损情况，用于评价挖掘机载高频破碎锤的采矿作业效果。

6.4.1 悬臂式掘进机

试验选用 EBZ160TY 型纵轴悬臂式掘进机对诱导松动半岛型矿柱进行截割。EBZ160TY 型纵轴悬臂式掘进机的主要参数见表 6-11，其采矿现场如图 6-20 所示。掘进机截割头上呈螺旋线布置众多镐型截齿，截齿随截割头旋转截割矿体，截齿本身在与岩体作用的过程中也能在齿座内自由旋转，保证截齿均匀磨损。截割头能够随掘进机悬臂上下左右灵活摆动，截割过程灵活多变。一般根据矿体内松动区的分布情况，掘进机侧身对着矿体并围绕矿体从一侧松动区截割到另一侧松动区。

表 6-11　EBZ160TY 型纵轴悬臂式掘进机主要参数

项目	参数	项目	参数
外形尺寸	9.8m×2.55m×1.7m	卧底深度	250mm
机重	52t	铲板宽度	3.0m/2.7m
经济截割硬度	≤80MPa	离地间隙	250mm
截割电机功率	160kW	装载形式	星轮
总功率	250kW	输送机链速	1.2m/s
工作电压	1140V	接地比压	0.14MPa
适用坡度	±16°	行走速度	0～15m/min
液压系统功率	90kW	最大截割高度	4.0m
最大截割宽度	5.5m	液压系统压力	23MPa
截割臂水平放置时机器高度	2.34m	截割头落地时机器通过高度	2.06m

(a) 现场采矿情景

(b) 截割头

图 6-20　纵轴悬臂式掘进机采矿现场

2016 年 11 月 3 日之前为试采阶段，之后进行了 5 天的正式开采试验。在试验采场内，对纵轴悬臂式掘进机的作业时间和截割表现进行了统计，结果见表 6-12。每天开采试验完成后，对矿柱形貌进行测量和拍照，如图 6-21 所示。掘进机总共开机 534min，用于截割矿体的有效作业时间 341min，平均工时利用率为 64%。在此期间，掘进机累积截割矿体 612t，平均截割工效为 107.7t/h。

在试采过程中，累计消耗截齿 8 个，具体的消耗情况见表 6-13。通过每天对掘进机截齿的磨损情况检测发现，截齿的质量磨损率与矿岩体的硬度和当日对应的矿岩体截割量成正比。截齿发生失效时主要有正常磨损、齿头折断、齿头偏磨和齿身磨损等表现形式。其中，后三种属于非正常失效，其原因主要是截齿底座的安装槽尺寸或焊接角度及位置不合理、截齿难以在齿座安装槽内自由旋转。整体上该采矿方法可以很好地满足松动区矿体连续截割要求，并且在截割过程中掘进机作业稳定，但是由于试采矿柱走向尺寸较小，掘进机在采矿过程中需要频繁

表 6-12　纵轴悬臂式掘进机采矿表现

日期	截割体积/m^3	截割矿量/t	截割时间/min	开机时间/min	工时利用率/%	截割工效/(t/h)
2016-11-3	49.3	158.7	65	104	63	146.5
2016-11-5	32.4	104.3	78	150	52	80.2
2016-11-6	23.4	75.3	48	98	49	94.1
2016-11-13	44.3	142.6	78	92	85	109.7
2016-11-17	40.7	131.1	72	90	80	109.3

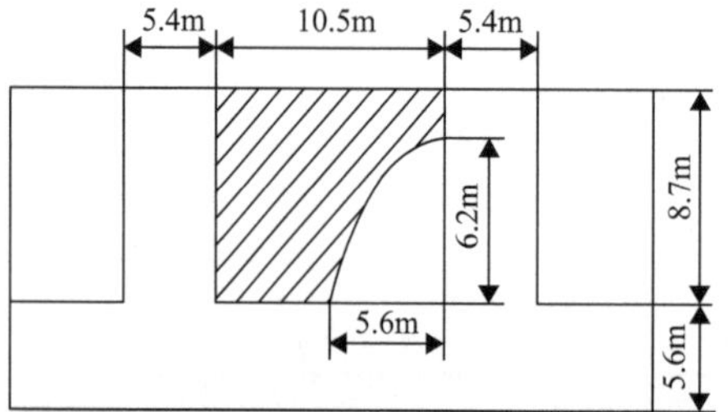

(a) 11月2日后断面

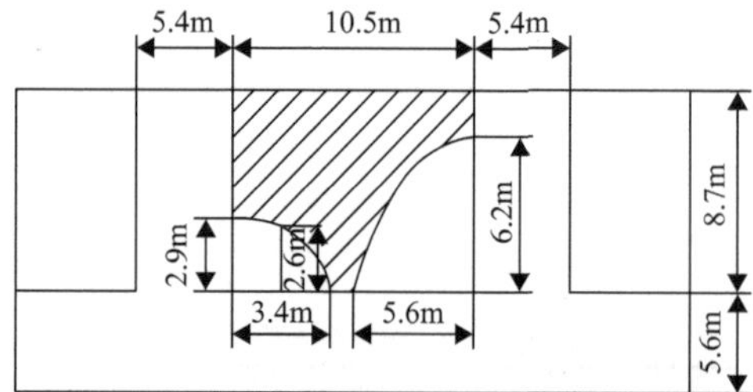

(b) 11月3日后断面

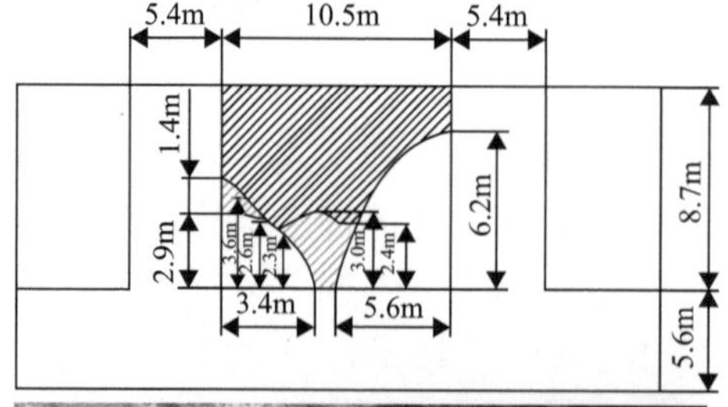

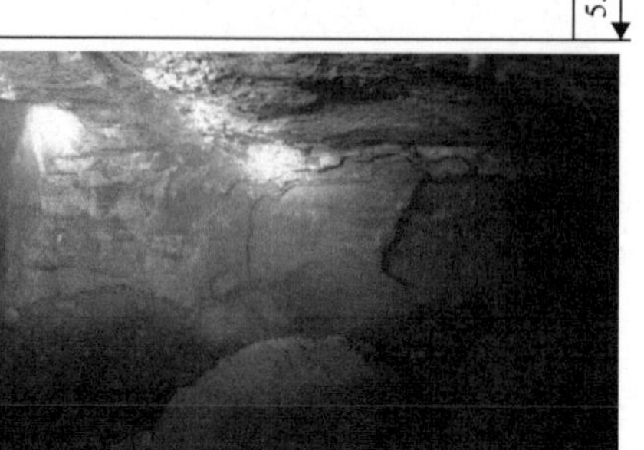

(c) 11月5日后断面

(d) 11月6日后断面

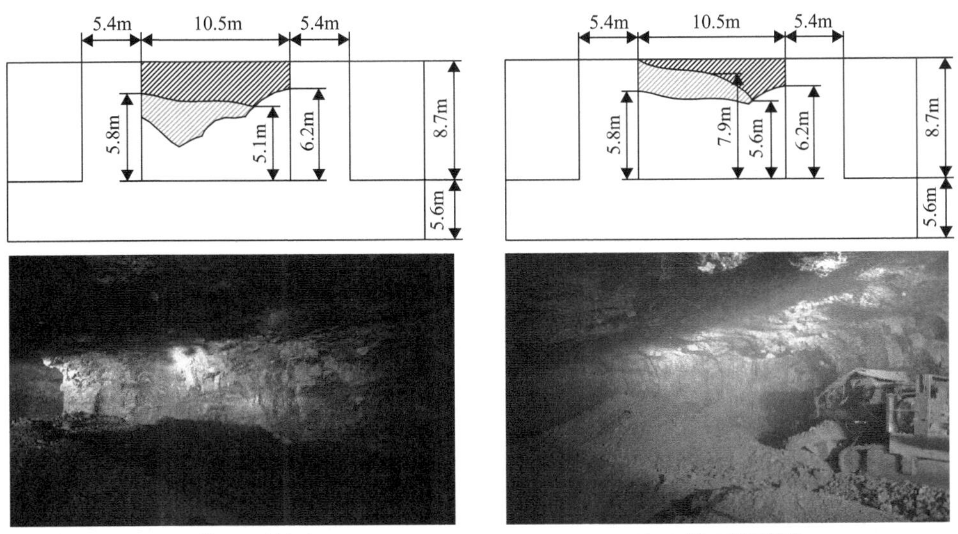

(e) 11月13日后断面　　(f) 11月17日后断面

图 6-21　纵轴悬臂式掘进机采矿现场实际情况

表 6-13　纵轴悬臂式掘进机截齿消耗情况

截齿失效模式	截齿图像	质量/g	质量磨损率/%	失效个数	失效占比/%
完整截齿		1838	0		
正常磨损		1722	6.31	5	62.5
齿头折断		1644	10.55	1	12.5
齿头偏磨		1635	11.04	1	12.5
齿身磨损		1265	31.18	1	12.5

掉头，导致其工时利用率不是很高，因此在后续的研究中需要对采场空间和开采工艺进行更为全面的优化设计，以实现矿体截割、矿石装运、围岩支护、通风除尘、采空区处理等工艺的全面连续化。

6.4.2　挖掘机载铣挖头

破岩试验中用的铣挖头是一种横轴旋转截割机构，左右 2 个旋转盘上安装有呈螺旋线布置的镐型截齿。铣挖头安装在挖掘机的摆臂上能够随摆臂移动并可进行挖掘动作。试验中挖掘机载铣挖头破岩现场如图 6-22 所示。通过铣挖头上截齿的旋转截割，可以连续地将松动区内的矿石剥落，通过挖掘机摆臂可以灵活地调节铣挖头的截割位置，并可控制铣挖头进行挖掘动作，将截落的矿石进行挖掘堆积，以便铲运机转运。在试验采场内进行了 3 次试验：第 1 次截割 92min，剥落矿石 95t，截割工效为 61.96t/h；第 2 次截割 80min，剥落矿石 96t，截割工效为 72t/h；第 3 次截割 75min，剥落矿石 121t，截割工效为 96.8t/h。在整个试验过程中，未出现截齿失效，平均截割工效为 75.8t/h。整体上，该采矿方法可以满足松动区矿体连续截割要求，但在试验过程中，由于铣挖头质量较大，且挖掘机摆臂较长，截割过程中采矿机械振动较大。在后续研究中，需对采矿机械结构进行优化设计，保证在能够提供足够截割功率的同时实现截割过程的稳定。

(a) 现场采矿情景

(b) 铣挖头

图 6-22　挖掘机载铣挖头破岩现场

6.4.3　挖掘机载高频冲击头

高频冲击能够对岩体进行快速多次凿击，并且借助冲击头的惯性能够提供更大的破岩载荷，因此，其对坚硬岩体具有较好的适用性。在现场试验过程中，对矿用挖掘机进行改造，将挖掘斗拆除换成高频冲击头。冲击头通过高频凿击进入岩体，然后通过挖掘机摆臂进行挖掘动作，将松动矿石剥落。挖掘机载高频冲击头破岩现场如图 6-23 所示。在试验采场内进行了两次试验：第 1 次凿岩 25min，剥落矿石 20t，凿岩工效为 48t/h；第 2 次凿岩 60min，剥落矿石 30t，凿岩工效为 30t/h。平均凿岩工效为 35.3t/h。在试验过程中，设备运行良好，冲击头未出现故障。该高频冲击采矿方法相比于旋转截割方法对松动区以外的较完整矿体的适用性更强，但由于其凿岩过程连续性差，导致落矿效率较低。同样地，类似于挖掘机载铣挖头采矿过程，由于高频冲击头质量大，再加上挖掘机摆臂较长，导致凿岩落矿过程中机械稳定性较差。

6.4.4　铲运机载高频冲击头

由于单冲击头凿岩落矿效率较低，试验中对冲击头结构进行了改进，将冲击头上的凿岩锤增加为 3 个。为了缩短摇臂长度，保证凿岩过程中采矿机械稳定，

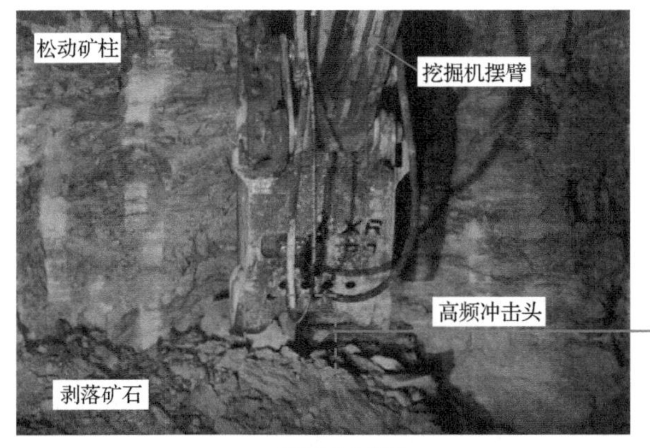

(a) 现场采矿情景

(b) 高频冲击头(单个抖齿)

图 6-23　挖掘机载高频冲击头破岩现场

将铲运机进行改造后安装高频冲击头。铲运机载高频冲击头破岩现场如图 6-24 所示。3 个冲击锤的凿岩落矿效率比单个冲击锤的高，平均凿岩工效增加到 67t/h。在试验过程中，采矿机械整体较稳定，然而，轮式行走铲运机相对于链盘式行走挖掘机其工作机构的灵活性较差，并且冲击头失去了挖掘扒矿功能。

(a) 现场采矿情景

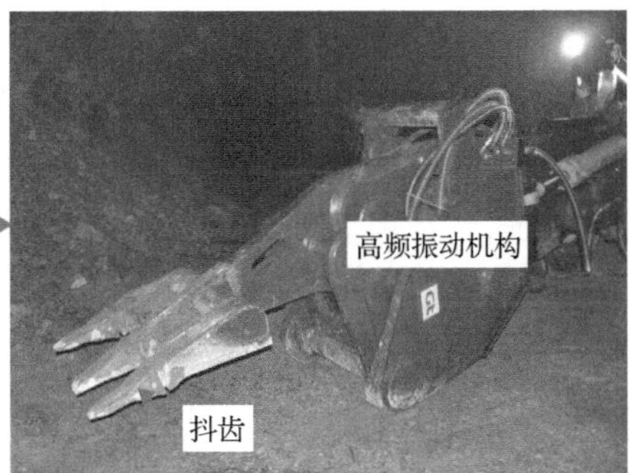

(b) 高频冲击头(3个抖齿)

图 6-24　铲运机载高频冲击头破岩现场

综上所述，在 640 中段开展的非爆机械化开采试验中，悬臂式掘进机、挖掘机载铣挖头、挖掘机载高频冲击头、铲运机载高频冲击头的破岩工效、刀具磨损情况、机械作业连续性、灵活性与稳定性等破岩表现见表 6-14。基于多截齿旋转截割的悬臂式掘进机(平均工效 107.7t/h)和挖掘机载铣挖头(平均工效 75.8t/h)采矿连续性强，能够获得较高的采矿工效。挖掘机载铣挖头在采矿过程中，由于铣挖头较重，以及挖掘机摆臂较长，导致截割时机械抖动较大。高频冲击式的采矿方法由于冲击锤数量较少且不能连续作用，采矿效率较低，但其对较完整的矿体具有较好的适用性，因此在后续研究中可以将高频冲击和旋转截割进行优势互补，开发具有冲击振动功能的旋转截割机构，提高机械化破岩的适应能力。

表 6-14　机械破岩作业表现

机械破岩方式	破岩工效/(t/h)	刀具磨损情况	作业连续性	作业灵活性	作业稳定性
悬臂式掘进机	107.7	0.013 个/t	好	好	好
挖掘机载铣挖头	75.8	无	较好	好且具有挖掘功能	差
挖掘机载高频冲击头	35.3	无	差	好	差
铲运机载高频冲击头	67	无	差	较差	较好

6.4.5　挖掘机载高频破碎锤

在马路坪矿 580 中段布置试验采场，开采采准巷道和诱导巷道，形成半岛型矿柱。通过挖掘机载高频破碎锤施加载荷和高频振动开采矿柱。按照试验方案，采用高频挖机开挖破碎矿柱，通过小型挖掘机将堆积下来的矿石运出采场，记录每日开采时间、破碎锤和挖掘机状态、矿柱形貌、采矿量、剥落矿石块度、粉尘情况、顶板情况以及破碎锤尖部抖齿磨损情况等，评价挖掘机载高频破碎锤的采矿作业效果。挖掘机载高频破碎锤如图 6-25 所示。

(a) 挖掘机　(b) 高频破碎锤　(c) 抖齿

图 6-25　挖掘机载高频破碎锤

1. 开采进展

在 2020 年 9 月 28 日至 10 月 29 日进行了非爆机械化开采试验，其间由于存在矿山生产间隙以及机械设备故障等问题，实际进行了 7d 机械开采试验。试验过程中，通过切底、切槽、未切槽直接开挖矿柱以及切槽后开挖矿柱 4 种开采方式来开挖矿柱，如图 6-26 所示。试验期间，采场稳定性良好，高频挖机对矿柱施加的载荷和高频振动的扰动范围较小，造成的开挖破坏小，未影响到采场顶板以及两帮的稳定性。这表明，非爆机械化开采造成的扰动较小，有效避免了爆破开挖造成的剧烈扰动，提高了矿山生产过程的安全性。特别是在深部矿山开采中，围岩处于高地应力状态，爆破扰动易造成一系列的围岩破坏，而非爆机械化开采可以有效降低高扰动对围岩的影响。

(a) 切底 (b) 切槽

(c) 未切槽直接开挖矿柱 (d) 切槽后开挖矿柱

图 6-26 开采现场图片

2. 开采工效

统计并归纳每日试验数据后，获得了挖掘机载高频破碎锤每日开采时间、每日开采矿量、开采工效以及工时利用率等参数，见表 6-15。试验期间，高频挖机

表 6-15 挖掘机载高频破碎锤每日开采状况

日期	当日运转时间/min	累计运转时间/min	当日开采时间/min	累计开采时间/min	当日开采矿量/t	累计开采矿量/t	开采工效/(t/h)	工时利用率
2020-9-29	115	115	98	98	90.2	90.2	55.2	0.85
2020-9-30	48	163	40	138	22.6	112.8	33.9	0.83
2020-10-6	32	195	32	170	16.0	128.8	30.0	1.00
2020-10-19	44	239	44	214	16.8	145.6	22.9	1.00
2020-10-20	28	267	24	238	7.3	152.9	18.3	0.86
2020-10-21	42	309	42	280	66.7	219.6	95.3	1.00
2020-10-22	61	370	61	341	68.2	287.8	67.1	1.00

累计运转 370min，累计开采时间 341min，工时利用率达到 0.92，远高于钻爆法的工时利用率，有利于提高矿山开采过程的生产效率。

由于每日矿柱开挖方式不同，每日的开采工效变化明显。因此，本节根据不同的矿柱开挖方式，统计出切底、切槽、未切槽直接开挖矿柱以及切槽后开挖矿柱这 4 种开采方式的开采效果参数见表 6-16。

表 6-16　各开采方式开采表现

开采方式	切底	切槽	未切槽直接开挖矿柱	切槽后开挖矿柱	整体
时间/min	40	138	130	33	341
矿量/t	21.2	72.2	107.9	87.0	287.8
开采工效/(t/h)	31.8	31.4	49.8	158.2	50.6

试验期间，采用非爆机械化开采矿柱整体开采工效可以达到 50.6t/h，4 种开采方式中，切底和切槽的开采工效低于整体开采工效，未切槽直接开挖矿柱的开采工效与整体开采工效基本持平，而切槽后开挖矿柱的开采工效要远高于整体开采工效，达到 158.2t/h。非爆机械化开采应用在深部硬岩矿山的采矿试验中，大量时间用于开挖卸压槽，但在开挖卸压槽过程中开采出的矿量较少，这说明在开挖矿柱底部时，竖直方向上的应力阻碍了抖齿对矿岩体的破碎，需要高频破碎锤增加载荷并施加高频振动才能有效破碎矿柱底部矿岩体。经过开挖卸压槽后，解除了矿柱竖直方向上的应力，创造出新的自由面和补偿空间，在较短的时间内能够开挖出较多的矿量，有效提高了矿山的机械化开采效率。

3. 剥落矿石块度

剥落矿石块度是通过统计单位面积内矿石块数得到单块矿石的平均面积，然后将单块矿石的等效直径作为剥落矿石块度，剥落矿石如图 6-27 所示。每日剥落矿石块度见表 6-17。

试验过程中，切槽或者未切槽直接开挖矿柱时，高频挖机需在矿柱上施加载荷和高频振动才能破碎矿柱，剥落矿石块度较小；而切槽后开挖矿柱时，在扰动作用下会发生自然垮落，此时剥落矿石块度较大。根据每日统计的剥落矿石块度，剥落矿石块度一般在 0.078m 左右，不需要二次破碎即可达到直接出矿的标准。

4. 粉尘情况

非爆机械化开采试验过程中，粉尘较少，与钻爆法相比，不会产生炮烟等有毒气体，保证了作业人员安全。但是，当开挖非松动区坚硬矿岩或者切槽时，破碎矿岩困难，需要抖齿对矿柱施加高频振动，导致摩擦增加，粉尘产生量相较于切槽后开挖矿柱时多。图 6-28 展示了采用挖掘机载高频破碎锤开采矿柱时的粉尘情况。

图 6-27　剥落矿石

表 6-17　每日剥落矿石块度

日期	2020-9-29	2020-9-30	2020-10-06	2020-10-19	2020-10-20	2020-10-21	2020-10-22
块度/m	0.086	0.075	0.075	0.076	0.072	0.070	0.095

图 6-28　采用挖掘机载高频破碎锤开采矿柱时的粉尘情况

5. 顶板情况

在用挖掘机载高频破碎锤开挖矿柱进行连续采矿试验期间，顶板稳定。顶板暴露面积较大时，联合采用锚网、锚索支护顶板。但是受到破碎锤尺寸以及旋转范围的限制，矿柱顶部部分无法开采，随着作业面向前推进，这部分矿柱会成为顶板。采用小型挖掘机对这部分顶板进行挑顶处理。开采过程中顶板情况及挖掘机挑顶如图 6-29 所示。

6. 抖齿磨损情况

采用高频破碎锤开挖矿柱，需要将抖齿插入矿柱内施加载荷和高频振动，抖齿尖部受到高地应力和高温的作用，易发生截断且磨损严重，会在极大程度上影

(a) 顶板情况

(b) 挖掘机挑顶

图 6-29　开采过程中顶板情况及挖掘机挑顶

响矿柱开挖效率。试验期间，发生了一次抖齿截断现象并更换新抖齿，累计消耗抖齿两个，抖齿正常磨损及截断照片如图 6-30 所示。由于切槽困难，切槽过程中抖齿磨损严重，而切槽后开挖矿柱时，抖齿磨损情况较轻。

(a) 抖齿正常磨损

(b) 抖齿截断

图 6-30　抖齿消耗情况

7. 经济技术参数

高频破碎锤开采与钻爆法开采的开采工效、工时利用率、矿石块度、贫化率、采矿成本等经济技术参数对比见表 6-18。

表 6-18　经济技术参数对比

开采方式	开采工效/(t/h)	工时利用率	矿石块度/m	贫化率/%	采矿成本/(元/t)
高频破碎锤	50.6	0.92	0.078	2	120
钻爆法	64.5	0.75	0.060	5	130

在开采工效方面，高频破碎锤略低于钻爆法，需要形成系统的非爆机械化开采模式，以有效提高高频破碎锤的开采工效。在工时利用率以及贫化率等方面，高频破碎锤开采明显优于钻爆法；在矿石块度方面，高频破碎锤破碎的矿石块度

较大，但不需要二次破碎，能达到直接出矿的标准。在采矿成本方面，高频破碎锤采矿试验的采矿成本主要包括设备租赁费用、人员成本、抖齿消耗以及设备油耗几个方面，其采矿成本与钻爆法相近。基于高频破碎锤破岩的非爆机械化开采不需要炸药等耗材，会在一定程度上降低采矿成本。但是，目前开展的非爆机械化开采还只是现场初步试验阶段，用于探究非爆机械化开采应用的可行性，未形成系统的开采模式，采矿试验时间周期短，人员成本和材料成本计算缺少长期跟踪数据，计算出的采矿成本可能与实际略有出入。通过对比高频破碎锤开采与钻爆法开采的经济技术参数，初步证明了基于高频破碎锤破岩的非爆机械化开采在深部硬岩矿山中应用的可行性。

第 7 章　非煤矿山智能绿色升级实践

7.1　矿产资源科学开采及其复杂性

矿产资源作为工业原料，在工业生产中占据着重要地位。矿产资源开采是人类从自然界获取资源的主要途径和重要手段，是人类研究的永久课题[1]。进入 21 世纪以来，人类社会对生态环境的保护意识不断增强，为推动构建清洁低碳、安全高效的现代能源体系，绿色开采[2,3]、科学开采[4-7]以及科学产能与科学开采水平的量化[8-12]等相继被提出。在我国经济发展由高速增长转向高质量发展的背景下，在碳达峰、碳中和的推动下[13]，传统无序的粗放式发展已经无法满足现代化科学发展的需求。为此，处于发展转折期的采矿行业竞争压力巨大，需要向清洁低碳、安全高效、创新融合和统筹协调的方向发展，产业结构向合理化、高级化调整[14,15]。因此，深化科学开采这一概念，加快实现全面科学开采，是推动我国矿业可持续发展，实现采矿行业顺利转型和绿色低碳发展的必经之路。矿产资源科学开采的发展受到多方面因素制约，包含地质、技术、经济、文化和社会等因素，因此，科研人员常以研究系统科学问题的方法对科学开采这一复杂系统问题进行探究。科学开采各要素之间相互关联并渗透影响，开采过程又具有开放性、动态变化性和不确定性等特征，同时包含随机问题、非线性问题等公认的复杂问题，具有明显的复杂性。随着大数据时代的到来，矿产资源科学开采体系也趋于复杂化，科学开采问题的复杂性研究成为拓展科学开采内涵和框架的新思路。

7.1.1　科学开采研究概述

1. 国内科学开采的发展

我国对矿产资源开采活动的认识是从抽象到具体、从萌芽到科学的过程[12]，矿产资源开采理念的发展演化可概括为图 7-1。我国针对矿产资源的开发与利用经历了数十年的探索讨论，从 20 世纪 90 年代倡导的可持续发展战略思想，到 2003 年绿色开采概念的提出和丰富，矿产资源开发利用相关理论和技术体系不断发展完善，促进了节约集约、生态文明、绿色矿山和低碳发展等科学开采模式的逐步形成和延伸。

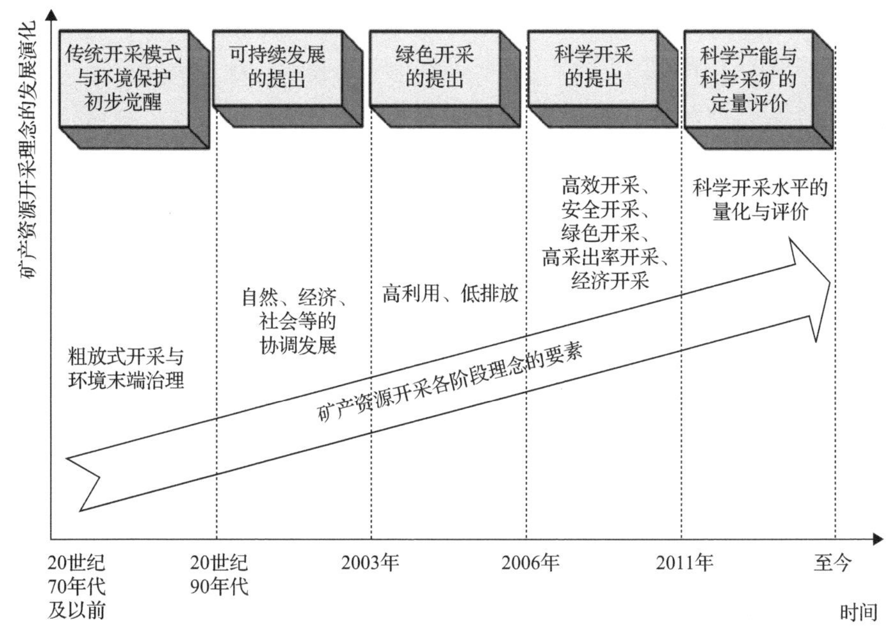

图 7-1　矿产资源开采理念的发展演化

以取得最佳经济效益、环境效益和社会效益为目标[16]的绿色开采概念自 2003 年提出后，从开采技术层面上缓解了部分环境问题，但采矿行业仍缺乏可供长久发展的指导思想[1]。为此，学者对科学开采这一问题展开了十多年的研究[5-7,17-21]。结合我国社会发展背景与煤炭资源开采现状，钱鸣高院士[2]提出了煤矿资源的绿色开采概念，阐述了其内涵和技术体系，并于 2006 年正式提出了煤炭科学开采理念[4]，为科学开采的发展指明了方向。在《论科学采矿》[7]中，全面阐述了科学采矿的理念，并提出科学开采的技术体现在机械化开采、保护环境、安全开采、提高采出率和降低成本五个方面。郑爱华等[21]根据科学开采的具体要求构建了涵盖资源、安全、环境、发展和生产五个方面成本的科学开采完全成本体系。谢和平院士提出了科学产能的概念[8-10]，并清晰阐述了科学开采和科学产能的概念和内涵。在开采技术逐渐走向智能化的过程中，李东印等[11,12]为科学采矿内涵增加了智能化开采的指标，并提出了科学采矿指数理念，通过计算程序实现了科学采矿的定量评价。随着人们对社会效益和人类发展的关注更加密切，王家臣和钱鸣高[22]从技术和人才的角度出发，提出实现科学开采需要依靠强有力的科技支撑和人才培养，使科学开采的内涵更加全面。科学开采理念的提出、发展和丰富，引起了国内采矿行业的热烈讨论，也促使该体系快速丰富，为矿业可持续发展注入了新的动力。

2. 国外科学开采的研究

“科学开采”这一名词在国外文献中并未明确提及，但对有相似含义的“可持续开采”(sustainable mining)和“责任开采”(responsible mining)有一定解释[23]。可持续开采和责任开采是以资源与人类的和谐、可持续发展为出发点，以技术手段的突破创新为支撑点，以矿产资源开采相关法律法规的制定为落脚点的开采模式[24]，与我国的“科学开采”有共通之处。

为了合理开发自然资源，世界环境与发展委员会在《我们共同的未来》[25]报告中阐述了“可持续发展”的概念，并在 5 年后的里约峰会上进一步提出了“矿业可持续发展”的概念。此后，国外学者对矿业可持续开采的研究主要围绕技术革新与环境控制两个方面进行。直至进入 21 世纪，不可再生资源能否实现可持续发展成为争论要点，Caldwell[26]阐述了矿业可持续发展的基本要求：矿业的可持续发展并非保持无限的发展，而是在开采之后仍能使人们依赖此处的资源环境而美好生活。此后，人类对可持续开采内涵的认识逐渐丰富[23]。Goodland[27]提出采矿是一个复杂系统，应该考虑技术、经济、环境和社会的协调发展，并提出责任开采的 8 个原则：①社会和环境评估；②信息透明度；③利益相关者的接受；④农业生产胜于矿业开采；⑤符合国际标准；⑥企业开采资格预审；⑦保险和履约保证；⑧特许权使用费和税费。Dubinsk[28]也认识到矿业可持续发展问题的复杂性，认为要实现矿业的可持续发展，应该在知识、方法和技术等多方面交流经验，提出应对策略。

通过整理国内外文献资料可知，科学开采是基于可持续发展战略思想和绿色开采发展而来的[29]。这一名词从提出到发展至今，已经在理论基础、支撑技术、人才培养和评价指标等方面取得了初步的研究成果[23]，但仍存在更多深层次的问题有待研究，如科学开采标准的确定、科学开采的定量评价、科学开采的管理以及科学开采的复杂性等问题。

3. 科学开采的基本框架

在科学开采发展之初，钱鸣高院士[5]将其定义为：在保证安全和保护环境的条件下实现最大限度地高效采出煤炭资源的开采技术，涵盖了高效开采、绿色开采、安全开采、提高资源回采率和完全成本化五个方面。近年来，我国经济发展进入了新常态，经济增长方式不断优化，能源消费结构发生改变，给矿业带来了冲击和挑战。同时，在碳达峰、碳中和的“双碳”目标下，环境问题受到广泛关注和重视，经济学和环境学的相关问题也成为科学开采的重要内容。因此，结合前人研究和时代背景，科学开采的概念可解释为，在保证安全和保护环境的前提下，依靠科学技术和科学管理手段，经济、高效、绿色、低碳地采出矿产资源的可持续开采模式。据此提出科学开采体系主要包括安全开采、高效开采、绿色开采、低碳开采、经济开采和科学管理，其“六位一体”的基本框架如图 7-2 所示。

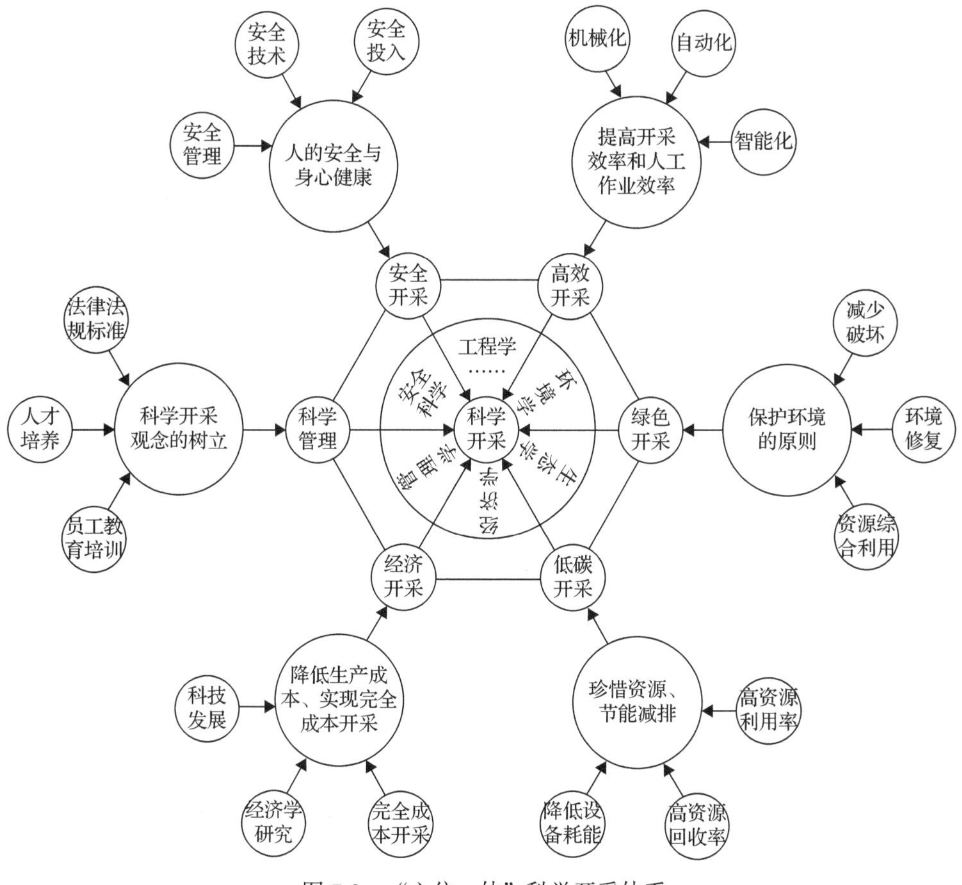

图 7-2　“六位一体”科学开采体系

(1)安全开采。安全开采是把保护人的安全和身心健康放在首位，主要对安全管理、安全技术和安全投入三个方面提出要求。具体表现在：针对采矿过程中的危险因素，采用科学合理的管理手段，严格执行采矿规程，规范操作行为；加强安全技术研究，通过提升安全技术水平减少安全隐患、防范事故灾难的发生；加大安全投入，采用先进的技术设备进行开采和监测，针对作业环境中粉尘、高温和噪声等危害因素，保证防护装备充足投入，在保障人身安全的同时提高对职业疾病和职业身心健康的关注，最终达到低百万吨死亡率、低事故发生率、低职业病发病率并确保职业安全健康[9]。

(2)高效开采。高效开采是以强有力的科学技术为支撑，提高不同地质开采条件下的开采机械化、自动化和智能化作业水平，提高开采效率和人工作业效率。具体包括两个方面：一是提高矿产资源开采的机械化和自动化程度，以机械设备代替人工劳动，经过科学的程序和方法，实现更高生产率和更高效率的作业；二是提升矿产资源开采智能化水平，在人工智能、大数据、云计算和物联网等技术背景下，智能装备按照需求通过数据处理和反馈做出科学决策。

(3) 绿色开采。绿色开采是指以保护环境为原则对资源开采和利用，从源头减少废弃物和有害物的产生，达到环境的破坏最小和修复最大，实现开采与环境的协调发展，同时科学合理地发展资源协同开采，延伸产业链。通过充填开采、保水开采、减损开采、资源共采和矸石利用等技术的综合利用，减轻矿产资源开采对生态环境的破坏，并及时回馈自然和养护环境，在开采活动与自然之间建立起复合的生态平衡机制[6]。

(4) 低碳开采。低碳开采是充分体现对资源的珍惜，控制温室气体的排放，充分利用物质资源和能源资源，降低机电设备耗能，达到高资源利用率开采、高资源回收率开采和节能开采。开采技术与开采条件相适应，提高资源的采出率、利用率和回收率。

(5) 经济开采。经济开采要求降低生产成本且反映真实的开采完全成本。一方面依靠先进的科学技术保证高采出率的同时降低生产成本，另一方面以经济学知识和经济发展现状为依据，将采矿的外部成本内部化，充分考虑设备技术研发、生态恢复投入等成本，构建完全成本体系反映真实的开采成本。

(6) 科学管理。科学管理是指面向人文、法规、社会等方面的要求，建立健全法律法规和行业标准，重视科学开采人才培养与员工教育培训，丰富人才梯队，紧抓员工技能培训，提升综合素质，对资源开采过程进行全方位、全周期综合管理，在矿产资源的生产与利用两个方面实现协调和可持续发展。要实现矿业的可持续发展，必须协调科学技术、经济、生态和管理各方面的关系，“六位一体”科学开采体系将矿产资源开采这一系统问题的安全、高效、绿色、低碳、经济和科学管理六个方面考虑为一体，相互补充、相互促进，为实现全面科学化开采服务。

7.1.2　科学开采复杂性研究

1. 复杂科学研究

20 世纪 90 年代初，钱学森提出了开放的复杂巨系统及其方法论[30]，国内学者对复杂系统的讨论研究自此开始。随着复杂系统重要性的逐步显现，复杂性研究逐渐与物理、工学、生物、金融和人文等众多学科内容关联，填补了许多学科与复杂科学的交叉领域空白。此次，从复杂科学的角度探讨科学开采的复杂性是一次新的尝试。开展科学开采这一系统问题的复杂性研究，即能否用复杂科学的研究方法探讨科学开采的问题，首先需要解答如何判断科学开采复杂问题这一疑惑。

2. 科学开采复杂问题的判断途径

从对比公认的科学判断方法入手，借鉴安全复杂问题的判断方法[31]，可以从如图 7-3 所示的途径推断科学开采是否属于复杂问题。由图 7-3 可知，判断途径包括从复杂问题的判断标准推断和从科学开采体系的特征推断。

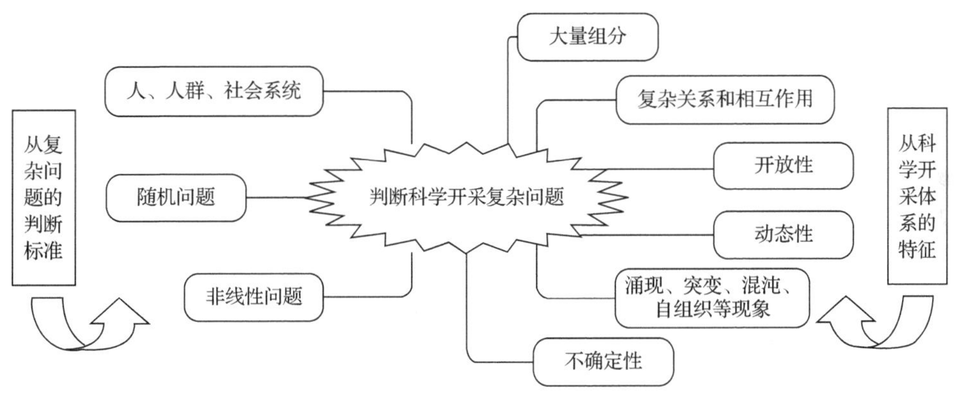

图 7-3　科学开采复杂问题的判断

1) 从复杂问题的判断标准推断

复杂问题的判断目前已经有了许多推论和标准，借用复杂问题的推论可以推断科学开采的问题是否属于复杂问题，包括以下三个方面的内容。

(1) 人和人群本身及其社会关系组成的社会系统是复杂问题[31]。在科学开采体系中，安全开采、高效开采、绿色开采、低碳开采、经济开采和科学管理六个方面都涉及人。安全开采的主要研究对象是人，高效开采需要提高人工作业效率，绿色开采和低碳开采均涉及人与自然环境的协调，经济开采和科学管理与社会系统紧密相连。科学开采服务于人、人群和社会系统，是复杂问题。

(2) 随机问题是复杂问题[31]。科学开采中的部分因素是不确定的，处于动态变化的，如安全开采子系统中事故的发生具有随机性，隐患风险的产生也难以预测，具有不确定性。科学开采涵盖了许多具有随机性的因素，是复杂问题。

(3) 非线性问题是复杂问题[31]。科学开采中存在信息量不足或未知的变化量，无法找出每个变量之间的映射关系，也无法全部用线性问题去描述变量之间的关系。科学开采中涉及的安全、经济、环境等因素及其中的动态关系基本都是非线性问题，因此科学开采问题是复杂问题。

2) 从科学开采体系的特征推断

科学开采体系的特征有许多表述，对比分析科学开采问题本身的特征与复杂问题的特征，可以推断科学开采问题是否属于复杂问题，包括以下六个方面的内容。

(1) 科学开采由多个子系统构成，本研究包含安全开采、高效开采、绿色开采、低碳开采、经济开采和科学管理六个子系统，每个子系统下又包含众多指标和影响因素，涉及安全科学、工程学、环境学、生态学、经济学和管理学等学科，是一个相对宏观的、复杂的、多学科的体系。科学开采包含多目标、多变量，与复杂问题包含大量组分的特征相符。

(2)科学开采不仅在各子系统间存在关联，而且各子系统内部也相互联系，各因素相互影响并相互渗透。比如，高效开采可以通过机械化、智能化开采来实现，同时机械化、智能化技术的运用又可提高开采的安全性和经济性，因此高效开采、经济开采和安全开采各要素之间产生了关联和渗透。上述特点与复杂系统具有的复杂关联和相互作用特征相符。

(3)科学开采系统存在维持系统发展变化的物质流、能量流和信息流的交换，系统与外界的交流具有输入、输出特征，子系统之间也存在各种交换和循环。因此科学开采具有开放特性，与复杂系统的开放性特征相符。

(4)科学开采系统中各要素随时空不断变化，处于动态发展中。除了系统功能、结构的变化外，各因素本身及作业环境也在不断变化，科学开采系统是多种技术、环境和管理要素相互作用下的复杂动态系统。这与复杂系统的动态性特征相符。

(5)科学开采系统可能出现涌现、突变、混沌和自组织等现象。如发生事故将导致矿业系统出现不可预测的混沌运动，且随着科技的发展矿业系统会出现新的影响因素，产生新的特性，即涌现现象，这与复杂系统的复杂性特征相符。

(6)科学开采系统中存在着未知和主观的因素，具有明显的不确定性。其中科学管理系统尤为复杂，主观因素影响大，充分体现了科学开采系统的不确定性，与复杂系统的不确定性特征相符。

对照复杂问题的判断标准和科学开采体系的特征，可以明确：科学开采问题属于复杂问题，科学开采系统是复杂系统。因此，可以从复杂科学的角度探讨科学开采的问题。

3. 科学开采复杂系统模型

根据上述从复杂科学问题的判断标准、科学开采体系的特征两个方面展开推断，结合相关研究，可以明确科学开采系统的复杂性：科学开采复杂系统是由开采系统主体、系统演化和开放环境等组成的动态、开放和非线性的复杂系统，科学开采复杂系统的构建结果取决于环境、系统本身及其演化，科学开采复杂系统的组成和运行呈现相互依存、相互影响、动态平衡的复杂属性。科学开采复杂系统是由开拓、运输、通风、供电、供水、供气、排水和充填八大系统构成的复杂系统，据此，构建了科学开采复杂系统模型，如图 7-4 所示。在科学开采复杂系统模型中，开采系统主体是矿山开采的八大系统，系统演化包括耗散、涌现、混沌、自组织和自适应等各种演变，环境开放作用包括物质流、能量流、信息流的输入、输出和控制等，最终构建得到科学开采体系。

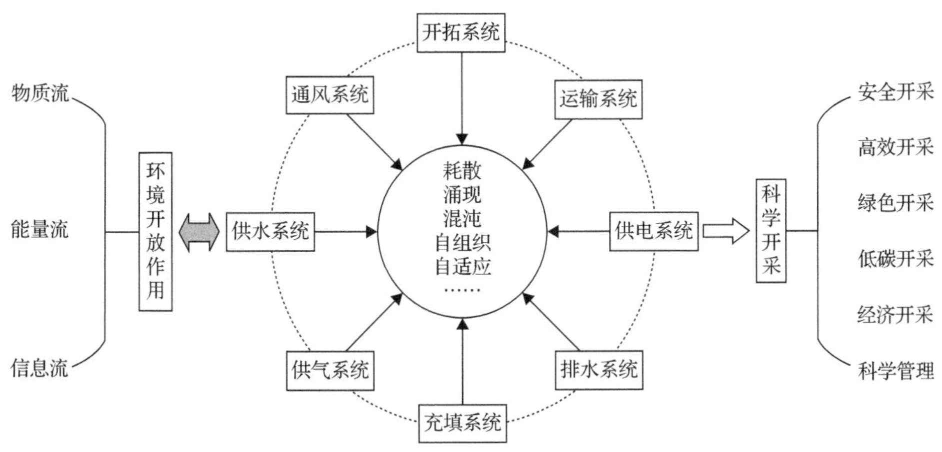

图 7-4　科学开采复杂系统模型

7.1.3　科学开采的实现途径思考

科学开采体系具有明显的复杂性，将复杂问题和科学开采体系的特征作为切入点，从复杂科学的角度研究科学开采的复杂性，从而提出从顶层设计、中层连接和底层基础三个层次去实现科学开采的途径，如图 7-5 所示。

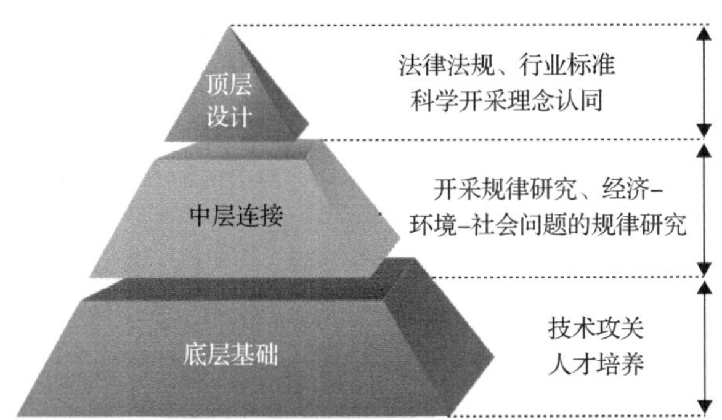

图 7-5　实现科学开采的“三层次”途径

1. 抓好科学开采的顶层设计

科学开采复杂系统具有明显的不确定性，为减少或消除不确定性带来的复杂影响，政府机构和行业管理部门应该抓好科学开采的顶层设计。一方面，从政府层面出台有利于实现科学开采的法律法规，约束、鼓励企业践行科学开采的责任；从行业层面建立健全行业标准，使科学开采体系的评估量化有统一、科学的标准，降低主观因素的影响，同时起到增强行业沟通协调的作用。另一方面，发展和完善先进的科学开采理念，增强行业主体对科学开采的认知力，增进行业对科学开采理念的认同，以此完善科学开采体系。

2. 搭牢科学开采的中层连接

从加强规律研究入手，搭牢科学开采的中层连接。科学开采复杂系统有众多子系统，包含复杂的关联和渗透作用，也可能出现涌现、突变、混沌和自组织等演化状态。以采矿学、经济学、计量学、资源经济学和生态环境学等相关学科为纽带，充分开展矿产资源开采中技术-经济-环境-社会问题的规律研究，如研究矿产资源开采的先进技术、完全成本、绿色低碳、和谐发展及其实现方式，建立适应我国资源安全需求和采矿行业可持续发展的技术体系、经济体系、环保体系和社会体系，实现矿产资源的高效、经济、绿色、安全开采。

3. 夯实科学开采的底层基础

依托科学开采的技术攻关和人才培养，夯实科学开采的底层基础。科学开采复杂系统中存在持续不断的物质、能量和信息变化，科学技术和人才队伍的输入输出对科学开采系统发展产生影响。若科技进步的方向与科学开采发展的方向一致，便能加强科学开采复杂系统的正反馈效应。只有坚持攻克理论和技术难题，发挥创新的主体作用，才能应对目前制约矿产资源安全、高效、绿色、低碳和经济开采等方面的发展难题，建立科学开采的完整科技体系。技术攻关和行业改革需要人才，人才培养则需要建立完整的人才培养体系。科学开采领域的人才不仅要学习矿产资源科学开采与利用的技术知识，而且要广泛涉猎经济、管理和法律等知识，紧跟科技发展的潮流进行有效创新。在教育教学阶段，打破采矿专业侧重采矿工艺和方法教学的局限，引导学生形成完整的知识结构、创新思考的能力、驾驭全局的本领，培养出知识、技能全面的复合型人才和适应时代发展的创新型人才，从而促使复杂系统自组织和自适应现象趋向稳定。基于复杂系统的开放性特性，技术的交流与互动、科技和人才的输入和更迭，使得科学开采复杂系统从低层次向高层次跃迁，通过改善系统运行来获取系统更好的涌现性，逐渐实现科学开采。

7.2　基于机械化破岩的深部硬岩矿体智能化开采模式

基于传统钻爆法开采的局限和非爆机械化开采的前景，提出了以非爆机械化/智能化开采为关键过渡阶段的采矿技术变革模式（图 7-6）。首先，通过采矿机械及刀具产业发展和硬岩可切割性改善，实现非爆机械化开采在深部硬岩矿山的规模化应用，替代传统钻爆法。然后，通过采矿机械的智能化升级，实现集矿岩体可切割性感知、可切割性改善和采矿参数实时调控于一体的采矿过程智能化感知、决策和调控。当进入超深部开采，在矿业智能化得到充分发展后，对资源开发系统进行精细化、自动化、无人化和智能化原位集成，结合无人化智能钻井、智能破岩、智能选冶、智能充填和智能提升等技术，实现地下资源的原位流态化开采(如煤炭原位气化、原位煤转油和金属矿原位溶浸等)，并且同步开发利用地热资源。

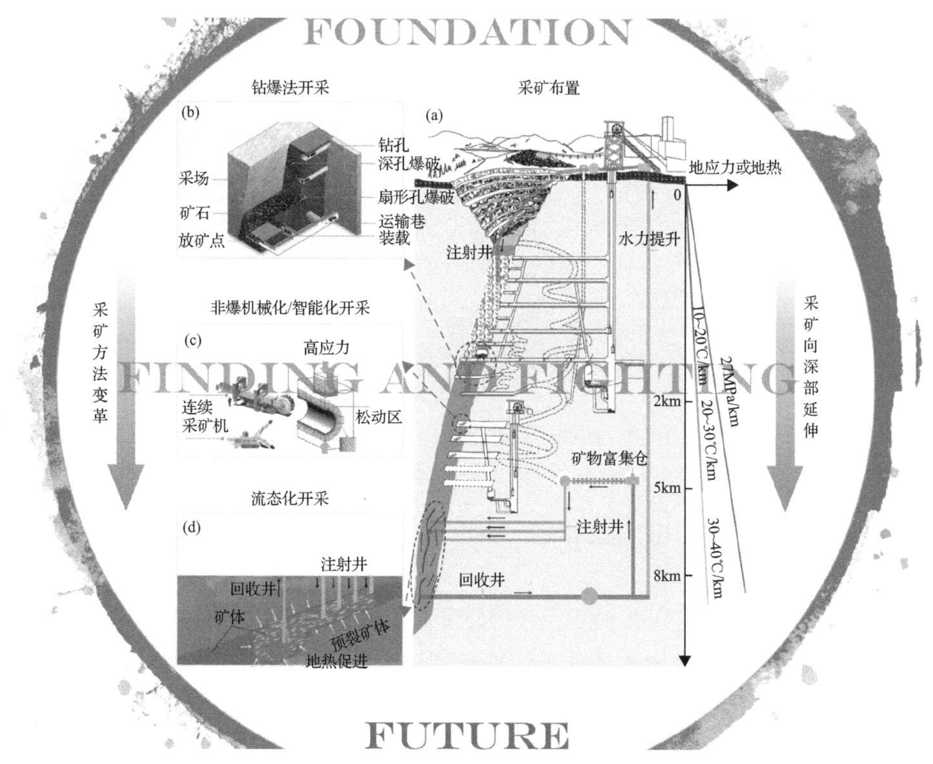

图 7-6　以非爆机械化/智能化开采为关键过渡阶段的采矿技术变革模式

针对非爆机械化智能化开采，以矿岩可切割性为关键参数，构建如图 7-7 所示的深部硬岩非爆机械化智能化开采模式。首先，根据凿岩钻孔和孔内破岩触探数据对矿岩体可切割性进行原位监测感知，评价矿岩体的可切割性和机械化开采适用性，并予以反馈；其次，根据矿岩体可切割性的评价结果，识别出难采矿岩体的分布位置和定量其难采程度，用于指导基于高应力诱导致裂和预制缺陷的硬岩矿体可切割性改善方法的实施，从而实现硬岩矿体可切割性的精准改善；然后，根据矿岩体可切割性的量化结果及分布情况，实时智能调控采矿机械的破岩方式及破岩参数；最后，根据采矿机械的实际破岩表现，验证并改进矿岩体可切割性监测与评价方法。如此循环进行，并通过基于物联网技术的数字信息共享决策平台进行综合管控，从而实现深部硬岩的非爆机械化智能化开采。

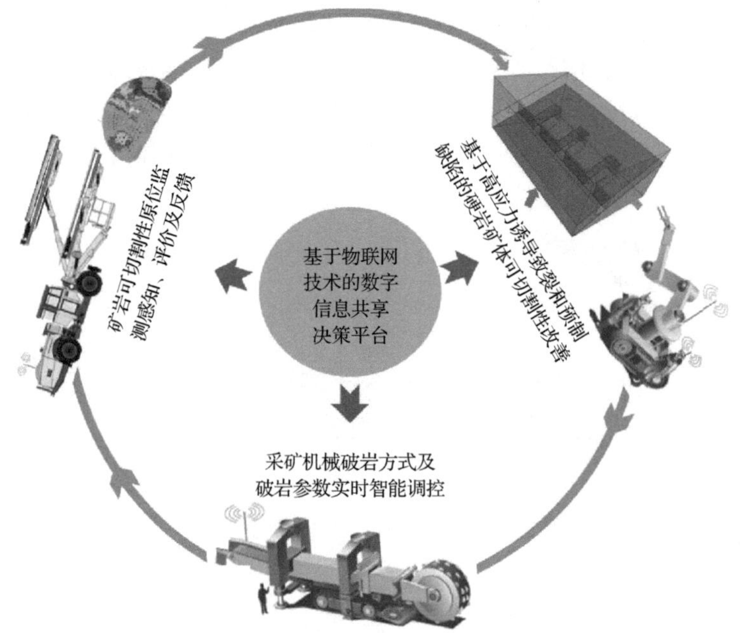

图 7-7　深部硬岩非爆机械化智能化开采模式

7.3　矿体建模与机械化开采参数优化

对于地下矿体，建立准确的包含位置和品位数据的矿体模型是进行智能化开采设计的必要前提。在开采矿体前，需要在采场中开挖工作面回风巷道和运输巷道。在巷道围岩上提取矿石样本，通过测量矿石样品中的矿物成分评估矿体的品位和储量。这些分散的样本数据，通过插值方法可以建立品位分布模型。基于该模型，可以标定满足一定工业指标的矿体。针对品位分布模型，模拟机械化开采的实际截割过程，并通过由矿体虚拟开采的贫化率和损失率组成的综合函数，获得最佳的开采参数和采矿机械截割机构参数等技术参数用于指导实际开采作业。以地下铝土矿层为例，矿体建模与机械化开采参数优化包括以下三个步骤：采用多步插值算法建立矿体的品位分布模型；根据工业指标划分矿体模型；模拟开采过程，优化机械化开采参数，在保证覆岩稳定性的前提下，最大限度地降低矿石贫化率和损失率。

7.3.1　矿体建模

1. 样本数据

贵州某铝土矿是国内首个采用长壁综采工艺的铝土矿，长壁开采盘区布置结构及地质条件如图 7-8 所示。长壁工作面设计为长 500m、宽 120m 的矩形。如图 7-9 所示，工作面位于铝土矿走向的起始线 x=559.501m 至停止线 x=59.501m 处。从巷道围岩中挖掘出 53 组样本，矿层中铝土矿的品位数据用两个指标表示，即氧化铝的质量分数和氧化铝与二氧化硅的质量分数之比。长壁开采盘区布置结构及地质条件如图 7-9 所示。

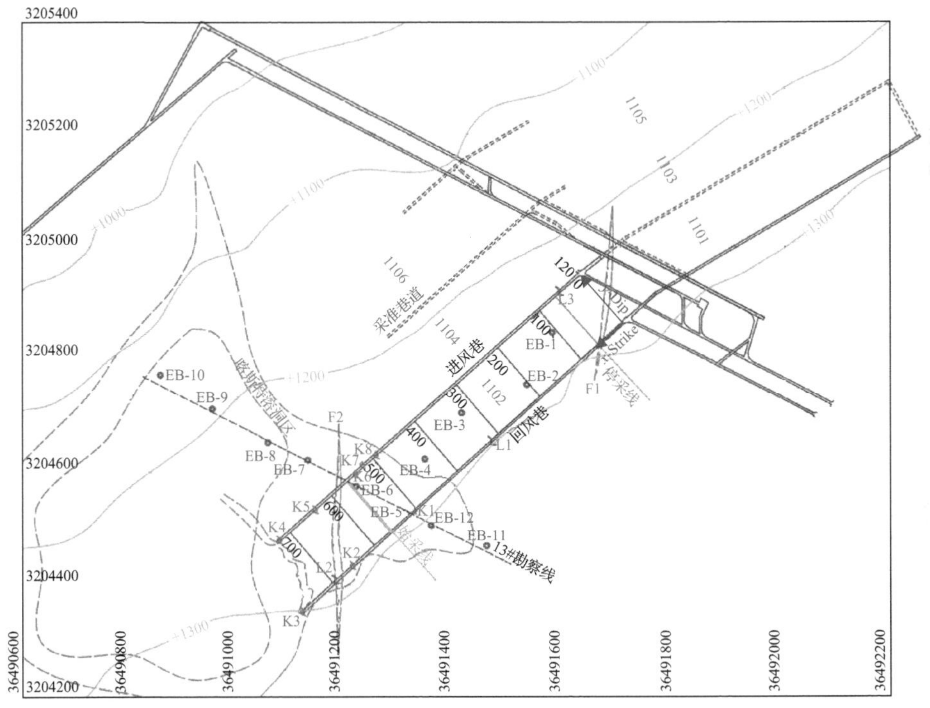

图 7-8　长壁开采盘区布置结构及地质条件

2. *多步插值算法*

通过多步插值算法，建立了铝土矿矿石品位三维分布模型。如图 7-10 所示，多步插值过程包括以下三个步骤：在走向-标高坐标系下，对巷道底板曲线进行一维分段三次样条插值[图 7-10(a)]；在走向-离底板高度坐标系下，对巷道壁上的矿石品位进行二维自然邻近插值[图 7-10(b)]；在走向-倾向-标高坐标系下，对工作面进风巷道和工作面回风巷道之间的矿石品位进行三维线性插值[图 7-10(c)]。

由于大地构造运动的影响，深埋于地下的矿层不是一个光滑的平面，而是一个起伏的褶皱平面。因此，在第一步中，通过一维分段三次样条插值可以建立一条光滑的巷道底板曲线。巷道底板曲线的插值函数为

$$z_i(x)=M_i\frac{(x_{i+1}-x)^3}{6\Delta i}+M_{i+1}\frac{(x-x_i)^3}{6\Delta i}+\left(z_i-\frac{M_i\Delta_i^2}{6}\right)\frac{x_{i+1}-x}{\Delta i}+\left(z_{i+1}-\frac{M_{i+1}\Delta_i^2}{6}\right)\frac{x-x_i}{\Delta i} \tag{7-1}$$

式中：$z_i(x)$ 为巷道底板曲线的插值函数；$\Delta i = x_{i+1} - x_i$；M_i 为插值系数，满足以下方程：

$$a_i M_{i-1} + 2M_i + b_i M_{i+1} = c_i, \quad i = 1, 2, \cdots, n-1 \tag{7-2}$$

$$a_1 M_0 - M_1 + b_1 M_2 = 0 \tag{7-3}$$

$$a_{n-1} M_{n-2} - M_{n-1} + b_{n-1} M_n = 0 \tag{7-4}$$

式中：$a_i = \dfrac{\Delta i - 1}{\Delta i - 1 + \Delta i}$；$b_i = 1 - a_i$；$c_i = \dfrac{6}{\Delta i - 1 + \Delta i}\left(\dfrac{z_{i+1} - z_i}{\Delta i} - \dfrac{z_i - z_{i-1}}{\Delta i - 1}\right)$。

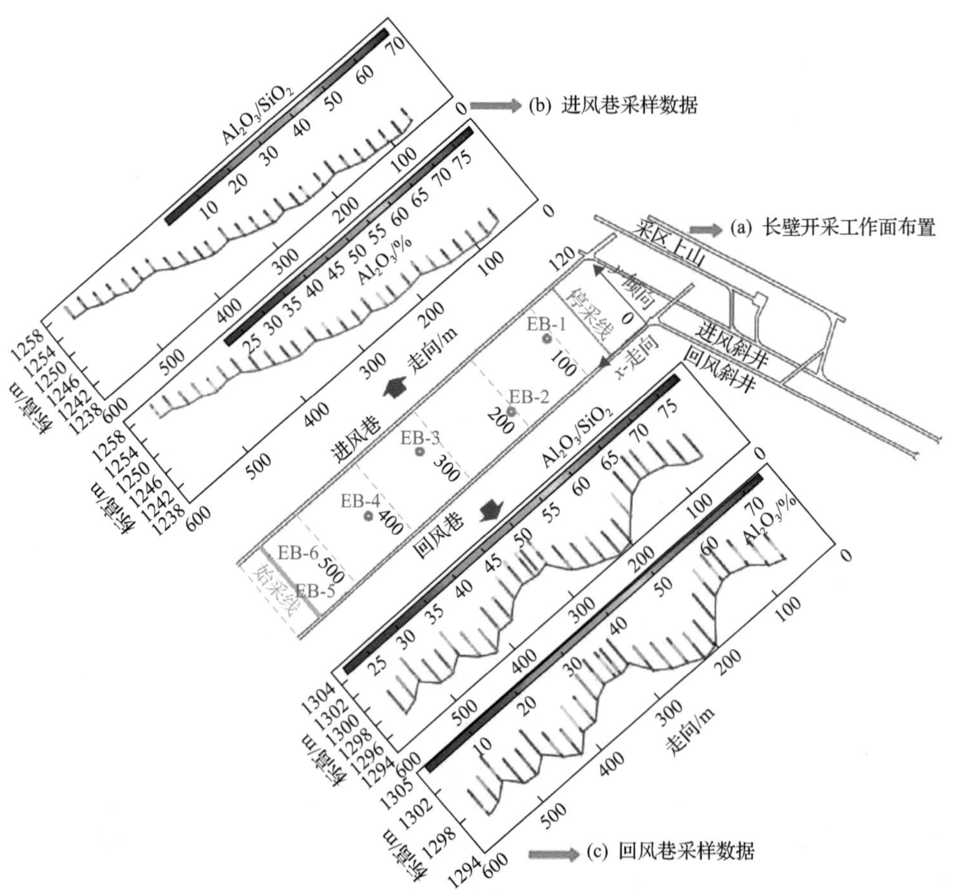

图 7-9　长壁工作面和样本品位数据

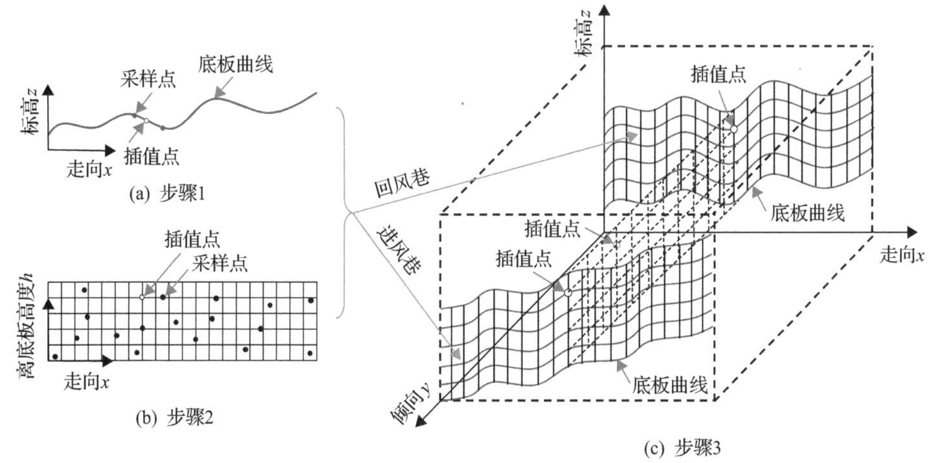

图 7-10　多步插值过程

(a)巷道底板曲线的一维分段三次样条插值；(b)巷道壁面矿石品位分布二维自然邻近插值；(c)工作面进风巷和回风巷之间矿石品位分布的三维线性插值

自然邻近插值是一种基于离散空间点集的 Voronoi 图或 Delaunay 三角剖分的空间插值方法。它是一种完全局部的插值方法，每个插值网格点的值仅由其自然相邻节点决定，并满足空间自相关性。该方法可以方便地处理地下天然矿体样本点分布极不规律和变化大的情况，特别是品位数据。基本的二维方程为

$$g(x,h)=\sum_{i=1}^{n} w_i(x,h) f_i\left(x_i,h_i\right) \tag{7-5}$$

式中：$g(x,h)$为(x,h)处的插值函数；$f_i\left(x_i,h_i\right)$为在 n 个自然相邻节点$\left(x_i,h_i\right)$的样本数据；$w_i(x,h)$为每个节点的权重，由 Voronoi 单元或 Delaunay 三角形的面积决定；h_i为采样点距离相应底板的高度。

根据第一步巷道底板曲线的插值和第二步品位分布的插值，走向-倾向-标高坐标系下进风巷和回风巷壁面的矿石品位分布可表示为

$$\begin{cases} g_t\left(x_t,z_t\right)=g_t\left(x_t,h_t\right) \\ z_t=z_b^t+h_t \end{cases} \tag{7-6}$$

$$\begin{cases} g_h\left(x_h,z_h\right)=g_h\left(x_h,z_h\right) \\ z_h=z_b^h+h_h \end{cases} \tag{7-7}$$

式中，z_b^t、z_b^h分别为进风巷和回风巷底板曲线标高。

由于进风巷和回风巷之间样本点较少，且在按走向排列的长壁工作面的倾向上，大地构造运动引起的褶皱较少，因此可以用三维线性插值方法估算进风巷和回风巷之间的矿石品位。通过巷道壁面网格点的插值数据，矿体的三维品位分布

可表示为

$$\begin{cases} g(x,y,z)=g_t\left(x_t,z_t\right)+\dfrac{y-y_t}{y_h-y_t}\left[g_h\left(x_h,z_h\right)-g_t\left(x_t,z_t\right)\right] \\ x=x_t+\dfrac{y-y_t}{y_h-y_t}\left(x_h-x_t\right) \\ z=z_t+\dfrac{y-y_t}{y_h-y_t}\left(z_h-z_t\right) \end{cases} \tag{7-8}$$

式中：$g(x,y,z)$为进风巷和回风巷之间矿石品位插值；$g_t\left(x_t,z_t\right)$为回风巷壁面矿石品位插值；$g_h\left(x_h,z_h\right)$为进风巷壁面矿石品位插值；$\left(x_t,y_t,z_t\right)$和$\left(x_h,y_h,z_h\right)$为回风巷和进风巷壁面上的一组位置。

3. *矿体品位分布模型*

基于样品数据，采用多步插值方法，可建立长壁工作面矿石品位分布模型(图 7-11)。该模型包括工作面回风巷道底板曲线[图 7-11(a-1)]；在走向-距底板高度坐标系下工作面回风巷道壁面上氧化铝的质量分数分布[图 7-11(a-2)]；在走向-距底板高度坐标系下工作面回风巷道壁面上氧化铝与二氧化硅质量分数之比的分布[图 7-11(a-3)]；工作面进风巷道底板曲线[图 7-11(b-1)]；在走向-距底板高度坐标系下工作面进风巷道壁面上氧化铝的质量分数分布[图 7-11(b-2)]；在走向-距底板高度坐标系下工作面进风巷道壁面上氧化铝与二氧化硅质量分数之比的分布[图 7-11(b-3)]。氧化铝质量分数在y = 0、20m、40m、60m、80m、100m、120m 截面上的矿石品位分布图，分别如图 7-11(c-1)～(c-7)所示。氧化铝与二氧化硅质量分数之比在y= 0、20m、40m、60m、80m、100m、120m 截面上的矿石品位分布图，分别如图 7-11(d-1)～(d-7)所示。

矿层体积计算公式和矿层倾角计算公式如下：

$$V_{\text{seam}}=\sum_{i}^{m}\sum_{j}^{n}\left(Z_{ijt}-Z_{ij1}\right)\Delta x\Delta y \tag{7-9}$$

$$\alpha_{ij}=\arctan\left(\frac{Z_{i(j+1)1}-Z_{ij1}}{\Delta y}\right) \tag{7-10}$$

$$\beta_{ij}=\arctan\left(\frac{Z_{i(j+1)1}-Z_{ij1}}{\Delta x}\right) \tag{7-11}$$

式中：V_{seam}为矿层体积；Z_{ijt}和Z_{ij1}分别为矿层的上边界和下边界矩阵中的一个元素；α_{ij}和β_{ij}分别为矿层在倾向和走向上的倾角；m、n和t分别为在走向、倾向和高度上的插值点数目；Δx和Δy分别为走向和倾向的插值步长。

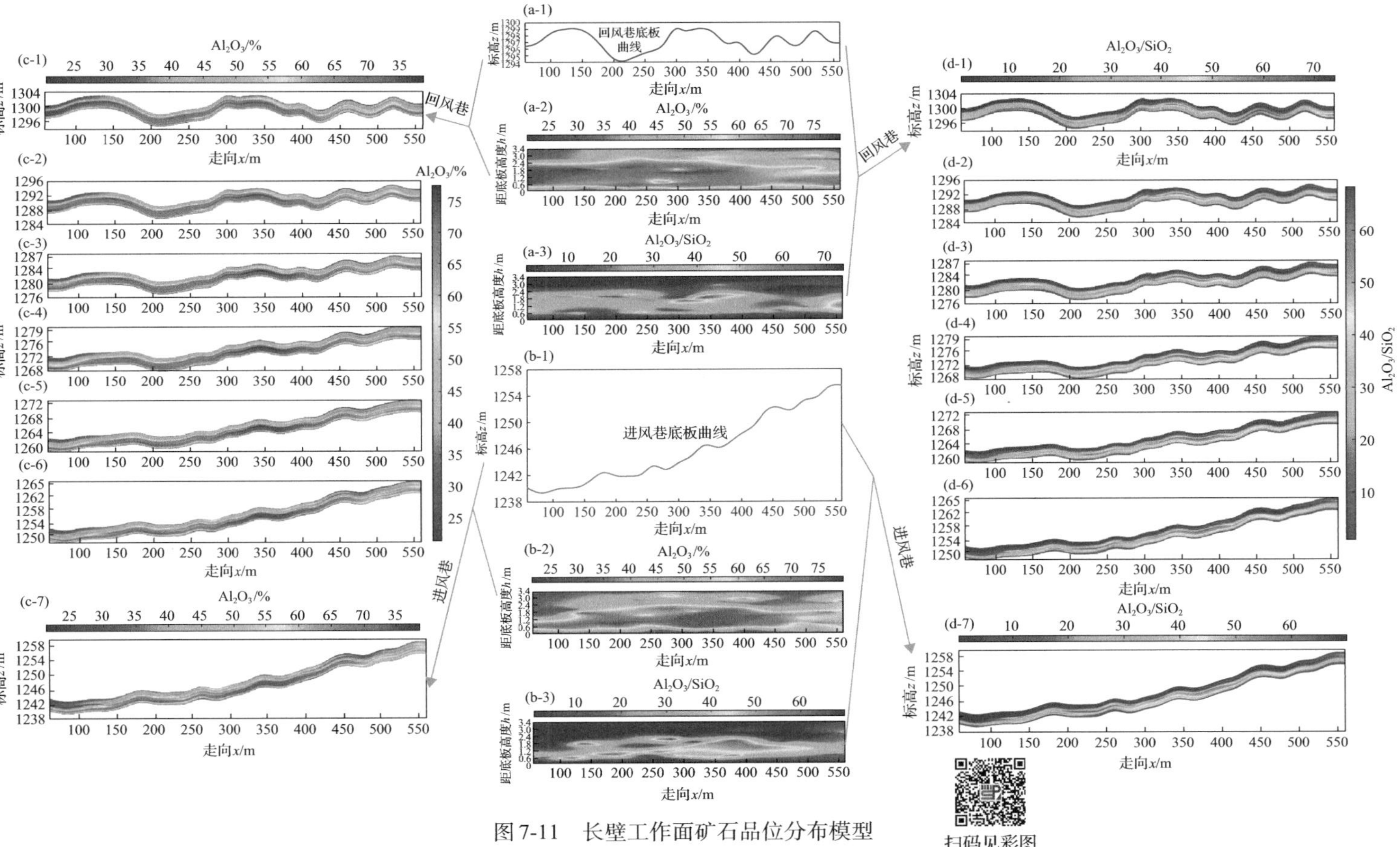

图 7-11　长壁工作面矿石品位分布模型

矿层的平均品位计算公式如下：

$$\bar{g}_{\text{seam}} = \sum_{i}^{m}\sum_{j}^{n}\sum_{k}^{t}\frac{G_{ijk}}{mnt} \tag{7-12}$$

式中：$\bar{g}_{\text{seam}}$ 为矿层的平均品位；G_{ijk} 为矿层品位矩阵中的一个数据元素。

矿层底板的平均倾角计算公式如下：

$$\bar{\alpha} = \sum_{i}^{m}\sum_{j}^{n}\frac{\alpha_{ij}}{mn} \tag{7-13}$$

$$\bar{\beta} = \sum_{i}^{m}\sum_{j}^{n}\frac{\beta_{ij}}{mn} \tag{7-14}$$

式中：$\bar{\alpha}$ 和 $\bar{\beta}$ 分别为矿层底板在倾向和走向上的平均倾角。

在地质勘探阶段，通过地表钻孔取样来调查地层的地质赋存状态，提取矿体样本，估算矿体品位。这些从现场钻孔测量得到的品位数据可以用来验证多步插值法建模的准确性。对比图 7-9 中的 EB-1、EB-2、EB-3、EB-4、EB-5 和 EB-6 六个钻孔取样数据与插值数据(图 7-12)，发现品位分布模型的插值结果与地质钻孔实测数据基本一致，差异率小于 10%。

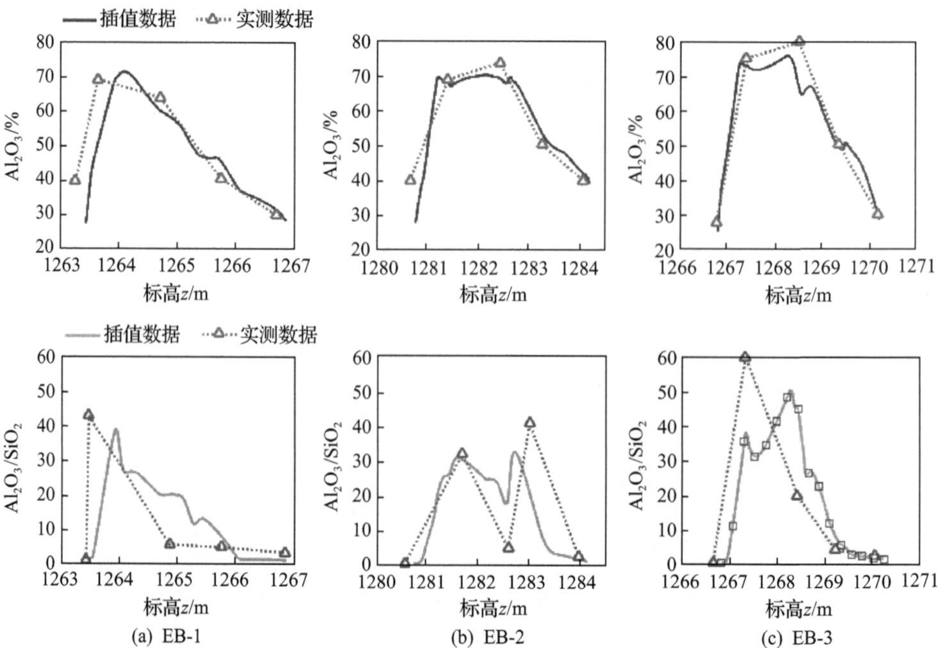

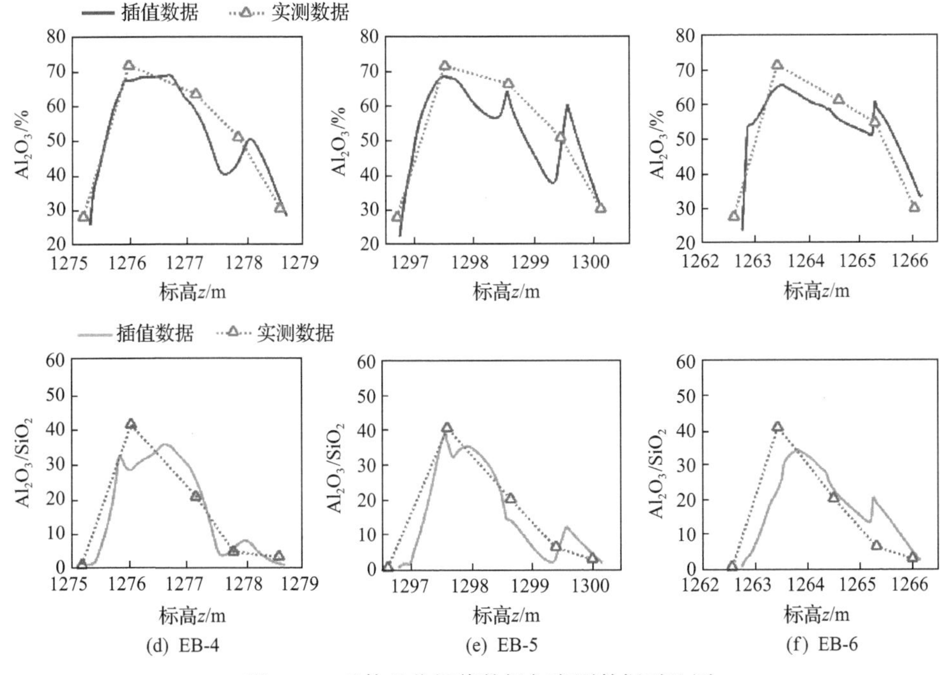

图 7-12　矿体品位插值数据与实测数据对比图

4. 矿体界定

根据当前的技术经济条件，我国工业指标规定，当氧化铝的质量分数达到 55%，氧化铝与二氧化硅的质量分数之比达到 3.5，才能够满足工业利用的条件。根据上述品位指标条件，界定的长壁工作面内的矿体如图 7-13 所示。

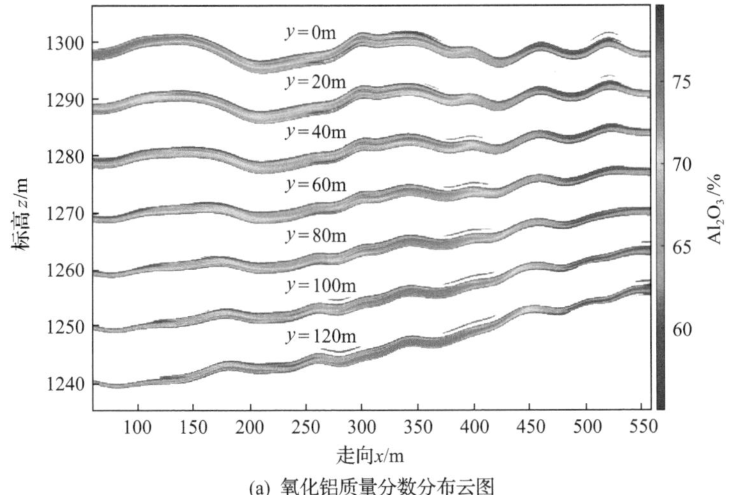

(a) 氧化铝质量分数分布云图

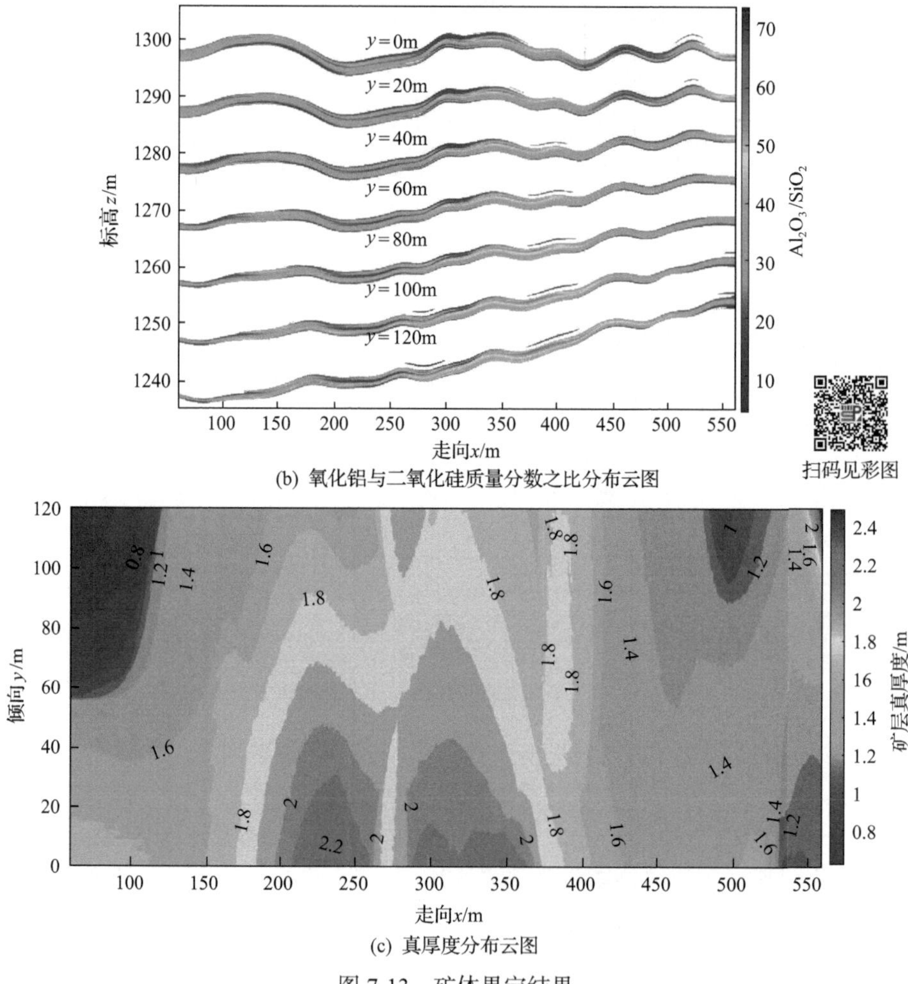

(b) 氧化铝与二氧化硅质量分数之比分布云图

(c) 真厚度分布云图

图 7-13　矿体界定结果

界定的矿体体积计算公式如下：

$$V_{\text{ore}} = \sum_{i}^{m} \sum_{j}^{n} H_{ij}^{V} \Delta x \Delta y \tag{7-15}$$

式中：V_{ore} 为界定的矿体体积；H_{ij}^{V} 为矿体的垂直厚度。

矿体的平均品位计算公式如下：

$$\overline{g_{\text{ore}}} = \frac{\sum_{i=1}^{m} \sum_{j=1}^{n} \sum_{k=1}^{t} O_{ijk}^{a} \left(\text{or} O_{ijk}^{a/s} \right)}{N} \tag{7-16}$$

式中：$\overline{g_{\text{ore}}}$ 为矿体的平均品位；N 为矿体品位矩阵（O_{ijk}^{a} 或 $O_{ijk}^{a/s}$）中满足工业指标

的数据元素个数。

矿体垂直厚度计算公式如下：

$$H_{ij}^{V}=\sum_{k=1}^{t}T_{ijk} \tag{7-17}$$

式中：T_{ijk} 为用于计算矿体垂直厚度的迭代变量。

矿体品位矩阵中数据元素 $\left(x_i, y_j, z_k\right)$ 处的品位 O_{ijk}^{a} 或 $O_{ijk}^{a/s}$ 计算公式如下：

$$O_{ijk}^{a}\left(\text{or } O_{ijk}^{a/s}\right)=\begin{cases}\text{NaN}\,|_{G_{ijk}^{a}<55\%\cup G_{ijk}^{a/s}<3.5}\\ G_{ijk}^{a}\left(\text{or } G_{ijk}^{a/s}\right)|_{G_{ijk}^{a}\geqslant 55\%\cap G_{ijk}^{a/s}\geqslant 3.5}\end{cases} \tag{7-18}$$

矿体垂直厚度的迭代变量可以通过式(7-19)计算：

$$T_{ijk}=\begin{cases}Z_{ij(k+1)}-Z_{ijk}\,|_{O_{ijk}^{a}\left(\text{or } O_{ijk}^{a/s}\right)\neq\text{NaN}\cap O_{ij(k+1)}^{a}\left(\text{or } O_{ij(k+1)}^{a/s}\right)\neq\text{NaN}}\\ 0\,|_{O_{ijk}^{a}\left(\text{or } O_{ijk}^{a/s}\right)=\text{NaN}\cup O_{ij(k+1)}^{a}\left(\text{or } O_{ij(k+1)}^{a/s}\right)=\text{NaN}}\end{cases} \tag{7-19}$$

矿体真厚度计算公式如下：

$$H_{ij}^{T}=\frac{H_{ij}^{V}}{\sqrt{1+\tan^{2}\alpha_{ij}+\tan^{2}\beta_{ij}}} \tag{7-20}$$

通过式(7-20)，得到矿体真厚度分布云图如图 7-13(c)所示，计算出的矿层矿体储量和赋存参数见表 7-1。

表 7-1　矿层矿体储量和赋存参数

矿层体积/m^3	矿层厚度/m	矿石储量/m^3	矿层平均品位		矿体平均品位		矿体平均真厚度/m	倾向上的平均倾角/(°)	走向上的平均倾角/(°)
			Al_2O_3/%	Al_2O_3/SiO_2	Al_2O_3/%	Al_2O_3/SiO_2			
206029	3.4	106026	54.89	17.99	61.68	27.72	1.605	23.10	2.19

7.3.2　机械开采参数优化

1. *矿体开采模拟*

矿体开采前，应根据最佳截割高度确定开采设备上的截割滚筒直径。如果截割滚筒直径设计不合理，会造成高品位矿石的遗留或者废石的混入，造成损失率或贫化率升高。针对这一问题，在建立的矿体模型上模拟机械化长壁开采工艺(图 7-14)，对矿体进行虚拟开采。根据与矿石贫化率和损失率有关的综合目标函数，确定采矿机械设备的最佳截割高度。

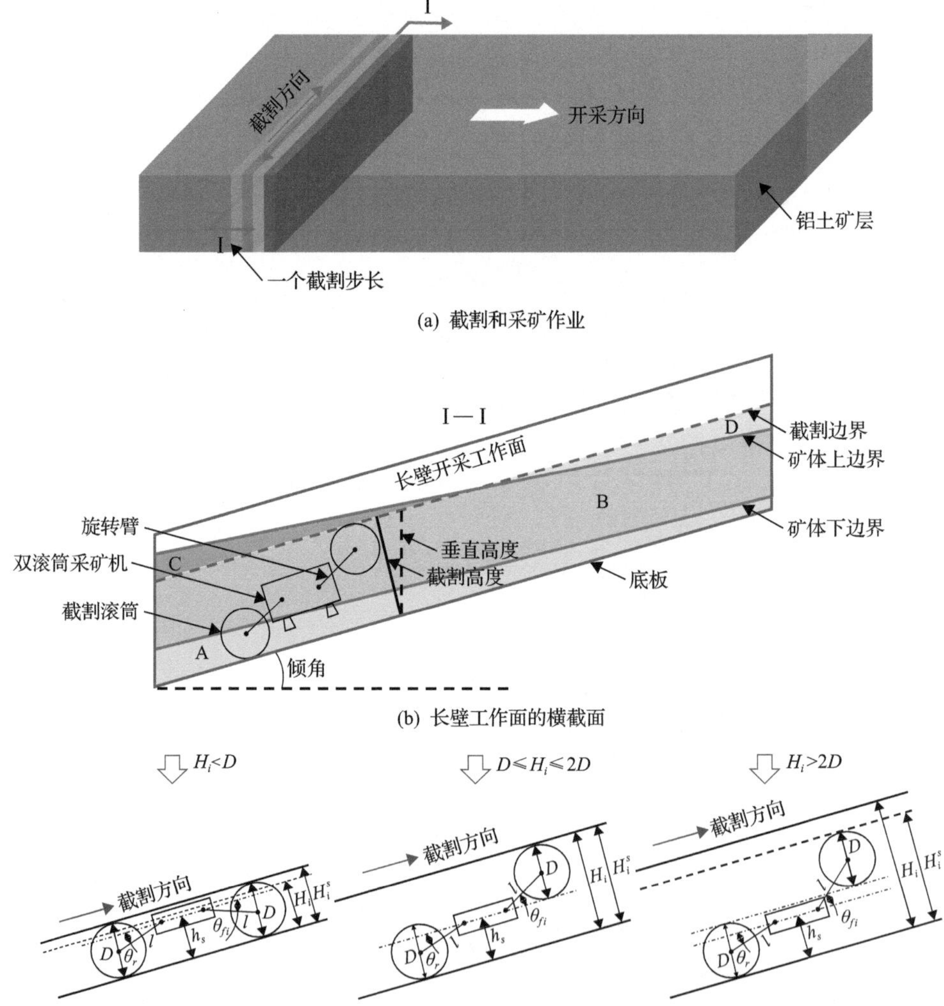

(a) 截割和采矿作业

(b) 长壁工作面的横截面

(c) 开采设备截割高度

图 7-14　长壁综采工艺示意图

具体的虚拟开采流程如下。

(1)沿长壁工作面以截割高度 H_{il} 截割第 i 步矿体。

(2)计算矿石的贫化率，其计算公式为

$$D_{il}=\frac{g_{\mathrm{B}}-g_{\mathrm{A+B+D}}}{g_{\mathrm{B}}}=1-\frac{\sum_j\sum_k G_{ijk}\left|_{(Z_{ijk}-Z_{ij1})\leqslant H_{il}/\cos\alpha_{ij}}\right./N_i^S}{\sum_j\sum_k O_{ijk}\left|_{(Z_{ijk}-Z_{ij1})\leqslant H_{il}/\cos\alpha_{ij}}\right./N_i^O} \tag{7-21}$$

式中：D_{il} 为贫化率；g_{B} 和 $g_{\mathrm{A+B+D}}$ 分别为 B 区域和 A+B+D 区域的矿体平均品位；N_i^S 和 N_i^O 分别为矿层品位矩阵 $\boldsymbol{G}$ 和矿体品位矩阵 $\boldsymbol{O}$ 中满足 $\left(Z_{ijk}-Z_{ij1}\right)\leqslant H_{il}/\cos\alpha_{ij}$ 的数据元素数。

(3) 计算矿石的损失率，其计算公式为

$$L_{il}=\frac{V_{\mathrm{C}}}{V_{\mathrm{B+C}}}=\frac{\sum_{j}^{n}\left(Z_{ij}^{\mathrm{OU}}-Z_{ij1}-H_{il}/\cos\alpha_{ij}\right)\Big|_{(Z_{ij}^{\mathrm{OU}}-Z_{ij1})\geqslant H_{il}/\cos\alpha_{ij}}}{\sum_{j}^{n}H_{ij}^{V}} \tag{7-22}$$

式中：L_{il} 为损失率；V_{C} 和 $V_{\mathrm{B+C}}$ 分别为该层矿体上未开采矿体和界定矿体的体积；Z_{ij}^{OU} 为矿体的上边界点。

(4) 建立综合评价函数，其计算公式为

$$E_{il}=D_{il}+L_{il} \tag{7-23}$$

式中：E_{il} 为综合评价函数。

(5) 综合评价函数最小时的截割高度为最佳截割高度。

(6) 根据最佳截割高度确定截割滚筒的最佳直径。

(7) 根据最佳截割高度确定第 i 步截割时工作面截割设备的截割高度，计算公式如下：

$$H_i^s=\begin{cases}D, & H_i<D\\ H_i, & D\leqslant H_i\leqslant 2D\\ 2D, & H_i>2D\end{cases} \tag{7-24}$$

式中：H_i^s 为第 i 步截割时工作面截割设备的截割高度；H_i 为第 i 步截割时最佳截割高度；D 为截割滚筒的最佳直径。

(8) 根据图 7-14(c) 中三种情况所对应的方程，将截割高度转换为截割时前旋转臂的摆动角度，计算公式如下：

$$\theta_{fi}=\begin{cases}\theta_r=\arcsin\dfrac{h_s-D/2}{l}, & H_i<D\\ \arcsin\dfrac{H_i-h_s-D/2}{l}, & D\leqslant H_i\leqslant 2D\\ \arcsin\dfrac{3D/2-h_s}{l}, & H_i>2D\end{cases} \tag{7-25}$$

式中：θ_{fi} 为前旋转臂的摆动角度；h_s 为开采设备的安装高度；l 为旋转臂的长度。

(9)根据式(7-21)和式(7-22)计算矿石的贫化率和损失率在 x-y 平面上的分布情况。

(10)制定开采配矿计划，并评估矿体开采损失。

2. 最佳截割高度和滚筒直径

在某矿体长壁综采设计中，进行了步长为 0.8m 的虚拟开采分析。当综合评价函数最小时，得到各截割步长的最优截割高度。图 7-15 为最佳截割高度沿矿层走向的变化情况。

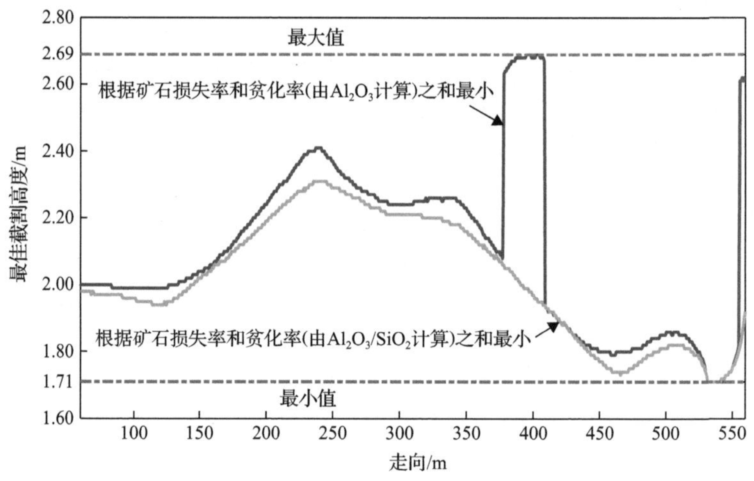

图 7-15　各截割步长的最佳截割高度

从图 7-15 中可以看出，最佳截割高度在 1.71～2.69m。根据双滚筒开采设备的截割高度是滚筒直径的 1～2 倍，可以得到滚筒直径应为 1.345～1.71m。因此，选用滚筒直径为 1.5m 的双滚筒开采设备开采矿体。

3. 开采表现及开采配矿

根据开采设备的最佳截割高度模拟矿体的机械开采，得到整个长壁开采工作面内的矿石损失率和贫化率分布，如图 7-16 所示。矿石损失率和贫化率等开采表现数据见表 7-2。

当采矿工作面穿过薄矿带时，截割过程可能会将低品位矿石或废石混入高品位矿石中，导致开采出的矿石品位下降，低于工业指标的下限。图 7-17 为开采矿石品位不满足工业指标要求的区域。在这些区域开采矿体，应采取分区配矿和附加配矿等措施，以提高矿石品位。分区配矿是指将同一区域提取的高品位和低品位矿石混合；附加配矿是将低品位矿石与从其他区域开采的高品位矿石混合。通过虚拟开采，确定配矿参数，具体的配矿参数见表 7-3。

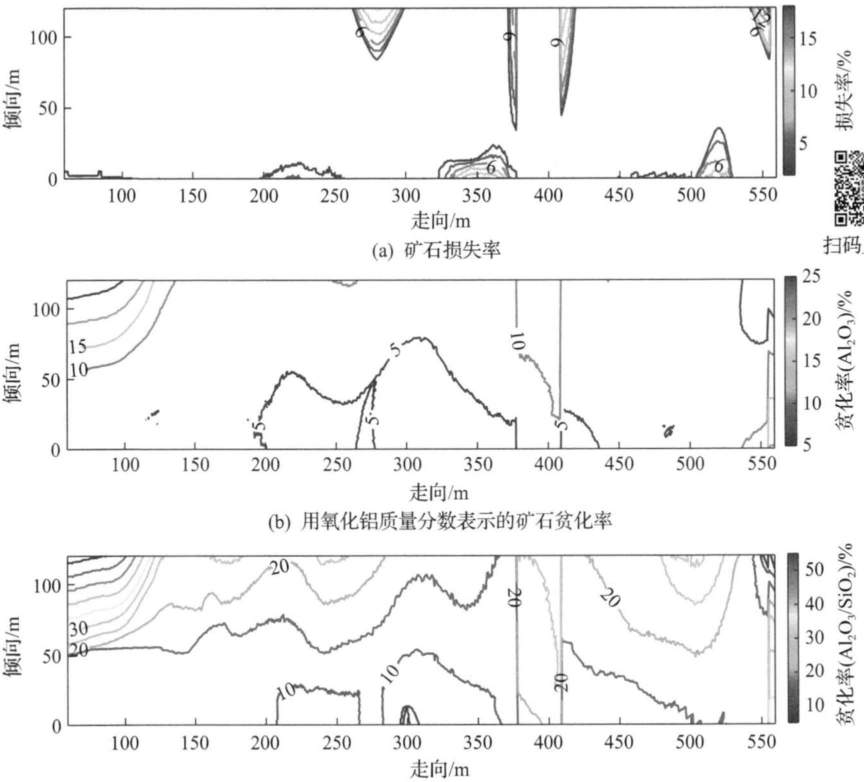

(a) 矿石损失率

(b) 用氧化铝质量分数表示的矿石贫化率

(c) 用氧化铝与二氧化硅质量分数之比表示的矿石贫化率

图 7-16　矿石损失率和贫化率分布图

表 7-2　矿体开采表现数据

矿体产量/m^3	矿体损失/m^3	损失率/%	开采矿层平均品位		开采矿体平均品位		贫化率/%	
			Al_2O_3/%	Al_2O_3/SiO_2	Al_2O_3/%	Al_2O_3/SiO_2	用 Al_2O_3 表示	用 Al_2O_3/SiO_2 表示
105463	563	0.53	60.97	24.50	65.71	29.68	7.22	17.45

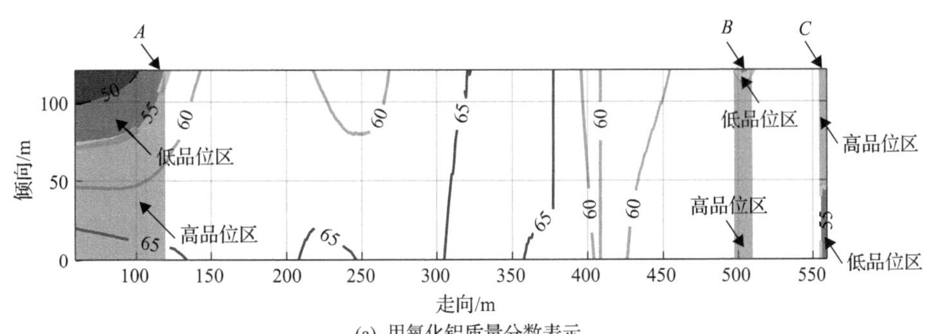

(a) 用氧化铝质量分数表示

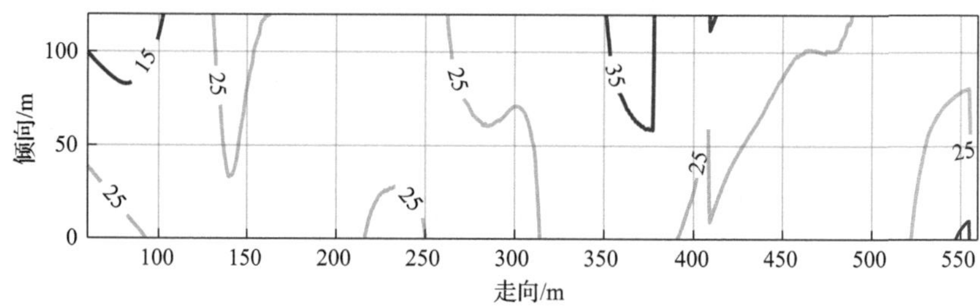

(b) 用氧化铝与二氧化硅质量分数之比表示

图 7-17　开采矿体品位分布图

表 7-3　矿体开采配矿参数

配矿区域	沿走向范围/m	低品位矿石		高品位矿石		区域配矿后的 Al_2O_3/%	附加配矿计划
		体积/m^3	Al_2O_3/%	体积/m^3	Al_2O_3/%		
A	59.5～121.1	5214.1	51.54	11504.5	61.08	58.10	无
B	498.7～509.1	88.6	54.93	2591.8	56.62	56.56	无
C	555.5～559.5	606.2	53.94	999.9	56.75	55.69	无

7.4　采动覆岩稳定性分析

在矿体开采过程中，采空区上方无支撑的上覆岩层易向采空区塌陷、断裂或变形。开采扰动引起的覆岩失稳可能会导致冲击地压灾害的发生。此外，该铝土矿层位于我国西南地区，矿体上方覆盖的石灰岩以及丰富的地下水为溶洞的形成提供了有利的自然条件。开采扰动造成的采动裂隙可能使采矿工作面与溶洞连通，引发断层活化，诱发地下水涌进工作面，造成突水事故。为了探究含有溶洞和断层的上覆岩层的稳定性和断裂情况，通过离散元软件模拟开采扰动诱发上覆岩层的移动情况。

7.4.1　模型设置

在地层倾向剖面上存在溶洞、断层等地质不连续面，因此矿体对应的覆岩在亚临界沉陷时稳定性较差。根据该倾向剖面的地层柱状图，利用离散元软件建立了二维地层模型，如图 7-18 所示。地层模型的上覆岩层中包含一个溶洞和断层，并将多步插值算法模拟的矿层嵌入到该地层模型中。根据岩层之间的层理将覆岩按厚度划分为层状，利用基于 Voronoi 节理网络将岩层划分为离散块体。

数值模型中，通过莫尔-库仑塑性模型和基于节理区域接触的库仑滑移模型分别确定了岩石块体和结构面(层理、节理和断层)的力学行为，其地质力学参数分别见表 7-4 和表 7-5。模型设置时，将地层模型的左右边界设为滑动边界条件，水

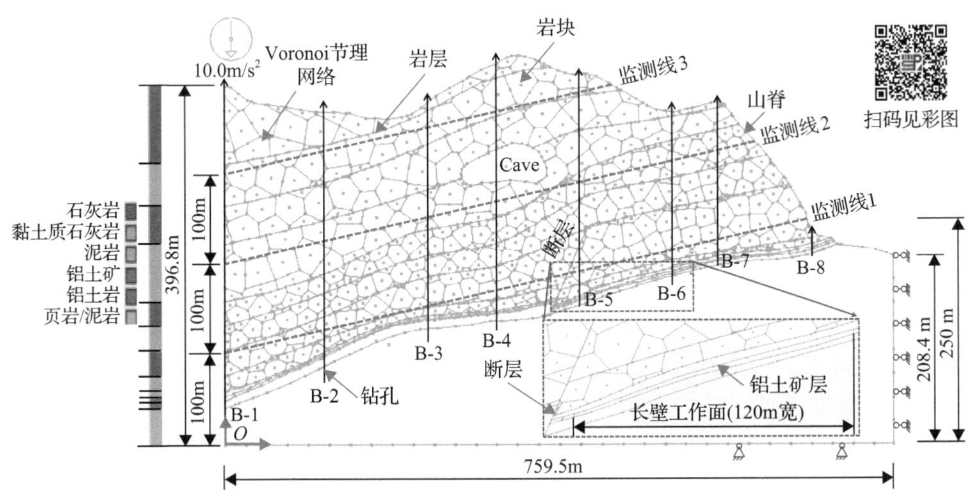

图 7-18　地层模型

表 7-4　岩石块体性质

岩石块体	密度 /(g/cm³)	体积弹性模量 /GPa	剪切模量 /GPa	抗拉强度 /MPa	黏聚力 /MPa	内摩擦角 /(°)
石灰岩	2.68	0.64	0.42	3.82	4.59	37.21
泥质灰岩	2.67	0.34	0.21	2.68	2.64	35.60
泥岩	2.73	0.42	0.25	1.35	1.61	34.63
铝土矿	2.46	0.36	0.14	0.32	0.53	26.89
铝土岩	2.50	0.99	0.48	3.46	1.27	31.31
页岩/泥岩	2.69	0.57	0.35	1.87	2.53	35.06

表 7-5　岩石结构面性质

接触面	法向刚度 /(GPa/m)	剪切刚度 /(GPa/m)	抗拉强度 /MPa	黏聚力 /MPa	内摩擦角 /(°)
石灰岩—泥质灰岩	36.1	12.74	0.93	2.45	19.72
泥质灰岩—泥岩	26.7	8.90	0.91	2.04	19.30
泥岩—铝土矿	16.3	6.19	0.55	1.82	15.63
铝土矿—铝土岩	10.21	3.77	0.43	1.03	12.79
铝土岩—页岩/泥岩	18.24	7.12	0.54	2.38	16.08
断层	13.25	4.98	0.49	1.425	14.21
基于 Voronoi 节理网络	31.40	10.82	0.92	2.245	19.51

平速度始终为零；底部边界设为固定边界条件，水平速度和垂直速度均为零；山脊形成的顶部边界设为自由边界条件。

7.4.2　上覆岩层沉降

首先通过地层重力加载，达到初始平衡状态，建立模型的初始应力场。然后，将位移场的初始值设为零。在此基础上，对矿体的长壁工作面进行一次性回采，使上覆岩层在覆岩自重载荷作用下逐渐下沉。取样的勘探钻孔也可以作为观测钻孔，用于确定岩层沉降后的位置，获得岩层沉降值。在这些钻孔中，受到钻孔坍塌的影响，报废了 3 个钻孔(B-1、B-7、B-8)，其余 5 个钻孔(B-2、B-3、B-4、B-5、B-6)均可用于探测岩层沉降。将数值模拟与现场监测的岩层沉降值进行对比，如图 7-19(a)所示。结果表明，数值计算结果与现场监测结果具有显著的一致性。通过数值模型计算，第一个水平宽度为 120m 的长壁开采工作面及其相邻长壁开采工作面开挖后，沿钻孔和监测线的岩层沉降曲线如图 7-19 所示。第一个长壁工作面开采后和相邻长壁工作面开采后的岩层移动及破裂情况分别如图 7-20 和图 7-21 所示。在溶洞、断层和采空区上方采动裂隙带附近，岩层沉降明显增加。采空区

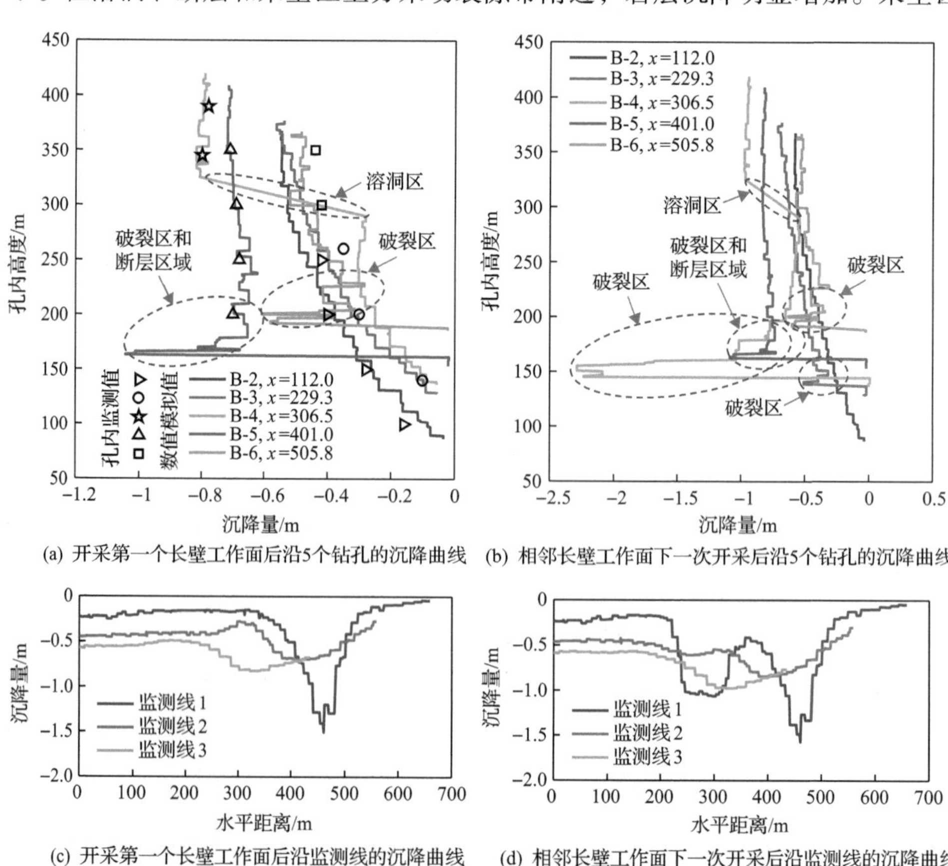

(a) 开采第一个长壁工作面后沿5个钻孔的沉降曲线　(b) 相邻长壁工作面下一次开采后沿5个钻孔的沉降曲线

(c) 开采第一个长壁工作面后沿监测线的沉降曲线　(d) 相邻长壁工作面下一次开采后沿监测线的沉降曲线

图 7-19　长壁工作面开采后的岩层沉降曲线

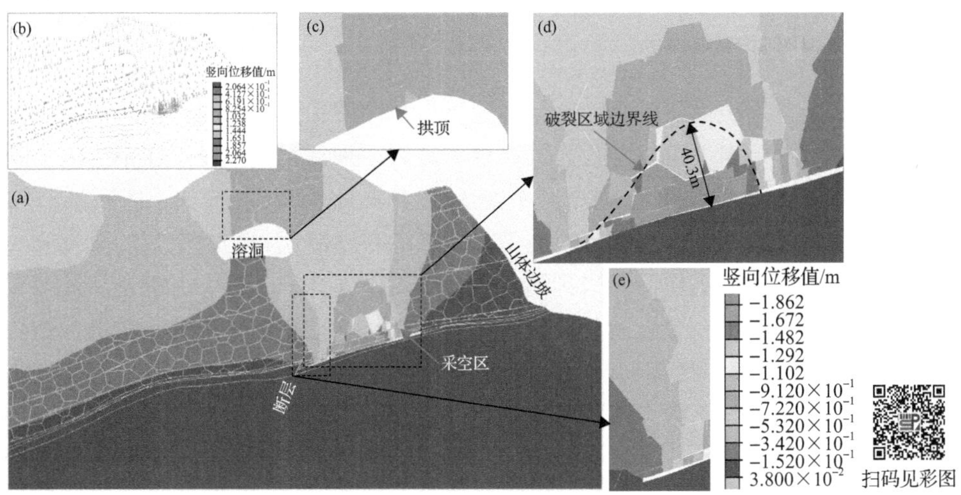

图 7-20　第一个长壁工作面开采后岩层移动及破裂图像

(a)垂直位移分布云图；(b)位移矢量图；(c)溶洞上方岩层图像；(d)采空区上方破裂带；(e)断层附近岩层图像

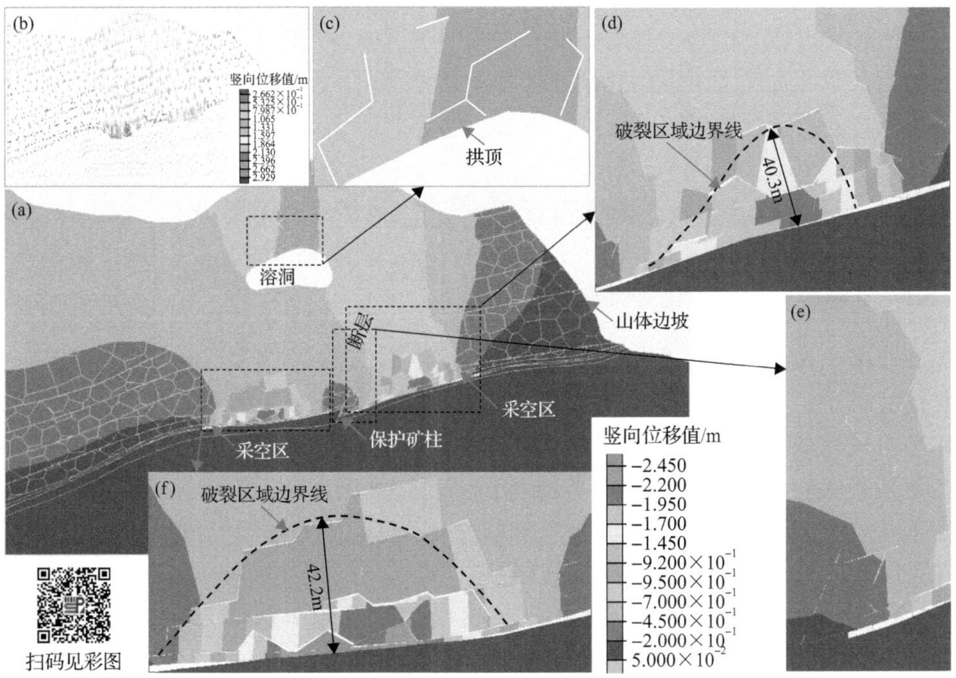

图 7-21　相邻长壁工作面开采后岩层移动及破裂图像

(a)垂直位移分布云图；(b)位移矢量图；(c)溶洞上方岩层图像；(d)第一采空区上方破裂带；(e)断层附近岩层图像；(f)第二采空区上方破裂带

上方岩层因塌落和断裂会产生较大的沉降。

7.4.3　采动裂隙和覆岩稳定

采空区上覆岩层由于其几何参数、地质力学性质和载荷不同，在开采扰动后会以不同的位移逐渐下沉，导致岩层离层和破裂。采动裂隙常发生在采空区、断层或溶洞等非连续结构附近。根据图 7-20 和图 7-21，由于矿体开采所带来的扰动，在采空区上方覆岩中会出现拱形断裂带、轻微的断层活化和溶洞上方的微裂缝。当矿体从第一个长壁工作面开采到第二个长壁工作面开采，最大下沉量和最大破裂带高度的位置从第一个长壁工作面转移到相邻长壁工作面，其对应值也分别从 2.014m 和 40.3m 增加到 2.650m 和 42.2m，同时断层周围和溶洞上方的裂隙也略有发育。由此，可以认为，随着采空区扩大，采动裂隙会逐渐发育。然而，由于岩溶洞上方拱顶的自承能力以及采空区宽度小于上覆岩层厚度时在倾向剖面上岩层移动的亚临界状态，矿体开采过程中并未发生溶洞坍塌、断层滑移以及溶洞与采动裂隙带之间裂隙贯通等现象。模拟结果与现场监测结果以及实际开采情况一致：采空区无大规模垮落、长壁工作面无溶洞水流入、无溶洞塌陷、无断层滑移、山体边坡无滑坡。但是，随着长壁开采的向下延伸，长壁工作面的亚临界状态将转变为采空区宽度大于上覆岩层厚度的超临界状态。因此，应在相邻的两个长壁工作面之间设置保护矿柱，以维持覆岩的稳定。

7.5　深部硬岩矿山智能绿色升级实践

7.5.1　非爆机械化智能化开采实践

非爆机械化开采作为传统钻爆法的替代方法，具有连续开采、施工质量高、开挖扰动小、作业安全性高等优势，同时也是智能化开采的重要基础。为实现矿山机械化智能化开采，在贵州开阳磷矿进行了现场实践。用于非爆机械化智能化开采试验的采场结构如图 7-22 所示。通过开挖卸荷后，矿柱内部的应力发生重新分布，导致矿柱周围矿岩体出现开挖松动区。为了测量开挖松动区的范围，在采准巷道和诱导巷道周围的岩体上钻取监测孔，使用高清数字监测孔内电视监测钻孔壁上的裂缝分布，从而确定松动区的范围，如图 7-23(a)所示。监测结果表明，矿柱开挖松动区厚度为 1.84～2.54m，满足非爆机械化开采要求。实际开采过程中，采用纵轴悬臂式掘进机破碎矿柱松动区内的矿岩体，所截割的开采厚度等于松动区的厚度。掘进机的截割头由许多以螺旋式安装的镐型截齿构成，如图 7-23(b)所示，可实现连续旋转截割矿岩。利用掘进机开采矿柱松动区内矿岩体的现场截割作业场景和采场布置场景分别如图 7-23(c)和图 7-23(d)所示。在开采过程中，掘进机的截割功率可根据矿岩体强度及时调整，以匹配矿岩体的可切割性。掘进机

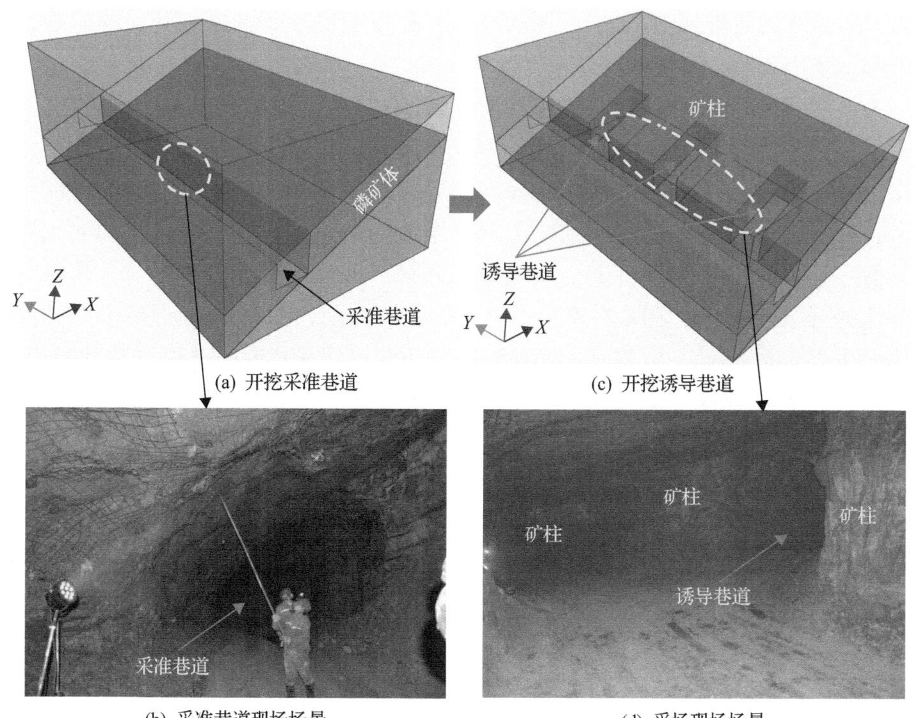

(a) 开挖采准巷道 (c) 开挖诱导巷道

(b) 采准巷道现场场景 (d) 采场现场场景

图 7-22 非爆机械化智能化开采试验采场结构

(a) 利用高清数字监测孔内电视监测矿柱松动区 (b) 安装在截割机构上的镐型截齿

(c) 掘进机开采松动区矿体 (d) 采场现场场景 (e) 截落矿堆

图 7-23 非爆机械化采矿过程

开采时所截落的矿堆如图 7-23(e)所示，矿石粒度明显小于钻爆法开采的矿石，从而可降低矿石破碎选矿成本。

为适应智能工业 4.0 时代，在机械化采矿的基础上，开阳磷矿按照如图 7-24(a)所示的实施步骤建设了智能矿山。从传统矿山到智能矿山升级需要三条途径：在矿山信息化方面，从人工操作、远程控制到物联网感知，从而建立智能化的信息平台；在矿山建模方面，从二维矿图、三维地质模型到数字矿山，从而实现多元化的数字建模；在生产设备上，从机械化开采、遥控化开采到智能化开采，打造智能化的开采装备。开阳磷矿智能矿山建设的结构图如图 7-24(b)所示的。智能矿山建设主要包括以下三个方面：资源与开采环境可视化；生产过程与设备智能化；生产信息与决策管理科学化。将上述三项功能集成在一个三维可视化集成平台上，实现设计智能化、监测可视化、设备自动化、生产系统无人化和管控一体化。其中，三维可视化集成平台的运行由数字化建模软件、信息采集系统、光纤环网、人机交互系统、数据传输系统等驱动。

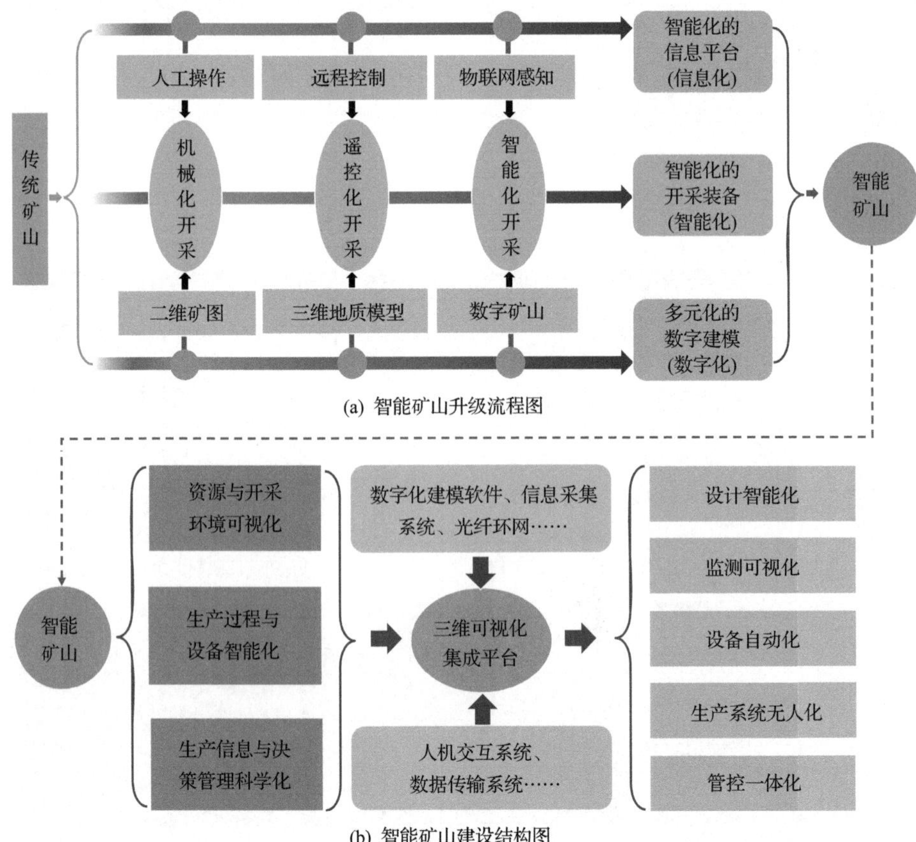

图 7-24　智能矿山建设流程及结构图

开阳磷矿智能矿山的各个功能模块如图 7-25 所示，主要有基于矿床模型的智能化采矿设计和支护设计；利用井下传感器、传输网络和地面监测室对采场周围微震事件进行可视化监测；矿山自动化设备集群，主要包括凿岩机、掘进机、碎石机、铲运机和充填系统；通风、计量、胶带运输和控制等生产系统实现自动运行、无人值守；建立综合管控平台，实现地表监控、生产管理、物资管理、设备管理等管理一体化。

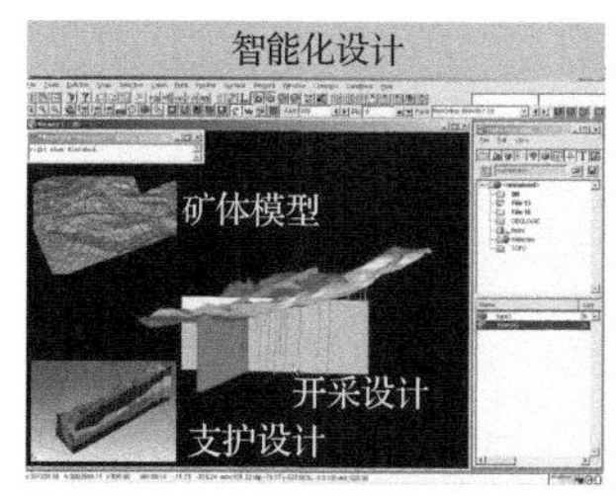

(a) 智能化采矿设计和支护设计

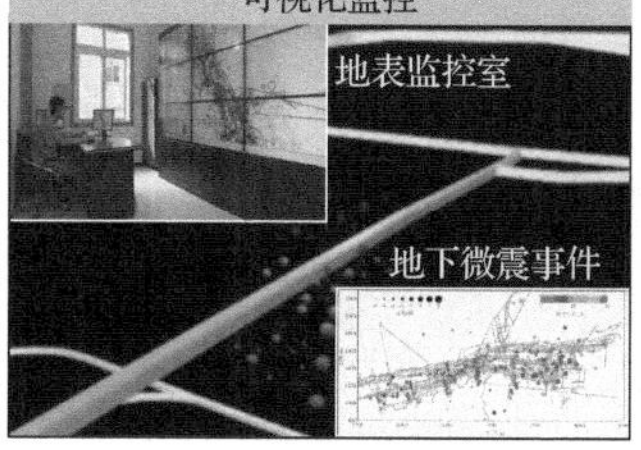

(b) 可视化监测

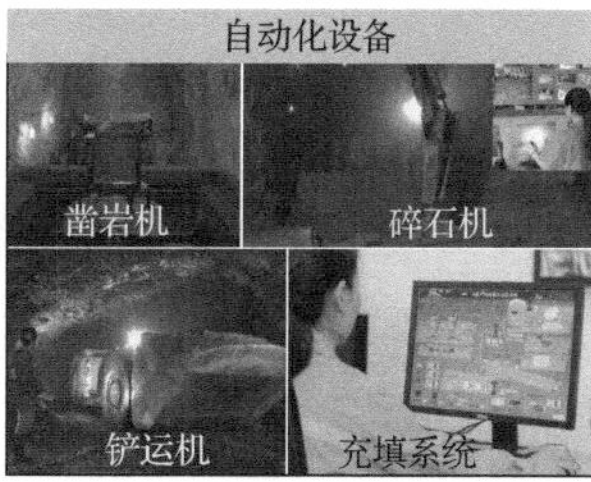

(c) 矿山自动化设备集群

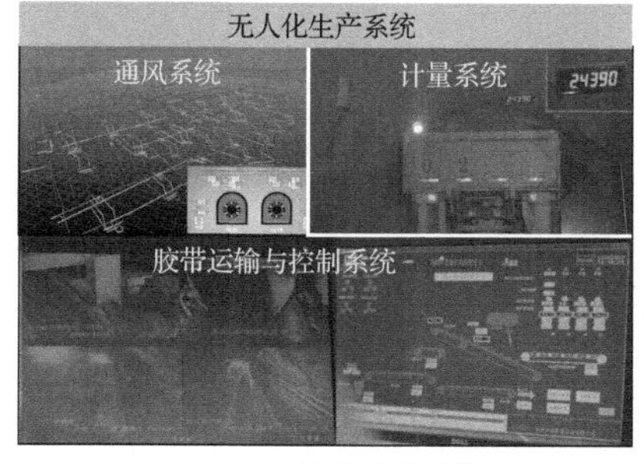

(d) 无人化生产系统

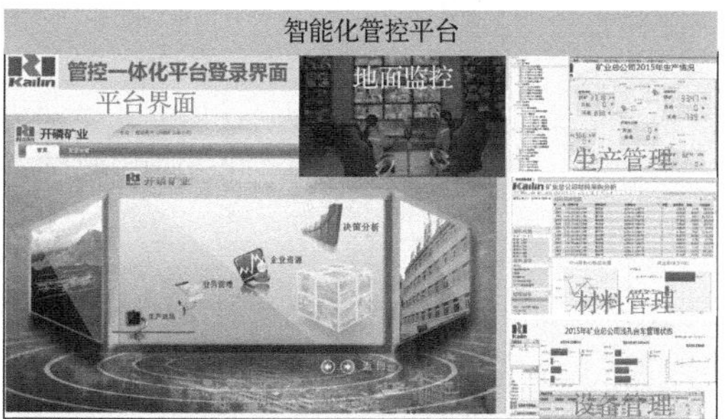

(e) 综合管控平台

图 7-25　开阳磷矿智能矿山建设

非爆机械化开采采用灵活的截割头对矿岩体进行破碎，可精确控制开采边界。智能化开采过程具有基于精确矿床模型智能感知矿床与废石边界的能力。得益于上述优势，地下磷矿开采可以在很大程度上减少废石的产生，并充分开挖磷矿石，实现地下磷矿的低废、高回收开采。实践应用表明，实施机械化、智能化开采后，磷矿石回收率达到 90%以上，贫化率下降到 5%以下。

7.5.2　固废充填绿色化开采

1. 矿山循环经济发展模式——固体废物利用

绿色采矿仍然是世界范围内开采地下矿产以实现采矿及其相关产业可持续发展所面临的巨大挑战。现存的矿山固体废物已给环境保护带来了巨大压力。矿山固体废物是矿山开采、选矿及相关工业过程中产生的主要工业固体废物，其主要包括废石(或脉石)、尾矿和工业石膏。基于循环经济的矿山固体废物资源化利用是解决资源环境问题的重大任务，也是实现低废、高回收、低环境影响的地下矿产绿色开采的必要环节。我国矿山固体废物资源化利用策略如图 7-26 所示。从图 7-26 中可知，与采矿和选矿相关的固体废物资源化利用主要包括五种策略：①热能利用和气化燃烧(仅煤矸石)；②有益矿物、元素以及无机化学品的回收；③制造建筑材料或其他工业材料；④制作路基、复垦和充填材料；⑤用于农业。

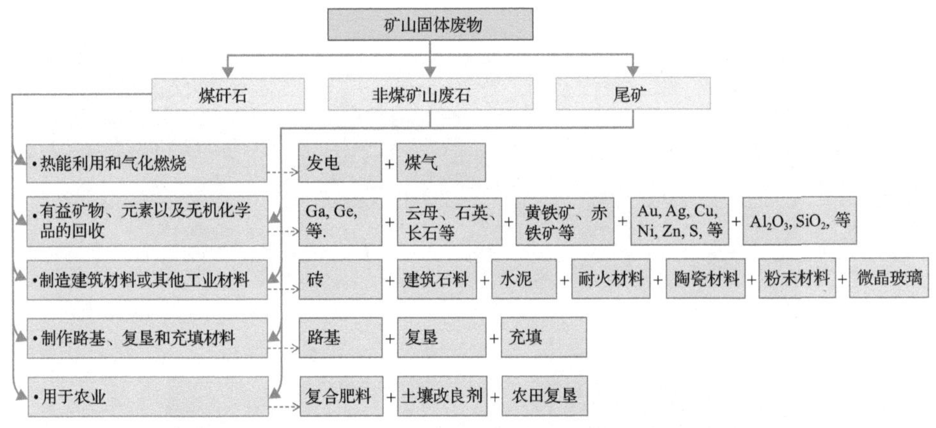

图 7-26　我国矿山固体废物资源化利用策略

与其他类型的矿石开采一样，地下磷矿石开采也将产生大量废石。同时，磷化工生产磷肥和黄磷的加工过程中会输出大量的磷石膏和磷渣。这些固体废物的堆放会占用大量土地，并严重污染环境。因此，为了解决上述问题，开阳磷矿采用循环经济模式(图 7-27)，将地下开采的磷矿石和处理后的废水输送至磷化工场

图 7-27　开阳磷矿循环经济发展模式

生产磷肥和黄磷，并将生产磷肥和黄磷过程中所产出的磷石膏和黄磷渣，用于制作路基材料和石膏砖，填充地下采空区。磷矿开采过程中会伴随废石的产生，其中作为废石成分之一的白云石可被粉碎成沙子制成路基材料，红色页岩可被研磨制成页岩砖，此外还可用于制作充填料浆回填采空区。此外，还可利用废石直接回填采空区，并用充填料浆进行胶结。同时，井下充填时，还可以铺设石膏砖和页岩砖作为井下充填挡墙。通过上述工艺，实现地下开采废石、废水和磷化工固体废物的循环利用，实现了循环经济。值得注意的是，开阳磷矿中五氧化二磷含量在 33.67%以上，无须选矿加工，可直接作为磷化工原料。因此，开阳磷矿没有尾矿。对于其他有尾矿的磷矿山，尾矿也可用于制作井下充填材料。

2. 矿山固体废物膏体充填技术

矿山固体废物膏体充填系统及其特征如图 7-28 所示，将磷石膏、黄磷渣、磨碎的废石、水泥和水按照一定配比置于混合池中用搅拌机混合，制备质量浓度为

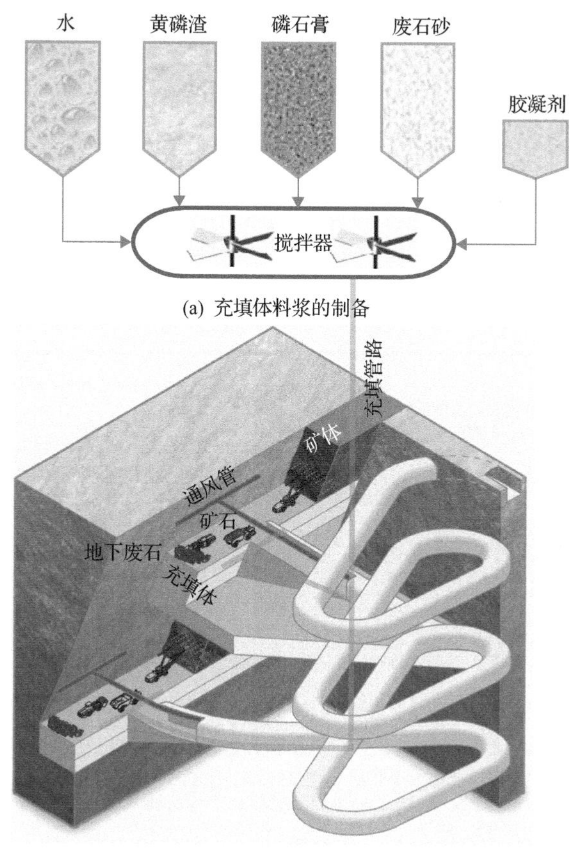

(a) 充填体料浆的制备

(b) 充填体料浆管道输送及地下废石回填

图 7-28　矿山固体废物膏体充填系统及其特征

57%～64.5%的充填体料浆。该质量浓度下的充填体料浆具有流动性好、胶结性好、渗透性低、抗压强度高的特征。然后，将制备好的充填体料浆通过回填管道泵入采场，与地下废石形成回填体，充填系统如图 7-28(b)所示。

通过循环经济技术和膏体充填技术的应用，矿山废弃资源化利用水平显著提高。磷石膏的利用量达到 1.8×10^6t/a 以上，黄磷渣的利用量接近 3×10^5t/a，废石的利用量接近 1.5×10^6t/a。

7.5.3 矿山智能绿色升级效益

根据 2011～2018 年的统计数据(表 7-6)，开阳磷矿自实施机械化开采、智能化开采、循环经济发展模式和膏体充填技术后，磷矿石的回收率、贫化率和固体废物资源化利用水平显著提高。2011～2018 年磷矿石回收率和贫化率的变化情况如图 7-29 所示。结果表明，磷矿石回收率提高并稳定在90%以上，磷矿石贫化率

表 7-6 2011～2018 年开阳磷矿机械化开采、智能化开采、循环经济发展模式和膏体充填技术实施过程中的磷矿石回收率、贫化率和固体废物利用量数据

年份	回收率/%	贫化率/%	磷石膏利用量/($\times10^4$t/a)	黄磷渣利用量/($\times10^4$t/a)	废石利用量/($\times10^4$t/a)
2011	79.71	5.40	48.67	11.23	56.34
2012	83.12	4.77	112.65	12.14	80.24
2013	85.31	4.52	142.45	16.18	102.45
2014	89.28	4.23	182.02	21.73	126.78
2015	92.35	4.37	185.17	29.88	147.74
2016	90.18	4.76	184.03	28.62	145.33
2017	90.31	4.85	181.42	26.81	146.41
2018	90.19	4.89	185.36	29.11	149.38

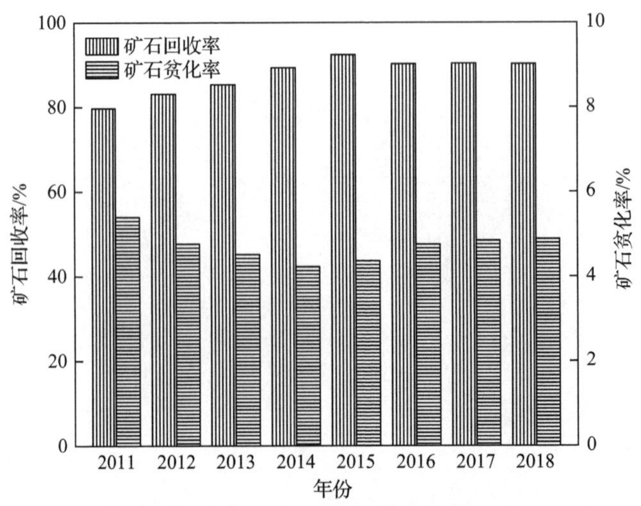

图 7-29 开阳磷矿 2011～2018 年磷矿石回收率和贫化率变化情况

下降并稳定在 5%左右，这得益于机械化、智能化开采技术的应用，满足了地下磷矿高回收率、低废开采的要求。利用循环经济发展模式和膏体充填技术对开阳磷矿磷石膏、黄磷渣、废石等固体废物进行资源化利用，结果如图 7-30 所示。随着循环经济的推广发展，固体废物资源化利用水平逐步提高。2011～2018 年，磷石膏、黄磷渣、废石的利用量分别从 48.67×10^4t/a 增加到 185.36×10^4t/a，从 11.23×10^4t/a 增加到 29.11×10^4t/a，从 56.34×10^4t/a 增加到 149.38×10^4t/a。

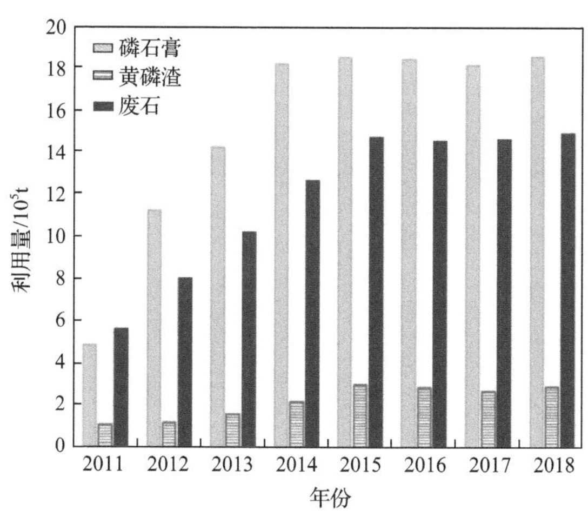

图 7-30　2011～2018 年开阳磷矿磷石膏、黄磷渣、废石利用情况

从以上数据可以看出，机械化、智能化开采技术的应用，以及循环经济发展模式和膏体充填技术的实施，大力支撑了地下磷矿的绿色开采、地层维护和环境保护。2011～2018 年，开阳磷矿产量由 2×10^6t/a 增加到 8×10^6t/a，从业人员由 4367 人减少到 1199 人，采矿效率由人均 458t/a 提高到 6672t/a，通过采矿技术、循环经济发展模式与膏体充填等技术创新，创造直接经济效益达 4.18 亿元。

参 考 文 献

[1] 钱鸣高, 许家林, 王家臣. 再论煤炭的科学开采[J]. 煤炭学报, 2018, 43(1): 1-13.

[2] 钱鸣高. 绿色开采的概念与技术体系[J]. 煤炭科技, 2003(4): 1-3.

[3] 钱鸣高, 许家林, 缪协兴. 煤矿绿色开采技术[J]. 中国矿业大学学报, 2003, 32(4): 5-10.

[4] 钱鸣高. 煤炭产业特点与科学发展[J]. 中国煤炭, 2006, 32(11): 5-8,44.

[5] 钱鸣高. 煤炭的科学开采及有关问题的讨论[J]. 中国煤炭, 2008, 34(8): 5-10, 20.

[6] 钱鸣高. 煤炭的科学开采[J]. 煤炭学报, 2010, 35(4): 529-534.

[7] 钱鸣高, 缪协兴, 许家林, 等. 论科学采矿[J]. 采矿与安全工程学报, 2008, 25(1): 1-10.

[8] 谢和平, 钱鸣高, 彭苏萍, 等. 煤炭科学产能及发展战略初探[J]. 中国工程科学, 2011, 13(6): 44-50.

[9] 谢和平, 王金华. 煤炭开采新理念——科学开采与科学产能[J]. 煤炭学报, 2012, 37(7): 1069-1079.

[10] 谢和平, 王金华, 姜鹏飞, 等. 煤炭科学开采新理念与技术变革研究[J]. 中国工程科学, 2015, 17(9): 36-41.

[11] 李东印, 李化敏, 周英, 等. 煤炭资源科学采矿评价方法探讨[J]. 煤炭学报, 2012, 37(4): 543-547.
[12] 李东印, 王伸, 刘文超. 煤矿科学采矿及科学产能的研究进展[J]. 煤炭科学技术, 2016, 44(9): 1-5.
[13] 习近平. 在第七十五届联合国大会一般性辩论上的讲话[N]. 人民日报, 2020-09-23(003).
[14] 王少锋, 李夕兵, 宫凤强, 等. 深部硬岩截割特性与机械化破岩试验研究[J]. 中南大学学报(自然科学版), 2021, 52(8): 2772-2782.
[15] 王少锋, 李夕兵, 王善勇, 等. 深部硬岩截割特性及可截割性改善方法[J]. 中国有色金属学报, 2022, 32(3): 895-907.
[16] 许家林. 岩层控制与煤炭科学开采——记钱鸣高院士的学术思想和科研成就[J]. 采矿与安全工程学报, 2019, 36(1): 1-6.
[17] 钱鸣高, 曹胜根. 煤炭开采的科学技术与管理[J]. 采矿与安全工程学报, 2007(1): 1-7.
[18] 钱鸣高, 许家林. 科学采矿的理念与技术框架[J]. 中国矿业大学学报(社会科学版), 2011, 13(3): 1-7, 23.
[19] 钱鸣高. 为实现由煤炭大国向煤炭强国的转变而努力[J]. 中国煤炭, 2017, 43(7): 5-9.
[20] 钱鸣高. 是弥补煤炭理论环缺口的时候了[N]. 中国能源报, 2017-06-19(001).
[21] 郑爱华, 许家林, 钱鸣高. 科学采矿视角下的完全成本体系[J]. 煤炭学报, 2008, 33(10): 1196-1200.
[22] 王家臣, 钱鸣高. 卓越工程师人才培养的战略思考——科学采矿人才培养[J]. 煤炭高等教育, 2011, 29(5): 1-4.
[23] 王蕾. 煤炭科学开采系统协调度研究及应用[D]. 北京: 中国矿业大学, 2015.
[24] Sauer P C, Hiete M. Multi-stakeholder initiatives as social innovation for governance and practice: A review of responsiblemining initiatives[J]. Sustainability, 2019, 12(1): 1-30.
[25] Brundtland G H. Our Common Future:World Commis-sion on Environment and Development[M]. New York: Oxford University Press, 1987.
[26] Caldwell J A. Sustainable mine development: Stories & perspectives[J]. Mining Intelligence & Technology, 2008(8): 3-5.
[27] Goodland R. Responsible mining: The key to profitable re-source development[J]. Sustainability, 2012, 4(9): 2099-2126.
[28] Dubinsk J. Sustainable development of mining mineral re-sources[J]. Journal of Sustainable Mining, 2013, 12(1): 1-6.
[29] 王家臣, 刘峰, 王蕾. 煤炭科学开采与开采科学[J]. 煤炭学报, 2016, 41(11): 2651-2660.
[30] 钱学森, 于景元, 戴汝为. 一个科学新领域——开放的复杂巨系统及其方法论[J]. 自然杂志, 1990(1): 3-10, 64.
[31] 吴超. 安全复杂学的学科基础理论研究: 为安全科学新高地奠基[J]. 中国安全科学报, 2021, 31(5): 7-17.

后　记

本书是在作者博士学位论文《深部硬岩截割特性及非爆机械化开采研究》和博士期间以及“青椒”阶段发表的相关期刊论文的基础上整理并丰富而成。整理书稿期间，记忆中攻博和“炼椒”时的点点滴滴不断涌入脑海，有攻克一个百思不得其解问题时的喜悦，也有日夜试验、分析、计算后却徒劳无获时的苦楚；有找不到突破方向时的焦虑，也有瞄准方向奋力求索时的坚毅；有研究生工作室一隅的窗明几净，也有矿山现场千米井下的幽暗深邃；有撰写论文遣词造句和科技绘图时的反复琢磨，有修改论文时与审稿专家来回辩论过程中的“豁然开朗”或“备受打击”。期间，或喜或戚，或挫或勇，都是修炼。转瞬已过近十载，岁月如梭，但种种经历犹如被梭后的线串起来一样，跳跃着时轻时重地敲着心扉。思绪回到当下，现在太多的琐事杂事，怀着不忍被“落后”的惶恐，忙着去追逐，“卷”与被“卷”就像个漩涡一样，一次的“成功”上了“岸”，又有一次的“失败”没了“水”，貌似摆脱了一个“漩涡”上了“岸”，却又发现这个“岸”绕着一个更大更高维度的“漩涡”在转，一山还有一山高，峰后还有峰上路，感觉被一个无形的手在拽着走，时常没能慢下脚步、静下心来想想“来时路”和“初时心”。整理本书稿的过程中，落笔无旁骛，仿佛又回到了读博期间的状态，专心、专注而平静，旁若无物，无问西东。停笔合卷，感觉思绪绵长，意犹未尽，却也诚惶诚恐，拙笔寡知，难免错漏，贻笑大方。来路款款，念亦怀兮；前程崎岖，攸也缓兮。且罢，赘垒万言，幸即付梓，望请行家指导斧正。修行之路，受教自恩师，得助于亲朋，每每念之，拱揖拜谢。

博士学位论文和发表的相关期刊论文名录以及博士学位论文致谢见附录A和附录B，以补不足，亦致谢意。

2024年1月

写于长沙岳麓山脚陋室

附录 A：博士学位论文和发表的相关期刊论文

[1] 王少锋. 深部硬岩截割特性及非爆机械化开采研究[D]. 长沙：中南大学, 2018.

[2] Wang S, Li X, Wang S. Separation and fracturing in overlying strata disturbed by longwall mining in a mineral deposit seam[J]. Engineering Geology, 2017, 226: 257-266.

[3] Li X, Wang S, Wang S. Experimental investigation of the influence of confining stress on hard rock fragmentation using a conical pick[J]. Rock Mechanics and Rock Engineering, 2018, 51: 255-277.

[4] Wang S, Li X, Wang S. Three-dimensional mineral grade distribution modelling and longwall mining of an underground bauxite seam[J]. International Journal of Rock Mechanics and Mining Sciences, 2018, 103: 123-136.

[5] Wang S, Li X, Du K, et al. Experimental investigation of hard rock fragmentation using a conical pick on true triaxial test apparatus[J]. Tunnelling and Underground Space Technology, 2018, 79: 210-223.

[6] Wang S, Sun L, Huang L, et al. Non-explosive mining and waste utilization for achieving green mining in underground hard rock mine in China[J]. Transactions of Nonferrous Metals Society of China, 2019, 29(9): 1914-1928.

[7] Wang S, Li X, Yao J, et al. Experimental investigation of rock breakage by a conical pick and its application to non-explosive mechanized mining in deep hard rock[J]. International Journal of Rock Mechanics and Mining Sciences, 2019, 122: 104063.

[8] Wang S, Huang L, Li X. Analysis of rockburst triggered by hard rock fragmentation using a conical pick under high uniaxial stress[J]. Tunnelling and Underground Space Technology, 2020, 96: 103195.

[9] Wang S, Sun L, Li X, et al. Experimental investigation of cuttability improvement for hard rock fragmentation using conical cutter[J]. International Journal of Geomechanics, 2021, 21(2): 06020039.

[10] Wang S, Yu T, Li X, et al. Analyses and predictions of rock cuttabilities under different confining stresses and rock properties based on rock indentation tests by conical pick[J]. Transactions of Nonferrous Metals Society of China, 2021, 31(6): 1766-1783.

[11] Wang S, Tang Y, Wang S. Influence of brittleness and confining stress on rock cuttability based on rock indentation tests[J]. Journal of Central South University, 2021, 28(9): 2786-2800.

[12] Wang S, Sun L, Li X, et al. Experimental investigation and theoretical analysis of indentations on cuboid hard rock using a conical pick under uniaxial lateral stress[J]. Geomechanics and Geophysics for Geo-Energy and Geo-Resources, 2022, 8(1): 34.

[13] Wang S, Sun L, Yu T, et al. Field application of non-blasting mechanized mining using high-frequency impact hammer in deep hard rock mine[J]. Transactions of Nonferrous Metals Society of China, 2022, 32(9): 3051-3064.

[14] 王少锋，李夕兵，宫凤强，等. 深部硬岩截割特性与机械化破岩试验研究[J]. 中南大学学报(自然科学版)，2021, 52(8): 2772-2782.

[15] 王少锋, 李夕兵, 王善勇, 等. 深部硬岩截割特性及可截割性改善方法[J]. 中国有色金属学报, 2022, 32(3): 895-907.

[16] 王少锋，孙立成，周子龙，等. 非爆破岩理论和技术发展与展望[J]. 中国有色金属学报，2022，32(12): 3883-3912.

[17] 王少锋，吴毓萌，周子龙. “三深”复杂环境下岩石钻进与机械化开挖技术发展与展望[J]. 中南大学学报(自然科学版), 2023, 54(3): 819-836.

附录 B：博士学位论文致谢

致　谢

冬去春来，论文草成，寥拙万言，冀求能叩学术之门，登研究之阶，是愿殷殷，唯行孜孜。

学无止境，然至此已廿三载有余，终成一段，此经往后亦学亦用，希不辜初心，无负来路贵人盈盈之助。求学之路，辗转南北，距家渐远。故乡豫西山峦叠嶂之地，族人世代躬耕，吾兄姊三人本意承耕继织，然家父母执意唯有学优可长出息，遂著勤勤稼陇之业，供吾等越叠山重水为悠悠之学。草铺群宿，自烹粥食，乃小学之境；步行廿里，百人同读，乃中学之况；尔后，大学、硕士、博士，学业渐丰，知亦甚寡。虽难尤砺，恐难全父母高意；且行而远，未敢忘兄姊辞让。学识习业，幸逢昌平良年，亦遇授业恩师：启蒙师者书明、六梅、利锋诸君，解惑师者建春、保见、小记诸君，大学各席师者，硕士导师德明教授，及至博士导师夕兵教授、善勇教授。蒙西席教诲，或启与导，授渔予识，范及明德之举，师以思辨之法。先生循循然善诱，愚钝如余尚能握管，虽不及智而略明是非，先生之力也。思定笃行，究理研论，路漫漫毅将上下求索。

二〇一四年秋，博士伊始，幸得导师夕兵教授耳提面命，每每教诲均振聋发聩。初识采矿，教以发问于实践；继而有识，传以扎实于理论；再而出新，鼓以求正于实用。周而复始，循序渐进，以致专业之识如春起之苗，不见其增而日有所长。西席恩师，杰青长江，究研岩石动力学理，终成一家之言，服务地下矿山工程，亦作典用之范；执笔述论，著作等身；讲学杏坛，桃李芬芳。吾且学且问，或刊或论，及吾之学位论文，皆师所谆谆以至，斧正而成。炯炯之目启映睿智，朗朗之语蕴涵启迪，阔阔之行印正笃定，师之魅力似春雨润余无声，如春风沐吾有暖。如今论稿初定，难知及否，诚惶诚恐，权且付梓以判，顿拜为谢！

学校良策，学院关怀，同门之助，团队相协，如雪时炭、锦上花，亦弥足珍贵，于此一并致谢！

二〇一六年末，荣受国家留学基金委资助，暂别家国，联培访学于澳洲纽城国家岩土中心，师其长技。导师善勇教授，亦师亦友，授论文撰写评审之法，受益良多。结识新朋，或争或论，有酒有诗有远方，获益匪浅。

已近而立之年，纵而未立，然尚可以无旁骛之心为学，全仰家人之宽量，兄姊之孝先，朋友之相助。

生逢和平，学值泰时，博学究研全仰国之栽培。赖前辈壮时之伟业以成当下熠熠生辉之荣格：中国制造、中国速度、中国便捷等等已成中国创新理论、道路、制度下的高傲品格。诸多国计民生之业从无到有，从有到强，从强到精。国之发展，吾虽学疏才浅，亦未敢忘竭知尽力。时下唯有务实奋进，毅然前行，精诚勤勇，担责堪任，集众众凝聚之力推泱泱砥砺之轮以遒劲之势成赫然强国。国若强，其必似暖阳以灿灿之光普照国之众人以文化自信、民族自豪。吾等进步至专，国家发展至强，此行正好！

以幸甚之运戴众贵人之助，缘逢家和国泰之时，博士方能业毕，如今虽已不再年少，然尚可逞杖剑行囊之勇，抱勤苦坚韧之志，以灼灼寸心不负如来无负卿。

王少锋

2018 年 3 月

写于中南大学